実験医学別冊

改訂 独習 Python バイオ情報解析

生成AI時代に活きるJupyter、NumPy、pandas、Matplotlib、Scanpyの基礎を身につけ、シングルセル、RNA-Seqデータ解析を自分の手で

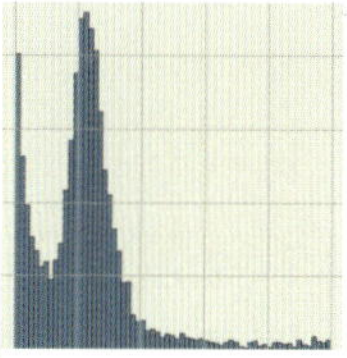

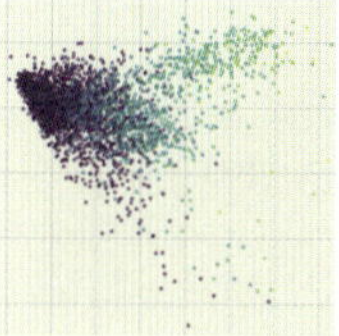

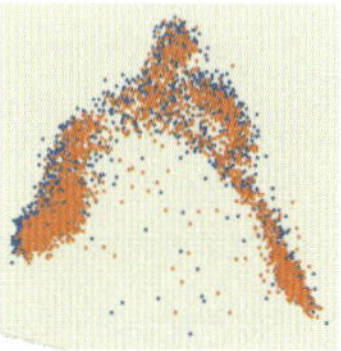

編 先進ゲノム解析研究推進プラットフォーム

JN241919

羊土社
YODOSHA

【注意事項】本書の情報について

本書に記載されている内容は，発行時点における最新の情報に基づき，正確を期するよう，執筆者，監修・編者ならびに出版社はそれぞれ最善の努力を払っております．しかし科学・医学・医療の進歩により，定義や概念，技術の操作方法や診療の方針が変更となり，本書をご使用になる時点においては記載された内容が正確かつ完全ではなくなる場合がございます．また，本書に記載されている企業名や商品名，URL等の情報が予告なく変更される場合もございますのでご了承ください．

本書に記載されている企業名や商品名は，各社の登録商標または商標です．本書中では，原則として®™は省略させていただいております．

本書では，各章の冒頭に記載したバージョンのソフトウェアを用いて動作確認を行っております．使用している環境やソフトのバージョンが異なると，誌面通りに動作しなかったり，画面が異なったりすることがあります．あらかじめご了承ください．

❖本書関連情報のメール通知サービスをご利用ください

メール通知サービスにご登録いただいた方には，本書に関する下記情報をメールにてお知らせいたしますので，ご登録ください．

・本書発行後の更新情報や修正情報（正誤表情報）
・本書の改訂情報
・本書に関連した書籍やコンテンツ，セミナーなどに関する情報

※ご登録の際は，羊土社会員のログイン/新規登録が必要です

ご登録はこちらから

改訂にあたり

1980年のノーベル化学賞に輝いたFrederick SangerとWalter GilbertのDNAシークエンシング法は，生命の設計図を「読む」技術の礎を築き，次世代型DNAシークエンサー（NGS）へと進化を遂げました．そして2024年，膨大なデータを「理解する」技術として，タンパク質立体構造予測AIのAlphaFoldを開発したDemis HassabisとJohn Jumperが化学賞を，ニューラルネットワークの基礎を築いたJohn J. HopfieldとGeoffrey Hintonが物理学賞を受賞したのです．これは，生命科学における「読む」技術から「理解する」技術へという歴史的な転換点を象徴する出来事でした．

一方で，これらの技術を誰もが簡単に利用できる時代だからこそ，新たな課題も浮上しています．先日，自由研究のため私たちの研究室を訪れた高校生グループが，温泉水中の微生物を対象としたメタゲノム解析に挑戦しました．彼らはPythonプログラミングはおろか，メタゲノム解析に関しても全くの初心者でした．われわれが指導したのは，ChatGPTとGoogle Colaboratoryの基本的な使い方のみ．しかし驚くべきことに，彼らはこれらのツールを巧みに操り，データを解析し，結果を可視化することに成功したのです．この時点では，生成AIの可能性に改めて驚かされると同時に，科学技術の民主化の力を実感しました．

しかし，ここで私たちは科学における本質的な課題に直面することになります．プログラムにバグが発生した際，彼らはその原因を特定することも修正することもできず，さらに重要なことに，可視化されたグラフの解釈や結果の生物学的な意味を理解することができなかったのです．これは，生成AI時代の科学における象徴的な出来事かもしれません．

AlphaFoldが示したように，AIは確かに人間の直感を超える発見をもたらします．一方で，ゲノム科学における代表的な推論方法であるアブダクション（仮説形成）において，AIが提示する解析結果や仮説が生物学的文脈で本当に意味をなすのか，実験的検証に値するのか，を判断するには，依然として深いアルゴリズムの理解と生物学的洞察が不可欠です．特に，マルチオミクスと称する膨大かつ多様なデータ群の解析では，使用するアルゴリズムの本質を理解していないと，AIが提案した解析結果が誤った結論へと導く危険性すらあります．

本改訂では，このような歴史的転換点を背景としつつも初版を踏襲し，単なるツールの使い方にとどまらず，アルゴリズムとその理論的基盤を深く理解することを重視しました．読者が生成AIや新しい解析技術を活用しつつ，それらの背景にある科学的根拠を理解し，独自の視点で問題を解決する力を育むことをめざしています．初版で掲げたD. E. Knuth著『The Art of Computer Programming』の理念をさらに発展させ，現代の科学者に求められるスキルを提供する一助となり，本書が次なる科学の躍進を支える基盤となることを願っています．

最後に，国立遺伝学研究所 生命情報・DDBJセンターの皆様，ライフサイエンス統合データベースセンター（DBCLS）の皆様，先進ゲノム解析研究推進プラットフォームの皆様，さらには私どもと哲学を共有し忍耐強く改訂版の出版に導いていただいた羊土社の皆様に心より深く感謝申し上げます．

2024年11月

編集を代表して
黒川　顕

はじめに（初版）

生物のもつ遺伝情報総体であるゲノム情報から，さまざまな生命現象を解明しようとする研究分野がゲノム科学（Genomics）です．次世代型DNAシークエンサー（NGS）の登場以降は，シークエンシングした塩基配列情報を生物学的な意味が付随する遺伝情報としてではなく，単なるシグナル情報として利用するRNA-Seq解析やChIP-Seq解析などの新しい研究手法も登場し，ゲノム解読だけでなく多様な目的にゲノム科学が応用されるようになりました．技術革新のペースはさらに加速していて，メタゲノム解析，Hi-C解析やシングルセル解析など，高度解析技術による新たな解析手法が猛烈な勢いで進展しています．これは科学や社会にとってはよいことなのですが，裏を返せば，これまで培ってきた解析手法が2～3年で陳腐化するということを意味しているわけで，研究者にとっては大きな負担となっています．この負担を軽減するために，さまざまな解析ツールが開発・公開されており，それらツールを支える理論やアルゴリズムを理解していなくても，コマンドを入力すれば，もしくはソフトウェアのボタンをクリックすれば，最新の解析結果を簡単に得ることができるようになっています．

さて，ゲノム科学における代表的な推論方法はアブダクション（仮説形成）なので，仮説を裏付けるために多様なデータ群が必要となります．特にNGS登場後は，マルチオミクスと称する膨大かつ多様なデータ群の解析が求められるため，解析アルゴリズムも多岐にわたり，また複雑さも増しています．しかし研究を進めるうえでは，使用するアルゴリズムの中身を理解しておく必要があり，単なるツールとして使い解析結果を出しただけでは誤った結論に至る可能性もあるし，そもそも科学的推論とは胸を張って言えなくなります．

かねてより私たちはこのような状況を背景に，生命科学系研究者の情報解析をプラットフォームとして支援しており（先進ゲノム支援，奥付プロフィール参照），その事業の一端として，プログラミング言語Pythonを用いた初級者向けおよび中級者向けの講習会を行っています．本書で扱うトピックの多くは，この中級者向け講習会をもとにしています．講習会で得られた学習のノウハウを詰め込みつつ，単にツールの使い方を紹介する便利な本ではなく，解析の本質やアルゴリズムを理解できる教科書にしたいと思いました．したがって，手っ取り早くツールの使い方を知りたい方には，冗長でほしい知識に簡単に辿り着けない面倒臭い本，として分類されてしまうかもしれません．自らプログラミングを実践し，解析を進め，結果を得る．その途上で，仮説形成のためになぜそのような解析が必要になるのか，目的のためにはどのようなアルゴリズムが有効なのか，などを理解しつつ，D. E. Knuth先生のThe Art of Computer Programmingのように，常に戻って参照できる，そこを基礎として発展できる，というような教科書をめざして編集しました．各章の文章は原則的に筆者の皆さんの原文ママとしています．その結果，章ごとに文体が異なる，少々「荒削り」な書籍となっていますが，著者の人物像を垣間見つつ，より臨場感をもって楽しく学習していただければと思っています．

最後に，講習会の際にいつも手伝ってくださっている国立遺伝学研究所 生命情報・DDBJセンターの皆様，ライフサイエンス統合データベースセンター（DBCLS）の皆様，先進ゲノム支援の皆様，さらには私どもの編集方針を理解し出版にまでこぎ着けていただいた羊土社の皆様に心より感謝申し上げます．

2021年2月

編集を代表して
黒川　顕

目次

「Pythonコード」「サンプルデータ」のダウンロード方法は，第1章1.6「本書で用いるプログラムやサンプルデータの置き場所」（p.22）を参照してください．

改訂　独習Pythonバイオ情報解析

第1章 この本の使い方と事前準備

森　宙史

本章の目的

本章では，**第4章**以降で具体的にプログラミングや解析を行ううえで必要な事前準備について解説する．なお，すでにPythonのプログラミング経験があり，環境構築が済んでいる方はこの章は読み飛ばしていただいてかまわない．

1.1 Pythonを用いる理由

データサイエンスの分野では**Python**（パイソン）の人気が圧倒的であり，Pythonを用いた**機械学習**等に関する書籍も毎月のように出版されている．Pythonは，汎用プログラミング言語としての自由度と，RやMATLAB，SAS等のドメイン特化のプログラミング言語の使いやすさを併せ持っている．使いやすさの主な要因として，データの読み込み，可視化，統計，機械学習，画像処理等のさまざまな用途にそれぞれ特化したライブラリが多数用意されている点が挙げられる．ただし，PythonはR等と比べると，統計的仮説検定等の機能を実装する際のソースコードの行数（lines of code，LOC）が多くなりがちである．それもあってPythonは生命科学系の研究者にとってハードルが高く感じられるかもしれない．しかしながら，R等と比べてLOCが多いことは，Pythonのプログラムのカスタマイズしやすさ，つまり汎用性の裏返しでもある．本書では，読者が**バイオインフォマティクス**の技術を日常的に用いるようになり，さらには読者の中から新たなバイオインフォマティクス研究者が多数生まれることを期待し，汎用性を重視してPythonを選択した．

1.2 プログラミングを行うためのマシンの用意

本書では，新型シークエンサー由来の数GB以上のデータを基本的な題材としてPythonプログラミングおよび情報解析を進める．そのため，ある程度のスペックのコンピューターを必要とする．大まかに必要な**マシンスペック**を以下に示す．

- **メモリ（RAM）：8GB以上**
- **ハードディスク空き容量：20GB以上**

- OS：macOS（可能であれば）

本書の実習では，上記のスペックのマシンでストレスを感じることはないだろう．しかし，実際の塩基配列データの情報解析においてはすべてを1つのコンピューターで行うことは想定しておらず，巨大な塩基配列データを使ってアセンブルや配列類似性検索等の計算を行う場合にはCPUやメモリが不足する可能性が高い．そのような場合には，より強力なスペックのLinuxサーバー等を情報解析に用いることをお勧めする．

1.2.1 macOSを推奨する理由

本書では，読者が本書の内容を自分のマシンで実習する際のOSに，**macOS**を推奨している．ただしこれは推奨であり，必須ではない．一般的に，バイオインフォマティクスの研究者が情報解析する際に，主力とするサーバーやスーパーコンピューターのOSは，Linuxであることが多い．macOSはLinuxで用いるコマンドラインの処理系（シェル）を標準で備えているため，macOSを使えばローカルのコンピューターでもサーバーと同様のコマンドで処理ができ，これが大きな利点となっている．また，多くのバイオインフォマティクスのオープンソースのソフトウェアはLinuxやmacOSにインストールして使用することを想定して開発されており，Windowsでは動かないソフトウェアも多数存在する．これらが，この本の実習環境としてWindowsではなくmacOSを推奨する理由である．

一方，Windowsでも最近Windows Subsystem for Linux 2（**WSL2**）が使えるようになり，Windows内でLinux（Ubuntu）の仮想マシンを立ち上げて使用することができるようになった．筆者らは本書の内容をWSL2上でテストしていないので，本書の実習をするうえではWSL2を推奨しないが，WSL2の登場により，今後はWindowsマシンもバイオインフォマティクスの研究や解析で利用しやすくなっていくと予想される．

macOSではなく，Ubuntu等のLinuxディストリビューションをメインで使用している読者もおられるかと思う．その場合は，あえてmacOSのマシンをもう1つ用意する必要はないと思われるが，筆者らが本書の内容をUbuntu等でテストしていないため，実習を行う過程でなんらかの問題が生じる可能性もある点にはご注意いただきたい．

1.3 MinicondaおよびMiniforgeについて

Pythonとさまざまなpythonのライブラリをコンピューターにまとめてインストールする方法として，本書では，**Miniconda**（ミニコンダ）または**Miniforge**（ミニフォージ）の利用を推奨する．以前広く使われていたAnacondaは，科学技術に関する計算を行うためのライブラリをまとめたPythonのディストリビューションであり，簡単にPythonを利用する環境を構築できた．Anacondaは2024年度より教育機関であっても多くの場合商用利用と解釈されるとライセンスが改定されたため，使用を避ける動きが広がっている．Minicondaはパッケージ管理システムのcondaやPython，他最小限のパッケージのみから構成されるAnacondaの軽量版と言える．Minicondaの利用自体は上記のAnacondaのライセンス改定の影響は受けず，BSDライセンスで利用が可能である．ただし，後述するリポジトリの選択（1.3.3参照）には注意が必要であり，デフォルトのAnacondaリポジトリの利用はAnacondaのライセンスに抵触するため，避けるべきである．MiniforgeはMinicondaと非常に類似しているが，デフォルトのリポジトリが商用利用の制限が無い後述するconda-forgeに設定されているため，リポジトリを変更する手間が不要である点が大きな特徴である．

1.3.1 MinicondaまたはMiniforgeのインストール方法

Minicondaは，docs.anaconda.com/miniconda/からダウンロード可能である．なお，本書で随所に現れるPythonのソースコードは，Pythonのバージョン3（Python3）に準拠して書かれている．基本的に，Pythonのバージョンは，Minicondaで現在利用可能なPython3の最新のリリース（例：Python 3.12など）の使用を推奨する．macOS，Windows，LinuxそれぞれのOSにおけるインストール方法は，上記Minicondaのサイトに書かれているため，参照されたい．手持ちのコンピュータにMinicondaがインストールされると，次のコマンドでPythonのさまざまなパッケージを追加でインストールできるようになり便利である．

```
conda install パッケージ名
```

一方でMiniforgeは，github.com/conda-forge/miniforge からダウンロード可能である．macOS，Windows，LinuxそれぞれのOSにおけるインストール方法は，上記Miniforgeのサイトに書かれている．Miniforgeも，インストール後はcondaコマンドが使えるようになる．基本的にMinicondaとMiniforgeは，1.3.3で説明するデフォルトリポジトリの違い以外では普段使いで認識できる違いはほとんど無い．どちらか好きな方をインストールすれば良い．

1.3.2 Pythonのバージョン確認

Minicondaがインストールできたら，コンピューターにおいてデフォルトで使われるPythonのバージョンを確認する．macOSの場合，コマンドラインで処理を実行可能なアプリケーションであるターミナルを開き，

```
python3 --version
```

とコマンドを入力して実行する．すると，

```
Python 3.12.2
```

等，コンピューターにおいてデフォルトで使用されるPythonのバージョンが表示される．もし，Pythonが見つからない旨のエラーメッセージが出た場合は，MinicondaまたはMiniforgeのインストールが正常にでき

なかった可能性が高い．その場合は，MinicondaまたはMiniforgeのインストール手順を再確認し，再度ダウンロードとインストールを行う必要がある．

1.3.3 condaで利用するリポジトリの設定

Minicondaを使用する場合，パッケージ管理システムのcondaで使用するリポジトリをデフォルトのAnacondaリポジトリから，コミュニティ主体で管理されている**conda-forgeリポジトリ**に変更する．Miniforgeを使用する場合はデフォルトが**conda-forgeリポジトリ**に設定されておりこの操作は不要である．まずはMinicondaにデフォルトで設定されているリポジトリの設定を削除する．

```
conda config --remove channels defaults
```

その後conda-forgeリポジトリを使用するよう設定する．

```
conda config --add channels conda-forge
```

リポジトリ設定が変更できているかは，下記のコマンドでchannelsとしてconda-forgeのみリストされれば成功である．

```
conda config --show channels
```

1.3.4 condaによる仮想環境の構築について

condaはPythonに限らず様々なバイオインフォマティクス系のツールのインストールをconda installコマンドで行うことができ非常に便利である．しかしながら，condaは各ツールやPythonモジュールが依存する様々なツール，ライブラリ，モジュール等も自動でインストールするため，一つのマシン環境下でconda installを多用するとすぐにツールやライブラリ間のバージョンの依存関係の衝突が発生し，特定のツールやPythonモジュールがインストールできなくなる．この問題を回避するために，研究プロジェクトやある程度の解析のまとまりごとにcondaで仮想環境を作ってプロジェクト間で仮想環境を分けることをお勧めする．condaで仮想環境を作るコマンドは，

```
conda create -n 仮想環境名
```

であり，作った仮想環境を有効化するには，

```
conda activate 仮想環境名
```

で仮想環境内でモジュールのインストール等が可能になる．condaを使って何らかのツール，ライブラリ，モジュールのインストールを行う場合には，いきなりconda installはせずに，まず仮想環境の作成と有効化を先に行う習慣をつけることをお勧めする．

1.4 プログラムの表記法

本書では，Pythonのソースコードを，**第4章**で紹介するJupyter Notebookにおける標準の色づけ（シンタックスハイライト）を採用して表示している．具体的には，ソースコードは下記のように色づけされている．

- **文字列：赤**
- **文字列以外のデータ形式：緑**
- **Pythonの標準の関数名：緑**
- **標準以外の関数名：青**
- **演算子：紫**
- **コメント：斜体**

また，まとまったプログラムは，1.6で後述する羊土社の書籍購入者限定の特典ページ（Webサイト）からダウンロード可能である．

1.5 本書で何を扱わないか

本書は，生命科学を学び研究する大学院生や研究者が，ある程度のバイオインフォマティクス解析を自分で行えるようになることを手助けする目的で書かれている．本書を読む際のハードルを少しでも下げるために，多くの生命科学者にとっては馴染みが薄い複雑な数式の使用を最小限にとどめた．またページ数の都合もあり，

- **生命科学で頻出する概念や用語**
- **表形式データを作る前のRNA-Seqの塩基配列データの解析方法**
- **一般的な統計解析や多変量解析の理論的詳細**
- **汎用的なPythonプログラミングの詳細**

の4点について本書では深く扱っていない．これらを深く学びたい場合は，それぞれ個々に良い日本語の書籍がすでにいくつも存在しており，本書中の該当する章でも紹介しているため，それらを読んでいただきたい．Pythonプログラミングについては，**第4章**で基本的な文法について概説しているが，プログラミングが完全に未経験の方はPythonのプログラミングで用いるリストや関数，制御構文等について，イメージがしにくいかもしれない．その場合は，先に**第4章**の最後に紹介されているPythonプログラミングの初歩的な入門書のどれかを読んでおくことをお勧めする．

1.6　本書で用いるプログラムやサンプルデータの置き場所

本書で用いる主なプログラムやプログラムで扱うサンプルデータは，羊土社の書籍購入者限定の特典ページ（Webサイト）から以下の手順でダウンロード可能である．

演習用データのダウンロード

1 右の二次元バーコードを読み取ってください
羊土社ホームページ内
書籍特典ページに移動します

（下記URL入力または「羊土社」で検索して
羊土社ホームページのトップページからもアクセスいただけます
https://www.yodosha.co.jp/）

2 **特典コード入力** 欄に下記コードをご入力ください

コード：ztc - cuol - flrx　※すべて半角アルファベット小文字

3 本書特典ページへのリンクが表示されます

※ 羊土社会員の登録が必要です．2回目以降のご利用の際はコード入力は不要です
※ 羊土社会員の詳細につきましては，羊土社HPをご覧ください
※ 書籍特典サービスは，予告なく休止または中止することがございます
　本サービスの提供情報は羊土社HPをご参照ください

4 ダウンロードデータについて

ダウンロードしたファイルを展開すると，章ごとのフォルダ（chapter04, chapter05…）にデータが分かれています．
それぞれのファイルの使用方法については，各章での説明に準じてください．

第2章 生成AIを用いたプログラミング

東　光一

本章の目的

現代のプログラミング環境において，生成AI（Generative AI），特に自然言語の生成・運用能力で高い性能を示す大規模言語モデル（Large Language Model, LLM）の影響は無視できないものとなっている．本章では，LLMとコード生成AIの概要，主要なサービス，そしてこれらツールの活用方法について概説し，読者がAI時代のプログラミングスキルを効果的に習得・活用するための基礎知識を提供することを目的とする．

2.1 はじめに

人工知能（**AI**）技術の急速な発展に伴い，自然言語処理の分野で革命的な進歩が起きている．特に2010年代後半から2020年代にかけて，**大規模言語モデル**（**LLM**）の開発と進化により，AIによる言語理解・生成能力が飛躍的に向上した．これらのモデルは，膨大な量のテキストデータを学習することで，人間の言語を深く理解し，多様なタスクに対応できる汎用的な能力を獲得している．LLMの発展は，自然言語だけでなくプログラミング言語の処理にも大きな影響を与えた．当初，コード生成AIは自然言語処理とは別の専門分野として発展してきた[注1)]が，最新のLLMは両者の境界を曖昧にしている．現在では，**ChatGPT**や**GitHub Copilot**のような先進的なAIサービスが，自然言語とプログラミング言語の両方を扱える統合的な能力を示している．これらのAIシステムは，テキスト生成，質問応答，コード補完，バグ検出など，多岐にわたる機能を提供している．

LLMの登場によって，プログラミングの作業工程は大きく変化した．これまでのプログラミングにおいて（少なくとも筆者は）以下のような作業を頻繁に行っていた：

1. **関数の使い方やパラメータの意味を調べるために，ライブラリのドキュメントを参照する．**
2. **エラーメッセージの意味がわからなかったとき，そのメッセージをウェブで検索し，どのような状況で出現するエラーなのかを調べる．**

注1）いわゆる「生成AI」が登場する以前にも，コード自動生成には長い研究の歴史と多くの成果がある．例えば，C言語のプリプロセッサなどに代表されるテンプレートベースのマクロ展開や，高水準言語から機械語への自動変換を行うコンパイラ技術，UMLを用いたモデル駆動型開発における自動コード生成など．

3. 実行後，想定した結果が得られなかったとき，コードを丹念に読み，ロジックの誤りを探す．

これらの作業の多くが，LLMに問い合わせたり，LLMにコードを提示して評価させたり，LLMに適切なコードを生成させたりすることで，効率的に解決できるようになっている．

現代のLLMは，単なるコード生成ツールを超えて，プログラマの強力な味方となっている．詳しくは以下で具体例を見ていくが，LLMはコード生成・評価に関して幅広いサポートを提供し，Pythonを筆頭に多くのプログラミング言語に対応している．LLMの登場により，プログラマは単調なコーディング作業から解放され，より創造的な問題解決に集中できるようになった．さらに，LLMはプログラミング学習や問題解決のサポートも行う．エラーメッセージの解釈と解決策の提案，アルゴリズムやデータ構造の説明など，初心者から熟練者まで幅広いユーザをサポートできる．

このように，LLMの普及はプログラミングの世界に革命をもたらしている．しかし，これらのツールを効果的に活用するためには，その特性や限界を理解し，適切に利用することが重要である．本章では，代表的なサービスとそれらの活用事例について紹介する[注2)]．

2.2 生成AI時代にプログラミング学習が必要か？

こういった状況下で，「はたしてプログラミングをわざわざ学習する必要があるのか」という疑問が浮上するのは自然なことではある．しかし，結論から言えば，生成AI時代においてもプログラミング学習の重要性は決して減じていない．どころか，その必要性はより高まっていると言える．

プログラミングの基礎知識は，生成AIが出力したコードを適切に理解し，評価するために不可欠である．生物学分野におけるデータ解析においても，AIが生成したPythonコードの構造と論理を理解し，その効率性と科学的妥当性を評価する能力が求められる．さらに，潜在的なバグや非効率な部分を特定し，修正する能力も重要である．これらの能力は，単にAIにコードを生成させるだけでは得られず，実際にプログラミングを学び，経験を積むことで培われると思う．

科学的正確性の保証も，プログラミングスキルをもつ研究者の重要な役割である．使用されるアルゴリズムや統計手法の適切性を判断し，データの前処理や正規化の手順が正しく実装されているかを確認し，結果の解釈が生物学的に意味をもつかどうかを批判的に評価する．これらの判断には，プログラミングの知識と科学的理解の両方が必要であり，AIだけでは十分に対応できない．筆者の経験では，LLMで生成したコードを用いて処理した数値データが不自然な分布を示しており，疑問に思ってコードを精査したところ，すでに対数変換されていたデータに対して後の処理で再度対数変換を施すというAI生成コードの誤りを発見して，びっくりしたことがある．

また，汎用的なコードはともかく，特定の研究プロジェクトの要件に合わせてコードをカスタマイズする

注2) ただし，本章の内容は執筆時点（2024年半ばごろ）のものであることに注意．人工知能，特にLLMの周辺技術はきわめて急速に進化し，状況が変化し続けている．本章の内容を基礎知識として活用しつつ，最新動向をチェックして，情報を適宜アップデートしていく姿勢が重要である．

のは，依然として人間の役割である．研究や実験に応じたデータ構造・解析パイプラインを実装し，計算効率を向上させ，大規模データセットを扱えるようコードを最適化する能力は，プログラミングスキルをもつ研究者にとって重要な武器となる．生物学系のデータ解析では，新しい技術や方法論が頻繁に登場する．プログラミングスキルをもつ研究者は，新しいライブラリやフレームワークを迅速に習得し研究に適用できる．一方で，このような新規知見をLLMに参照させながらコードを生成させるのはいまだ困難であるし，LLMの学習データのアップデートを待っていては到底，最新の研究にキャッチアップできない．またLLMは，ニッチな知識に弱い．学習データに豊富に含まれるような，広く利用されているライブラリを使用したコードの生成精度は高いのだが，特定の生物学実験を解析するためのコードとなると，とたんに怪しくなってくる．

さらに，生物学研究では，個人の遺伝情報や医療データなど，機密性の高いデータを扱うことが多い．多くのLLMは民間企業のサーバ上で動作しているため，情報漏洩のリスクを考慮し，生成AIの出力を参考にしつつも，ローカル環境でコードを修正・実装する必要がある．このような場面では，生成AIに全面的に依存するわけにはいかない．

結論として，生成AI時代においても，とりわけ生物学研究においてはプログラミング学習の重要性はむしろ高まっている．AIは強力なツールであるが，それを効果的に活用し，科学的に信頼性の高い研究を行うためには，研究者自身がプログラミングスキルをもつことが不可欠である．プログラミング学習は，コードを書く能力に加え，批判的思考や問題解決能力，創造性を育む過程でもあり，これらのスキルはAIとの協働を通じて生物学研究の質と革新性を高めるうえで重要な役割を果たす．したがって，次世代の生物学研究者にとってプログラミング学習は今後も重要なスキルであり続けるだろう．

2.3 LLMサービスのプログラミングにおける活用

2.3.1 代表的なLLMサービス

現在，多くのAIサービスでプログラミング支援機能を利用できる．そのなかでも特に注目度の高い代表的なサービスをいくつか紹介する．これらは大きく分けて，**汎用LLM**サービスと**プログラミング特化型**サービスの2種類に分類できる．

汎用LLMサービスの代表例として，OpenAI社の**ChatGPT**とAnthropic社の**Claude**があげられる．ChatGPTはチャット形式のウェブアプリケーションで，この分野の草分けとして世界中で爆発的に流行し，非常に多くのユーザを獲得した．柔軟な対話能力をもち，多様なプログラミングタスクに対応可能だ．コード生成やデバッグ支援，アルゴリズムの説明など，幅広いサポートを提供する．一方，ClaudeはChatGPTと同様のチャット形式だが，長文の処理能力や複雑な指示への対応力に優れているらしい（体感ではChatGPTとそこまで大きな差は感じられない）．これらはいずれも，無料で利用できるバージョンと，月額有料のサブスクリプション契約が必要なバージョンがある．無料版でも充分に高い性能をもつが，有料版とは背後のモデルの能力が大きく異なっていて，性能の違いが顕著である．言語モデルは依存しはじめると一日中お世話になるので，アクセス制限が緩和される意味でも，余裕があれば有料版契約をお勧めしたい．

プログラミング特化型サービスとしては，**GitHub Copilot**の利用が広く普及している．GitHub Copilotは，GitHub社（およびMicrosoft社）が提供するAIペアプログラミングツールだ．コード生成と理解にOpenAI社のGPTを調整したモデルを利用している．統合開発環境（IDE）にプラグインとして組込むことで，リアルタイムでコード提案や修正を行う．プロジェクトの文脈に応じた適切な提案が可能で，プログラミングの生産性が大きく向上する．

さらに，プラグインとして利用するだけではなく，AIの活用が前提としてデザインされた新時代のコードエディタも登場しはじめている．Anysphere社の**Cursor**はその代表例だ．コード編集・生成からエラー解決，リファクタリングまで，開発プロセス全体をサポートする．直感的なインターフェースにより，AIの能力を最大限に活用しやすい環境を提供している点が特徴である．これらの利用は現状，基本的に，GitHub Copilotであればいくつかの料金プランから選択でき，個人利用の場合は月額10ドルからとなる．Cursorは基本的な機能を無料で提供しているが，より高度な機能を利用するには2つの選択肢がある．1つは月額20ドルのCursor Proサブスクリプションに登録する方法で，もう1つは自身のOpenAI API keyを使用する方法だ．後者の場合，Cursorは無料のまま利用できるが，OpenAI APIの使用料は別途発生する[注3)]．

CursorのようなAIネイティブな開発環境の登場は，プログラミングツールの新たな潮流を示唆している．今後，LLMが深く統合されたアプリケーションが，さまざまな場面で急速に増加すると予想される．AIと対話しながら作業を進めるスキルを磨くための入り口として，このようなプログラミングツールの利用は有益な経験となると思う．

2.3.2 LLMの主要な活用場面

LLMは，プログラミングのさまざまな場面で活用できる．その主要な活躍場面は以下のとおり．

1. **関数やAPIの使用方法に関する質問**
   ライブラリやフレームワークの使い方をすばやく理解したいとき，対話型のLLMサービスに質問すると，ぱぱっと回答してくれる．例えば，「pandasの関数でこういった形式のデータを読み込みたいが，どの関数を使い，引数をどのように設定すればいい？」といった質問を尋ねることができる．もちろん，本来はそれぞれのライブラリの公式ドキュメントを参照して調べるべきである．しかし，膨大なAPIリストから目的の機能をもつ関数を探す作業はたいへんだ．LLMによって得られた回答を出発点に，提示された関数名を公式資料から検索して機能を確認する流れで，調査を効率化できる．
2. **コードやエラーメッセージの解説**
   プログラミング学習において，参考としたコードが何をするものなのか質問して，解説してもらう．コード全体を提示してもいいし，特定の行を指定して「この部分の記述の意味は？」と尋ねてもいい．こうした質問は動作原理の理解に大きく役立つ．また，自分がつくったプログラムが延々とエラーを吐き続けて行き詰まる経験は誰しもあるが，LLMに質問すればその解決策を与えてくれる（ときもある）．エラーメッセージをそのまま貼り付けて，それが何を意味するのか解説してもらってもいいし，コードとともに提示してエラー解消方法をともに探ってもいい．

注3）それぞれの情報は以下を参照（いずれも2024年11月時点の情報）
ChatGPT openai.com/ja-JP/chatgpt/overview/，Claude www.anthropic.com/claude，Github Copilot github.com/features/copilot，Cursor www.cursor.com/

3. **コードの修正・補完・自動生成**
   コードそのものをLLMに書かせてしまう使い方．定型的な処理や関数を，自然言語で指示して自動生成させることで，コーディングの効率を大きく向上させることができる．ただし，漠然とした指示はLLMが勝手に解釈してしまうため，できるだけ具体的かつ論理的に指示することが重要だ．さすがに「シングルセル解析の手順全部書いて」のような，ざっくりすぎる指示で生成されたコードを使うのは怖い．解析結果に責任をもつためにも，生成されたコードはちゃんとチェックしよう．
   LLMによるコード修正が特に威力を発揮するのは，グラフ描画コードの調整である．`matplotlib`や`seaborn`を使用したグラフの微調整は，しばしば非常に煩雑である．LLMに「データが重ならないように点の大きさをもうちょっと小さく」や「凡例をもうちょっと右上に移動したい」といった指示を与えることで，グラフ描画コードを簡単に修正できる．もちろんこの場合も，データに不要な変換が適用されてしまっていないか，チェックは必要である．
4. **デバッグ支援・リファクタリング支援**
   バグの可能性がある箇所の指摘や，コードの最適化提案，より読みやすく保守性の高いコードへの書き換え提案など，コードの品質向上のためのサポート．
5. **ドキュメンテーション支援**
   関数やクラスの適切なドキュメント文字列の生成，README ファイルの作成補助，API ドキュメントの下書き作成など，コードの可読性と保守性を高めるための支援．

4番目，5番目は，情報解析ツールやウェブアプリケーションを開発するバイオインフォマティクス研究者にとって有用な機能である．一方，データ解析においては，1～3番目の活用法が特に有用だろう．これらの具体例は後述する（**2.4**参照）．

2.3.3 LLM利用の注意点

LLMは確かにプログラミングのさまざまな場面で強力なツールとなりうるが，利用に際して気をつけなければならない点は多くある．以下，LLM活用時に留意すべき点をあげる．

1. **情報の正確性**
   LLMの提供する情報は必ずしも最新かつ正確であるとは限らない．特に，急速に進化するプログラミング言語やフレームワーク，最新のバイオインフォマティクスツールやライブラリに関しては，LLMの学習データが古い可能性がある．したがって，LLMの回答はあくまで出発点として捉え，常に公式ドキュメントや信頼できる最新のリソースで情報を確認することが不可欠である．
2. **コードの品質**
   LLMが生成するコードは，必ずしも最適化されているわけではない．自然言語で与えた指示をLLMが曲解してしまっている可能性もある．生成されたコードは必ず人間が精査し，データ操作や変換の妥当性を確認したほうがいい．

3. **セキュリティとプライバシーの問題**

LLMにコードや機密情報を入力する際は，セキュリティとプライバシーのリスクを十分に認識する必要がある．民間企業のサーバにデータを送信するため，情報漏洩の危険性もあるし，企業のモデル改善に利用される可能性もある．機密性の高い解析コードや個人情報をLLMサービスに入力することは避けるべきである．データや解析手順の機密性が高い場合は，本番用のコードそのものを生成させるのではなく，トイデータを使用した小規模テスト用コードを生成させて，特定の関数の使用方法を確認し，それを参考に自身のコードを自力で修正する，といった抑制的な使い方をするのが望ましいかもしれない．

4. **著作権の問題**

LLMが生成したコードや提案を利用する際は，著作権やライセンスの問題に注意を払う必要がある．AIコード生成ツールの著作権問題は，現在も法的にグレーな領域である．特に，LLMで生成したコードをオープンソースソフトウェア開発に用いるなど，コードを公開する場合は，ライセンスがややこしいことになる．ツールによっては著作権侵害を避けるためのガードレール機能が設置されていることもあるが，この場合もやはり，可能な限り，生成されたコードをまるまるコピペするのではなく，アイディアとして参考にして自力で書き直すのが望ましい．

5 **過度の依存によるリスク**

LLMへの過度の依存は，プログラマ自身のスキルを低下させる可能性がある．ピアノも一週間触れていなければ自覚できるほど腕が落ちる．本来たった二行のコード追加で対応できるはずの修正が，書き方を忘れてしまったために，コード全体をLLMに提示して，何度も対話して修正することで，かえって作業効率が落ちることもある．また，一部のLLMサービスは有料であり，頻繁な利用による金銭的コストも無視できない．節度をもった利用が大事である．

2.4 LLM利用の具体例

単純な例で，LLMを利用して本書に関連したプログラミングを効率化する方法を見てみよう．なお，この項で使用するScanpy（**付録B**）やmatplotlib（**9章**）などは本書の後半で詳しく解説しているので，人によっては一度最後まで読んだあとにもう一度この項を読むと，理解がしやすいと思う．題材とするのは，Scanpyで処理したファイルの解析である．Scanpyで用意されている散布図描画関数による見た目が気に入らず，AnnDataオブジェクトから，UMAP次元削減した座標情報とLeidenクラスタリングの情報をとり出して，matplotlibを使って自前で散布図を描画したい，という設定でいこう．

まずは，AnnDataオブジェクトの読み込み方法をChatGPTとClaudeに質問することからはじめてみよう（**図2.1**）．どちらのチャットボットも，`scanpy.read_h5ad()`関数を使用してh5adファイルを読み込む方法を説明した（**図2.1**）．Scanpyほど広く使われているライブラリに関する質問だと，そこそこ高い精度で回答してくれる．

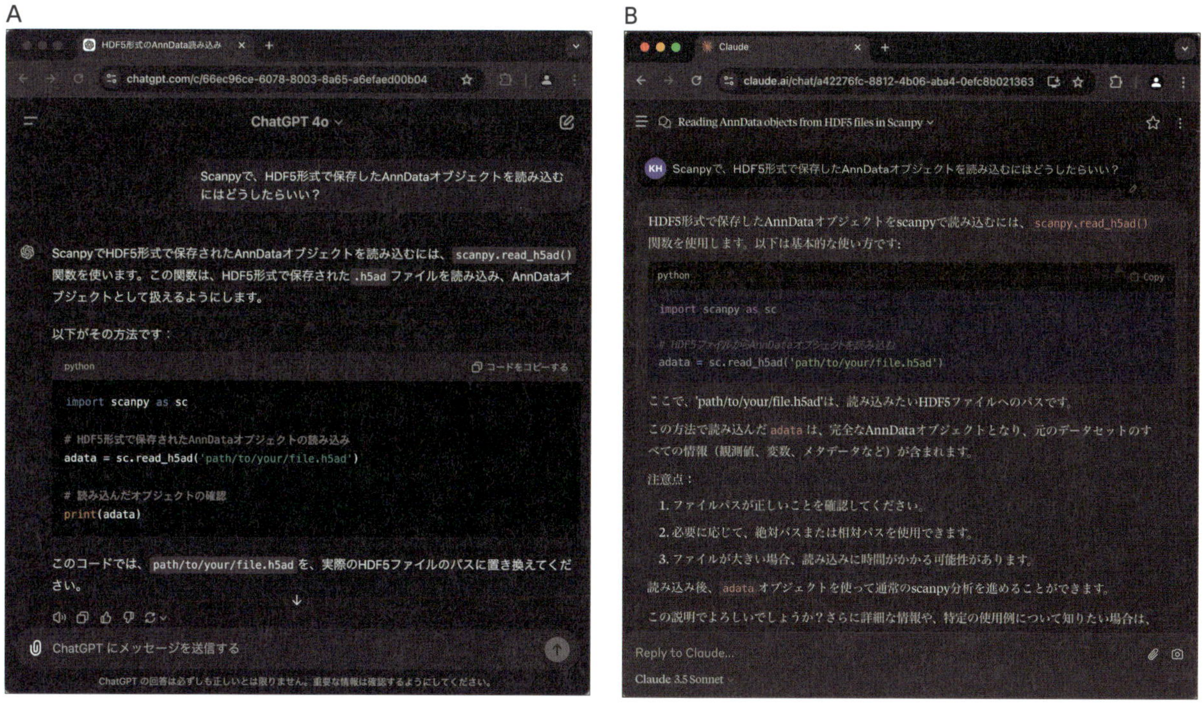

図2.1　ChatGPT（A）とClaude（B）に「Scanpyで、HDF5形式で保存したAnnDataオブジェクトを読み込むにはどうしたらいい？」と質問した結果

次に，Github Copilotを使って，コード生成を行ってみよう（**図2.2**）．さきほどの質問でデータの読み込み方法はわかったので，scanpy.read_h5ad()でAnnDataを読み込んだ後，「AnnDataオブジェクトから、UMAP次元削減した座標情報とLeidenクラスタリングの情報をとり出して，matplotlibのscatter関数を使って自前で散布図を描画する」というコメントを追加する．Github Copilotは，このコメントに基づいて適切なコードを提案してくれる．図では，灰色の文字で表示されている部分が，Github Copilotによって自動生成されたコードである．自然言語によるコメント文の指示のみでコンテキストを解釈し，適切なコードを提案してくれている．この状態でタブキーを押すと提案コードが採用される．

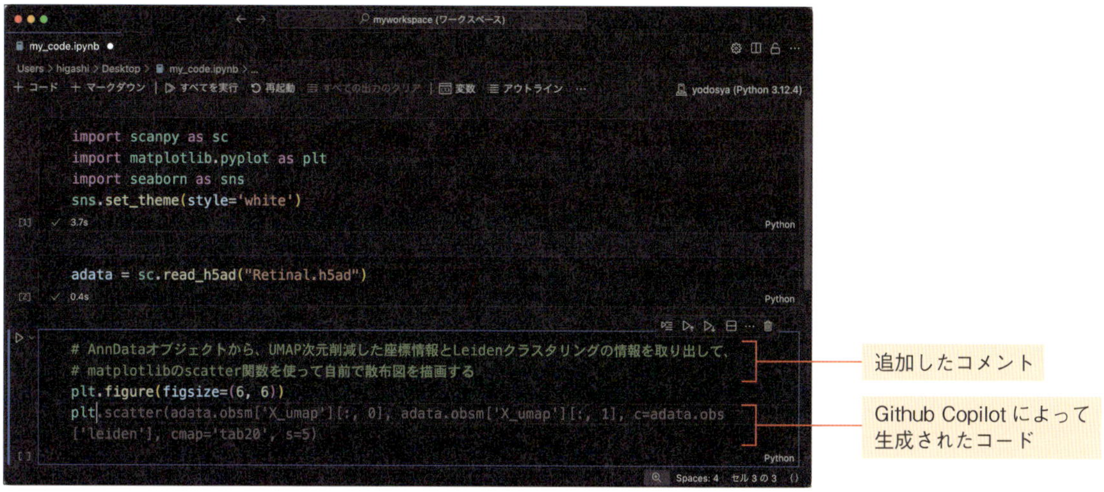

図2.2　Github Copilotによるコード提案

コードが生成されたら，実行してみる．エラーが発生した場合や，コードの特定の部分について詳しく知りたい場合は，再びAIツールの出番となる．例えば，発生したエラーメッセージに関して，該当部分を選択して，Cursorエディタ上でLLMに説明を求めることができる（**図2.3**）．Github Copilotでも同様のことが可能である．ここで納得いくまで相談したり，LLMによる提案コードを採択することで，自動的にコードが修正されたりする．

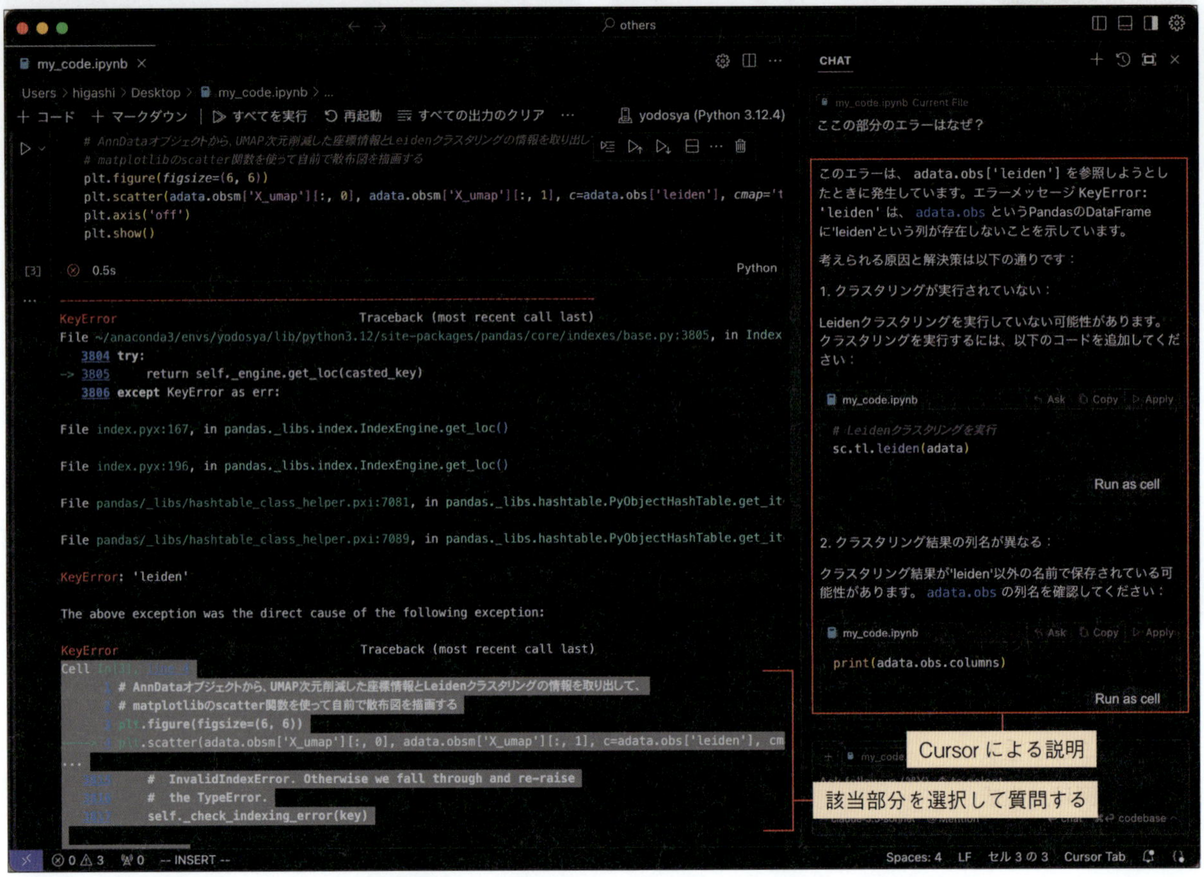

図2.3　Cursorによるエラーメッセージの解説

最後に，生成されたコードを微調整したい場合も，AIの助けを借りることができる（**図2.4**）．例えば**図2.4-A**では，出力された図の見た目が気に入らないため，「キャンバスの枠や軸ラベルは不要」「カラーバーじゃなく、ちゃんとした凡例にして」といった指示を与えている．実行すると適切に修正したコードが提案される．提案コードを採択し，いくつか新たに発生したエラーなどもAIと相談しながら修正した結果が**図2.4-B**である．

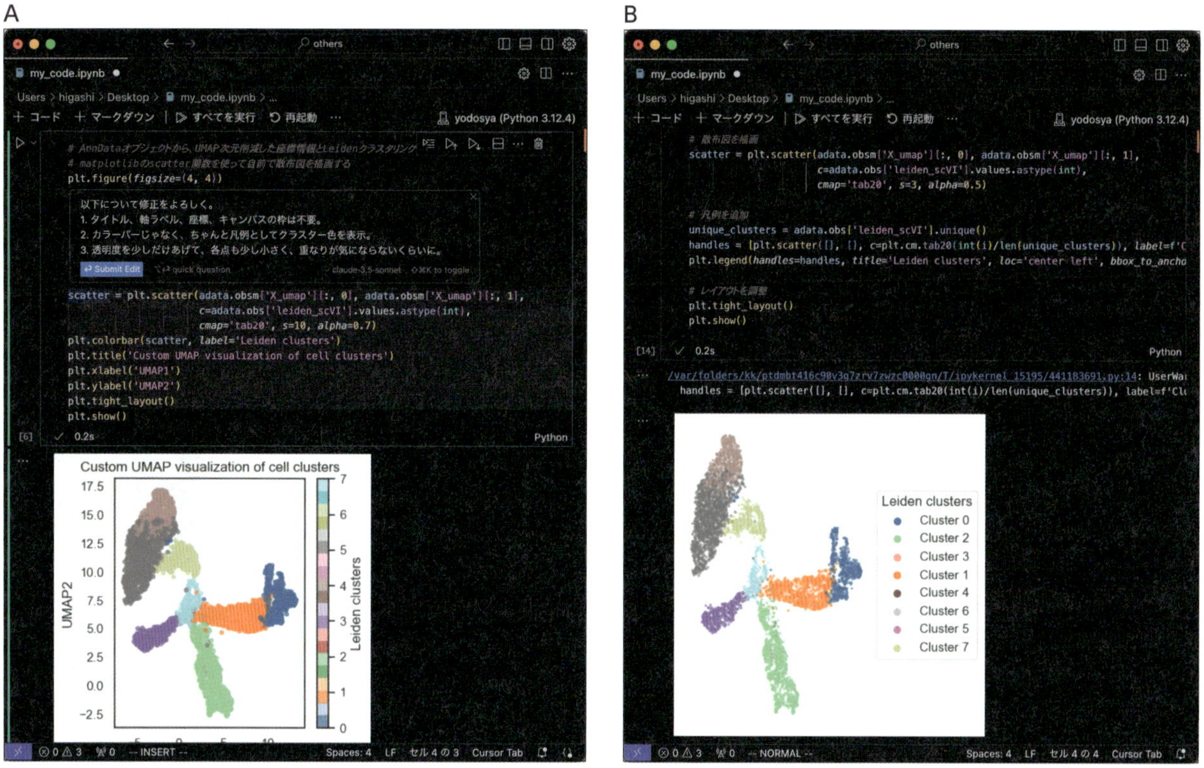

図2.4　自然言語指示によるコード修正

このように，AIツールを活用することで，データの読み込みから可視化まで，効率的にコードを作成し，デバッグし，改善することができる．ただし，生成されたコードは常に慎重に確認し，必要に応じて手動で調整することが重要だ．AIは強力な助手だが，最終的な判断と責任は人間側にあることを忘れてはならない．

以上の例は，生成AIを活用したプログラミングの一例に過ぎない．実際の研究や開発において，より複雑な問題や大規模なプロジェクトにも同様のアプローチを適用できるだろう．AIツールを賢く使いこなすことで，プログラミングの効率を大幅に向上させ，より創造的な問題解決に時間を割くことができるようになる．

2.5 おわりに

生成AIの登場は，プログラミングの世界に革命的な変化をもたらした．LLMを活用したツールは，コード生成，デバッグ，最適化など，プログラミングのさまざまな側面で強力な支援を提供する．特に生物学研究では，複雑なデータ処理や解析タスクの効率化に大きく貢献する可能性を秘めている．

しかし，これらのツールは万能ではない．生成されたコードの品質，セキュリティなど，注意すべき点も多くある．また，AIへの過度の依存は，長期的には自身のプログラミングスキルの低下を招く恐れがある．したがって，LLMなどのAIツールは，あくまでも強力な補助手段として捉えるべきである．基本的なプログラミングスキルと，問題を論理的に分析する能力は，依然として不可欠だ．AIと人間の長所を組合わせることで，より効率的で創造的な問題解決が可能になるだろう．

今後，AIツールはさらに進化し，プログラミングの方法論も変化していくことだろう．常に最新の動向に注目し，新しいツールや技術を積極的に学び，適切に活用する姿勢が重要である．AIと共存しながら，バイオ情報解析の質と効率を高めていくことが，これからの研究者に求められる重要なスキルとなるだろう．

第3章

Jupyter Notebookの使い方

谷澤靖洋

本章の目的

Jupyter Notebook（ジュピターノートブック）はWebブラウザ上で動作するPythonのプログラミング実行環境である．対話式でコーディングを行えるのが特徴で，実行した結果は同じ画面内にすぐに表示されるためトライ＆エラーを繰り返しながらのプログラミングや学習にたいへん便利である．特に表形式データを扱うための**pandas**モジュールやグラフ描画のための**Matplotlib**モジュールとは親和性が高く，データサイエンスや機械学習においてJupyter Notebookは標準的なツールになっている．本章ではJupyter Notebookの基本的な使い方について紹介する．

3.1 Jupyter Notebookの基本操作

3.1.1 インストールと起動

第1章の手順に沿って**Miniconda**あるいは**Miniforge**を導入していれば特に追加で必要となるものはなく，すぐにJupyter Notebookが使用できる状態になっている．Minicondaを使用している場合には，conda install notebookで，Miniforgeを使用している場合には，mamba install notebookでインストールできる．また，Miniconda/Miniforgeのいずれも使用していない場合は，Pythonのモジュール管理ユーティリティpipを使用してpip install notebookでインストールできる．

Jupyter Notebookを起動するには，ターミナルを開き任意のディレクトリに移動したあと，次のコマンドを実行する．

```
jupyter notebook
```

Webブラウザが自動的に開き，**ダッシュボード**とよばれる初期画面が表示される（**図3.1**）．ダッシュボード内にはJupyter Notebookを起動したディレクトリ内のファイルやサブディレクトリが見えている．この画面ではファイルやディレクトリの操作，および実行中のノートブックの管理が行える．

本章の執筆にあたりmamba install -c bioconda python notebook biopython bcbio-gff pyfaidx pandas matplotlibで必要なライブラリをインストールし，Python==3.12.3, notebook==7.2.1, Biopython==1.83, bcbio-gff==0.7.1, pyfaidx==0.8.1.1, pandas==2.2.2, matplotlib==3.8.4を用いて動作確認を行った．

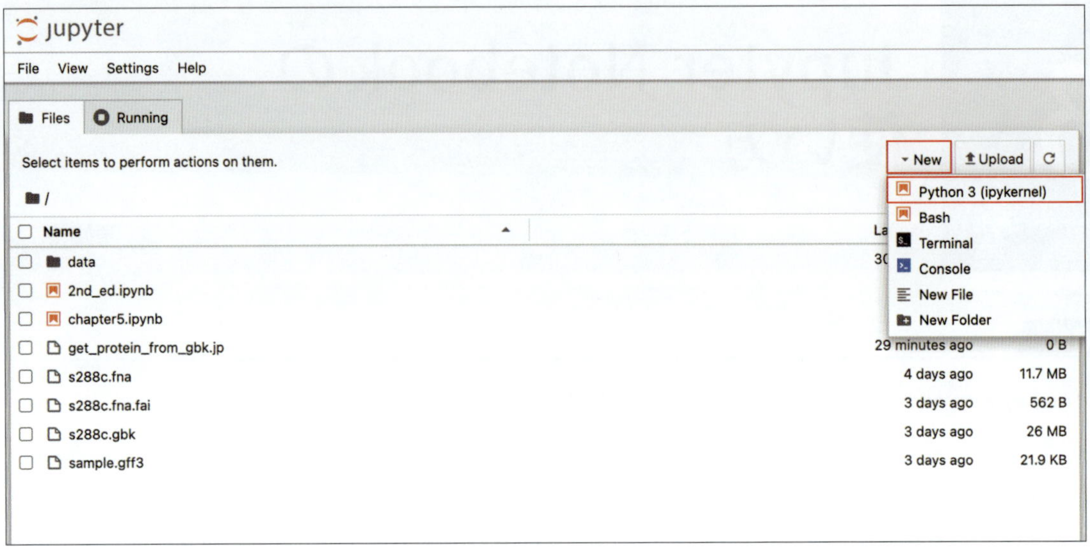

図3.1

なお，Jupyter Notebookの終了はダッシュボード上部のメニューからFile → Shut Downを選択して行う．別の方法として，Jupyter Notebookを起動したターミナルに戻りキーボードのCtrlキーを押しながらcキーを押す（Ctrl-c）と，確認メッセージが表示されたあとに終了させることができる．

3.1.2 新規ノートブックの作成

Jupyter Notebookで書いたコードは**ノートブック**（.ipynb）という形式で保存される．ノートブックには，コードだけでなく，その結果や画像，説明書きなども含めることができるため，ファイルを配布することで他のコンピューター上でも同じ解析手順を容易に再現できるようになっている．また，コードリポジトリ**GitHub**[注1]にノートブック形式のファイルをアップロードすると，Jupyter Notebook上で操作するのと同じように見栄え良く整形して表示される．先進ゲノム解析研究推進プラットフォーム（先進ゲノム支援）で行われた過去の講習会資料もノートブック形式でGitHubに公開されており，本書の原稿のほとんどもJupyter Notebook上で執筆されたものである．

新しくノートブックを作成するには，ダッシュボード右上の**New**ボタンを押し，**Python3**のカーネルを選ぶ（**図3.1**）．カーネルとはプログラミング言語ごとに用意された実行環境で，Python以外にもBashや追加でインストールすることで他の言語のカーネルも利用可能となっている．新規作成を行うとブラウザに新しいタブが開かれ編集画面が表示される．本書のサンプルファイルなど既存のノートブックを開くにはダッシュボードに表示されているファイル一覧から目的のファイルをクリックする．

編集画面の上部には各種のメニューやアイコンが並び，その下には**セル**とよばれる入力フォームが表示されている．セルにPythonのコードを書くことでプログラムを実行できるようになっている（**図3.2**）．

注1）ソフトウェアのソースコードを管理するためのWebサービス（github.co.jp）．GitHubで公開されている生命科学用のソフトウェアも多い．ソースコードの管理にはGitというツールを用いる．

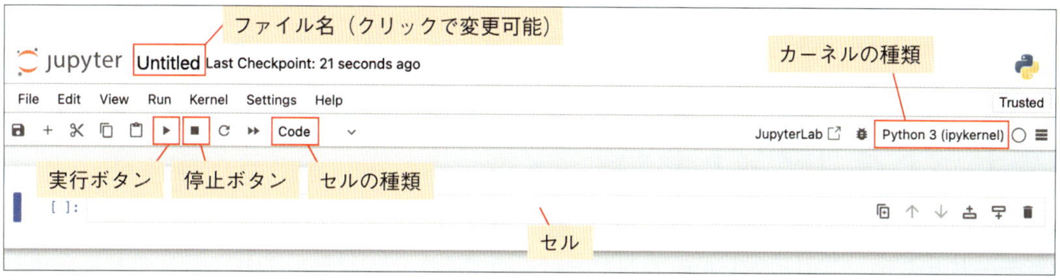

図3.2

3.1.3　コードの実行

セル内をクリックして下記のように入力したあと，実行ボタンを押してみよう．即座にコードが実行されその結果がセルの下に表示される．

実行ボタンを押す代わりにShiftキーを押しながらReturn/Enterキーを押し（Shift-Return/Enter）てもセルを実行できる．また，Return/Enterキーを単独で押した場合にはセル内で改行されるので，複数の行からなるコードを1つのセルに入力することができる．本章以降の章では，入力セル，出力結果を簡略化した形で示す（**図3.3**右）．

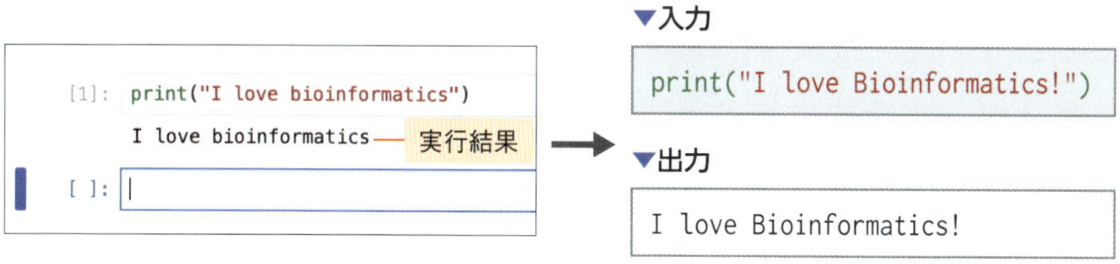

図3.3

Jupyter Notebookではprint()関数を使用しなくてもセルの最終行を処理したときに得られた値（**評価値**）が実行時に自動的に表示されるため，変数だけを入力してセルを実行することで変数の中身を簡単に確認できる．なお，最終行が単なる代入処理のように評価値が得られない場合には出力されない（**図3.4**）．

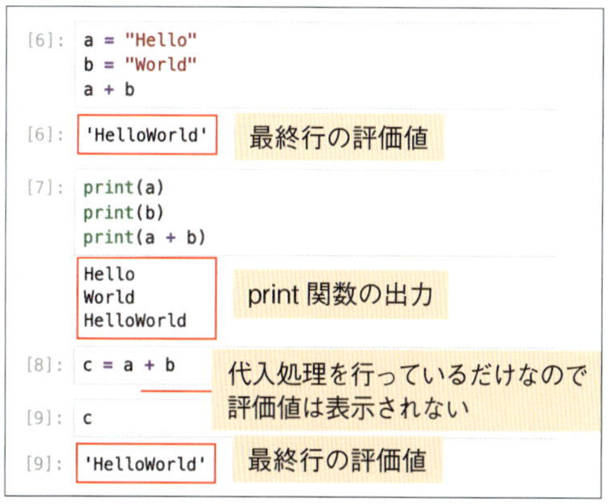

図3.4

無限ループになるようなコードを実行してしまったときや処理に時間がかかるコードを実行した際に途中で停止させたいときには，**停止ボタン**を押すことで処理を中断することができる（**図3.2**）.

3.1.4 編集モードとコマンドモード

選択されているセルの状態に注意しておこう（**図3.5**）．カーソルがセルの内部にあり文字入力が可能になっている状態を**編集モード**とよび，このときセル内の入力欄が青枠で囲まれている．これに対してセル全体が青枠で囲まれている状態を**コマンドモード**とよび，文字入力ができない代わりに，セルのコピー，ペースト，順番の入れ替えといったセル自体の操作を行うことができる．これらは画面上部のメニューやアイコンからも行えるが，頻繁に行う操作については後述するようにキーボードからのショートカットを利用したほうがよいだろう．

マウスで操作する場合，セル内のフォーム部分をクリックした場合には編集モードになり，フォームの周りの部分をクリックした場合にはコマンドモードとなる．また，コマンドモードでReturn/Enterキーを押すと編集モードに切り替わり，逆に編集モードでESCキーを押すとコマンドモードに切り替えることができる．セル間の移動はカーソルキーでも行うことができる．

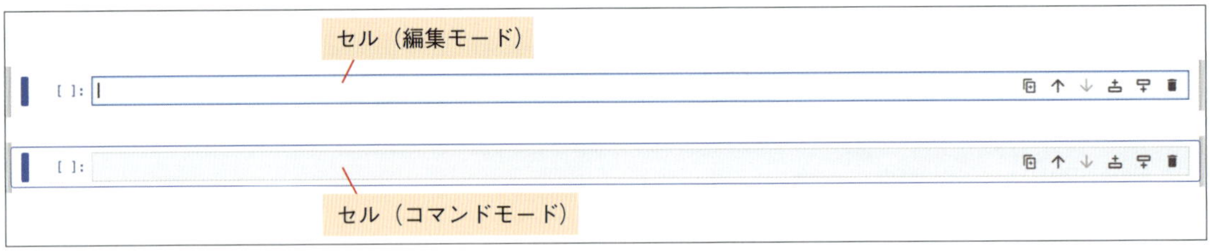

図3.5

3.1.5 セルの種類

本章でここまで使用してきたセルは**コードセル**とよばれ，Pythonコードを記述し実行するために用いられる．セルの種類はアイコンバーのドロップダウンリストに表示されていて（**図3.2**），ここから他の形式に変えることができる．コードセル以外に**マークダウン（Markdown）セル**と**Raw NBConvertセル**がある．マークダウンセルではマークダウン記法[注2)]を使って文字の書式や箇条書きなどの修飾を簡単に行うことができる．マークダウン記法についてはWebで検索すればさまざまな解説サイトが見つかるので参考にしてほしい．以下にマークダウンセルの記述例と実行結果を示す（**図3.6**）.

注2) 簡単な記号を組み合わせて，見出し／表組みや，テキストの修飾を行う記法．対応するソフトウェアを使えば自動で整形を行ってくれるが，専用のソフトウェアを用いなくても文章の構造がわかりやすい形式になっている．

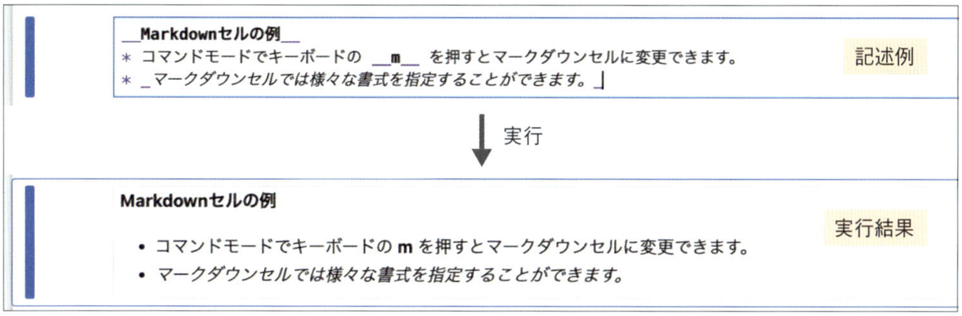

図3.6

また，マークダウンセルではLaTeX[注3]を使った数式の記述もできる．行内に数式を埋め込む場合は$で囲い，ブロックとして記述したい場合には$$で囲んで記述する（**図3.7**）．

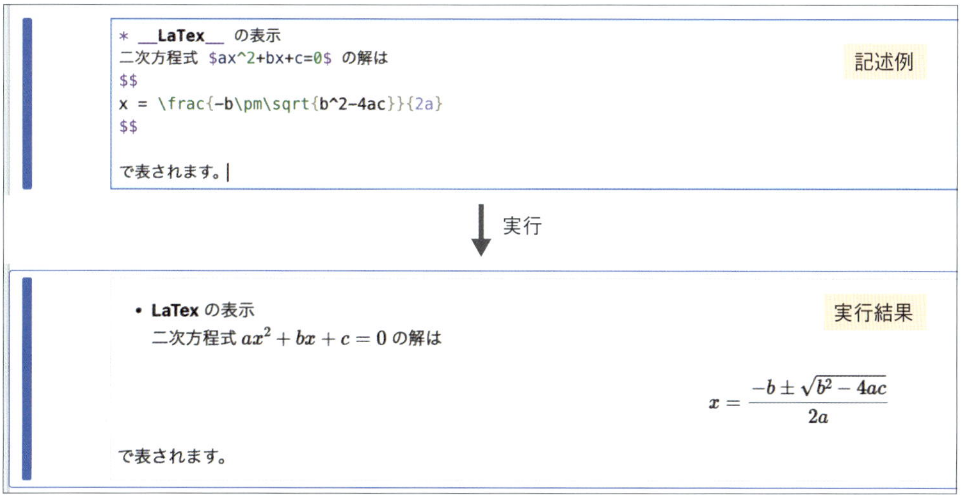

図3.7

Raw NBConvertセルでは改行やスペースが入力した通りに表示される．ただし，書式の設定はできない．

3.1.6 ヘルプの表示とキーボードショートカット

キーボードのCmd (Ctrl) + Shift + hキーを押すと**キーボードショートカット**の一覧を示すヘルプ画面が表示される．利用できるショートカットはコマンドモードと編集モードのそれぞれで異なる（**図3.8**）．

このうち，特に頻繁に使用し重要と思われるものを以下に抜粋する（**表3.1**，**表3.2**）．

その他，コピー／ペーストなど，編集モードではテキストを入力する際の一般的なキーボードショートカットの多くを使用できる．

注3) テキストベースの組版処理システムおよびそのための記述法で，特に数式を整形することに優れている．Donald E. Knuthによって開発されたTeXを拡張してLeslie Lamportが開発を行った．

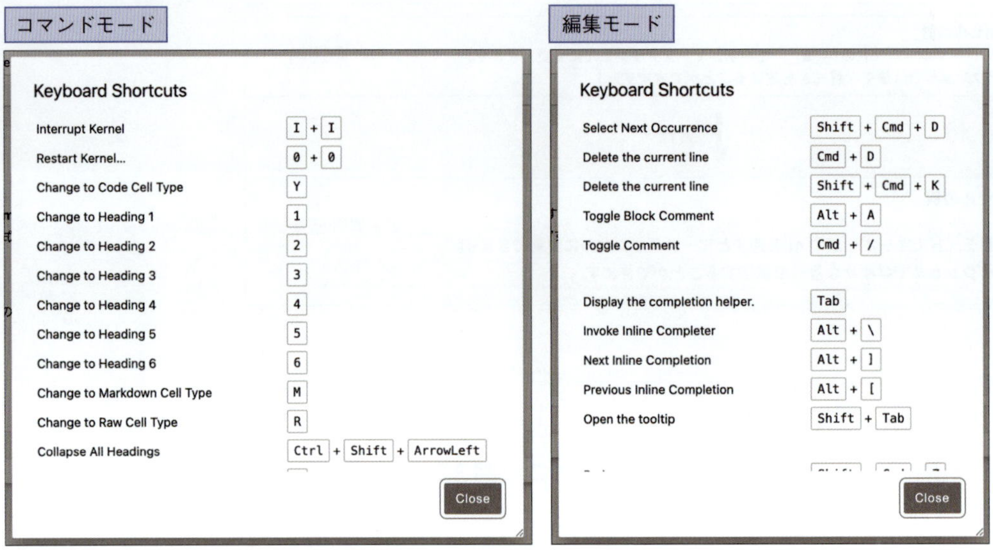

図3.8

表3.1　コマンドモードで使えるショートカット

目的	ショートカット	備考
編集モードへの切り替え	Return/Enterキー	
セルの実行	Shift-Return/Enter	編集モードでも使用可能
セルの削除	dキーを続けて2回押す	削除を取り消すにはzキーを押す
上にセルを挿入	aキー	aboveの意味
下にセルを挿入	bキー	belowの意味
セルのコピー	cキー	
セルのカット	xキー	
セルのペースト	vキー	
検索と置換	fキー	
マークダウンセルへの変更	mキー	
コードセルへの変更	yキー	

表3.2　編集モードで使えるショートカット

目的	ショートカット	備考
コマンドモードへの切り替え	Escキー	
インデント	(行の先頭で) Tabキー	半角スペース4個分挿入される
インデントの解除	(行の先頭で) Shift-Tab	
コメントアウト	Cmd (WindowsではCtrl) -/	行の先頭に#を挿入してコメントアウトする．その状態でもう一度実行すると解除される．複数行選択した状態でも使用可能
自動補完候補を表示	(入力の途中で) Tabキー	
ポップアップでヘルプ表示	(変数や関数にカーソルを合わせて) Shift - Tab	変数の内容や関数のヘルプ等を表示できる

3.1.7 コマンドパレット

メニューバーやアイコンから利用できる機能は**コマンドパレット**から呼び出すこともできる．コマンドモードでキーボードのCmd（Ctrl）＋shift＋cキーを押すとコマンドパレットを表示でき，入力欄に文字を入力していくと表示される項目を絞り込んでいくことができる（**図3.9**，インクリメンタルサーチ）．

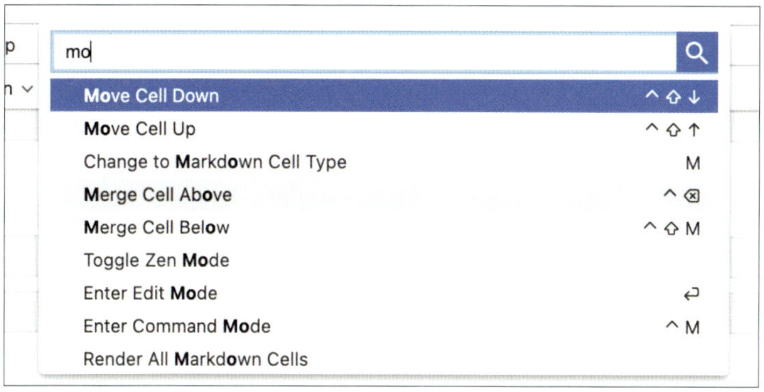

図3.9

3.2 Jupyter Notebookの便利な機能

3.2.1 コマンドの補完

コードセルでの文字入力の途中でTabキーを押すと，その時点で入力可能な候補（変数名や関数名など）が表示される（**図3.10**，補完）．文字を続けて入力していくことで候補を絞り込むことができ，候補が1つだけであれば自動で入力される．

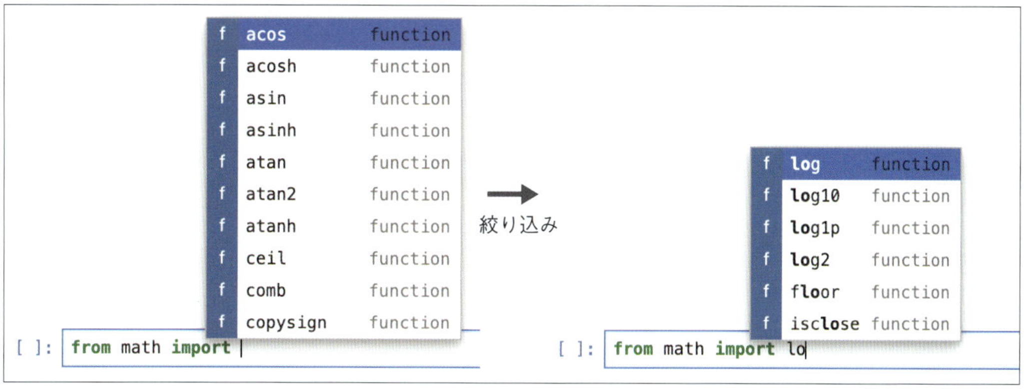

図3.10

3.2.2 ヘルプの表示

変数や関数の後ろに?をつけて実行する（Shift-Return/Enter）と**ヘルプ**を表示させることができる（**図3.11**）.

```
[18]: log?

      Docstring:
      log(x, [base=math.e])
      Return the logarithm of x to the given base.

      If the base is not specified, returns the natural logarithm (base e) of x.
      Type:      builtin_function_or_method
```

図3.11

また，変数や関数にカーソルを合わせた状態でShiftキーを押しながらTabキーを押す（Shift-Tab）と，変数の内容や関数の説明をポップアップで表示できる（**図3.12**）.

```
Docstring:
log(x, [base=math.e])
Return the logarithm of x to the given base.

If the base is not specified, returns the natural logarithm (base e) of x.
Type:      builtin_function_or_method
log
```

図3.12

3.2.3 マジックコマンド

さまざまな特殊な機能を提供する**マジックコマンド**には，行マジックとセルマジックの2種類がある．以下に代表的なものを挙げる．

行マジック

単独の`%`で始まるマジックコマンドは**行マジック**とよばれ，単独で効果を発揮するものと，マジックコマンドを含んだ行に対して効果を発揮するものがある．なお，**Automagic**機能が有効になっていると行マジックの先頭の`%`は省略できる．Automagicはデフォルトで有効化されている．

- `%lsmagic`

  マジックコマンドの一覧を表示する．

- `%timeit`，`%time`

  コマンドの実行時間を計測する（**図3.13**）．

```
[27]: %timeit sum([x * x for x in range(10**6)])
      74.6 ms ± 1.41 ms per loop (mean ± std. dev. of 7 runs, 10 loops each)
```

図3.13

%timeitは何度か繰り返し計測を行い，その平均を出してくれる．%timeコマンドは1回の実行時間のみを測定する．

● %run

外部のPythonプログラムを実行する（**図3.14**）．

```
[28]: %run script.py
      Hi, this is an output from an external Python script.
```

図3.14

● **ファイル／ディレクトリの操作**（%pwd，%cd，%ls**など**）

基本的な**シェルコマンド**の多くはマジックコマンドで利用できる．Automagicが有効になっている場合には%は省略できるため，ターミナルを使うのとほとんど同じ感覚でファイル／ディレクトリ操作ができる（**図3.15**）．

```
[30]: ls data/  # '%'は省略できる
      s288c.dbj     sample.fasta  script.py
```

図3.15

セルマジック

%%で始まる**セルマジック**はセル全体に対して効果を発揮する．

● %%timeit，%%time

セル全体の実行時間を表示する．

● %%bash

セル内でBash（Linuxのコマンド言語）のコマンドを実行する（**図3.16**）．

```
[32]: %%bash
      cd data
      for filename in `ls`
      do
        head -1 $filename
      done

      >chromosome01
      print("Hi, this is an output from an external Python script.")
```

図3.16

上記例ではdataディレクトリに移動したあとに各ファイルの先頭を出力しているが，これらの処理はサブプロセスとして実行されるためセルの実行前後でカレントディレクトリは変わらない．

3.2.4 シェルコマンドの利用

マジックコマンドを利用する方法以外でもシェルコマンドを実行することができる．

! をつけて任意のコマンドを実行可能

次の例はcurlコマンドを使ってDDBJからファイルをダウンロードしているものである（**図3.17**）．リダイレクト（>），パイプ（|）などのシェルの機能も利用できる．

```
[44]: !curl "https://www.ncbi.nlm.nih.gov/nuccore/AP014680.1?report=fasta&format=text" > test.txt
        % Total    % Received % Xferd  Average Speed   Time    Time     Time  Current
                                       Dload  Upload   Total   Spent    Left  Speed
      100 2261k    0 2261k    0     0   380k      0 --:--:--  0:00:05 --:--:--  521k
```

図3.17

実行結果をPythonの変数として受け取る

！を使って実行したシェルコマンドの結果はリストとしてPythonの変数に代入できる（**図3.18**）．

```
[45]: file_name = !ls data/*
      print(file_name)

      ['data/s288c.dbj', 'data/sample.fasta', 'data/script.py']
```

図3.18

Pythonの変数をシェルコマンドに渡す

{}で括ることでPythonの変数をシェルコマンドに渡すこともできる（**図3.19**）．

```
[47]: my_str = "Hello"
      !echo {my_str}

      Hello
```

図3.19

3.2.5 表形式データの表示

データ解析用のライブラリ**pandas**を使った場合，表形式データを見やすいように自動で整形してくれる（**図3.20**）．pandasの使用方法は**第7章**および**第8章**で詳説する．

```
[50]: import pandas as pd
      df = pd.DataFrame([[1, 2, 3, 4], [10, 20, 30, 40], [100, 200, 300, 400]])
      df
```

[50]:

	0	1	2	3
0	1	2	3	4
1	10	20	30	40
2	100	200	300	400

図3.20

3.2.6 グラフの描画

グラフ描画ライブラリ**Matplotlib**を使ってデータを可視化できる（**図3.21**）．Matplotlibやデータの可視化手法の詳細は**第9章**で取り扱う．

```
[54]: import numpy as np
      import matplotlib.pyplot as plt
```

```
[58]: x = np.arange(-5, 5, 0.1)
      y1 = np.sin(x)
      y2 = np.cos(x)
      plt.plot(x, y1)
      plt.plot(x, y2)
      plt.show()
```

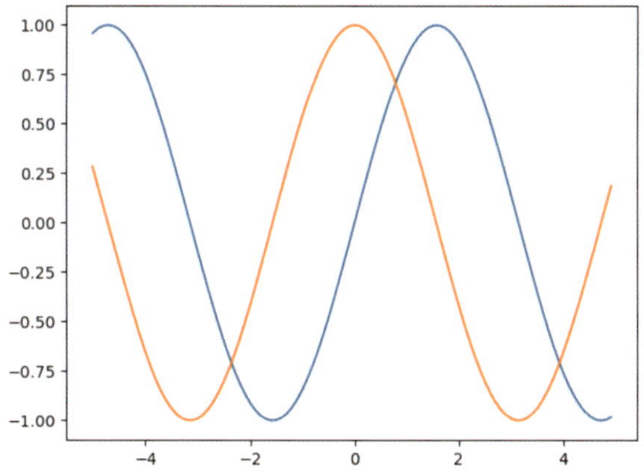

図3.21

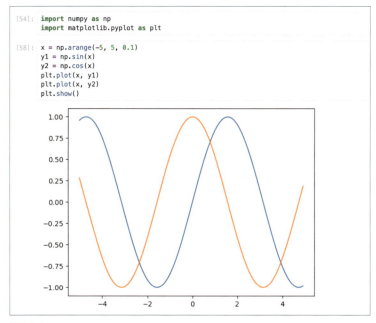

3.3 今後の学習に向けて

本書ではJupyter Notebook上で操作を行うことを想定しているが，Jupyter Notebookの後継にあたるJupyterLabやGoogleのクラウド上のJupyter環境であるGoogle Colaboratoryについても紹介しておこう．

3.3.1 JupyterLab

JupyterLabはJupyter Notebookの後継として開発がはじまった対話型統合開発環境で，複数のファイルの同時編集やターミナルとの統合などの機能強化が行われている．バージョン7以降のJupyter NotebookではJupyterLabの機能との共用化が図られており，以前のバージョンのNotebookとは大幅に外観や利用できる機能も異なっている．本改訂版執筆時点（2024年）においては，ウェブ上で得られる情報は以前のバージョンに関するものが多いため注意を要する．バージョン7以前の機能を利用したい場合には，バージョン7のNotebookに旧版（Classic Jupyter Notebook）の環境を拡張するNbClassic Extensionを導入するとよい[文献1)]．

本書の手順にしたがってJupyter Notebookをインストールしている場合，JupyterLabはすでに利用できる状態になっている．ターミナルで，

```
jupyter lab
```

と入力することで起動でき，Jupyter Notebookと同様にWebブラウザが開いて画面が表示される（**図3.22**）．

JupyterLabは統合開発環境（Integrated Development Environment, IDE）ソフトのような画面構成が特徴で，画面左端のサイドバーからファイルの管理や各種の設定ができるようになっている．また，エディタ部分の分割表示も可能で，複数のファイルやターミナルを開きながらの作業がやりやすくなっている．分割するだけでなくタブを使った複数のファイルの切り替えもできる．

本書のサンプルファイルも含め，Jupyter Notebookで作成したファイルはJupyterLab上でも同様に実行できるので，はじめからJupyterLabを使って学習を進めてもよいだろう．基本的なキーボードショートカットのほとんどは共通して使用できる．

文献1）「Jupyter Notebook as a Jupyter Server extension」github.com/jupyter/nbclassic（2024-8-1閲覧）

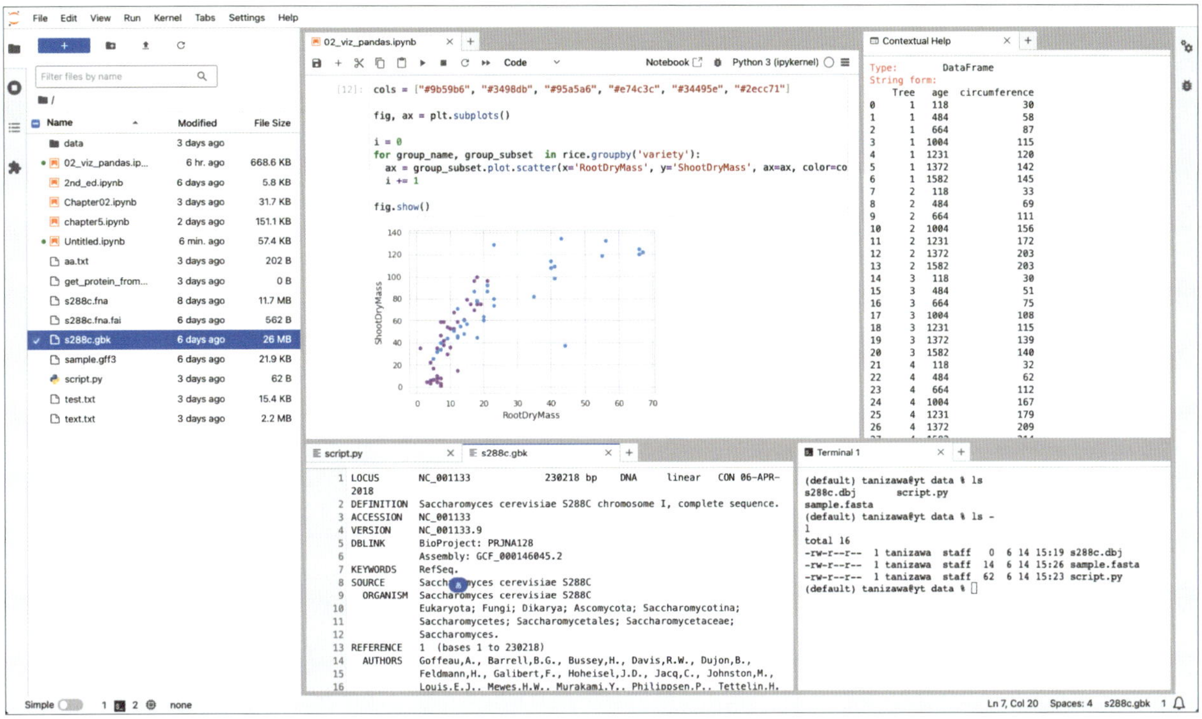

図3.22

3.3.2 Google Colaboratory

Google Colaboratory（Google Colab）はGoogleが提供するJupyter Notebookの実行環境で，Googleアカウントが必要であるがインストールや設定の必要はなく，無料で利用することができる（**図3.23**）．**GPU**（Graphics Processing Unit，画像処理に適したプロセッサー）や**TPU**（Tensor Processing Unit，Googleが開発した機械学習に特化したプロセッサー）も利用でき，必要なライブラリもインストール済みであることから，特に機械学習分野での利用に適している．

図3.23

Google Colabを利用するには，Webブラウザで`colab.research.google.com`を開く（google colabで検索すればすぐに見つかる）．

チュートリアル用のファイルを閲覧するだけであればGoogleアカウントは不要であるが，実行したり新規にファイルを作成したりするためにはGoogleアカウントでのログインが必要である．ログイン状態になっていなければ画面右上のログインボタンからログインしておく（**図3.23**）．

新規ファイルを作成する際は，メニューバーの**ファイル**から**ドライブの新しいノートブック**を選ぶ．画面構成やコマンドショートカットの方法が多少異なるが，Jupyter Notebookと同じようにコードを実行していくことができる（**図3.24**）．

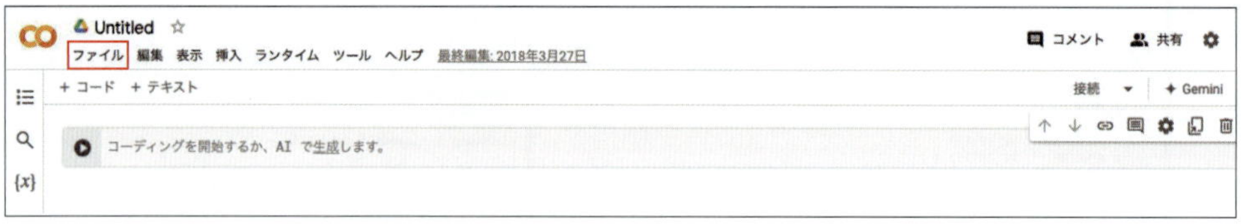

図3.24

なお，ファイルはGoogle Drive上に作成される`Colab Notebooks`というフォルダ内に保存される．

別の起動方法として，Google Driveの**新規ファイルの作成**でGoogle Colabのファイルをあらかじめ任意の場所に作成したり，手元のノートブックをGoogle Drive上にアップロードしたりして，それを開くことでも行える．新規ファイルの作成は，Google Drive上の**新規**ボタン→**その他**→**Google Colaboratory**を選ぶことで行える（**図3.25**）．なお，初めて使用する際には**アプリを追加**でGoogle Colabを追加しておく必要がある．

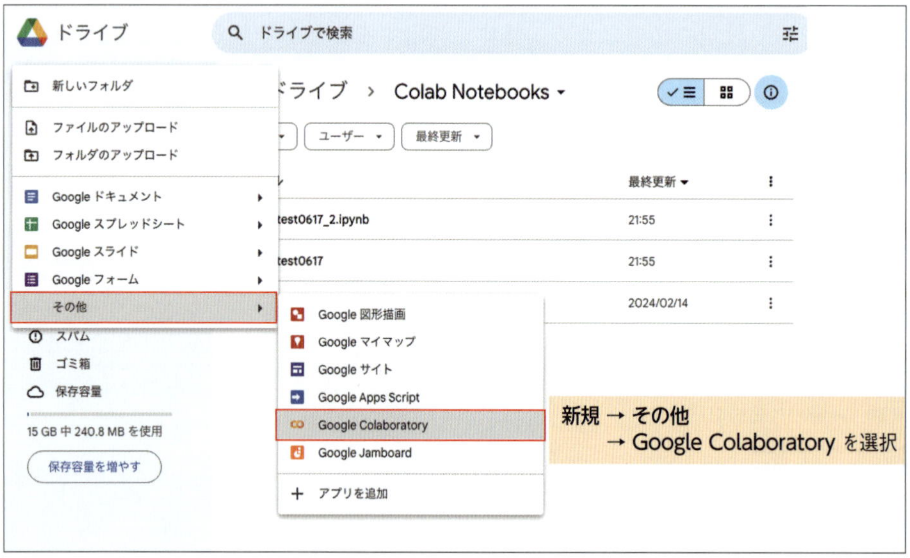

図3.25

Google Drive上のファイルをGoogle Colabで開くには，ファイル上で右クリックし，**アプリで開く→Google Colaboratory**を選択する（**図3.26**）.

図3.26

以下にGoogle Colabを使用するうえでの注意点をいくつか述べる.

時間制限

Google ColabはGoogleクラウドの仮想マシン上で動作しており，利用には時間制限がかけられている．**仮想マシン起動後12時間**が経過すると実行中であったとしても仮想マシンは破棄される．ただし，Google Driveに保存したノートブックやデータファイルは残る．また，ブラウザの**ウィンドウを閉じて90分**が経過した場合など長時間放置した場合には仮想マシンから切断される.

外部リソースの利用

仮想マシン外のリソース（自分のコンピューター上にあるデータファイルなど）を利用するためには，仮想マシンにファイルをアップロードしたり，仮想マシン側からファイルを参照できるようにしたりする必要がある．いくつかの方法が公式ドキュメント[文献2)]に紹介されているが，Google Driveを介してファイルのやりとりを行う方法を以下に解説する．なお，インターネット上で公開されているファイルに関しては`curl`や`wget`などを使って仮想マシン側から直接ダウンロードすることができる（Jupyter Notebookと同様，シェルコマンドの実行は！をつけることで行える）.

文献2） google colaboratory「外部データ：ローカル ファイル、ドライブ、スプレッドシート、Cloud Storage」colab.research.google.com/notebooks/io.ipynb（2024-11-18閲覧）

以下の手順例では，Google Drive上にあらかじめ作成したcolab_dataというフォルダ内のファイルを参照する方法を示す．はじめにGoogle Driveを仮想マシンにマウントするため，Colab上で以下のコマンドを実行する．

```
from google.colab import drive
drive.mount("./gdrive")
```

2行目のコマンドはカレントディレクトリ（初期状態では/content）にgdriveという名称でGoogle Driveをマウントすることを意味している．gdriveの部分は任意の名称でよい．実行するとGoogleドライブへのアクセスを確認するウィンドウが表示されるので，画面の指示に従ってGoogleのアカウントで認証を行う．

認証に成功すると，Googleドライブ上のファイルやフォルダはgdrive/MyDrive（絶対パスでは /content/gdrive/MyDrive）の配下にマウントされる．例えばGoogleドライブ上で/data/test.tsvにあるファイルはgdrive/MyDrive/data/test.tsvというように参照できる（**図3.27**）．

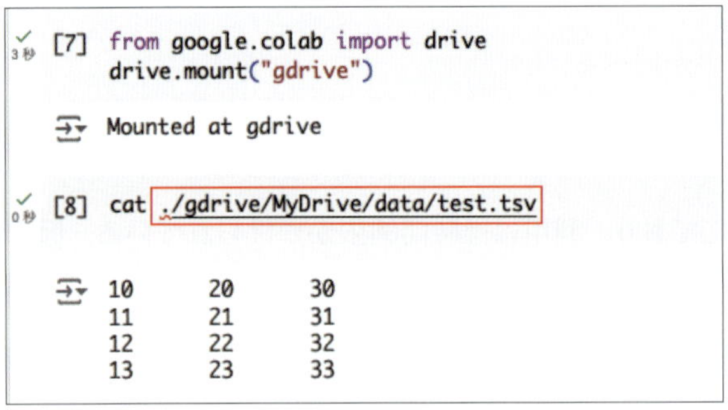

図3.27

モジュールのインストール

本書で利用するpandasやMatplotlibなどの拡張モジュールの多くはインストール済みなので初期状態から利用できる．Google Colabに含まれていないモジュールについては！をつけてpipコマンドを実行することで自分でインストールすることができる（**図3.28**）．

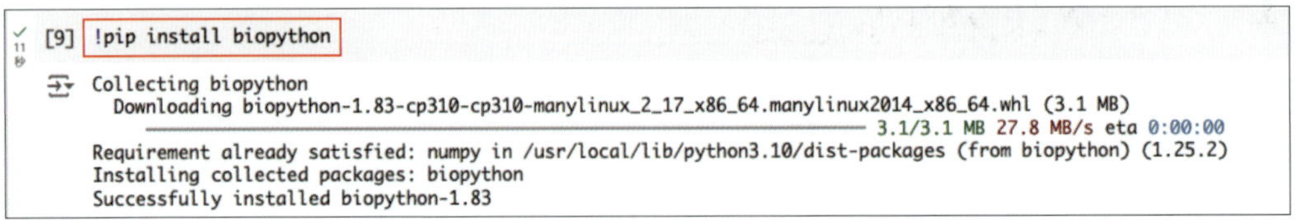

図3.28

GitHubからのインポート

GitHubで公開されているJupyter Notebookのファイルをインポートし，Google Colab上で実行することができる．メニューバーから**ファイル→ノートブックを開く→GitHub**と選択するとGitHubのファイルを指定するダイアログが表示される．URL（あるいはGitHubのアカウント名）を指定して検索を実行するとリポジトリが含まれるノートブックファイルの一覧が表示されるので，目的のノートブックを選択して開くことができる．**図3.29**には先進ゲノム支援の講習会リポジトリでの例を示す．

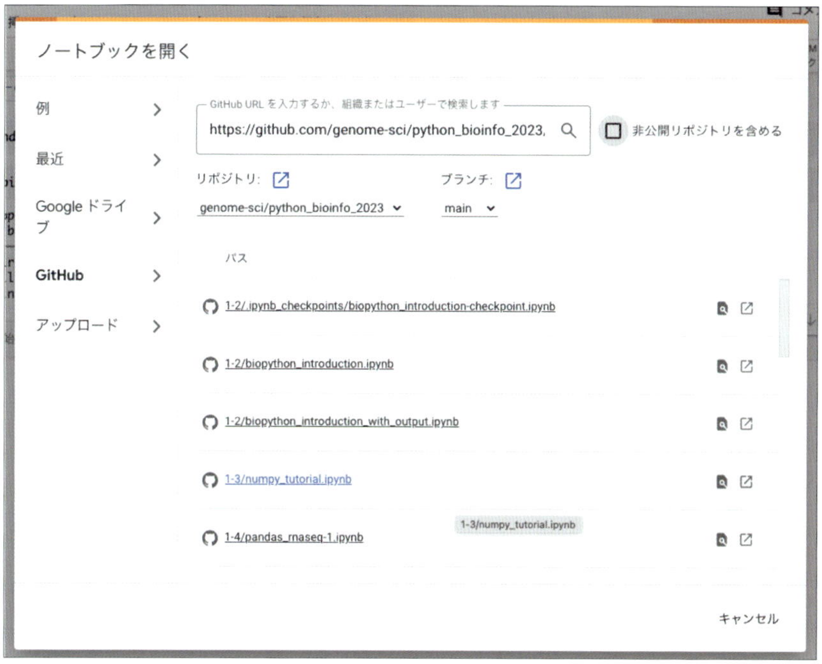

図3.29

一般に，インターネット上で公開されているファイルを扱う際には安全性に注意する必要がある．Google Colabでは，Googleが作成したノートブック以外を開いて実行する際にはセキュリティに関しての警告が表示される．インポートしたファイルは，**ファイル→ドライブにコピーを保存**を行うことでGoogle Drive上に保存できる．

生成AIの利用

Google Colab上でGoogleが開発している**生成AI Gemini**が利用できる．メニューバーの**Gemini**ボタンを押すと対話パネルが開き質問をすることができる．また，新規セル上のAIで「**生成**」をクリックするとプロンプト入力欄が表示され，指示に従ってコードが自動生成される（**図3.30**，**図3.31**）．

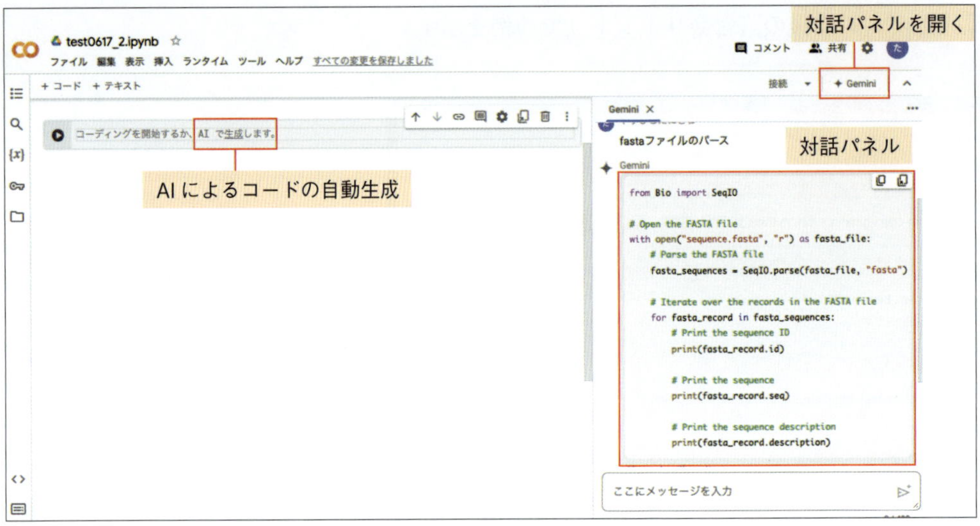

図3.30

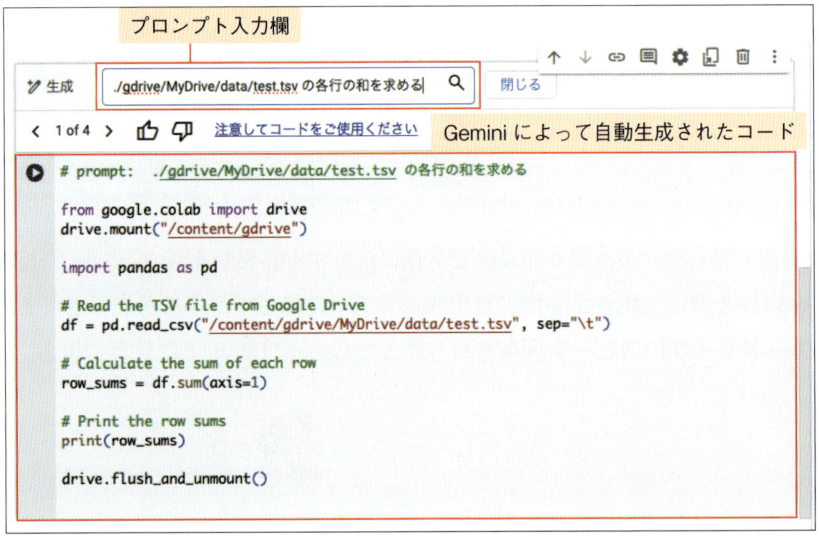

図3.31

3.3.3 Visual Studio Code

Visual Studio Code（VScode）はマイクロソフト社が開発している統合開発ツールで無料で利用できる．VScodeには，プログラムを解析して問題のある箇所の指摘や補完を行う静的解析や，GitHub Copilotに代表されるコード生成機能などさまざまな拡張機能が用意されている．VScodeの機能は多岐にわたるため詳細な説明は他の書籍やウェブ資料に譲るとして，ここではVScodeを利用してJupyter Notebookと同様にインタラクティブにコーディングを行う方法を簡単に紹介する．

以下ではVScodeにPythonの拡張機能が必要となる．これらは画面左のメニューの拡張機能アイコンを押して表示される管理パネルからインストールができる．

Notebook形式ファイルを開く

Pythonの拡張機能がインストールされていればNotebook形式のファイル（.ipynb）をVScodeで開いて実行できる．画面の左上に現在使用中のカーネルが表示されており，これをクリックすることで他のカーネルに切り替えることができる（**図3.32**）．例えば異なるモジュールがインストールされたconda仮想環境のPythonやBashのカーネルに切り替えることができる．Jupyter Notebookと同様にShift-Return/Enterを押すと選択されたセルに書かれたコードが実行できる．

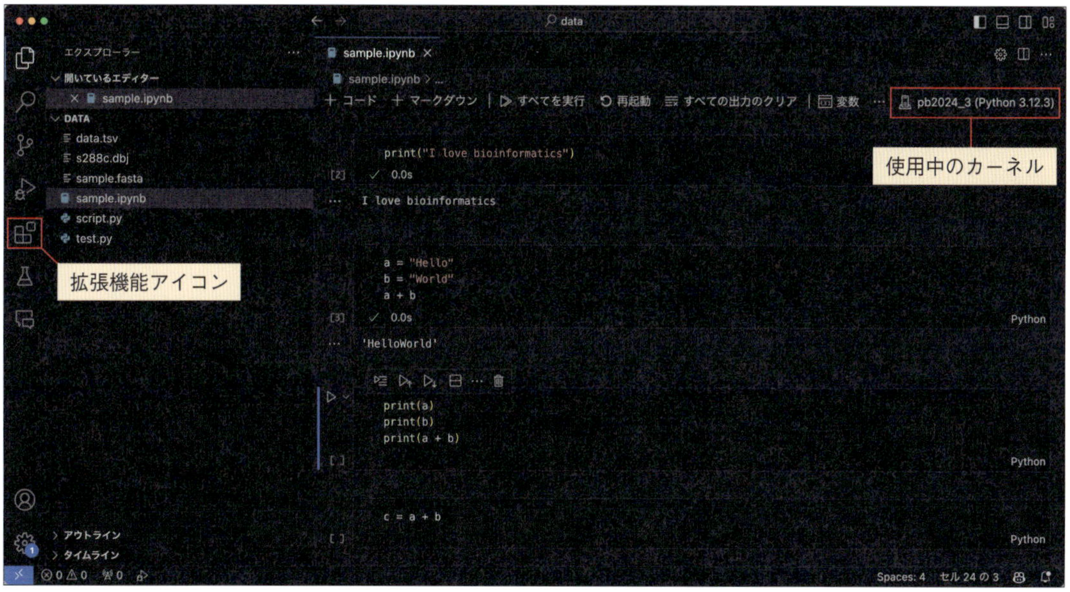

図3.32

GitHub Copilotの機能拡張をインストールしていればコードの自動生成も利用できる（**図3.33**）．このような強力な開発支援機能を利用できる点はVScodeでNotebookファイルを扱う際の大きなメリットといえる．

図3.33

Pythonスクリプトをインタラクティブに実行する

Notebook形式ではない通常のPythonスクリプトファイル（.py）を編集する際にもVScodeの機能を使ってJupyter Notebookと同様にインタラクティブにコードの実行ができる．

図3.34のようにスクリプトの途中に'#%%'を記載することでその部分を擬似的なセルとしてShift-Enter/Returnで実行でき，実行結果は画面右に即座に表示される（**図3.34**）．編集したファイルを通常のスクリプトとして実行する際には'#%%'と書かれた行はコメント行として解釈される（無視される）ので動作に影響はない．この機能は試行錯誤を行いながらスクリプトファイルを作成する際に便利である．

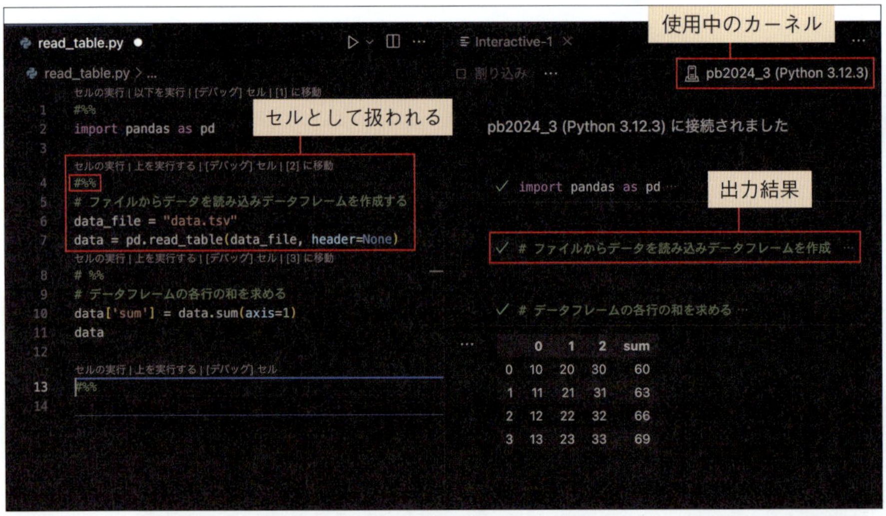

図3.34

3.4 おわりに

本章では本書の執筆／実行環境であるJupyter Notebookの使用方法について概説した．ダウンロードできるサンプルデータには，練習用のデータが含まれている．Jupyter Notebook（あるいはJupyterLabやGoogle Colab）を利用して手を動かしながら理解を深めていただきたい．

第4章

Python速習コース

新海典夫

本章の目的

さて，本章ではPython3の基本文法について「軽く」さらっておきます．あくまで本書を読み進めるうえで，押さえておいたほうがよい文法などについて述べておく，というものです．**すでにPythonを習得済みの方**にとっては，当然ご存知の事項も多く，退屈に感じられるかもしれません（もちろん飛ばしてしまってもかまいません）．このままお読みになる方は，次の段階への準備運動，次の章からの講義への露払いということで，しばしお付き合いいただけましたら幸いです．

一方，**まだPythonはちょっと**……とか，**興味があるけど触ったことはないな**……という感じの人でも，ここの内容をこなせばとりあえず次の章への準備はできます．CやPerl，Rなど，他の言語を知っている人も，Pythonの違いを知ることができると思います．ともあれ，「どっかでやった」程度の認識って大きいです．紙面の都合上，詳細な解説は類書に譲りますが，まぁこんなもの，というのはやっていればたぶんわかってくるかと．本章の本題は，あくまで「道具として」Python3を使えるように押さえておく，ということなのですから．

お願いしたいのは，プログラミングが初めての方は，ぜひJupyter Notebookで新しいノートを立ち上げ，コピペではなく，**自分でコードを打ち込んで動きを実感してみてください**，ということです．とにかくタイピングでコードを打ち込むことに慣れるのを目的に，ひたすら打ち込んでいっていただければ幸いです．**要は指の運動です**．細かい説明は気にせず，とにかく打ち込む．そして，プログラムがその通りに動くことを実感する．それで今は大丈夫です．そのほうが慣れます．

また，本章を読む際には，ぜひ，「第2章生成AIを用いたプログラミング」の内容も意識していただきながら，実際にこちらの実習にとり組むとよいでしょう．

参照先ではLLMを用いて，本書の後半でとりあげるようなかなり高度なプログラミング実装支援をさせる事例が紹介されています．ちゃんと使えばこういうこともできるとなりますね．一方，言い方はあれですが，**もっとプリミティブな，原始的な運用でも十分LLMは役に立ってくれます．**

本章を読むと最初にabs（-7）という部分が出てきます．まあ当然本の中で説明しますが，試しにchatGPT等にこのまま聞いてしまいましょう．「abs（-7）って何？」と．何かしら答えてくれることかと思います．この程度でもよい．というか恥ずかしがらずに聞けるのがよい．雑でよいのです．「""（ダブルクォーテーション）と''（シングルクオーテーション）でのテキスト行の違いは？」（後で簡単に説明します） みたいなものだっていい．エラーメッセージが吐かれたら，「英語は読みたくない」と言ってそれをそのまま張り付けて「これ何よ？」って聞いたってよいんです．お気軽に行きましょう．そこから，きちんと高度な運用に進んでいきましょう．

もちろん，ハルシネーション（AIによる幻覚）等，常にその内容が正しいかどうかという問題は付き纏います．だからこそ**こういったきちんとした教科書で勉強するのも大切**，となるのかもしれません．

なお，本章の内容は，講習会では**1時間半の講義時間で，受講者の皆さんに，説明しながら実際に打ち込んでもらいました**．つまり本書を読んでいる皆さんも，本章部分は1～4時間か，それくらいの時間でひとまず通せるはずです．**大丈夫！**注1)

それと，本章において，脚注の形でいくつか説明や参考文献などを参照する場合がありますが，とりあえずは気にせずどんどん進んでください．あとで細かい話を見ておきたかったら見直す程度で問題ありません．疑問点が出てくる場合，類書を見たりググったりすればその解消もできると思いますが，それは，それこそ本書の後半部分までトライしてからでよいかな，と個人的には思います．本章は，今後の章に向けての露払いなわけですから．

というわけで頑張ってタイピングしよう！

4.1 はじめに

さて，Jupyter Notebookの画面を開きましょう．なお，プログラミングは初めてといった方に補足しておきますと，以下の打ち込みにおいて，

```
val_int = 1  # これで1を紐づけします
```

のようにある場合には，#（ハッシュ）以下は**コメント**ですので，入力しなくて大丈夫です．何かメモを書き込んでも無視されるので，皆さんが勉強する際に必要に応じて使ってみてください．なお，

```
コード文  # コメント
```

という形のコメントを**インラインコメント**，

```
# コメント
コード文
コード文
…
```

本章の執筆にあたりPython==3.10.15, NumPy==1.26.4, natsort==8.4.0を用いて動作確認を行った.

注1) より正確に言えば講習会ではclass（**第6章**で扱います）の初歩を含めてだったので，ここの量は（たぶん）もっと少ないです！（一方，一部加筆もしていますが……）

という形のコメントを**ブロックコメント**と言います．そして，Pythonのコードを記載していくスタイル[注2)]としては，あまりインラインコメントは多用しないことが推奨されていたりもします．

本稿ではコードに細かな説明を付けていくという目的から，まさにインラインコメントを「多用」してしまっておりますが，皆さんがコメントを記載する際はブロックコメントを基本に，ぐらいの意識は持っていてもよいかも，とも思います．

4.2 関数とメソッド

まず，ほとんど前置きとして「関数とメソッド」について簡単に説明しておきます（これらが大体何のことかわかる，という人は飛ばしても大丈夫です）．本書では操作の中で，**関数**と**メソッド**という単語を使います．

4.2.1 関数（functions）

どちらもデータの処理に関するものと受け取っておいてください[注3)]．とりあえず，**関数**は，

```
関数名(中に何かを書くか，もしくは空白)
```

というふうに，関数名＋()（丸カッコ）内に変数など，という形で記載します．以下に関数の例を示します．入力して実行（セル内でShift-Return/Enter）してみてください．

▼入力4-1

```
abs(-7)
```

▼出力4-1

```
7
```

これはabs()関数といって，値の絶対値を返す関数です．－7を入力とし，絶対値の7が出力されています．

▼入力4-2

```
abs(7)
```

▼出力4-2

```
7
```

注2）この規約のことをPEP8と言います．今は細かいところは気にしなくてよい話と思いますが，学習を進めてから，いずれきちんと目を通しておくとよいかもしれません〔参考：「pep8-ja latest」pep8-ja.readthedocs.io/ja/latest/（2024-8-14閲覧）〕．

注3）こういう書き方をしている理由なのですが，そもそも関数やメソッドの正確な定義は，両者の違いのあたりが，なかなか込み入った話になる，という部分があったりします．例えば，後ほど「組み込み関数」「組み込みメソッド」という用語に言及しますが，公式ドキュメントにて組み込みメソッドが「*実際には組み込み関数を別の形で隠蔽したもの*」という説明がされていたりもします〔参考：「Python3公式ドキュメント 3. データモデル」docs.python.org/ja/3/reference/datamodel.html（2024-8-14閲覧）〕．とかく，このあたりは，オブジェクトやクラスの話を勉強したあとのこととなりますから，今の段階では，ひとまず正確な定義等はさておき，「関数はこう書くんだな，メソッドはこう書くんだな」という感じで受け取っておいて，先に進んでいただけましたらと思います．

こんなふうに，普通に正の値を入力した場合はそのまま返すわけです[注4)]．

もう少しだけ．print() 関数というものがあります[注5)]．簡単に言うと，括弧内の「値」を出力します（オプションをいろいろと指定すれば，いろいろな表現が可能になりますが，それはひとまず置いておきます）．

▼入力4-3

```
test_str = 'Hello Bio!'
print(test_str)
```

▼出力4-3

```
Hello Bio!
```

ここでは，test_str の中身（文字列 'Hello Bio!'）を出力しろ，という命令を実行しています．これで画面への出力を行うわけです．ただし，Jupyter Notebook の場合は，変数を入力するとそのまま中身を返してくれたりもするので，以下のように書くだけでも大丈夫だったりします．

▼入力4-4

```
test_str
```

▼出力4-4

```
'Hello Bio!'
```

先ほどと微妙に表記が違っているのは，あくまでセルの中身を評価した結果が返ってくるので，「**str型(文字列)**」としての 'Hello Bio!' が返ってきているからです．この違いをもう少しだけ見ておきましょう．ちょっと次のコードを打ってみてください．細かい意味については今は気にしなくて大丈夫です（**▼入力4-6** はコードの実行に成功しても画面に表示はありません）．

▼入力4-5

```
import numpy as np
pirnt(np.__version__)
```

▼出力4-5

```
1.26.4
```

▼入力4-6

```
array1 = np.array([[0 ,1], [2, 3]]) # 実行しても画面に表示は出てきません
```

さて，array1 を print() してみましょう．

注4) Jupyter Notebook なので中身の値がそのまま返っていますが，スクリプトファイルを叩く形式での実行等では，次で扱う print() 関数などを使ってメッセージや処理結果等を出力することになります．コマンドライン環境で python 実行コードファイル名.py としてPython コードを実行するような場合です．

注5) なおPython2 のみをご存知の方向けに補足しておきますと，Python3 では print は関数になっています．

▼入力4-7

```
print(array1)
```

▼出力4-7

```
[[0 1]
 [2 3]]
```

後ほど触れますが，これは2行2列の行列です．さて次に，先ほどと同様に，シンプルにarray1と打ってみます．

▼入力4-8

```
array1
```

▼出力4-8

```
array([[0, 1],
       [2, 3]])
```

先ほどと違って，arrayという表記がついています．これは，この中身自体がarray型というものである，といった意味になるわけです．他にもこんな違いもあります．Jupyter Notebookではコードセルを実行すればその結果が返ってきますが，それは最後の行の結果になります（**第3章**3.1.3参照）．すなわち，

▼入力4-9

```
val_a=1
val_b=2
val_a
val_b
```

などと1つのコードセル内に記入すれば，

▼出力4-9

```
2
```

というふうに最終行のval_bのみが返ってくることになります．実行する1つのコードセル内で両方を表示させたければ，

▼入力4-10

```
print(val_a)
print(val_b)
```

▼出力4-10

```
1
2
```

といったやり方等を行うこととなるわけです（ただし，以下では話を簡単にするために，基本的には，結果を得る際にprint()関数を使わない方向でやっていきます）．

なお，このような，abs()やprint()のようにはじめから用意されている関数を**組み込み関数**（built-in function）注6) と言います．あとから説明しますが，自分で関数を作ることもできます．それと区別した言い方なわけですね．

4.2.2 メソッド（method）

一方**メソッド**は

```
変数etc.メソッド名(何か書いたり，書かなかったり)
```

というふうに，間に．（ピリオド）を置き，その後ろにメソッド名という形で記載します．メソッドの例です．入力してみてください．

▼入力4-11

```
'Hello Bio'.upper()
```

▼出力4-11

```
'HELLO BIO'
```

ここで使っているのは，str型のメソッドupper()です．ご覧の通り，文字列を大文字に変換したものを出力します．さらに，こんなふうにも書けます．

▼入力4-12

```
'Hello Bio'.upper().replace('BIO', 'INFO')
```

▼出力4-12

```
'HELLO INFO'
```

replace()メソッドは，文字列を置換するメソッドです．ここでは「'Hello Bio'を大文字化したもの」に対して，「BIO→INFOへの置換」を行っています．

こんなふうに重ねがけみたいな書き方もできるわけです（**メソッドチェーン**，**第6章**6.2.1も参照）．もう1つ付け加えておくと，メソッドは，ある対象に「付属する機能」とも捉えられます．upper()，replace()はここではstr型に「付属する機能」として実行しています．とりあえず，「そういうもの」として受け取っておいていただければ幸いです（なお，こういった「はじめから用意されている」メソッドもまた，関数同様に「組み込みメソッド」という言い方もします）．さぁ，最低限の前置きはこれくらいとして，次に行きましょう．

注6）一例として，「Python3公式ドキュメント 組み込み関数」docs.python.org/ja/3/library/functions.html（2024-8-14閲覧）参照．

4.3 変数

4.3.1 変数の基本

変数はデータの入れ物となるものです．=で代入（紐づけ[注7)]）を行います．また，変数を作成する際には型宣言（整数を入れるのか，文字列を入れるのか，といった指定）は必要ありません[注8)]（なお，ここでは代入するデータとして文字列を使っています．文字列[注9)]を表現する場合は**'文字列です！'**というふうに記述するルールなのですが，囲み文字としては''（シングルクォーテーション）と""（ダブルクォーテーション）のどちらも使えます）．

▼入力4-13

```
val_int = 1
val_int
```

▼出力4-13

```
1
```

▼入力4-14

```
val_float = 1.1
val_float
```

▼出力4-14

```
1.1
```

▼入力4-15

```
val_str = 'atgc'
val_str
```

▼出力4-15

```
'atgc'
```

以上のように，数値も文字列も入ります．type()関数で，型を確認することができます[注10)]．やってみましょう．

注7) ここの話は地味に面倒かもです．後述する参考「複合型データを学んだうえでの「変数」の補足（オブジェクト）」および参考文献などを参照．

注8) C言語などの場合は，変数は使用する前に型宣言が必要になっています．

注9) なお，ここで意味するような個々の文字列のことを，「文字列リテラル」と表記します．数値も「数値リテラル」といった書き方をします．ここでいうリテラルは，Python言語リファレンス上で「*リテラル（literal）とは，いくつかの組み込み型の定数を表記したものです（Literals are notations for constant values of some built-in types）*」とされています．変数ではない定数としての文字列，定数としての数値，そういうものを指す，と理解しておきましょう〔参考：「Python3公式ドキュメント 2.4 リテラル」docs.python.org/ja/3/reference/lexical_analysis.html#literals（2024-8-14閲覧）〕．

注10) ただし，type()関数については通常使うべきではないという指摘もあります．型チェックの処理をコード中に入れることで，その特定の型以外をコードで使用できなくなる，そのためコード運用の柔軟性が失われる，というのが理由です〔参考：『初めてのPython第3版』（Mark Lutz/著，夏目大/訳）オーム社，93ページ〕．

▼入力4-16

```
type(val_int)  # 1はint（整数）型です
```

▼出力4-16

```
int
```

▼入力4-17

```
type(val_float)  # 1.1はfloat（浮動小数点）型です
```

▼出力4-17

```
float
```

▼入力4-18

```
type(val_str)  # 'atgc'はstr（文字列）型です
```

▼出力4-18

```
str
```

こんなふうに値にはそれぞれ型があるわけですね．これは以下のような感じでtype()関数に直接'1'，'1.1'，'atgc'といった値を入れても出てきます．

▼入力4-19

```
type(1)
```

▼出力4-19

```
int
```

▼入力4-20

```
type(1.1)
```

▼出力4-20

```
float
```

▼入力4-21

```
type('atgc')
```

▼出力4-21

```
str
```

例えば「str型（文字列）としての100」と「int型（整数）としての100」は異なるので注意しましょう．

▼入力4-22

```
num_int = 100  # int型（整数）の100です
num_str = '100'  # str型（文字列）としての100です
```

▼入力4-23

```
num_int
```

▼出力4-23

```
100
```

▼入力4-24

```
num_str
```

▼出力4-24

```
'100'
```

整数の100は，加減乗除などが可能ですが……

▼入力4-25

```
num_int + 1
```

▼出力4-25

```
101
```

文字列の100は……

▼入力4-26

```
num_str + 1
```

▼出力4-26

```
---------------------------------------------------------------------------
TypeError                                 Traceback (most recent call last)
<ipython-input-100-8fec04d794ac> in <module>
----> 1 num_str + 1

TypeError: can only concatenate str (not "int") to str
```

怒られてしまいました．なお，**int型（整数）**と**float型（小数）**の加算といったことは可能です．

▼入力4-27

```
val_add = val_int + val_float  # int型の1と，float型の1.1を加算します
val_add
```

▼出力4-27

```
2.1
```

▼入力4-28

```
type(val_add)
```

▼出力4-28

```
float
```

上記の通り，自動的にfloat型に揃えられて計算されています．数値型同士ではこういう揃え方は可能なわけです．ただし「str型と数値型」の加算は無理でも，「文字列としての100」と「文字列としての1」を「足す」ということはできます．先ほどのエラーメッセージをちゃんと読んでみると，こんなふうに書いてあります．

```
TypeError: can only concatenate str (not "int") to str
```

TypeErrorで，型（type）のエラーであることが明示されています．concatenateは連結するという意味．つまり「型のエラーが起こってるよ！ strは（intじゃなくて）strとだけ連結できるよ！」と書いてあるわけです．言われた通り，`str + str`をやってみましょう．

▼入力4-29

```
num_str + '1'  # str型としての変数num_str(='100')と，'1'を+しています
```

▼出力4-29

```
'1001'
```

文字列 + 文字列は，こんなふうに連結（concatenate）した文字列になります．複数の文字列を連結する場合はこんなやり方もできるわけですね．バイオインフォマティクスで遺伝子配列を扱う場合，文字列としての配列を扱うこともあれば，それらを連結することもあります．というわけで，ゲノム配列（のようなもの）を連結してみます．

▼入力4-30

```
'atgc' + 'ATGC'
```

▼出力4-30

```
'atgcATGC'
```

文字列としてのゲノム配列なら，こんなふうに扱えるわけです．なお，関数を用いて型変換した結果を得ることもできます．int()関数を使ってみます．この関数は，与えられた引数（ここでは整数が記載されたstr型文字列）をint型に変換します．

▼入力4-31

```
int(num_str)  # num_strは「str型としての100」でした
```

▼出力4-31

```
100
```

int型（整数型）としての100が返ってきました．

▼入力4-32

```
int(num_str) + 1
```

▼出力4-32

```
101
```

先ほどとは異なり，int型としての100+1を実行できました．実際のデータを扱っている際には，文字列としての数字を数値に変換して処理，なんてことをやったりもしますので，その際にはこういう関数を使ったりもするわけです（後ほど，「独自関数でソート」の項で，実際にこの変換を使った処理の一例をお見せします．詳細な説明はそちらの脚注に記載していますので，ご興味のある方はご確認ください）．

4.4 複合データ型

リスト，タプル，辞書といった，複数の値の組み合わせとして扱えるデータ型があります．確認しておきましょう．

4.4.1 リスト（list）

リストの作成

リストは，リスト名 = [要素1，要素2，要素3…] といった形で作成します．

▼入力4-33

```
list1 = [0, 3, 5, 7, 9, 11]
list1
```

▼出力4-33

```
[0, 3, 5, 7, 9, 11]
```

これで**リスト** list1 が作成されました〔なお，list という語句自体は（ここでは説明しませんが）一種の組み込み関数（先ほど少しだけ触れましたね）list() としても存在しているものですので，変数名には使わないようにしましょう[注11]．先ほど打った type や，後述の tuple や len 等の語句も同様です〕．先ほどと同様に，型も確認しておきましょう．

▼入力4-34

```
type(list1)
```

▼出力4-34

```
list
```

空のリスト（要素が何も入っていないリスト）を作成することもできます．

▼入力4-35

```
list2 = []
list2
```

▼出力4-35

```
[]
```

複数の型が混在するリストの作成も可能です[注12]．

注11）なお，実際はそのように書いて実行してみてもエラーが出なかったりもするのですが，これは，すでに意味を持った語句に，別の意味を上書きしてしまう，ということとなります．いろいろなエラーのもとともなる話ですので，避けた方が無難かと思います．また，上では「組み込み関数 list()」というような書き方をしましたが，正確な表記，定義にこだわるのならここの表記は不正確，ともなります〔Python3 公式ドキュメント上では「*list は，実際には関数ではなくミュータブルなシーケンス型*」という説明がなされています（docs.python.org/ja/3/library/functions.html）（2024-8-14 閲覧）〕．とかくこのあたりは先ほど関数，メソッドの定義等の脚注で説明したときと同様に，オブジェクト，クラス等の内容も理解したあとでよい話かと．

注12）ただし，実は公式チュートリアル docs.python.org/ja/3/tutorial/datastructures.html（2024-8-14 閲覧）では，リストにおいて「要素はたいてい同じ型」といった説明がされており，基本的にはそういう用途が想定されていることになります．

▼入力4-36

```
list3 = ['chr1', 1358, 2358]
list3
```

▼出力4-36

```
['chr1', 1358, 2358]
```

リスト自体の入れ子構造も可能です.

▼入力4-37

```
list4 = [1, 3, list3]
list4
```

▼出力4-37

```
[1, 3, ['chr1', 1358, 2358]]
```

先ほど作ったlist3の中身が，list4の中に入れ子構造で入っていますね.

要素の取得

リストに続く[]（角カッコ）の中に整数（インデックス）を指定することでリスト上の「何番目かの要素」にアクセスすることができます.

▼入力4-38

```
list1  # 中身を確認します
```

▼出力4-38

```
[0, 3, 5, 7, 9, 11]
```

▼入力4-39

```
list1[0]  # 0から数えるので先頭の値，0になります
```

▼出力4-39

```
0
```

▼入力4-40

```
list1[1]  # 2番目の値なので0，3…の3となります
```

▼出力4-40

```
3
```

マイナスの値を指定することで「後ろから」アクセスすることもできます.

▼入力4-41

```
list1[-1]  # list1の最後の値となります（“-0”ではありません）
```

▼出力4-41

```
11
```

▼入力4-42

```
list1[-2]  # list1の後ろから2番目の値となります
```

▼出力4-42

```
9
```

存在しない値にアクセスしようとするとエラーになります.

▼入力4-43

```
list2  # list2は空リストでした
```

▼出力4-43

```
[]
```

▼入力4-44

```
list2[0]  # list2にはインデックス0の値，すなわち「1番目の値」はありません
```

▼出力4-44

```
---------------------------------------------------------------------------
IndexError                                Traceback (most recent call last)
<ipython-input-29-f9f416147b05> in <module>
----> 1 list2[0] # list2にはインデックス0の値，すなわち「1番目の値」はありません

IndexError: list index out of range
```

▼入力4-45

```
list1[10000]  # list1のインデックス10000，すなわち「10,001番目の値」も当然ありません
```

▼出力4-45

```
---------------------------------------------------------------------------
IndexError                                Traceback (most recent call last)
<ipython-input-30-43d5e633d0f5> in <module>
----> 1 list1[10000] # list1のインデックス10000，すなわち「10,001番目の値」も当然ありません

IndexError: list index out of range
```

上のエラーメッセージに，IndexError: list index out of rangeとあります．リスト内の，要素の個数以上の値を指定してしまったので，エラーになってしまったわけですね．なお，len()関数にて，リストの要素数自体を取得することもできます〔len()関数は，括弧の中身の長さ（要素の個数）を返します．lengthのlenですね〕．

▼入力4-46

```
len(list1)
```

▼出力4-46

```
6
```

list1の要素数は6です．

▼入力4-47

```
len(list2)
```

▼出力4-47

```
0
```

list2は空リストなので，要素数は0ですね．

スライス

リスト名[開始値:停止値]とすることで指定インデックス範囲の部分リストを取り出すこともできます（スライス）．[開始値:]とか，[:停止値]とかいった書き方をすることで，開始値から最後まで，ゼロから停止値の1つ前までといった指定をすることができます．さらに，[開始値:停止値:間隔]とすることで，開始値から停止値の1つ前まで，「いくつおき」の値をとるかを指定することもできます．なお，開始値はゼロです．わかりやすくするため，ゼロから順に数字を入れた，インデックスと値が同一のリストを作っておきます．

▼入力4-48

```
list_num = [0, 1, 2, 3, 4, 5, 6, 7, 8]
list_num
```

▼出力4-48

```
[0, 1, 2, 3, 4, 5, 6, 7, 8]
```

▼入力4-49

```
list_num[1:]  # list_num[1]から最後まで
```

▼出力4-49

```
[1, 2, 3, 4, 5, 6, 7, 8]
```

▼入力4-50

```
list_num[:4]  # ゼロからlist_num[4]の1つ前まで
```

▼出力4-50

```
[0, 1, 2, 3]
```

▼入力4-51

```
list_num[1:4]
```

▼出力4-51

```
[1, 2, 3]
```

▼入力4-52

```
list_num[0:5:2]  # ゼロ以上5未満の数列で，2つおきの値
```

▼出力4-52

```
[0, 2, 4]
```

間隔をマイナスにすることで逆順とすることもできます．

▼入力4-53

```
list_num[::-1]
```

▼出力4-53

```
[8, 7, 6, 5, 4, 3, 2, 1, 0]
```

連結

リストとリストを結合させ，新しいリストを作ることもできます．

▼入力4-54

```
list3  # 先ほど作ったリストです
```

▼出力4-54

```
['chr1', 1358, 2358]
```

▼入力4-55

```
list5 = ['atgc', 1]
list5
```

▼出力4-55

```
['atgc', 1]
```

▼入力4-56

```
list6 = list3 + list5
list6
```

▼出力4-56

```
['chr1', 1358, 2358, 'atgc', 1]
```

要素の入れ替え，追加など

リストは可変（作成後に変更可能）です．インデックスを指定して，そこだけ要素の変更，といったことができます．

▼入力4-57

```
list1
```

▼出力4-57

```
[0, 3, 5, 7, 9, 11]
```

▼入力4-58

```
list1[3]  # インデックス3の値は7でした
```

▼出力4-58

```
7
```

▼入力4-59

```
list1[3] = 'edited'  # インデックス3の値を文字列'edited'に書き換えます
list1[3]  # 確認してみます
```

▼出力4-59

```
'edited'
```

▼入力4-60

```
list1  # 全体を確認してみます
```

▼出力4-60

```
[0, 3, 5, 'edited', 9, 11]
```

リスト名.append(値)で末尾への値の追加ができます（append() メソッド）．

▼入力4-61

```
list1
```

▼出力4-61

```
[0, 3, 5, 'edited', 9, 11]
```

▼入力4-62

```
list1.append('append_data')  # 'append_data'をリストの末尾に追加します
list1
```

▼出力4-62

```
[0, 3, 5, 'edited', 9, 11, 'append_data']
```

▼入力4-63

```
list1 = [0, 3, 5, 'edited', 9, 11, 'append_data']
list1.append(11)
list1
```

▼出力4-63

```
[0, 3, 5, 'edited', 9, 11, 'append_data', 11]
```

11が末尾に追加されました．ご覧の通り，リスト中では同じ値を複数置くこともできます．一方，リスト名.remove(値)で削除もできます（remove()メソッド）．

▼入力4-64

```
list1.remove(11)
list1
```

▼出力4-64

```
[0, 3, 5, 'edited', 9, 'append_data', 11]
```

ご覧の通り，リスト中の「最初の」11が削除されました．remove()は先頭から見ていくわけです．

ソート

リストは**ソート**することができます．sorted(リスト)とすることで，ソートされた結果を出力できます（sorted()関数）．

▼入力4-65

```
list7 = [1, 5, 2, 3, 8, 4, 7, 6]
list8 = sorted(list7)
list8
```

▼出力4-65

```
[1, 2, 3, 4, 5, 6, 7, 8]
```

このとき，もとのリストは変更されていません．

▼入力4-66

```
list7
```

▼出力4-66

```
[1, 5, 2, 3, 8, 4, 7, 6]
```

ソートは逆順でも行えます．

▼入力4-67

```
list9 = sorted(list7, reverse=True)
list9
```

▼出力4-67

```
[8, 7, 6, 5, 4, 3, 2, 1]
```

逆順になったものを正の順でソートし直せばもとの順に戻ります（reverse=Falseは省略可能です）．

▼入力4-68

```
list10 = sorted(list9, reverse=False)
list10
```

▼出力4-68

```
[1, 2, 3, 4, 5, 6, 7, 8]
```

keyを使ったソート

keyパラメータを用いて，さまざまな条件でのソートが可能になります．

▼入力4-69

```
list11 =  [-3, 1, -5, 4, 2, -6]
list_abs = sorted(list11, key=abs)  # 絶対値でソート
list_abs
```

▼出力4-69

```
[1, 2, -3, 4, -5, -6]
```

▼入力4-70

```
list12 = ['shizuoka', 'tokyo', 'mie', 'hokkaido', 'osaka']
list_len = sorted(list12, key=len, reverse=True)  # 文字列の長さで降順でソート
list_len
```

▼出力4-70

```
['shizuoka', 'hokkaido', 'tokyo', 'osaka', 'mie']
```

独自関数でソート

keyとなる関数を作成のうえ，ソートさせるなんてこともできます．まずはkeyとなる関数get_gene_num(x)を作成してみましょう（自作の関数作成については，また後ほど触れます）．

▼入力4-71

```
def get_gene_num(x):
    gene_num = x.split('_')[-1]
    return int(gene_num)
```

これは，gene_1といった文字列があった場合，最後の数字だけを取り出して，整数として返すという機能を持っています（ひとまずは細かく中身を読まなくても大丈夫です[注13]）．

▼入力4-72

```
get_gene_num('gene_1')  # 試しに関数に文字列'gene_1'を入れて実行してみます
```

▼出力4-72

```
1
```

これを組み入れてソートしてみます．例えば，以下のようなgene_xxという形の文字列からなるリストを作ってみましょう．

▼入力4-73

```
list11 = ['gene_3', 'gene_1', 'gene_10', 'gene_25', 'gene_21', 'gene_19',
          'gene_2', 'gene_29', 'gene_30', 'gene_11']
list11
```

▼出力4-73

```
['gene_3',
 'gene_1',
 'gene_10',
 'gene_25',
 'gene_21',
 'gene_19',
 'gene_2',
 'gene_29',
 'gene_30',
 'gene_11']
```

試しにこれをそのままソートすると，

注13）説明すると，2行目は，split()関数を用いて'_'の前後で文字列を分割し，'gene'と'数字部分'に分割してリスト化します．['gene',数字]というリストを作成する訳ですね．そのうえで，数字部分を[-1]で取り出します．そして，int()関数で，その数字（str型）を数字（int型）に変換しています．こうしてgeneの後ろの数字だけを，int型として取り出しています．

▼入力4-74

```
sorted(list11)
```

▼出力4-74

```
['gene_1',
 'gene_10',
 'gene_11',
 'gene_19',
 'gene_2',
 'gene_21',
 'gene_25',
 'gene_29',
 'gene_3',
 'gene_30']
```

あれっ？　揃いません．文字列としてソートされているので，gene以下が，1，10，11…といった並びになってしまいます．先頭から数えて5文字目（gene_）まではすべての文字列で等しいので，次の6文字目（数字の1文字目）でまずソートされ，さらに7文字目（数字の2文字目）でソートされているわけです．では，先ほどの関数をkeyとしてもう一度ソートしてみましょう．

▼入力4-75

```
sorted(list11, key=get_gene_num)
```

▼出力4-75

```
['gene_1',
 'gene_2',
 'gene_3',
 'gene_10',
 'gene_11',
 'gene_19',
 'gene_21',
 'gene_25',
 'gene_29',
 'gene_30']
```

ちゃんと「番号順」に揃いました．実際のバイオインフォマティクスのデータを扱っていると，こんな感じに，ある値で数字の桁が揃っていない，なんて場合もあり，このような対応が必要になることもあったりします（ええ，こういうことはすごくよくあるのです……）．他にも，例えば，変異情報を記載したファイル（vcfファイル[注14)]）等にて，位置情報として「1番染色体／2番染色体／3番染色体」を意味する表記項目があるわけですが，基準となるリファレンスゲノムの違いから「1/2/3」「chr1/chr2/chr3」というふうに記載に違いがあったりします．それらも状況に応じて，中身を揃えつつ扱ったりもするわけです．

注14）Variant Call Formatファイル．本文内に位置情報と変異情報等を1行単位で記載していくデータ形式となっています〔参考：「The Variant Call Format Specification」samtools.github.io/hts-specs/VCFv4.3.pdf（2024-8-14閲覧）〕．

無名関数でソート

上のソートを，**lambda式**（**無名関数**，関数を名前を定めず使う手法）を使うことで，関数定義なしに同様にワンライナー（1行）で書くこともできます．

```
lambda 引数: 式
```

という書き方で書きます．それを組み入れると以下の通りになります．lambda式は初学者のうちは無理に使うことはありませんが，適所で使うことでコードの行数を減らし，見通しをよくすることができます．

▼入力4-76

```
sorted(list11, key=lambda x: int(x.split('_')[-1]))
```

▼出力4-76

```
['gene_1',
 'gene_2',
 'gene_3',
 'gene_10',
 'gene_11',
 'gene_19',
 'gene_21',
 'gene_25',
 'gene_29',
 'gene_30']
```

参考1 sort()とsorted()

ここでちょっとだけ，sorted()関数と，リストにおける組み込みメソッドsort()について触れておきたいと思います．ここまで，リストをソートするのに「sorted()関数」を使ってきました．実は，リストには他にも「sort()メソッド」というものもあります．ちょっと次を入力してみてください．

▼入力4-77

```
list_sort_test = [0, 5, 3, 4, 2]
list_sort_test
```

▼出力4-77

```
[0, 5, 3, 4, 2]
```

まずはさっきからやっているみたいに，これにsorted()関数をかけてみます．

▼入力4-78

```
sorted(list_sort_test)
```

▼出力4-78

```
[0, 2, 3, 4, 5]
```

ソートされました．ただし，このとき，もとのlist_sort_testリストは，

▼入力4-79

```
list_sort_test
```

▼出力4-79

```
[0, 5, 3, 4, 2]
```

もとのままです．一方，リストには先ほど述べたようにsort()メソッドというものがあります．やってみます．

▼入力4-80

```
list_sort_test.sort()  # 特に何も出力はされません
```

list_sort_testの中身がどうなっているか見てみます．

▼入力4-81

```
list_sort_test
```

▼出力4-81

```
[0, 2, 3, 4, 5]
```

ご覧の通り，もとのリスト自体がソートされました．sorted()はあくまで新しい，処理済みリストを作り出す（非破壊的）ものですが，sort()メソッドはリスト自体を加工してしまう（破壊的）わけです．一応こういう違いがあるので，覚えておきましょう[注15]（なお，最初のほうで触れたstr型メソッドのreplace()メソッドとかは非破壊的です．メソッドだから常にもとを加工とかそういうわけではないので，ご注意ください）．

参考2 natsort

さて，先ほどは自作関数を用いて文字列と数字が混ざっている要素のソートを行うということをやりました．この場合，ソートは基本的に辞書順に実行されるために，意図したものと異なるソート結果になってしまう，そこで独自関数で意図した結果になるようにソートすることもできる，というのは先ほど確認した通りです．しかし，実は同等の機能はpythonの既存外部パッケージでも実現可能になっています．それがnatsort[注16]です．これは数字と文字の入った要素等を"自然に"ソートする機能を提供します．

natsortパッケージ自体かなり多くの機能をもっていますがシンプルにはnatsorted()を試してみれば把握できます．sorted()の差し替えとして使えるように整備された関数です．以下，試す場合はpipやconda（conda-forge）等にて，natsortパッケージを準備してから操作してみてください．（**第1章**参照）

まずはパッケージの関数をimportします．（この操作自体は4.7参照）

▼入力4-82

```
from natsort import natsorted
```

注15) sorted()関数とリストのsort()メソッドについては，公式のPythonチュートリアルでも記事が設けられています．
Pythonのリストにはリストをインプレースに変更する，組み込みメソッドlist.sort()があります．他にもイテラブルからソートしたリストを作成する組み込み関数sorted()があります．〔docs.python.org/ja/3/howto/sorting.html#sortinghowto（2024-8-14閲覧）より引用〕
なお，上で言っているインプレース（in place）とはその場でデータを上書き変更するという意味です．要は上で言ってる破壊的操作になりますね．イテラブルについては，参考8を参照してください．

注16) natsort 8.4.0 pypi.org/project/natsort/（2024-8-14閲覧）

先ほど操作してみたlist11で試してみます．

▼入力4-83

```
list11 = ['gene_3', 'gene_1', 'gene_10', 'gene_25', 'gene_21', 'gene_19',
        'gene_2', 'gene_29', 'gene_30', 'gene_11'] #先ほど作成したリストです
list11
```

▼出力4-83

```
['gene_3',
 'gene_1',
 'gene_10',
 'gene_25',
 'gene_21',
 'gene_19',
 'gene_2',
 'gene_29',
 'gene_30',
 'gene_11']
```

▼入力4-84

```
sorted(list11)
```

▼出力4-84

```
['gene_1',
 'gene_10',
 'gene_11',
 'gene_19',
 'gene_2',
 'gene_21',
 'gene_25',
 'gene_29',
 'gene_3',
 'gene_30']
```

これは先ほど実行してみた通りです．文字の並び順にそのままソートされてしまっています．ではnatsorted()してみます．

▼入力4-85

```
natsorted(list11)
```

▼出力4-85

```
['gene_1',
 'gene_2',
 'gene_3',
 'gene_10',
 'gene_11',
 'gene_19',
 'gene_21',
 'gene_25',
 'gene_29',
 'gene_30']
```


揃いました．これは先ほど作成した自作関数を用いたソート結果と同じです．あくまで参考としてですので，ここでの説明はここまでにしますが，上記natsorted()にはさまざまなオプションもあり，またnatsortパッケージにはほかにもいくつかの関数が用意されています．必要に応じて調べてみてもよいかと思います．

4.4.2 タプル（tuple）

タプルとは，immutable（不変）なリストです．タプル名 = (要素1，要素2，要素3…)といった形で作成します．さっきは角カッコ[ ]で囲んでいましたが，今度は丸カッコ( )ですね．

▼入力4-86

```
tuple1 = ('gene1', 'chr8', 1, 2, 3)
tuple1
```

▼出力4-86

```
('gene1', 'chr8', 1, 2, 3)
```

要素へのアクセスや，スライスはリスト同様に可能です．

▼入力4-87

```
tuple1[0]
```

▼出力4-87

```
'gene1'
```

▼入力4-88

```
tuple1[3]
```

▼出力4-88

```
2
```

▼入力4-89

```
tuple1[0:1]
```

▼出力4-89

```
('gene1',)
```

▼入力4-90

```
tuple1[0:3]
```

▼出力4-90

```
('gene1', 'chr8', 1)
```

タプルも，リスト同様に入れ子にできます．

▼入力4-91

```
tuple2 = (1, 2, [3, 4], (5, 6))
tuple2
```

▼出力4-91

```
(1, 2, [3, 4], (5, 6))
```

こんな感じに「タプルの中でタプルやリストを入れ子にする」なんてこともできるわけです．ただしタプルはimmutableなので，要素の追加や変更はできません．リストでは行えたような以下の操作はいずれもエラーになります．

▼入力4-92

```
tuple1[0] = 'gene2'
```

▼出力4-92

```
---------------------------------------------------------------------------
TypeError                                 Traceback (most recent call last)
<ipython-input-157-38cd870b42a2> in <module>
----> 1 tuple1[0] = 'gene2'

TypeError: 'tuple' object does not support item assignment
```

`TypeError: 'tuple' object does not support item assignment`，つまり「タプルオブジェクトはitemの割り当てには対応していないよ！」と怒られました．

▼入力4-93

```
tuple1.append('4')
```

▼出力4-93

```
---------------------------------------------------------------------------
AttributeError                            Traceback (most recent call last)
<ipython-input-158-e948c35878c4> in <module>
----> 1 tuple1.append('4')

AttributeError: 'tuple' object has no attribute 'append'
```

同様に「appendメソッドなんてないよ！」と怒られました注17)．ただし，タプルとリストは相互変換（それ

注17) ただしよく見ると，`AttributeError: 'tuple' object has no attribute 'append'`とあり，先ほどのTypeError（型のエラー）とは少し表記が異なっています．先ほどはtupleという型に関してのエラーでしたが，今回はAttribute（属性），ここでは，タプル型の属性としての，メソッド呼び出しのエラー（存在しない属性の呼び出し）となっているため，表記が異なることとなります．このようにエラーメッセージを細かく読むとそのあたりのヒントを掴めたりもします．

それをもとにした，新たなタプルorリストの生成）が可能です．リストに変換したうえでその値の一部を入れ替えて扱うといったことはできるということです．

▼入力4-94

```
tuple1
```

▼出力4-94

```
('gene1', 'chr8', 1, 2, 3)
```

▼入力4-95

```
list_from_tuple1 = list(tuple1)
list_from_tuple1
```

▼出力4-95

```
['gene1', 'chr8', 1, 2, 3]
```

▼入力4-96

```
tuple(list_from_tuple1)
```

▼出力4-96

```
('gene1', 'chr8', 1, 2, 3)
```


参考3 タプルとリストの違いについて

公式チュートリアルの説明では，タプルとリストは用途によって使い分けるもの，とされています．リストはたいてい同じ型の要素，タプルは複数の型の要素からなることもある，という説明がされています[注18]．リストは値を追加／削除して使用することもあるのに対して，タプルは，あるデータの「組み合わせ」として参照して扱う感じでしょうか[注19]．また，タプルは処理がリストより高速になります．タプルはデータが不変であるため，データに「書き込み保護」的要素をもたせる意味もあります[注20]．

参考4 文字列のスライス操作

ここまでリストとタプル，およびその操作についてやってきました．先ほどのスライス操作は，文字列に対しても行うことができます．例えば，次のようなゲノム配列があったとします．

注18）*タプルはリストと似ていますが，たいてい異なる場面と異なる目的で利用されます．**タプルは不変で，複数の型の要素からなることもあり**，要素はアンパック（中略）操作やインデックス（中略）でアクセスすることが多いです．一方，**リストは可変で，要素はたいてい同じ型のオブジェクトであり**，たいていイテレートによってアクセスします．*〔「Python3公式ドキュメント 組み込み関数」docs.python.org/ja/3/tutorial/datastructures.html（2024-8-14閲覧）より引用．強調は筆者による〕

注19）『速習Python3 上：プログラミングの基礎編』（伊藤裕一 著）では，リストの例として生徒たちの得点データ，タプルの例として氏名／年齢／住所などをまとめた会員情報を挙げています．

注20）*で，タプルは何の役に立つのだろうか？ タプルはリストよりも高速だ．変更を加える予定のない集合を定めて，それをイテレートするだけのつもりなら，リストの代わりにタプルを使うとよい．変更の必要がないデータを「書き込み保護」すれば，コードはもっと安全なものになる．タプルをリストの代わりに使うことは，データが不変であることを示す暗黙的なassert文があるようなものであり，それを上書きするには特別の意図（と特定の関数）が要求される．*〔Dive Into Python 3 日本語版（Mark Pilgrim/著，Fujimoto，Fukada/訳）www.amazon.co.jp/-/en/Mark-Pilgrim-ebook/dp/B009Z30HPG#detailBullets_feature_div（2024-11-20閲覧）より引用〕

▼入力4-97

```
DNA_seq1 = 'atgcatgcatgc'
DNA_seq1
```

▼出力4-97

```
'atgcatgcatgc'
```

では，この文字列の一部を取り出してみます．

▼入力4-98

```
DNA_seq1[3:6]
```

▼出力4-98

```
'cat'
```

ゼロから数えて3番目から6番目まで，つまり頭から4文字目のcから6文字目のtまでがスライスできました．つまり，文字列もリストと同様のスライス操作ができるというわけです．

▼入力4-99

```
test_list = [0, 1, 2, 3, 4, 5, 6, 7, 8]
test_str = '012345678'
```

こんなふうにリストと文字列を作ってみると，

▼入力4-100

```
test_list[3:6]
```

▼出力4-100

```
[3, 4, 5]
```

▼入力4-101

```
test_str[3:6]
```

▼出力4-101

```
'345'
```

こんなふうに同じように切り出せるわけです．ただし，こんな違いもあります．例えば，リストは，すでにやった通り要素の入れ替えが可能です．

▼入力4-102

```
test_list[6] = 'a'
test_list
```

▼出力4-102

```
[0, 1, 2, 3, 4, 5, 'a', 7, 8]
```

入れ替わりました．では，リストと同じような操作で，文字列の一部の文字を入れ替えようとすると……

▼入力4-103

```
test_str[6] = 'a'
```

▼出力4-103

```
---------------------------------------------------------------------------
TypeError                                 Traceback (most recent call last)
<ipython-input-168-ec634734f999> in <module>
----> 1 test_str[6] = 'a'

TypeError: 'str' object does not support item assignment
```

'str' object does not support item assignment，つまり「str型は要素の割り当てに対応していないよ！」と怒られてしまいました．文字列はimmutableなので，例えば文字列から一部を加工して新しい配列を作り出す場合は，一部の入れ替えなどではなく，それら入れ替えなどの操作を行った形の「新しい文字列を作り出す」作業を行うことになります．例えばこういうふうに入れ替えた文字列がほしかったら，以下のような作業が必要となります[注21]．

▼入力4-104

```
test_str[:6] + 'a' + test_str[7:]
```

▼出力4-104

```
'012345a78'
```

上のやり方では，入れ替えたい文字の前後をスライスして，入れ替えをしたい文字を間に挟んで，+で結合しています．他にもこんなやり方もできたりします．

▼入力4-105

```
list_from_test_str = list(test_str)
list_from_test_str
```

▼出力4-105

```
['0', '1', '2', '3', '4', '5', '6', '7', '8']
```

文字列をすべてリストに変換したうえで，

▼入力4-106

```
list_from_test_str[6] = 'a'
''.join(list_from_test_str)
```

▼出力4-106

```
'012345a78'
```

注21）参考：「Pythonで文字列を連結・結合（+演算子，joinなど）」note.nkmk.me/python-string-concat/（2024-8-14閲覧）
「Pythonで文字列の一文字だけを変換」iatlex.com/python/string_change_1str（2024-8-14閲覧）
「Changing one character in a string」stackoverflow.com/questions/1228299/changing-one-character-in-a-string-in-python（2024-8-14閲覧）

文字を入れ替えたあとにリストを再び文字列に戻しています〔join()の部分を説明すると，空文字列を間に挿入して（いいかえれば何も挿入せずに），join()メソッドでリスト内の要素を結合，という操作をやっています〕.

バイオインフォマティクスをやるうえで，遺伝子情報の配列をいじるといった作業は当然発生することと思います．そういったとき，元の文字列は加工できないので，常になんらかの形で「加工後の」新しい文字列を生成するといったやり方を用いることになります．ここは押さえておきましょう．詳細な文字列操作についてはあとの章に譲りますので，そちらでしっかり勉強していただけましたらと思います．

4.4.3 辞書型（ディクショナリ）

辞書型（dict）は，キー（key）と値（value）というデータの組を保存していくデータ型です．波カッコ{ }の中に値を入れ，

```
辞書名 = {キー1: 値1, キー2: 値2…}
```

と書いていきます．

▼入力4-107

```
gene_set1 = {'chr': 1, 'pos': 324, 'ref': 'c' , 'var': 't'}
```

これはただのイメージですが，例えば「染色体1番，324番目の塩基，リファレンスはC，そこがTの変異になっている」という表記だとします．

▼入力4-108

```
gene_set1
```

▼出力4-108

```
{'chr': 1, 'pos': 324, 'ref': 'c', 'var': 't'}
```

▼入力4-109

```
gene_set1['chr']
```

▼出力4-109

```
1
```

とすることで，gene_set1内で，染色体（chr）は？ と聞けば，1という値が取り出せるわけです．

4.4.4 集合型（セット）

集合型（set）は，データの集合を扱うデータ型です．波カッコ{}の中に値を入れ，

```
集合名 = {値1, 値2, 値3…}
```

と書いていきます．**データ内に順序はありません．**

▼入力4-110

```
set1 = {'gene_1', 'gene_3', 'gene_8'}
```

▼入力4-111

```
set1  # 出力は環境により順序が異なります
```

▼出力4-111

```
{'gene_1', 'gene_3', 'gene_8'}
```

▼入力4-112

```
set2 = {2, 1, 3}
```

▼入力4-113

```
set2  # これも，出力の順序は環境により異なります
```

▼出力4-113

```
{1, 2, 3}
```

セットでは要素の追加や削除ができます．

▼入力4-114

```
set1
```

▼出力4-114

```
{'gene_1', 'gene_3', 'gene_8'}
```

▼入力4-115

```
set1.add(12)
set1
```

▼出力4-115

```
{12, 'gene_1', 'gene_3', 'gene_8'}
```

▼入力4-116

```
set1.remove('gene_1')
set1
```

▼出力4-116

```
{12, 'gene_3', 'gene_8'}
```

また，集合演算（和，積，差，対称差）も可能になっています．

▼入力4-117

```
set3 = {1, 2, 3, 4, 5}
set4 = {3, 4, 5, 6, 7}
set3 | set4  # 和
```

▼出力4-117

```
{1, 2, 3, 4, 5, 6, 7}
```

▼入力4-118

```
set3 & set4  # 積（共通部分）
```

▼出力4-118

```
{3, 4, 5}
```

▼入力4-119

```
set3 - set4  # 差
```

▼出力4-119

```
{1, 2}
```

▼入力4-120

```
set3 ^ set4  # 対称差（どちらか一方にのみある値）
```

▼出力4-120

```
{1, 2, 6, 7}
```

さらに，リストやタプルは集合に変換できます．

▼入力4-121

```
list_s = [1, 2, 3]
tupple_s = (4, 5, 6)
```

▼入力4-122

```
set(list_s)
```

▼出力4-122

```
{1, 2, 3}
```

▼入力4-123

```
set(tupple_s)
```

▼出力4-123

```
{4, 5, 6}
```

なお，集合では同じ値の重複はありません．そのため，値の重複のあるリストでは，こんなふうになります．

▼入力4-124

```
list_s2 = [1, 1, 2, 3, 4, 5]
list_s2
```

▼出力4-124

```
[1, 1, 2, 3, 4, 5]
```

▼入力4-125

```
set(list_s2)
```

▼出力4-125

```
{1, 2, 3, 4, 5}
```

リストでは重複した値が，集合では自動的に1つにまとまりました．

参考5 複合型データを学んだうえでの「変数」の補足（オブジェクト）

ここまで勉強したところで少しだけ後戻りしておきます．Pythonではすべてのものは「オブジェクト」とされています．オブジェクトは実際にメモリ上に存在するものです．細かい話は置いておきますが，重要なのは変数はオブジェクト（のメモリ上の場所）を「参照」しているということです．以下は，初学者のうちは気にしなくてもよいかもしれませんが，複雑なデータを扱うとき，ときどき謎のエラーや出力の原因になるので，心の片隅に置いておきましょう．

▼入力4-126

```
val_a = 1
val_b = val_a  # val_bをval_aが参照するオブジェクトに紐づけました
```

▼入力4-127

```
val_a
```

▼出力4-127

```
1
```

▼入力4-128

```
val_b
```

▼出力4-128

```
1
```

val_aは1です．val_bも1です．ここで，val_a = val_a + 1としてみます．

▼入力4-129

```
val_a = val_a + 1
```

▼入力4-130

```
val_a
```

▼出力4-130

```
2
```

▼入力4-131

```
val_b
```

▼出力4-131

```
1
```

val_aのみ値が変わりました．参照先が1（というオブジェクト）から2（というオブジェクト）になったわけです．一方val_bは1で変わりません．参照先はあくまで，val_aが紐づけられていた1（というオブジェクト）なのです．この参照先は，実はid()という関数で確認できます．

▼入力4-132

```
id(val_a)  # 値は環境により異なります
```

▼出力4-132

```
4366165600
```

▼入力4-133

```
id(val_b)  # 値は環境により異なります
```

▼出力4-133

```
4366165568
```

参照先は違うもの，なわけです．ところが，これと同じような操作をリストでやってみます．

▼入力4-134

```
list_a = [1, 2, 3]
list_b = list_a
```

▼入力4-135

```
list_a
```

▼出力4-135

```
[1, 2, 3]
```

▼入力4-136

```
list_b
```

▼出力4-136

```
[1, 2, 3]
```

ここまではよいのですが……．list_aにappend()メソッドで値を追加してみます．これにより，list_aで参照されているリスト「自体」が変化します．

▼入力4-137

```
list_a.append(4)
```

▼入力4-138

```
list_a
```

▼出力4-138

```
[1, 2, 3, 4]
```

すると，

▼入力4-139

```
list_b
```

▼出力4-139

```
[1, 2, 3, 4]
```

先ほどとは異なり，list_bの内容も変化しました．参照先を見てみるとこんな感じです（環境によって当然異なる値です）．

▼入力4-140

```
id(list_a)  # 値は環境により異なります
```

▼出力4-140

```
4427115248
```

▼入力4-141

```
id(list_b)  # 値は環境により異なります
```

▼出力4-141

```
4427115248
```

つまりこの2つのリストは参照先が「一緒」なんですね．参照先の（メモリアドレス上に存在する）データ自体が変化したわけです．こういうことが起こりうるということは一応押さえておくとよいでしょう[注22]．

参考6 データのコピーについて

さて，ここまでお読みいただいた方なら，「じゃあリストとかのデータをコピーして使いたいときはどうすれば？」という疑問をおもちになる方もいらっしゃるかもしれません．リストAを作ったうえで，そのリストの中身をコピーしたリストBを作りたい．でも，

リストB＝リストA

とすればリストAを編集を編集すると中身が変わってしまう．では，どうすれば？

このような場合，pythonではオブジェクトをコピーして使うことになります．そのための手段も用意されています[注23]．その操作，手法は複数用意されており，操作内容等から「**浅いコピー**（shallow copy）」「**深いコピー**（deep copy）」と分けてよばれています．「浅いコピー」では，コピーしたオブジェクトの中の要素（オブジェクト）を共有しているコピーを作成します．「深いコピー」ではすべての要素（オブジェクト）を複製した完全なコピーを作り出します．大雑把な言い方をすると，リストの中にリスト，といった複雑な構造の場合，「浅いコピー」だとデータが完全にコピーできないため，編集したときに完全に独立したデータになりません．一方，「深いコピー」はそれだけメモリ等を食いますが，完全に別のデータセットを作ることになります．とにかくやってみましょう．

まずは上の復習ですが，代入するとどうなるか確認します．

▼入力4-142

```
list_a=[3, 2, 1]
```

▼入力4-143

```
list_b=list_a
```

▼入力4-144

```
list_b
```

▼出力4-144

```
[3, 2, 1]
```

注22）参考（コメント欄も参照）：「Pythonの変数とオブジェクトについて」qiita.com/makotoo2/items/35f8c2abf3248816f0e4（2024-8-14閲覧）

注23）参考：Python 3公式ドキュメント「copy--- 浅いコピーおよび深いコピー操作」docs.python.org/ja/3/library/copy.html（2024-8-14閲覧）
「Pythonの浅いコピーと深いコピー」note.nkmk.me/python-copy-deepcopy/（2024-8-14閲覧）

▼入力4-145

```
list_a.sort() #sortメソッドはリスト自体を変化させる破壊的操作です
```

▼入力4-146

```
list_a
```

▼出力4-146

```
[1, 2, 3]
```

list_aはどうなっているか？

▼入力4-147

```
list_b
```

▼出力4-147

```
[1, 2, 3]
```

list_aを編集しただけなのにlist_bが変化してしまいました．これではデータは独立していません．そこで，まず「浅いコピー」をやってみます．これはlistのメソッド，もしくはcopyモジュールのcopy()関数によって可能です．

copyメソッドでやってみます．

▼入力4-148

```
list_a=[3, 2, 1]
list_b=list_a.copy()
```

list_aを加工します．

▼入力4-149

```
list_a.append(4)
```

▼入力4-150

```
list_a
```

▼出力4-150

```
[3, 2, 1, 4]
```

list_bを見てみます．

▼入力4-151

```
list_b
```

▼出力4-151

```
[1, 2, 3]
```

変化していません．ちゃんとオブジェクトとして独立している，コピーが作成されていることがわかります．

では，次にcopy()関数を使ってみます．

▼入力4-152

```
import copy
list_a=[3, 2, 1] # list_aを再作成します
list_c=copy.copy(list_a)
```

▼入力4-153

```
list_a
```

▼出力4-153

```
[3, 2, 1]
```

list_aを加工します.

▼入力4-154

```
list_a.sort()
```

▼入力4-155

```
list_a
```

▼出力4-155

```
[1, 2, 3]
```

ここでlist_cを見て見ます.

▼入力4-156

```
list_c
```

▼出力4-156

```
[3, 2, 1]
```

加工されていません．ちゃんとデータがコピーされていることがわかります.
では，次にdeepcopy()をやってみましょうか.

▼入力4-157

```
list_complex=[1, 2 ,3 , [1, 2]]
```

▼入力4-158

```
list_complex
```

▼出力4-158

```
[1, 2, 3, [1, 2]]
```

浅いコピー，深いコピー両方作ってみます.

▼入力4-159

```
list_complex_shallow_copy=copy.copy(list_complex)
list_complex_deep_copy=copy.deepcopy(list_complex)
```

▼入力4-160

```
list_complex_shallow_copy
```

▼出力4-160

```
[1, 2, 3, [1, 2]]
```

▼入力4-161

```
list_complex_deep_copy
```

▼出力4-161

```
[1, 2, 3, [1, 2]]
```

まずちょっと元データを加工してみます.

▼入力4-162

```
list_complex.append(10000)
```

▼入力4-163

```
list_complex
```

▼出力4-163

```
[1, 2, 3, [1, 2], 10000]
```

ちゃんとappendされています. では, コピーしたデータはどうなっているでしょう.

▼入力4-164

```
list_complex_shallow_copy
```

▼出力4-164

```
[1, 2, 3, [1, 2]]
```

▼入力4-165

```
list_complex_deep_copy
```

▼出力4-165

```
[1, 2, 3, [1, 2]]
```

どちらもコピーしたデータは影響を受けていません. ちゃんとコピーできている, とはなるかと思います. では, ここで, list_complexの複合オブジェクト内のリストをちょっといじってみます.

▼入力4-166

```
list_complex[3] # これがリスト内のリストです. ここの要素を参照して加工します
```

▼出力4-166

```
[1, 2]
```

▼入力4-167

```
list_complex[3][0]=100 # 参照したリスト内の初めの値を100に置換しました
```

▼入力4-168

```
list_complex[3]
```

▼出力4-168

```
[100, 2]
```

▼入力4-169

```
list_complex
```

▼出力4-169

```
[1, 2, 3, [100, 2], 10000]
```

このようにリスト内リストの値が変化しています．では，コピーしたデータはどうなっていますでしょうか．

▼入力4-170

```
list_complex_shallow_copy
```

▼出力4-170

```
[1, 2, 3, [100, 2]]
```

▼入力4-171

```
list_complex_deep_copy
```

▼出力4-171

```
[1, 2, 3, [1, 2]]
```

shallow_copyデータは，リスト内の要素が先ほどの加工の影響を受けて，変化してしまいました．一方で，deep_copyデータでは，リスト内リストも影響を受けていません．

浅いコピー，深いコピー，状況に応じて使い分けるということになろうかと思います．

このように，データの複製の際にも，いったいどういうオブジェクトを，どの意図でコピーするのか？というのは重要になります．一応どこかで覚えておくとよいことかと思います．

4.5 制御構文

if文，for文，while文といった**制御構文**について確認しておきます．まず，前提として，ここで説明する制御構文（制御フロー）は，以下のような形で記載されています．if文を例にとりますと，

```
if 条件:
    コード1
    コード2
    …
```

というような形で入力されています．こうすることで，if文などによって実際に処理されるコードが，字下げにより，**コードブロック**として認識され，処理されることとなります．

ただし，ご自身でJupyter Notebookにこれらのコードを入力していくと，改行と同時に自動的にインデントが入ります．そこから改行してもインデントが入った状態が継続されます（これは，高機能なエディタ等でPythonコードを入力しても同様のこととなったりします）．自分でわざわざさらにインデントを足す，というような作業は必要ありませんのでご注意ください（逆に，意図的にインデントを外したいときは自分で削除等を行う必要があるわけです）．

では，実際に入力し，動作を見ていきましょう．

4.5.1 if文

if文は，条件分岐のための構文です．次の文を実行してみてください．

▼入力4-172

```
gene_set1 = {'chr': 1, 'pos': 324, 'ref': 'c', 'var': 't'}

if gene_set1['pos'] >= 300:
    print('above 300')
```

▼出力4-172

```
above 300
```

辞書型gene_set1のposが300を超えていたらabove 300と出力する，それだけのものです．gene_set1のposの数値を，例えば250に書き換えて再度実行してみると何も表示されない，というのがわかるかと思います．

さて，ここにちょっと，elifとelseを書き加えてみます．これで「もし，……なら」「さもなくば，もし，……なら」「そのどれでもなかったら……」という分岐を作ることができます．また，ご説明しました通り，Jupyter Notebookで入力している場合，このインデントは自動で入ります．この字下げを行うことで，実行文（ここではprint()の行）がブロック化されて扱われることになります．

▼入力4-173

```
gene_set1 = {'chr': 1, 'pos': 324, 'ref': 'c', 'var': 't'}

if gene_set1['pos'] >= 300:  # もし，posが300以上なら
    print('above 300')

elif gene_set1['pos'] >= 200:  # さもなくば，もし200以上なら
    print('above 200')

else:  # そのどれでもなかったら
    print('under 200')
```

▼出力4-173

```
above 300
```

'pos': 324の部分をいろいろと書き換えて試してみてください．

参考7 論理演算

先ほどは，シンプルにgene_set1['pos']の値で条件分けをしていました．ですが，例えばx >=300でy >= 200なら……といった複数の条件を組み合わせることも考えられます．論理演算によってこのような操作が可能になります．

▼入力4-174

```
x = 350
y = 250

if x >= 300 and y > 200:
    print('success')

elif x >= 300 or y > 200:
    print ('half success')
```

▼出力4-174

```
success
```

条件1 and 条件2とすることで，両方ともTrueの場合に条件を満たしたと判断されます．条件1 or 条件2とすることで，片方（もしくは両方）がTrueの場合に条件を満たしたと判断されます．xとyの値を変化させて試してみてください．さらにnot（否定）もあります．

▼入力4-175

```
x = 150
y = 150

if not x >= 300 and not y >= 200:
    print('success')
```

▼出力4-175

```
success
```

こうすることでx >= 300「ではなく」，かつy >= 200「ではない」ときのみTrue，という判断がされることになります．

4.5.2　for文

```
for 変数 in データの並び (list) など:
    処理2
    処理2
```

とすることで，データの並び分だけ反復処理を行うものです[注24]．例えば，リストはこのデータの並びとして使うことができます．ここでもforの次行のインデントを忘れないでください．

▼入力4-176

```python
for_iter = ['gene_01', 'gene_02', 'gene_03']

for gene in for_iter:
    print(gene, ' is tested')
```

▼出力4-176

```
gene_01  is tested
gene_02  is tested
gene_03  is tested
```

タプルなども使用可能です．先ほどの入力をコピペして，角カッコ[ ]のところだけ丸カッコ( )に変えてみてください．

▼入力4-177

```python
for_iter = ('gene_01', 'gene_02', 'gene_03')

for gene in for_iter:
    print(gene, ' is tested')
```

▼出力4-177

```
gene_01  is tested
gene_02  is tested
gene_03  is tested
```

集合型もありです（順序の保証はありません）．

▼入力4-178

```python
for_iter = {'gene_01', 'gene_02', 'gene_03'}

for gene in for_iter:
    print(gene, ' is tested')
```

▼出力4-178

```
gene_01  is tested
gene_02  is tested
gene_03  is tested
```

実は文字列もOKだったりします．

注24) *for文は，シーケンス（文字列，タプルまたはリスト）や，その他の反復可能なオブジェクト（iterable object）内の要素に渡って反復処理を行うために使われます*〔「Python3公式ドキュメント8.3 for文」（docs.python.org/ja/3/reference/compound_stmts.html#for（2024-8-14閲覧）より引用〕

▼入力4-179

```
for_iter = 'atgcATGC'

for gene in for_iter:
    print(gene, ' is tested')
```

▼出力4-179

```
a  is tested
t  is tested
g  is tested
c  is tested
A  is tested
T  is tested
G  is tested
C  is tested
```


「10回繰り返す」というような場合は数列を作るrange()関数[注25]を使うと便利です．例えば，for文のinのところにrange(10)と入れることで，0から9で計10回繰り返されます．

▼入力4-180

```
for_range = range(10)

for gene in for_range:
    print(gene, ' is tested')
```

▼出力4-180

```
0  is tested
1  is tested
2  is tested
3  is tested
4  is tested
5  is tested
6  is tested
7  is tested
8  is tested
9  is tested
```

参考8 「イテレータ」「イテラブル」といった用語について

以下は本当に話半分に目を通していただければと思います．さて，上のほうで「データの並び（list）など」という微妙な書き方をしました．正直なところ，当面はここにはリストとかを入れることになるので，シンプルに「データの並び」とひとまずは考えておきましょう．ただ，ここにはデータそのものだけではなく，データの並びを生成可能なものも入る，とも思っておくとよいかもしれません[注26]．

とかく，ここにはシンプルな「並び」だけではなく，それらを生成する機構を持ったもの（1回[注27]ずつ取り出していけるもの）を入力することもできます．そして，そういった「1回ずつ取り出していけるもの」を

注25）正確には，range()関数で生成されるのはrange型オブジェクトとなります．

注26）Python公式の文書を見ると「データの流れ」という言い方をしています．また『やさしいPython』（高橋麻奈 著，SBクリエイティブ）では，「繰り返し反復処理できるしくみ」という表現をしています．おそらくは，正確にはイテレータ，イテラブル，オブジェクトといった用語を使わざるを得ないであろう部分であり，参考書によってどう表現しているんだろう……と地味に興味が湧いたりもします．すみません，完全な雑談ですね．

注27）ここで1個ずつ，と書いていないのは，例えばzip()関数を用いて複数個を取り出して代入していく，というやり方もあったりするからです．ソースコードを読んでいて，for x, y in zip(data1, data2):といった表記があったら，そういう意味です．
〔参考：「Python, zip関数の使い方：複数のリストの要素をまとめて取得」note.nkmk.me/python-zip-usage-for/（2024-8-14閲覧）〕

「イテラブル（なオブジェクト）」と言います．そして，for文のin以下の部分では「イテラブルなもの」を受け取り，そこから「イテレータ」という「1つずつ値を取り出せる機構」を生成して，それを用いてforループを回しているのです．今後勉強を続けるなかで，イテレータ，イテラブルといった用語を目にすることもあるかと思います．ひとまず，そんな感じの意味と思っておくとよいかもしれません[注28)]．

4.5.3　while文

```
while 条件式:
    処理1
    処理2
```

とすることで「条件式が真の間は」処理を繰り返す，という構文です．とりあえず書いてみましょう．

▼入力4-181

```python
check_number = 0
while check_number <= 8:
    print('check_number =', check_number)
    check_number = check_number + 1
```

▼出力4-181

```
check_number = 0
check_number = 1
check_number = 2
check_number = 3
check_number = 4
check_number = 5
check_number = 6
check_number = 7
check_number = 8
```

「check_numberが8以下の場合は，その数を表示して，さらに1を足せ」という命令になっています．これにより，「ある条件を満たすようになるまでは処理を続ける」という操作が可能になるわけです．

4.5.4　リスト内包表記

for文などを押さえたところで，リスト**内包表記**についても触れておきます．リスト内包表記は，リストの各要素に関数を適用することで新しいリストを取得する，特殊な表記方法です．

```
[式 for 変数 in リスト if 条件]
```

といった形で書きます．

注28）参考：「イテラブル，iterableってなに？」python.ms/iterable/#_1-具体的に言えば（2024-8-14閲覧）
参考：「クラスとイテレータ」Dive Into Python 3 日本語版（Mark Pilgrim/著，Fujimoto, Fukada/訳）www.amazon.co.jp/-/en/Mark-Pilgrim-ebook/dp/B009Z30HPG#detailBullets_feature_div（2024-8-14閲覧）

▼入力4-182

```
list_test = [1, 9, 8, 4]
list_test
```

▼出力4-182

```
[1, 9, 8, 4]
```

▼入力4-183

```
list_comp = [x * 2 for x in list_test]  #「if 条件」部分は省略されています
list_comp
```

▼出力4-183

```
[2, 18, 16, 8]
```

[x * 2 for x in list_test]の部分を右から見ていきます．for x in list_test…とあります．for 変数 in リストの形で，list_testから1つずつ要素を取り出します．先ほどのfor文と同じ形です．それを踏まえて，次にx * 2です．取り出したそれぞれを，* 2しています．さらに，これに「条件」を付け加えてみます．

▼入力4-184

```
list_comp = [x * 2 for x in list_test if x != 8]
```

▼入力4-185

```
list_comp
```

▼出力4-185

```
[2, 18, 8]
```

x != 8（xが8でないもの）の条件をプラスしました．そのため，[1, 9, 8, 4]のうち，[1, 9, 4]が条件に合う数値となり，その2倍が新たなリストとして生成されたわけです．

4.6 自作関数

4.6.1 自作関数の基本

他の多くのプログラミング言語と同様に，Pythonには，一定の処理をまとめて記述するものとして，関数という機能が用意されています．そして，本章前置きにて述べた「組み込み関数」以外に，自分で関数を定義することもできます（自作関数[注29]）．確認しておきましょう．

```
def 関数名(引数リスト):
    処理
```

関数はこういった形で記述します．defはdefine（定義する）の意味です．次のようなコードを書いてみてください．

▼入力4-186

```
def say_hello(x):
    print('hello,', x)
```

これで，関数say_hello()を作ることができました．実行してみます．

▼入力4-187

```
say_hello('Jannet')
```

▼出力4-187

```
hello, Jannet
```

'Jannet'という文字列が関数に引数として渡され，文字列を加工した結果が返されるわけです．上の例では関数の()内に引数を記載して渡していますが，キーワードで指定するというやり方もあります．

▼入力4-188

```
def hello_and_time(name, time):
    print('hello ', name)
    print('clock:', time)
```

この関数にはname，timeの2つの引数が渡されます．キーワードとして渡す場合には以下のようになりま

注29）ただし，この「自作関数」というワード自体はPython公式チュートリアル等で使用されている用語ではありません．公式チュートリアルでは，まずはそういう処理全体を「関数」と呼び，その中の，あらかじめ定義済みの一部を「組み込み関数（built-in function）」と呼ぶ，というような姿勢が見てとれます．ただし，この用語自体は広く見かける（他にも「ユーザー定義関数」という呼び方もあります）ものであり，自分で定義する関数，という意識を持っておく意図で，この用語を使います．

す．

▼入力4-189

```
hello_and_time(name='Jannet', time=3)
```

▼出力4-189

```
hello  Jannet
clock: 3
```

それぞれ，nameとtimeを指定して値を渡しています．こんなふうに，順序を変えても同じ結果を得られます．

▼入力4-190

```
hello_and_time(time=3, name='Jannet')
```

▼出力4-190

```
hello  Jannet
clock: 3
```

戻り値（関数が処理の結果として返す値）の指定にはreturnを用います．以下のような関数を作ってみましょう．

▼入力4-191

```
def check_name():
    return 'Jannet'

check_name()  # 試しに実行してみます
```

▼出力4-191

```
'Jannet'
```

実行されたらJannetという名前（str型文字列）を常に返す，それだけの関数です．これを，print()関数に組み込んでみます．

▼入力4-192

```
print('hello ', check_name())
```

▼出力4-192

```
hello  Jannet
```

check_name()関数は，文字列Jannetを戻り値としています．print()関数の中でその関数が呼び出されているわけです．returnでは，複数の値を戻すこともできます．

▼入力4-193

```
def check_name2():
    return 'Jannet', 'Andy'

x, y = check_name2()

print('hello ', x, ' and ', y)
```

▼出力4-193

```
hello  Jannet  and  Andy
```

check_name2()ではJannetとAndy，2つの文字列が返され，最初の値がx，次の値がyに代入されます[注30]．

4.6.2 可変長引数

可変長引数というタイプの引数の渡し方についても見ておきます．以下のコードを入力してみてください．

▼入力4-194

```
def func_args(*args):
    print('args:', args)
    print('args[1]:', args[1])

func_args(1, 2, 3, 4, 5)
```

▼出力4-194

```
args: (1, 2, 3, 4, 5)
args[1]: 2
```

まず，*argsです．仮引数（args）の頭にアスタリスク（*）をつけることで，数を定めずに引数をいくつも渡すことができます．渡された引数はタプルとして保存され，関数内部で参照できます．実際にargs[1]の数値も出力しています．

▼入力4-195

```
def func_kwargs(**kwargs):
    print('kwargs:', kwargs)
    print('kwargs[a]:', kwargs['a'])

func_kwargs(a=1, b=2, c=3, d=4, e=5)
```

▼出力4-195

```
kwargs: {'a': 1, 'b': 2, 'c': 3, 'd': 4, 'e': 5}
kwargs[a]: 1
```

次に，**kwargsです．同様に，アスタリスクを2つつけることで，数を定めずにキーワード引数を渡すことができるのです．渡された引数は辞書型（キーと値の組）として保存され，同じように関数内部で参照できます．

注30) 細かい話をすると，このとき，戻り値はタプル('Jannet', 'Andy')となっています．
参考：「Pythonの関数で複数の戻り値を返す方法」note.nkmk.me/python-function-return-multiple-values/（2024-8-14閲覧）

4.7 モジュールのimport

最後に，少しだけimport文について述べておきます．Pythonには，すでに作成されているコードを再利用する仕組みがあります．以下のように打ち込んでみてください．

▼入力4-196

```
import datetime
```

特に返ってくるメッセージはないのですが，これでdatetimeモジュールがimportされました．これは時間などを扱う標準モジュールの1つです．以下のように打ち込んでみましょう．

▼入力4-197

```
print(datetime.datetime.now())
```

▼出力4-197

```
2024-08-04 11:37:10.575411
```

今の時間が出力できました．さて，今は既存のモジュールをimportしたわけですが，このimportを使い，自分で書いたコードを同様にimportすることもできます．ちょっと自分で入力したコードのimportを体験していただきます．

…というわけで，少しだけJupyter Notebook以外を使います．ご自身の環境で使っているエディタ（macOSならTextEdit，Windowsならメモ帳[注31]，Ubuntuならgeditなど）[注32]で次の文章を打ち込み，Jupyter Notebookを実行しているフォルダと同じフォルダに，ファイル名：test_module1.pyとして保存してください．なお，この打ち込みをエディタ等にテキストとして入力した場合は，インデントも自分で入力することとなります（Pythonコードとして，高性能なエディタで入力した場合は，Jupyter Notebookと同様に自動でインデントが入ることとなります）．その場合，インデントとしては半角空白を4つ入れるようにしてください[注33]．

エディタ

```
def say_hello_module(x):
    print('hello_module,', x)
```

そのうえで，次のコードを実行してみましょう．

注31）サクラエディタなどもお勧めです．

注32）なお，高性能エディタとしては各環境で使用可能なVSCode等もあります．VSCodeについては名前だけは知っている，という方もいらっしゃるかもしれません．このようなタイプの高性能エディタもまたたいへんお勧めなものなのですが，エディタ等を使ったことのない人が，ここでいきなり使いはじめるには学習時間コスト的に適さないとは思いますのでご注意ください．

注33）注2）で述べた，PEP8（コーディング規約）として，1レベル（1つのブロックとしてのインデント）ごとに4つのスペースが推奨されています．

▼入力4-198

```
import test_module1  # '.py'は入れません
```

表示上は何も反応はありませんが，エラーが出ないということはimportできた，ということです．次のコードを打ってみてください．

▼入力4-199

```
test_module1.say_hello_module('Sara')
```

▼出力4-199

```
hello_module, Sara
```

先ほどの，datetimeモジュールをimportしたのと同じやり方になっているのがおわかりいただけますでしょうか．test_module1をimportし，そのモジュール内のsay_hello()を呼び出しています．なお，このtest_module1なんちゃら，と毎回書くのが面倒くさい，という場合は次のような書き方もできます．

▼入力4-200

```
import test_module1 as tes1
```

こうすることで，こんな書き方ができます．

▼入力4-201

```
tes1.say_hello_module('John')
```

▼出力4-201

```
hello_module, John
```

test_module1をas tes1，つまりtes1としてimportしたわけです．ところで，今後，Pythonの勉強をするなかで，おそらく他の人のソースコードやWeb記事などでimport numpy as npという表現をかなりよく目にすることになるかと思います．打ってみましょう．

▼入力4-202

```
import numpy as np
```

これにより，Pythonで非常によく使われる注34)数値計算関連ライブラリNumPyがimportされたことになります．そしてこのimport numpy as npは，なんというか，枕詞のようによく見かける一行です．まんまimport numpy as npでググってもいっぱい引っかかります（他にも，import pandas as pdというのも同じようによく見ます）．このimport表記に気づかず，いきなりコードを読み込もうとすると，「このnp（とか）って一体何……？」とググって混乱状態になってしまったり，なんてこともあるかもしれませんからお気をつ

注34）なにしろWikipedia日本語版にNumPyで単体の項目があるレベルです．

けください.

というか，実はこの一文は，本章の前置き部分4.2**「関数とメソッド」**にて打ち込んでいただいたものでした．気になる方はそこを見直していただきたいのですが，array型というNumPyライブラリ内の型（クラス）を用いるために，このコマンドを入力していたわけですね．さて，先ほどのtest_module1モジュールのsay_hello_module()を叩く件ですが，これはこんなふうにも書けます．

▼入力4-203

```
from test_module1 import say_hello_module
say_hello_module('Aya')
```

▼出力4-203

```
hello_module, Aya
```

```
from モジュール名 import 対象
```

とすることで，直接中身を叩けるようになりました．さらに，これもasを使ってこう書けます．

▼入力4-204

```
from test_module1 import say_hello_module as say_h
```

▼入力4-205

```
say_h('Betty')
```

▼出力4-205

```
hello_module, Betty
```

なんというか，他の人のコードを読んでいると，いろいろとimportが出てきますので，はじめのうちはこんなふうに使う，というところだけは気をつけておいたほうがよいかと思います．

今後，Pythonをバイオインフォマティクスで扱っていくうえで，関連するモジュールをいくつもimportして使っていくことになります．NumPy，pandasなどはもちろんですが，SeqIOといった，ゲノム配列を扱うための便利ツールみたいなものも，必要に応じて使っていくことになります．というかPythonの基本が身についたあとは「何か処理したい→面倒だからググる→何かそれっぽいのがあるので試してみる」なんて作業を繰り返すようになるでしょう．そういうときにもまずはimportなわけです．

今は本当に触りだけですが，とりあえずこういう機能があるということ程度は覚えておきましょう．

4.8　おわりに

お疲れ様でした．本章はひとまずここまでです．次章から，だんだんと本当にバイオインフォマティクスっぽい話に突入していくこととなります．とかく，ここでやった内容を踏まえて，どんどん次以降にトライしていっていただけましたらと思います．そのうえで，やっぱり基礎的な部分でちょっとわからんということになったら，本章を読み直し，さらには類書をきちんと読むなり，ググるなりしていただけましたらと思います．ここまでお付き合いいただき，ありがとうございました．

4.9　参考文献

本章作成にあたり，以下の書籍，Webサイトを主に参考にさせていただきました．ありがとうございました．

- 「Pythonチュートリアル」docs.python.org/ja/3/tutorial（2024-8-14閲覧）
- Dive Into Python 3 日本語版（Mark Pilgrim/著，Fujimoto, Fukada/訳）www.amazon.co.jp/-/en/Mark-Pilgrim-ebook/dp/B009Z30HPG#detailBullets_feature_div（2024-11-20閲覧）
- 『やさしいPython』（高橋麻奈/著），SBクリエイティブ，2018
- 『速習Python 3 上：プログラミングの基礎編』（伊藤裕一/著）
- 『速習Python 3 中：オブジェクト指向編』（伊藤裕一/著）
- 『初めてのPython 第3版』（Mark Lutz/著，夏目大/訳），オライリー・ジャパン，2009
- 「民主主義に乾杯」python.ms（2024-8-14閲覧）
- 「note.nkmk.me」note.nkmk.me（2024-8-14閲覧）

第5章

文字列処理の基本
ファイルの読み書き，正規表現

高橋弘喜

本章の目的

バイオインフォマティクスでは，ファイルに記載された情報の抽出や加工だけでなく，異なるファイル間での相互参照などの対応に迫られることが多い．目立たない作業ではあるが，研究成果の裏では密かに活躍していると思われる．本章では，文字列処理の基本について理解を深めることを目的として，ファイルの読み書きから，文字列処理の方法について紹介するとともに，正規表現についても配列探索を例に紹介する．

5.1 文字列処理

パソコンで扱うファイルは，**テキストファイル**と**バイナリファイル**に大別される．テキストファイル内に記載されている文字列情報の中から，目的の情報を抽出することが有益となることが多い．また，頻繁にその対応に迫られる．生命科学（バイオインフォマティクス）においては，さまざまな**フォーマット（形式）**にさまざまな情報が記載されており，1つのファイルですべての情報を得ることが容易ではない．多くの場合，複数のファイルから相互参照などを行うことで目的の情報を抽出することになる．

そのためにも，Pythonなどのスクリプト言語によって，テキストファイル処理を習得することは，生物情報をより広範に整理／収集する有効な手立てとなる．

5.1.1 テキストファイル

テキストファイル（text file）は，文字データだけが記載されたファイルのことで，もっとも基本的なファイル形式である．文字の装飾などはできないが，裏を返すと余計な情報のないシンプルな形式と言える．互換性が高く幅広い環境でデータを利用できる．

テキストファイル処理時には，ファイルの構造を理解しておくことが重要となる．例えば，塩基位置は，ファイル形式ごとに最初の塩基を0番目と扱うのか，1番目と扱うのかの違いがある．したがって，それぞれのファイル形式の定義を参照して，思い通りの情報を得られているかについて，その都度しっかりと確認する必要がある．バイオインフォマティクスで頻出する**ファイル形式**としては，以下のものが挙げられる（**表5.1**）．

本章の執筆にあたりPython==3.7.3を用いて動作確認を行った．

表5.1 バイオインフォマティクスで頻出するファイル形式

ファイル形式	格納情報	参照
GFF3（Generic Feture Format Version 3）	遺伝子アノテーション情報	gmod.org/wiki/GFF3 github.com/The-Sequence-Ontology/Specifications/blob/master/gff3.md
SAM（Sequence Alignment/Map Format）	NGSリードのマッピング結果	samtools.github.io/hts-specs/SAMv1.pdf（pp1～12）
FASTA	DNAやアミノ酸などの配列データ	ja.wikipedia.org/wiki/FASTA
FASTQ	DNAなどの塩基配列とそのクオリティスコア	ja.wikipedia.org/wiki/Fastq

GFF3やSAMのように，複数列からなるテキストファイルを扱うことが多い．列の区切り文字としては，タブ（\t），スペース（ ），カンマ（,）が主に用いられている．FASTA，GFF3については**第6章**も参照．

5.1.2 バイナリファイル

テキストとはデータの内容すべてを人間が読んで理解できる（human-readable）もの，バイナリとはそうでないものを指す．例えば，画像ファイル，音声ファイル，圧縮ファイルなどは**バイナリファイル**である（**表5.2**）．

表5.2 バイナリファイルの例

ファイル形式	説明	参照
gz	gzipコマンドで圧縮したファイルにつく拡張子	ja.wikipedia.org/wiki/Gzip
BAM（Binary Alignment Map）	NGSリードのマッピング結果	samtools.github.io/hts-specs/SAMv1.pdf（pp13～20）

5.2 ファイルの読み書き

プログラムで処理した結果を保存しておきたい場合や，外部からPythonにデータを取り込む場合にファイルを使用する．Pythonでファイルを操作するためには，組み込み型の**ファイル型**を使うことができる．特別な宣言は不要で，open()関数を使用して，ファイルの読み書きを行う．open()関数は，ファイルを開き，対応するファイルオブジェクトを返す．ファイルを開くことができなければ，OSErrorが返される．

```
open(filename, mode)
```

- **filenameは，ファイルにつけられた名前の文字列（パス）**
- **modeは，ファイルのタイプやファイルをどのように操作したいかを知らせるための文字列（表5.3）**

open()でファイルを開いたら，close()によってファイルを閉じる必要がある．しかしながら，with構文を使うことで，close()処理が不要になる．with構文では，ファイルが存在する場合はファイルを開いて処理を実行し，最後にclose()処理も実行される．ファイルが存在しない場合には，実行しない仕組みになっている．

表5.3　open()関数のmode一覧

mode	説明
r	ファイルを読み込み専用で開く（デフォルト）
w	ファイルを書き出し専用で開く
a	ファイルの最後に追記
x	ファイルを書き出し専用で開く （ただしファイルが存在しない場合のみ）
+	読み込みと書き込みの両方を可能にする 「r+」「w+」
b	ファイルをバイナリモードで開く

5.2.1　ファイルを読み込む

ファイルの読み込みは，open()を使用する．asに続く変数にファイルオブジェクトが代入される．

```
with open(filename, 'r') as f:  # 'r'は省略可
```

5.2.2　ファイルに書き込む

ファイルの書き込みは，読み込み同様open()を使用する．ただし，mode='w'とする．

```
with open(filename, 'w') as f:
```

5.2.3　改行コード

改行コードとは，改行を表す制御文字である．文字列の中で改行がある部分に対して，改行を指示する文字コードになる．OS（システム）で改行コードが異なる（**表5.4**）．

表5.4　システムごとの改行コード

改行コード	見え方	システム
CR	\r	macOS（≦9）
LF	\n	Unix，macOS
CR+LF	\r\n	Windows

5.2.4 ファイル読み込み（具体例1：GFF3形式）

以降に使用するデータは，**第1章1.6**に紹介した方法で，羊土社特設ページよりダウンロードできる．chapter04ディレクトリ内のs288c_n20.gffとSRR453566.samファイルを現在の作業ディレクトリにコピーしておこう．酵母のGFFファイルs288c_n20.gff（最初の20行だけを抽出）を題材として，ファイル読み込みを行う．

▼入力5-1

```
# ファイルの中身を確認する
%cat ./s288c_n20.gff
```

▼出力5-1

```
##gff-version 3
#!gff-spec-version 1.21
#!processor NCBI annotwriter
#!genome-build R64
#!genome-build-accession NCBI_Assembly:GCF_000146045.2
#!annotation-source SGD R64-2-1
##sequence-region NC_001133.9 1 230218
##species https://www.ncbi.nlm.nih.gov/Taxonomy/Browser/wwwtax.cgi?id=559292
NC_001133.9     RefSeq  region  1       230218  .       +       .       ID=id0;Dbxref=taxon:559292;Nam
e=I;chromosome=I;gbkey=Src;genome=chromosome;mol_type=genomic DNA;strain=S288C
…（略）…
NC_001133.9     RefSeq  CDS     2480    2707    .       +       0       ID=cds1;Parent=rna1;Dbxre
f=SGD:S000028593,GeneID:1466426,Genbank:NP_878038.1;Name=NP_878038.1;Note=hypothetical protein%3B
identified by gene-trapping%2C microarray-based expression analysis%2C and genome-wide homology search
ing;gbkey=CDS;product=hypothetical protein;protein_id=NP_878038.1
NC_001133.9     RefSeq  gene    7235    9016    .       -       .       ID=gene2;Dbxref=Gene
ID:851230;Name=SEO1;end_range=9016,.;gbkey=Gene;gene=SEO1;gene_biotype=protein_coding;locus_
tag=YAL067C;partial=true;start_range=.,7235
```

GFFファイルは，9列からなるテキストファイルで，各列はタブ（\t）で区切られている（**表5.5**，**第6章6.4.1**も参照）．

表5.5　GFF3の各列の情報

列数	名前	情報	例（19行目）
1	seqid	染色体名やスキャフォールド名	NC_001133.9
2	source	プロジェクト名やソフトウェア名など自由記載	RefSeq
3	type	属性型	CDS
4	start	開始位置	2480
5	end	終点位置	2707
6	score	スコア（.はスコアなし）	.
7	strand	ストランドの向き	+
8	phase	読み枠に関する情報（0，1，2） CDS featureの場合には必須	0
9	attributes	付属情報（セミコロン（;）区切り） パーセントエンコーディング（URLエンコード）	ID=cds1;Parent=rna1;Dbxref=SGD:S000028593, GeneID:1466426...

19行目のattributesは以下のようになっている．詳細に見てみよう（**表5.6**）．

```
ID=cds1;Parent=rna1;Dbxref=SGD:S000028593,GeneID:1466426,Genbank:NP_878038.1;Name=NP_878038.1;Note=hypo
thetical protein%3B identified by gene-trapping%2C microarray-based expression analysis%2C and genome-
wide homology searching;gbkey=CDS;product=hypothetical protein;protein_id=NP_878038.1
```

表5.6　attributesの詳細

タグ	情報
ID	cds1
Parent	rna1
Dbxref	SGD:S000028593,GeneID:1466426,Genbank:NP_878038.1
Name	NP_878038.1
Note	hypothetical protein%3B identified by gene-trapping%2C microarray-based expression analysis%2C and genome-wide homology searching
gbkey	CDS
product	hypothetical protein
protein_id	NP_878038.1

NoteはURLエンコーディング記法[注1)]が採用されている．

1行目のみの読みこみ

さっそくファイルを読み込んでみよう．s288c_n20.gffを読み込んで出力する．1行目だけ出力する．

▼入力5-2

```
path = './s288c_n20.gff'
with open(path) as f:  # ファイルオープン
    line = f.readline()  # 1行読み込み
    print(line)  # 出力
```

▼出力5-2

```
##gff-version 3
```

1行目##gff-version 3が読み込まれた．readline()メソッドは，ファイルから1行読み込み，文字列を返す．テキストファイルをプログラムで処理する場合は，1行ごとに読み込んで処理することが多いため，readline()メソッドを用いた例を紹介している．read()メソッドは，ファイル全体を読み込むことが可能だが，ファイルサイズが大きい場合には，計算機のメモリを圧迫する可能性があることから注意が必要になる．

ファイル全体の読みこみ

1行目だけではなく，ファイル全体を読み込んでみる．s288c_n20.gffを読み込んで出力する．

注1）URLに使用できない文字（セミコロン，カンマなど）を他の文字列でエスケープして表現する記法．

▼入力5-3

```
with open(path) as f:
    for line in f:  # 1行ずつ読み込み
        print(line)  # 出力
```

▼出力5-3

```
##gff-version 3

#!gff-spec-version 1.21

#!processor NCBI annotwriter

…（略）…
```

forループを使い，ファイルから1行ずつ読み込み，出力した．出力結果には空行が追加されている．print(line, end='')とすることで，改行コードを付与しない出力も可能だが，次に示す方法の方がよく使うかもしれない．

改行コードを削除した読みこみ

s288c_n20.gffを読み込んで出力する．改行コードの削除を実行する．

▼入力5-4

```
with open(path) as f:
    for line in f:
        line = line.rstrip()  # 改行コードの削除
        print(line)
```

▼出力5-4

```
##gff-version 3
#!gff-spec-version 1.21
#!processor NCBI annotwriter
…（略）…
```

これで元のファイルと同じ出力結果となった．str.rstrip()メソッドは，引数に何も指定しない場合は，文字列の末尾部分の空白文字（スペース（space），タブ（tab），改行（linefeed），復帰（return），改頁（formfeed），垂直タブ（vertical tab））を除去する．例えば，行末の文字列を対象とした文字列一致においては，空白文字の有無によって意図しない結果となることもある．そのため，筆者は見えない末尾の空白文字は最初に削除して処理することを心がけている.

#で始まる行のみの読みこみ

目的とする情報のみを抽出することもできる. s288c_n20.gffを読み込んで出力する. 改行コードの削除を実行する. #で始まる行だけを出力する.

▼入力5-5

```
with open(path) as f:
    for line in f:
        line = line.rstrip()

        if line.startswith('#'):  # #で始まるかどうか
            print(line)
```

▼出力5-5

```
##gff-version 3
#!gff-spec-version 1.21
#!processor NCBI annotwriter
#!genome-build R64
#!genome-build-accession NCBI_Assembly:GCF_000146045.2
#!annotation-source SGD R64-2-1
##sequence-region NC_001133.9 1 230218
##species https://www.ncbi.nlm.nih.gov/Taxonomy/Browser/wwwtax.cgi?id=559292
```

#で始まるヘッダー行だけを抽出することができた.

#で始まる行以外の読みこみ

s288c_n20.gffを読み込んで出力する. 改行コードの削除を実行する. #で始まる行以外を出力する.

▼入力5-6

```
with open(path) as f:
    for line in f:
        line = line.rstrip()

        if line.startswith('#'):  # #で始まるかどうか
            continue
        print(line)
```

▼出力5-6

```
NC_001133.9	RefSeq	region	1	230218	.	+	.	ID=id0;Dbxref=taxon:559292;Name=I;chromosome=I;gbkey=Src;genome=chromosome;mol_type=genomic DNA;strain=S288C
NC_001133.9	RefSeq	telomere	1	801	.	-	.	ID=id1;Dbxref=SGD:S000028862;Note=TEL01L%3B Telomeric region on the left arm of Chromosome I%3B composed of an X element core sequence%2C X element combinatorial repeats%2C and a short terminal stretch of telomeric repeats;gbkey=telomere
…（略）…
```

特定の列のみの読みこみ

s288c_n20.gffを読み込んで出力する．改行コードの削除を実行する．#で始まる行以外を出力する．9列目のデータのみを出力する．

▼入力5-7

```
with open(path) as f:
    for line in f:
        line = line.rstrip()

        if line.startswith('#'):
            continue
        s = line.split('\t')  # タブで区切る
        print(s[8])  # 9列目を出力
```

▼出力5-7

```
ID=id0;Dbxref=taxon:559292;Name=I;chromosome=I;gbkey=Src;genome=chromosome;mol_type=genomic DNA;strain=S288C
ID=id1;Dbxref=SGD:S000028862;Note=TEL01L%3B Telomeric region on the left arm of Chromosome I%3B composed of an X element core sequence%2C X element combinatorial repeats%2C and a short terminal stretch of telomeric repeats;gbkey=telomere
ID=id2;Dbxref=SGD:S000121252;Note=ARS102~Autonomously Replicating Sequence;gbkey=rep_origin
…（略）…
```

;で区切る読みこみ

s288c_n20.gffを読み込んで出力する．改行コードの削除を実行する．#で始まる行以外を出力する．9列目のデータのみを出力する．;で区切る．

▼入力5-8

```
with open(path) as f:
```

```
    for line in f:
        line = line.rstrip()
        if line.startswith('#'):
            continue

        s = line.split('\t')
        items = s[8].split(';')  # 9列目を";"で区切る
        for item in items:  # リストを1つずつ
            print(item)  # 出力
```

▼出力5-8

```
ID=id0
Dbxref=taxon:559292
Name=I
chromosome=I
gbkey=Src
genome=chromosome
mol_type=genomic DNA
strain=S288C
ID=id1
Dbxref=SGD:S000028862
…（略）…
```


特定のタグのデータの読みこみ 1

s288c_n20.gffを読み込んで出力する．改行コードの削除を実行する．#で始まる行以外を出力する．9列目のデータのみを出力する．;で区切る．productデータのみを出力する．

▼入力5-9

```
with open(path) as f:
    for line in f:
        line = line.rstrip()

        if line.startswith('#'):
            continue
        s = line.split('\t')
        items = s[8].split(';')
        for item in items:
            if item.startswith('product='):
                print(item)
```

▼出力5-9

```
product=seripauperin PAU8
product=seripauperin PAU8
product=seripauperin PAU8
product=hypothetical protein
product=hypothetical protein
product=hypothetical protein
```

辞書型での読みこみ

s288c_n20.gffを読み込んで出力する．改行コードの削除を実行する．#で始まる行以外を出力する．9列目のデータを辞書型（**第4章4.4.3参照**）で取得する．

▼入力5-10

```
with open(path) as f:
    for line in f:
        line = line.rstrip()

        if line.startswith('#'):
            continue
        s = line.split('\t')
        items = s[8].split(';')
        tags = dict([tmp.split('=') for tmp in items])  # リスト内包表記で一括取得
        print(tags)
```

▼出力5-10

```
{'ID': 'id0', 'Dbxref': 'taxon:559292', 'Name': 'I', 'chromosome': 'I', 'gbkey': 'Src', 'genome': 'chromosome', 'mol_type': 'genomic DNA', 'strain': 'S288C'}
{'ID': 'id1', 'Dbxref': 'SGD:S000028862', 'Note': 'TEL01L%3B Telomeric region on the left arm of Chromosome I%3B composed of an X element core sequence%2C X element combinatorial repeats%2C and a short terminal stretch of telomeric repeats', 'gbkey': 'telomere'}
…（略）…
```

特定のタグのデータの読みこみ2

s288c_n20.gffを読み込んで出力する．改行コードの削除を実行する．#で始まる行以外を出力する．9列目のNoteデータのみを出力する．

▼入力5-11

```
with open(path) as f:
    for line in f:
        line = line.rstrip()

        if line.startswith('#'):
            continue
        s = line.split('\t')
        items = s[8].split(';')
        tags = dict([tmp.split('=') for tmp in items])
```

```
        if 'Note' in tags:  # Noteタグの有無
            print(tags['Note'])  # Noteの内容を出力
```

▼出力5-11

```
TEL01L%3B Telomeric region on the left arm of Chromosome I%3B composed of an X element core
sequence%2C X element combinatorial repeats%2C and a short terminal stretch of telomeric repeats
ARS102~Autonomously Replicating Sequence
hypothetical protein%3B member of the seripauperin multigene family encoded mainly in subtelomeric
regions
hypothetical protein%3B identified by gene-trapping%2C microarray-based expression analysis%2C and
genome-wide homology searching
```

5

文字列処理の基本

URLデコードする読みこみ

s288c_n20.gffを読み込んで出力する．改行コードの削除を実行する．#で始まる行以外を出力する．9列目のNoteデータをURLデコードして，出力する．

▼入力5-12

```
from urllib.parse import unquote
with open(path) as f:
    for line in f:
        line = line.rstrip()

        if line.startswith('#'):
            continue
        s = line.split('\t')
        items = s[8].split(';')
        tags = dict([tmp.split('=') for tmp in items])

        if 'Note' in tags:
            print(unquote(tags['Note']))  # Noteの内容をデコードして出力
```

▼出力5-12

```
TEL01L; Telomeric region on the left arm of Chromosome I; composed of an X element core sequence, X
element combinatorial repeats, and a short terminal stretch of telomeric repeats
ARS102~Autonomously Replicating Sequence
hypothetical protein; member of the seripauperin multigene family encoded mainly in subtelomeric
regions
hypothetical protein; identified by gene-trapping, microarray-based expression analysis, and genome-
wide homology searching
```

urllib.parseモジュールを使えば，URLエンコード，デコードが実現できる．

特定の行以降を読みこみ

s288c_n20.gffを読み込んで3行目以降を改行コードを削除して出力する．

▼入力5-13

```
with open(path) as f:
    f.readline()  # 1行目の読み込みを実行
    f.readline()  # 2行目の読み込みを実行
    for line in f:  # 3行目からの読み込みを実行
        line = line.rstrip()
        print(line)
```

▼出力5-13

```
#!processor NCBI annotwriter
#!genome-build R64
#!genome-build-accession NCBI_Assembly:GCF_000146045.2
#!annotation-source SGD R64-2-1
##sequence-region NC_001133.9 1 230218
…（略）…
```

readline()を2回実行することで，最初の2行を読み込んだことになる．そのあとにforループを用いることで，3行目からの処理が可能となる．

5.2.5　ファイル書き込み（具体例）

書き込み1

open(file, mode='w')とすれば，ファイルへの書き込みができる．'Hello world!\n'をtest1.txtに出力する．事前に，%mkdir outputなどとして出力ディレクトリを作っておこう．

▼入力5-14

```
output = './output/test1.txt'  # ファイル名
out = 'Hello world!\n'  # 出力
with open(output, 'w') as f:  # ファイルオープン
    f.write(out)  # ファイルへ書き込み
```

test1.txtファイルがoutputディレクトリ下に作成された．中身を確認すると，Hello world!となっている．outputディレクトリがない場合は，FileNotFoundError: No such file or directory: './output/test1.

txt' となる．mode オプション（**表5.3**）を変更することで，上書きするのか，追記するのか，新規作成するのかを設定できる．

書き込み2

'Hello world!\n' を test1.txt に出力する．ファイルが存在する場合は上書きしない．

▼入力5-15

```
output = './output/test1.txt'  # ファイル名
out = 'Hello world!\n'  # 出力
with open(output, 'x') as f:  # ファイルオープン
    f.write(out)  # ファイルへ書き込み
```

▼出力5-15

```
---------------------------------------------------------------------------
FileExistsError                           Traceback (most recent call last)
<ipython-input-17-e591a5451f1b> in <module>
      2 output = './output/test1.txt'  # ファイル名
      3 out = 'Hello world!\n'  # 出力
----> 4 with open(output, 'x') as f:  # ファイルオープン
      5     f.write(out)  # ファイルへ書き込み

FileExistsError: [Errno 17] File exists: './output/test1.txt'
```

先に作った test1.txt が存在しているので，FileExistsError: File exists: './output/test1.txt' となった．mode=x を用いることで，既存のファイルへの上書きを防ぐことができる．

5.3 ファイル読み込み（具体例2：SAM形式）

SAMファイルの読み込みを行う．**SAMファイル**は，@で始まるヘッダー行と各リードのアラインメント情報を格納している（**表5.7**）．アライメント情報の各列は，タブ（\t）で区切られている．

表5.7 SAMファイルのアラインメント情報

列数	Field	情報	例（20行目）
1	QNAME	リード名	SRR453566.24
2	FLAG	アラインメント情報	83
3	RNAME	リファレンス名	NC_001139.9
4	POS	マッピング位置	727620
5	MAPQ	マッピングスコア	60
6	CIGAR	マッピングの状況	101M
7	RNEXT	ペアエンドリードのマッピングされたリファレンス名 =の場合は，同じリファレンス名	=
8	PNEXT	ペアエンドリードのマッピング位置	727518
9	TLEN	リード間の距離	-203
10	SEQ	リードの塩基配列	AAGGGTAA...
11	QUAL	塩基配列のクオリティデータ	?DCCDDDD...

▼入力5-16

```
# ファイルの中身を25行目まで確認する
!head -n 25 ./SRR453566.sam
```

▼出力5-16

```
@HD	VN:1.0	SO:unsorted
@SQ	SN:NC_001133.9	LN:230218
…（略）…
@PG	ID:hisat2	PN:hisat2	VN:2.1.0	CL:"/usr/local/pkg/hisat2/2.1.0/hisat2-align-s
--wrapper basic-0 -p 4 -x ../reference/hisat/s288c.fna -S SRR453566.sam -1 /tmp/52279.inpipe1 -2 /
tmp/52279.inpipe2"
SRR453566.24	83	NC_001139.9	727620	60	101M	=	727518	-203	AAGGGTA
AAGCTAAGGGTGATATTCCAGGTGTTAGATTCAAGGTCGTTAAGGTCTCTGGTGTCTCCTTGTTGGCTTTGTGGAAAGAAAAGAAGGAAAAGCC
?DCCDDDDDDDDDDDDDD@CDCCBEEEDFFFFFHHHHHFHJJJJIJJJJJJJJIJGJJJJJJJJJJJJJJJJJJJJJJJJJJJJJJJJHHHHHFFFFFCCC
AS:i:0	XN:i:0	XM:i:0	XO:i:0	XG:i:0	NM:i:0	MD:Z:101	YS:i:0	YT:Z:CP	NH:i:1
SRR453566.24	163	NC_001139.9	727518	60	69M	=	727620	203	TTAATCAAGAACG
GTAAGAAGGTCACTGCTTTCGTTCCAAACGATGGTTGTTTGAACTTTGTCGACGAA	=DFFFFHHHHGGJIHFHIJJJJHIIJJIFHIJIJJJIJJIJE
IHIE?=BFGIGCHGHIIIIIEFFD>AB	AS:i:0	XN:i:0	XM:i:0	XO:i:0	XG:i:0	NM:i:0	MD:Z:69	YS:i:0	YT:Z:CP
NH:i:1
…（略）…
```

5.3.1 ビット演算子

2列目のFLAG情報は，リードのマッピング状況を知ることができる．各情報は下記のように定義されている（**表5.8**）．

表5.8 SAMファイルのFLAG情報

十進数	Bit	説明（SAM定義）	Decoding SAM flags
1	0x1	template having multiple segments in sequencing	read paired
2	0x2	each segment properly aligned according to the aligner	read mapped in proper pair
4	0x4	segment unmapped	read unmapped
8	0x8	next segment in the template unmapped	mate unmapped
16	0x10	SEQ being reverse complemented	read reverse strand
32	0x20	SEQ of the next segment in the template being reverse complemented	mate reverse strand
64	0x40	the first segment in the template	first in pair
128	0x80	the last segment in the template	second in pair
256	0x100	secondary alignment	not primary alignment
512	0x200	not passing filters, such as platform/vendor quality controls	read fails platform/vendor quality checks
1024	0x400	PCR or optical duplicate	read is PCR or optical duplicate
2048	0x800	supplementary alignment	supplementary alignment

FLAG情報に関しては，`Decoding SAM flags`サイト（`broadinstitute.github.io/picard/explain-flags.html`）がわかりやすい．例えば，FLAG83を持つリードは，`read paired (0x1)`，`read mapped in proper pair (0x2)`，`read reverse strand (0x10)`，`first in pair (0x40)`でリードがマッピングされていることを示している．いくつかのFLAGについて，bit情報をまとめた（**表5.9**）．

表5.9 FLAGとbit情報の対応の例

十進数	Bit	FLAG=83	FLAG=163	FLAG=77	FLAG=137
1	0x1	○	○	○	○
2	0x2	○	○		
4	0x4			○	
8	0x8			○	○
16	0x10	○			
32	0x20		○		
64	0x40	○		○	
128	0x80		○		○
256	0x100				
512	0x200				
1024	0x400				
2048	0x800				

ビット演算子（**表5.10**）を用いて，FLAG情報を扱うことができる．例えば，`if FLAG & 0x4:` とすることで，unmappedかどうかの判定ができる．

表5.10　ビット演算子の例

ビット演算子	説明
x | y	xとyの論理和（OR）をとる
x & y	xとyの論理積（AND）をとる
x^y	xとyの排他的論理和（XOR）をとる

FLAGの状況の読みこみ

FLAGの状況を確認する．

▼入力5-17

```
path = './SRR453566.sam'
dic = {}
with open(path) as f:
    for line in f:
        line = line.rstrip()
        if line.startswith('@'):  # ヘッダー行をスキップ
            continue
        s = line.split('\t')  # タブで区切る
        FLG = s[1]  # 2列目を格納
        if FLG in dic:  # 辞書に格納
            dic[FLG] += 1
        else:
            dic[FLG] = 1

# 出力 FLAG, 総数
for k, v in dic.items():
    print(k + '\t' + str(v))
```

▼出力5-17

```
83      197
163     197
99      239
147     239
355     15
403     15
81      3
161     3
65      2
129     2
77      14
141     14
113     1
177     1
89      5
133     7
339     17
419     17
97      2
145     2
153     2
69      3
73      2
137     1
```

FLAG情報の集計結果が得られた．例えば，FLAG83のリードが197本あったことがわかる．多い順で並べ替えて，出力する．

▼入力5-18

```
sorted(dic.items(), key = lambda x:x[1], reverse = True)
```

▼出力5-18

```
[('99', 239),
 ('147', 239),
 ('83', 197),
 ('163', 197),
 ('339', 17),
 ('419', 17),
 ('355', 15),
 ('403', 15),
 ('77', 14),
 ('141', 14),
 ('133', 7),
 ('89', 5),
 ('81', 3),
 ('161', 3),
 ('69', 3),
 ('65', 2),
 ('129', 2),
 ('97', 2),
 ('145', 2),
 ('153', 2),
 ('73', 2),
 ('113', 1),
 ('177', 1),
 ('137', 1)]
```

特定のFLAGを有するリード情報の読みこみ

特定のFLAGを有するリード情報を抽出する．マッピングされなかったリードを抽出する．read unmappedは，0x4，4で表現される．

▼入力5-19

```
readList = []
with open(path) as f:
    for line in f:
        line = line.rstrip()
        if line.startswith('@'):
            continue
        s = line.split('\t')
        FLG = int(s[1])
        if FLG & 0x4:
            readList.append(s[0])

# 出力
for item in readList:
    print(item)
```

▼出力5-19

```
SRR453566.116
SRR453566.116
SRR453566.126
SRR453566.153
SRR453566.153
SRR453566.156
…（略）…
SRR453566.433
SRR453566.433
SRR453566.472
SRR453566.499
SRR453566.499
SRR453566.503
```

ビット演算子を用いて，read unmapped (0x4) ビットを持つFLAG69，77，133，141のリードが抽出された．samtools[注2] を使うことで，同様の処理が可能となる．

マッピングされなかったリードの読みこみ

特定のFLAGを有するリードを抽出する．マッピングされなかったリードを抽出する．ペアエンドのリード（Read1，Read2）を別々に抽出する．配列も合わせて抽出する．

▼入力5-20

```
readList = []
with open(path) as f:
    for line in f:
        line = line.rstrip()
        if line.startswith('@'):
            continue

        s = line.split('\t')
        FLG = int(s[1])

        if (FLG & 0x4) and (FLG & 0x40) : ## unmapped read1
            readList.append([s[0]+'-R1', s[9]])
```

注2) Samtools（htslib.org）は，SAM/BAM/CRAM形式のファイルをとり扱うソフトウエアで，Heng Liによって開発された（詳しくは文献を参照）．コマンドラインで実行でき，フォーマットの変更（SAM<->BAM），データのソート，データの結合，データの抽出などさまざまな処理が可能である．
参考文献：Li H, et al：Bioinformatics, 25：2078-2079, 2009 doi:10.1093/bioinformatics/btp352，Danecek P, et al：Gigascience, 10：giab008, 2021 doi:10.1093/gigascience/giab008

```
        if (FLG & 0x4) and (FLG & 0x80) : ## unmapped read2
            readList.append([s[0]+'-R2', s[9]])

with open ('output/unmapped.fasta', 'w') as f:
    for item, seq in readList:
        f.write('>'+item+'\n'+seq+'\n') ## Fasta形式
```

マッピングされなかったリードを抽出し，FASTA形式の"unmapped.fasta"ファイルへ出力した．web blastなどを使うことで，マッピングされなかったリードの由来を調べることができる．

5.4 正規表現

正規表現（regular expression）とは，「文字列の集合を一つの文字列で表現する方法の一つである」[文献1)]．通常の文字列とメタ文字とよばれる特殊な文字を組み合わせてパターンを作り，パターンに指定された法則で並ぶ文字列の検索を実現できる．正規表現は，ファイルや他のデータの中から，複雑な文字列のパターンを検索するのに役立つ．

制御配列の1つ**TATAボックス**を例に，正規表現を試してみる．TATAボックスは，RNAポリメラーゼⅡによる転写開始位置の上流25塩基対の位置，あるいはさらに上流に存在する共通した塩基配列で，`5'-TATA[A/T]AA[G/A]-3'`と定義されている[文献2)]．TATAボックスを有するリードをSAMファイルから検索する．文字列一致で探索する場合は，4通りの文字列を探索する必要がある．相補鎖配列も含めると，計8通りの文字列の探索が必要となる．

- 5'-TATA[A]AA[G]-3'
- 5'-TATA[A]AA[A]-3'
- 5'-TATA[T]AA[A]-3'
- 5'-TATA[T]AA[G]-3'

文献1）「正規表現 - Wikipedia」ja.wikipedia.org/wiki/正規表現（2024-8-26閲覧）
文献2）Smale ST & Kadonaga JT：Annu Rev Biochem, 72：449-479, 2003 doi:10.1146/annurev.biochem.72.121801.161520

正規表現は，標準ライブラリのreモジュールを使う（**表5.11**）.

表5.11　reモジュールでよく使うメソッド

メソッド	説明
compile()	正規表現patternのオブジェクトを生成
match()	文字列の先頭で正規表現patternの有無を探索
search()	文字列内で正規表現patternの有無を探索
findall()	文字列内ですべての正規表現patternを探索
finditer()	文字列内で正規表現patternを探索し，マッチオブジェクトを取得するイテレータを返す．for文を添えて使用

正規表現で使用するメタ文字を一部紹介する（**表5.12**）.

表5.12　正規表現で使用するメタ文字の一部

パターン	説明
\d	1個の数字
\D	1個の数字以外の文字
\w	1個の英字
\W	1個の英字以外の文字
\s	1個の空白文字
\S	1個の空白文字以外の文字
.	\n以外の任意の文字
^	文字列の先頭
$	文字列の末尾
*	直前の正規表現を0回以上，できるだけ多く繰り返したもの ab*はa，ab，またはaに任意個数のbを続けたもの
+	直前の正規表現を1回以上，できるだけ多く繰り返したもの ab+はab，またはaに任意個数のbを続けたもの
?	直前の正規表現を0回もしくは1回 ab?はaあるいはab
[ ]	文字の集合 [abc]はaまたはbまたはc

正規表現を用いない探索

TATAボックスを有する配列をreモジュールを使わずに探索する．4種類の配列それぞれの有無について調べる．

▼入力5-21

```
path = './SRR453566.sam'
TATA1 = 'TATAAAAG'
TATA2 = 'TATAAAAA'
TATA3 = 'TATATAAG'
TATA4 = 'TATATAAA'

with open(path) as f:
    for line in f:
        line = line.rstrip()
        if line.startswith('@'):  # ヘッダー行をスキップ
            continue
        s = line.split('\t')  # タブで区切る
        sequence = s[9]  # 10列目を格納

        if TATA1 in sequence:
            print('TATA1:' + sequence)

        if TATA2 in sequence:
            print('TATA2:' + sequence)

        if TATA3 in sequence:
            print('TATA3:' + sequence)

        if TATA4 in sequence:
            print('TATA4:' + sequence)
```

▼出力5-21

```
TATA3:AAATCTAAACACACCATCAGGATCAATTTACTGCGCAGTATGTACTCGTACTTGTATATAAGATTCAAAGGATACCAAGAAAATGCTATTACG
TATA4:CGTGCTGATCAGGATATTTCTCTTCTTCATAGCATAGAAACCAAGTTGTTCCCATATATAAACTTCGCAGCCCTAAATAGTGAACAATCTCATAAT
TTTTG
TATA2:AAATGGCAAAAAAAAAAAGTAAAAAATGGCCCAACTGTATGAGACGTATAAAAAACGTGAAGGGTGAAGAAAAGAATGCCACTGCCCAATTTTATGC
TTAAT
TATA4:AAGCCGCCAAAATTCAACAGGGTACCGACTTGGCCGAAGTAGCCCCAATATTATGTGCTGGTGTTACTGTATATAAAGCACTAAAAGAGGCAGACT
TGAA
```

5

文字列処理の基本

4通りのTATAボックスを用意して，それぞれについて検索を行った．相補鎖についても探索が必要な場合は，4通りの配列を加えてそれぞれに対して同様の処理を行えばよい．

正規表現を用いる探索

TATAボックスを有する配列をreモジュールによる正規表現パターンを用いて探索する．

▼入力5-22

```
import re

TATA = re.compile('TATA[AT]AA[GA]')  # patternをコンパイル

with open(path) as f:
    for line in f:
        line = line.rstrip()
        if line.startswith('@'):  # ヘッダー行をスキップ
            continue
        s = line.split('\t')  # タブで区切る
        sequence = s[9]  # 10列目を格納

        m = TATA.search(sequence)  # patternを検索

        if m:
            print(sequence)
```

▼出力5-22

```
AAATCTAAACACACCATCAGGATCAATTTACTGCGCAGTATGTACTCGTACTTGTATATAAGATTCAAAGGATACCAAGAAAATGCTATTACG
CGTGCTGATCAGGATATTTCTCTTCTTCATAGCATAGAAACCAAGTTGTTCCCATATATAAACTTCGCAGCCCTAAATAGTGAACAATCTCATAATTTTTG
AAATGGCAAAAAAAAAAGTAAAAAATGGCCCAACTGTATGAGACGTATAAAAAACGTGAAGGGTGAAGAAAAGAATGCCACTGCCCAATTTTATGCTTAAT
AAGCCGCCAAAATTCAACAGGGTACCGACTTGGCCGAAGTAGCCCCAATATTATGTGCTGGTGTTACTGTATATAAAGCACTAAAAGAGGCAGACTTGAA
```

TATAボックス5'-TATA[A/T]AA[G/A]-3'をTATA = re.compile('TATA[AT]AA[GA]')としてコンパイルしている．これにより，効率的な処理が実現できる．コンパイルしなくても，re.search('TATA[AT]AA[GA]', 文字列)とすることで，同様の処理が実現できる．

次に，pattern.match(文字列)として，正規表現パターンを検索している．この場合，計4種類のTATAボックス配列を検索している．**マッチオブジェクト**から一致箇所の情報を抽出できる．

一致箇所を出力する探索

TATAボックスを有する配列をreモジュールによる正規表現パターンを用いて探索する．一致箇所を出力する．

▼入力5-23

```
TATA = re.compile('TATA[AT]AA[GA]') # patternをコンパイル

with open(path) as f:
    for line in f:
        line = line.rstrip()
        if line.startswith('@'):  # ヘッダー行をスキップ
            continue
        s = line.split('\t')  # タブで区切る
        sequence = s[9]  # 10列目を格納

        m = TATA.search(sequence)  # patternを検索

        if m:
            # 一致した箇所を出力
            print(m.start(), m.end(), m.string[m.start():m.end()])
```

▼出力5-23

```
54 62 TATATAAG
54 62 TATATAAA
45 53 TATAAAAA
69 77 TATATAAA
```

マッチオブジェクトを用いることで，一致した箇所の情報や一致した文字列の抽出が可能となる．m.start()，m.end() はマッチした部分文字列の先頭と末尾のインデックスを返す．

相補鎖も含めた探索

TATAボックスを有する配列をreモジュールによる正規表現パターンを用いて探索する．一致箇所を出力する．相補鎖についても探索する．

▼入力5-24

```
TATA = re.compile('TATA[AT]AA[GA]') # patternをコンパイル
TATA_rev = re.compile('[CT]TT[AT]TATA') # 相補鎖patternをコンパイル

with open(path) as f:
    for line in f:
        line = line.rstrip()
        if line.startswith('@'): # ヘッダー行をスキップ
            continue
        s = line.split('\t') # タブで区切る
        sequence = s[9] # 10列目を格納

        m = TATA.search(sequence) # patternを検索

        if m:
            print(m.start(), m.end(), m.string[m.start():m.end()])

        m = TATA_rev.search(sequence) # 相補鎖patternを検索

        if m:
            print(m.start(), m.end(), m.string[m.start():m.end()])
```

▼出力5-24

```
54 62 TATATAAG
14 22 TTTTTATA
54 62 TATATAAA
89 97 TTTTTATA
62 70 TTTTTATA
9 17 TTTTTATA
45 53 TATAAAAA
69 77 TATATAAA
75 83 TTTTTATA
```

配列内にパターンが複数含まれる場合には，findall()やfinditer()によって探索が可能となる．searchは，配列内の最初に出現した一致箇所の情報を取得する．

5.5 おわりに

本章では文字列処理の基本について概説した．GFFやSAMファイルを例にして，ファイルの読み込み／書き込みから情報抽出までを紹介した．これらを駆使すれば，さまざまなファイルから，必要な情報の整理／収集が効率的に実現できる．少しでも研究の幅が広がる一助になれば幸いである．

第6章 Biopython を用いた塩基配列データの扱い方
オブジェクト指向入門

谷澤靖洋

本章の目的

本章では塩基／アミノ酸配列データやそれに付随した遺伝子アノテーション情報の処理方法を解説する．また，関連して**クラス**を利用したプログラミング手法や生命科学用拡張モジュール**Biopython**（Cock PJ, 2009）の利用方法も合わせて紹介する[注1)]．

6.1 クラスを利用したプログラミング

6.1.1 クラスとオブジェクト

Python プログラムの中で扱われる文字列や数値，あるいはリストや辞書といったデータは**オブジェクト**とよばれる．また，データだけでなく関数もオブジェクトの1つとして扱われる．したがって，Python プログラムの中で扱われるさまざまな「モノ」や「コト」に対しての総称が「オブジェクト」といえる．オブジェクトにはデータの種類に応じて「型」があり，例えば，整数データはintオブジェクト，文字列データはstrオブジェクトとよばれ，これらはtype()関数を使って確認できる．

▼入力6-1

```
type(10)
```

▼出力6-1

```
int
```

▼入力6-2

```
my_str = 'Hello world'
type(my_str)
```

▼出力6-2

```
str
```

本章の執筆にあたり conda install -c bioconda python notebook biopython bcbio-gff pyfaidx で必要なライブラリをインストールし，Python==3.12.3, notebook==7.2.1, Biopython==1.84, bcbio-gff==0.7.1, pyfaidx==0.8.1.1 を用いて動作確認を行った．

注1）本章で使用するサンプルファイルには本書用に独自に用意したものの他に，出芽酵母S288C株の参照ゲノム配列（Goffeau, 1996）のデータが含まれる．これはNCBI（米国国立生物工学情報センター）Assemblyデータベースでの検索結果www.ncbi.nlm.nih.gov/assembly/GCF_000146045.2からダウンロードし，簡単のためファイル名と一部のデータを変更したものである．

また，オブジェクトはデータだけではなくそれに関連したさまざまな機能を併せ持つ．これらの機能は単独で使用する通常の関数と区別する意味で**メソッド**とよばれ，dir()関数を使用することでオブジェクトが有するメソッドが確認できる．

▼入力6-3

```
print(dir(my_str))
```

▼出力6-3

```
['__add__', '__class__', '__contains__', '__delattr__', '__dir__', '__doc__', '__eq__', '__format__', '__ge__', '__getattribute__', …（略）… 'split', 'splitlines', 'startswith', 'strip', 'swapcase', 'title', 'translate', 'upper', 'zfill']
```

strオブジェクトには大文字に変換するためのupper()や分割を行うためのsplit()といった文字列に対する操作を行うためのメソッドが含まれる．これらを使用するには，変数名のあとにピリオド（.）に続けてメソッド名を指定する．

▼入力6-4

```
my_str.upper()
```

▼出力6-4

```
'HELLO WORLD'
```

▼入力6-5

```
my_str.split(' ')
```

▼出力6-5

```
['Hello', 'world']
```

通常の関数と同じようにメソッドを呼び出すにはメソッド名のあとの括弧に**引数**を指定する．上記の例で，upper()は特に引数を必要としないため括弧内は空欄になっているのに対し，split()の場合には分割に用いる文字として半角スペース' 'を引数として指定している（引数を省略した場合にはスペースやタブなど空白とみなせる文字すべてが分割の対象となる）．

dir()関数の実行結果に含まれる_（アンダースコア）2個で囲われたメソッドは**特殊メソッド**とよばれ，内部的に使用されるものなので通常は直接使用することはない．例えば__len__()メソッドはlen()関数を使って“長さ”を求めるときに呼び出される特殊メソッドである．

▼入力6-6

```
# len(my_str)と同じ結果が得られる
my_str.__len__()
```

▼出力6-6

```
11
```

より複雑な機能やデータを持ったオブジェクトを扱うために，拡張モジュールをimportして定義済みの型を利用することができる．例えば，datetimeモジュールをimportすることで日付データを扱うdateオブジェクトや時間データを扱うtimeオブジェクトが利用可能になる．また，自分が扱うデータに合わせてオブジェクトの設計図である**クラス**を定義することで独自のデータ型を使用することもできる．次節ではこの方法について概説する．

6.1.2 クラスを定義する

われわれが実世界で扱うデータというのは単独の文字列や数値ではなく，通常はそれらが組み合わされた形で「1件のデータ」と考えることが多い．例えば「遺伝子」というデータを考えたときには，遺伝子の名称や機能，塩基配列といった文字列，さらには遺伝子がコードされているゲノム中での位置情報などさまざまな要素を合わせて1件の遺伝子データが構成されている．このような場合に，それぞれの要素を個別に扱うよりもひとまとめにして取り扱えるようにしたほうが便利であろう．そのための**「データの入れ物」がクラス**であり，そこに実際に**データを格納したものがオブジェクト**といえる．また，アミノ酸配列をデータとして持っていなくても，自身が持っている塩基配列データからアミノ酸配列に翻訳する機能がクラスに備わっていればその代用とすることができる．このような各オブジェクトに共通した機能は，クラスにその定義を記述しておくことでデータとそれに関する機能を一体として取り扱えるようになる（**図6.1**）．

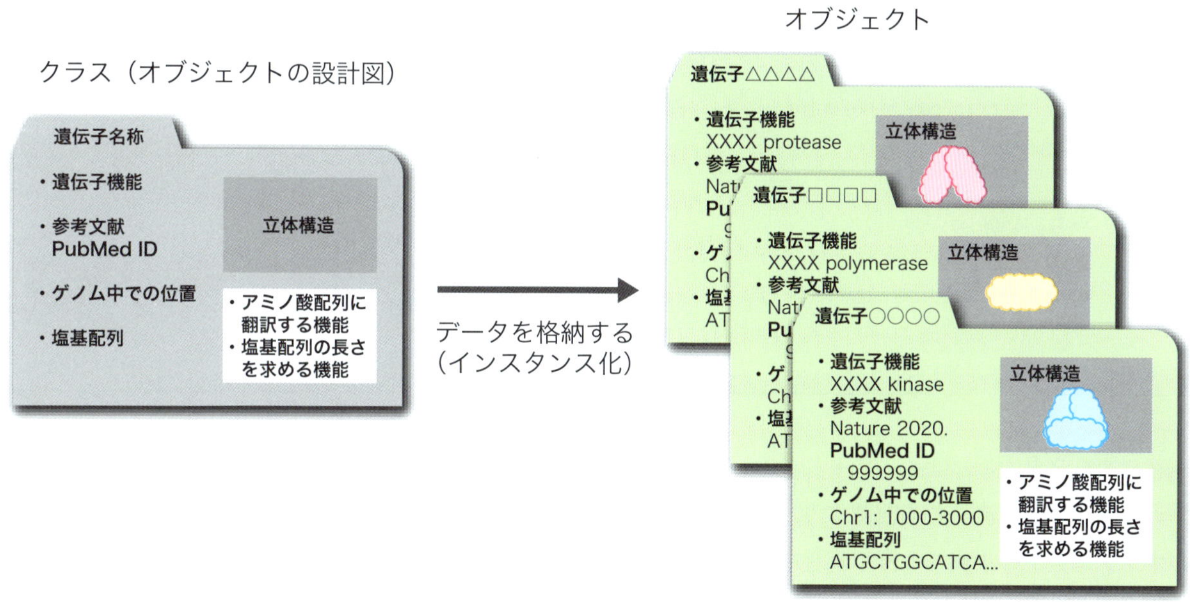

図6.1　クラスとオブジェクト

ここでは塩基／アミノ酸配列の一般的な形式である**FASTA**形式のデータを格納するためのクラスを実装してみる．Biopythonには配列データを扱うためのクラスがすでに定義されているので自分で定義する必要性は高くないが，クラスを利用してさまざまなデータを扱うための練習として，また，Biopythonの利用方法をより理解するのに役立つであろう．下記は1件のFASTA形式の配列データを示す．

```
>gene01 nucleotide sequence of tRNA-Ser
TGGAGTGTTGTCCGAGCGGCTGAAGGAGCATGATTGGAAATCATGTATACGGGTAAATACCTGTATCGAGGGTTCAAATCCCTCACACTCCGT
```

>で始まる行はタイトル行で，一般に最初の空白までが配列を識別するためのIDやアクセッション番号を示し，それ以降の文字列が遺伝子の機能名や任意の説明書きとなっている．2行目が配列データを示す．この例では改行を含まないが，60～100文字単位で改行が含まれることもあり，その場合には配列データが複数行続く．これらの情報を格納するためには，

- **配列ID（id）**
- **配列に対しての説明（description）**
- **配列自体のデータ（seq）**

といった情報を含んだクラスを設計することになる．また，この配列データに対する操作として**GC含量**（塩基配列中のGおよびCの割合）を得るためのメソッドを例として定義する．以下にその実装例を示す[注2)]．

▼**入力6-7**

```
class Fasta:
    def __init__(self, id_, description, seq):
        self.id = id_
        self.description = description
        self.seq = seq

    def get_gc_content(self):
        g_count = self.seq.count('G')
        c_count = self.seq.count('C')
        gc_content = (g_count + c_count) / len(self.seq)
        return gc_content
```

クラスを定義するにはキーワードclassに続けてクラス名称を指定する．メソッドはクラスブロック内にインデントを一段階深くして記載する．最初に定義したメソッド__init__()は，設計図であるクラスから実際のオブジェクトを生成する際に実行される特殊メソッドで，**コンストラクタ**とよばれる．

メソッドの第1引数は自身のオブジェクトを指すもので，Pythonでは慣例的にselfが使われる．残りの3つはオブジェクト生成時に与える引数で，与えられた情報はオブジェクトの内部的な変数であるself.id，self.description，self.seqにそれぞれ格納している．なお，配列IDを示す引数は組み込み関数であるid()と区別するために末尾に_をつけてid_としているが，_をつけなくても動作する．

注2）Python3.7以降では，データを格納することに特化されたデータクラスを利用することでより少ない記述量でクラスを定義することもできる．docs.python.org/ja/3/library/dataclasses.html（2024-8-26閲覧）

では，実際にデータを与えて配列データを格納したオブジェクトを作成してみよう．引数selfは内部的に使用されるだけなので，オブジェクト生成時には残りの3つの引数を与えることになる．

▼入力6-8

```
fasta = Fasta('gene01', 'nucleotide sequence of tRNA-Ser',
              'TGGAGTGTTGTCCGAGCGGCTGAAGGAGCATGATTGGAAATCATGTATACGGGTAAATACCTGTATCGAGGGTTCAAATCCCTC↵
ACACTCCGT')
```

これにより先ほどの1件のFASTA形式のデータを持ったオブジェクトを生成し，fastaという変数に格納できたことになる．設計図であるクラスに実際のデータを格納してオブジェクトを作ることを**インスタンス化**，それによってできたオブジェクトのことを特に**インスタンス**とよんでいる（オブジェクトとインスタンスはほぼ同義と考えても問題ない）．慣例的にPythonではクラスの名称には大文字で始まる名前を用い，インスタンスに対しては小文字を使用することが推奨されている．オブジェクトの内部的な変数にアクセスするには次のようにする．

▼入力6-9

```
fasta.description
```

▼出力6-9

```
'nucleotide sequence of tRNA-Ser'
```

クラスの定義時にはselfという変数を使用したが，これは定義時に用いた仮のものなので，実際のデータにアクセスするにはインスタンスを示す変数のあとにピリオド（.）をつけて指定する．また，通常の変数と同じように新たな値を代入することもできる（例：fasta.description = 'tRNA-Ser'）．

さらに，配列データ自体は通常の文字列と同じ扱いなので，次のように部分配列を取り出すなど一般的な文字列オブジェクトと同じ操作が行える注3)．

▼入力6-10

```
fasta.seq[:10]
```

▼出力6-10

```
'TGGAGTGTTG'
```

このような内部的な変数のことを**インスタンス変数**といい，オブジェクトに含まれるメソッドやインスタンス変数を総称して**属性**（attribute）とよぶ．dir(fasta)を実行することでdescriptionやget_gc_contentが属性に含まれていることが確認できるだろう．生成されたfastaは次のように独自に定義されたクラスFastaに属することが確認できる．

注3）部分配列のスライスについては**第4章**4.4.1中の「スライス」を参照．

▼入力6-11

```
type(fasta)
```

▼出力6-11

```
__main__.Fasta
```

最後にこの配列のGC含量を求めてみる．インスタンス変数にアクセスしたときと同様にピリオドに続けてメソッド名を指定する．

▼入力6-12

```
fasta.get_gc_content()
```

▼出力6-12

```
0.4838709677419355
```

get_gc_content()メソッドは引数selfを受け取るように定義されているが，これは外部から指定しなくても自動的に自分自身を指す変数として扱われるため実行時には引数を与える必要はない．そのため，この例では()（丸カッコ）内は空欄となっている．インスタンス変数にアクセスする際にはカッコは不要だが，メソッドを実行する際には引数が不要であってもカッコが必要となる点に注意すること．

ここでは簡単な例としてGC含量を求めるメソッドを実装したが，さらに拡張するのであれば塩基配列を相補鎖に変換するメソッドやアミノ酸配列に翻訳するためのメソッド等も考えられる．ただし，高度な機能を使いたい場合にはBiopythonを用いたほうがよいだろう．

6.1.3 クラスの利用

先に定義した独自クラスFastaを利用した実践的なプログラム例として，複数のFASTA形式のデータを含んだファイル（**multi FASTA**）からデータを1件ずつ読み込んでFastaオブジェクトにデータを格納し，それぞれの配列のIDや長さ，GC含量等を出力するプログラムを作成してみよう．

下記は処理対象とするファイル（サンプルファイル：s288c.fna）の一部である．>で始まるタイトル行のあとに配列データが複数行続き，全部で17件（染色体の配列16件とミトコンドリアゲノムの配列1件の合計）の配列データが含まれている[注4)]．

```
>NC_001133.9 Saccharomyces cerevisiae S288C, chromosome I
ccacaccacacccacacacccacacaccacaccacacaccacaccacacccacacacacacatCCTAACACTACCCTAAC
ACAGCCCTAATCTAACCCTGGCCAACCTGTCTCTCAACTTACCCTCCATTACCCTGCCTCCACTCGTT............
............AGTGTTAGTGTTAGTGTTAGTATTagggtgtggtgtgtgggtgtggtgtgggtgtgggtgtgggtgtg
ggtgtgggtgtgggtgtggtgtggtgtgtgggtgtggtgtgggtgtggtgtgtgtggg
>NC_001134.8 Saccharomyces cerevisiae S288C, chromosome II
AAATAGCCCTCATGTACGTCTCCTCCAAGCCCTGTTGTCTCTTACCCGGATGTTCAACCAAAAGCTACTTACtaccttta
```

注4) このファイルではsoftmaskといって反復配列の部分が小文字で記載されている．また，このファイルでは不明塩基を表す記号にNまたはnを用いて配列を決定できなかったギャップ領域を示すこともある．アミノ酸配列ファイルの場合は各アミノ酸を表す大文字のアルファベット，終止コドンを表す*や不明アミノ酸残基を表すXなどを使って記述される．FASTA形式ファイルの拡張子は.faや.fastaの他，塩基配列の場合には.fna，アミノ酸配列の場合には.faaなどが一般的に用いられる．

```
ttttatgtttactttttatagGTTGTCTTTTTATCCCACTTCTTCGCACTTGTCTCTCGCTACTGCCG............
............GAGTGGGGAGGTAGGGTAATGGAGGGTAGGTTTGGAGACAGGTTCATCAGGGTTAGAATAGGGTACTG
TTAGGATTGTGTTAgggtgtgtgggtgtgggtgtggtgtgtgggtgtggtgtgtgggtgtgt
>NC_001135.5 Saccharomyces cerevisiae S288C, chromosome III
cccacacaccacacccacaccacacccacacaccacacaccacacccacacacccacaccacaccacacccacaccac
acccacacacccacacccacacaccacacccacacacaccacacccacacacacccacacccacacac........
```

はじめにファイルを先頭から順に読み込んでいき1件ずつデータを取り出す関数を作成する．配列データ部分に改行（\n）を含まないFASTAファイルであればタイトル行と配列データの行が必ず交互に出現するため処理が簡単であるが，改行が含まれている場合には配列データ部分の行数が不定になるため少し工夫が必要となる．

そこで，一時的な変数を用意して配列データ行が続く間は変数にデータを追加する処理を行い，新しいタイトル行が現れた時点でそれまで格納された配列データを取り出すようにする．タイトル行は必ず>で始まるので，>を先頭に含むかどうかを調べることでタイトル行かどうかの条件分岐ができる．ただし，ファイル先頭のタイトル行を読み込んだ時点では配列データが得られていないので処理をスキップすることと，ファイルの最後まで到達した時点で最後の配列データを取り出す処理を別個に行う必要がある．

▼入力6-13

```
def read_fasta(file_name):
    with open(file_name) as fh:
        line = next(fh)  # next()関数を使い1行目（タイトル行）だけ読み込む
        # タイトル行を分割し，はじめの空白までを配列ID，空白以降をdescriptionとする
        # 空白が含まれていない場合エラーになるので注意
        seq_id, description = line.strip('>\n').split(' ', 1)
        seq = ''  # 配列データを格納するための一時的な変数を用意する
        for line in fh:  # 2行目以降の読み込み
            if line.startswith('>'):  # '>'で始まる行が現れたらその時点までの配列データを返す
                yield Fasta(seq_id, description, seq)  # Fastaオブジェクトを生成してデータを返す
                # 新たなタイトル情報を取得する
                seq_id, description = line.strip().strip('>').split(' ', 1)
                seq = ''
            else:
                # '>'で始まらない場合には，配列データを読み込んで追加していく
                # upper()を加えたのは大文字に変換するため
                seq += line.strip('\n').upper()
        yield Fasta(seq_id, description, seq)  # ループ終了時に最後の配列データを返す
```

ここで定義したread_fasta()関数は**ジェネレータ関数**とよばれる特殊な関数で，通常の関数は**return**文が現れた時点で処理を終了して値を返すのに対し，ジェネレータ関数では**yield**文を用いて値を返すという違い

がある[注5]．値を返した時点でジェネレータはいったん処理を停止してその時点での情報を内部に保ち，再度呼び出しがあると再びyield文が現れる時点まで処理を行って新たな値を返す．ジェネレータをforループと組み合わせて使用することで，リストと同じように1件ずつデータを取り出して処理を行うことが簡単にできる．以下が実際の使用例で，配列を1件ずつ取り出して配列ID，配列の説明，長さ，GC含量をタブ区切りの文字列として表示している．以降に使用するデータは，**第1章1.6**に紹介した方法で，羊土社特設ページよりダウンロードできる．chapter06ディレクトリ内のファイルを現在の作業ディレクトリにコピーしておこう．

▼入力6-14

```
for fasta in read_fasta('s288c.fna'):
    print(f'{fasta.id}\t \
    {fasta.description}\t \
    Length={len(fasta.seq):,d}\t \
    G+C%={fasta.get_gc_content():.1%}')
```

▼出力6-14

```
NC_001133.9     Saccharomyces cerevisiae S288C chromosome I, complete sequence  Length=230,218
G+C%=39.3%
NC_001134.8     Saccharomyces cerevisiae S288C chromosome II, complete sequence Length=813,184
G+C%=38.3%
NC_001135.5     Saccharomyces cerevisiae S288C chromosome III, complete sequence        Length=316,620
G+C%=38.5%
NC_001136.10    Saccharomyces cerevisiae S288C chromosome IV, complete sequence Length=1,531,933
G+C%=37.9%
…（略）…
```

上のコードでfを先頭につけた文字列は**f文字列**（フォーマット文字列）とよばれる文字列を整形するのに便利な形式で，{}で括った中に変数名を記載することで変数の中身を文字列中に埋め込むことができる．また，変数名のあとに:で区切って各種書式を指定でき，上記の例では:,dをつけて3桁ごとにカンマで数値の桁数を区切ったり，:.1%とつけることで小数第1位までの百分率表記にしたりといった処理を行っている．

ジェネレータはforループ（for文）を使ってリストとほぼ同じように扱うことができるが，リストがすべてのデータをメモリ上に保持しているのに対して，ジェネレータでは1件ずつのデータしか保持していないという大きな違いがある．巨大な配列データを扱う際に，1件ずつデータを取り出して処理を行うのには都合がよい．ただし，1つ前のデータにアクセスするといったことはできず，（リストのように）添字を使って任意の要素にアクセスすることもできない．

クラスの応用例として，FASTA形式のデータを読み込んでオブジェクトにデータを格納して利用する方法

注5）ジェネレータは**第4章**参考8に言及されたイテレータの一種である．

を解説した．一般に，ある形式のファイルやデータを読み込んでプログラムで扱えるようなデータに変換することを**パース**（parse）といい，そのための関数やプログラムを**パーサー**という．FASTA形式のファイル以外でも，データを格納するためのクラスとそのデータに合ったパーサーを定義することで複雑なデータの扱いが容易になる．また，自分で定義しなくてもさまざまなパーサーが拡張モジュールとして利用可能なので，`python + parse +` ファイル形式といったキーワードで検索してみるとよいだろう．

6.1.4 より高度なクラスの利用

クラスのより高度な活用方法として特殊メソッドやstaticmethodについて補足する．すべての機能は紹介できないため，興味があれば公式ドキュメント `docs.python.org/ja/3/` や他の書籍[文献1)]を参考にするとよいだろう．次の例は，特殊メソッドの例として `__len__()` および `__repr__()` と，staticmethodの実装例を含めた拡張版Fastaクラスである．

▼入力6-15

```
class Fasta:
    def __init__(self, id_, description, seq):
        self.id = id_
        self.description = description
        self.seq = seq

    def get_gc_content(self):
        g_count = self.seq.upper().count('G')
        c_count = self.seq.upper().count('C')
        n_count = self.seq.upper().count('N')
        gc_content = ( g_count + c_count ) / ( len(self.seq) - n_count)
        return gc_content

    def __len__(self):
        return len(self.seq)

    def __repr__(self):
        return f'<Fasta: {self.id}; {self.description}; Length={len(self)}>'

    @staticmethod
    def parse(file_name):
        def _parse_title(title):
            title = title.strip('>\n ')
            if ' ' in title:
                seq_id, description = title.split(' ', 1)
```

文献1）『入門 Python 3』（Bill Lubanovic/著），オライリー・ジャパン，2015

```
        else:
            seq_id, description = title, ''
        return seq_id, description

    with open(file_name) as fh:
        line = next(fh)
        seq_id, description = _parse_title(line)
        seq = ''
        for line in fh:
            if line.startswith('>'):
                yield Fasta(seq_id, description, seq)
                seq_id, description = _parse_title(line)
                seq = ''
            else:
                seq += line.strip('\n')
        yield Fasta(seq_id, description, seq)
```

特殊メソッド __len__()

len()関数に文字列オブジェクトを引数として与えると文字列の長さが，一方，リストや辞書を引数として与えると要素の数が得られる．このようなオブジェクトの種類ごとのlen()関数の挙動の違いは，それぞれのオブジェクトに定義されている特殊メソッド__len__()によって決められている．独自に作成したクラスでも__len__()メソッドを定義することで，len()関数に引数として渡された場合の処理方法を決めることができる．この例では配列データの文字列（self.seq）の長さを返すようにしている．

特殊メソッド __repr__()

__repr__()はオブジェクトに格納された情報の概要をprint()関数やrepr()関数で表示させるときの形式を定義したもので，主にデバッグ用途に用いられる．ここではクラスの名称とともに，配列ID，タイトル（description），長さを表示するように指定している．

staticmethod

通常のメソッドはオブジェクトが持つデータ（インスタンス変数）を使って，あるいはそれらに対してなんらかの処理を行うためのものである．一方，**staticmethod**（static method，静的メソッド）は直接インスタンス変数にはアクセスしないがそのクラスに関連する処理を行いたいといった場合に記述する．

staticmethodを定義するにはメソッドの直前に**デコレータ**とよばれる@staticmethodという表記を書き加える．通常のメソッドでは自分自身を示すselfを第1引数にとるが，staticmethodではselfは必要としない．ここで定義したparse()メソッドは前項で作成したread_fasta()関数と同じ処理を行うものだが，staticmethodとしてclassブロック内に記述することによってひとまとめに扱いやすくなるというメリットがある．例えば，Fastaクラスをfasta.pyという名称でファイルに保存しておけば，他のファイルからでもfrom fasta import

Fastaとすることで定義済みのFastaクラスを利用できるようになる．その際に，クラスの定義とそれに関連したパーサーがセットになっていると便利である．parse()メソッドを呼び出すには，Fasta.parse(引数)というように使用する．

以下に拡張版Fastaクラスの使用例を示す．まず，ファイルから配列データを読み込んでFastaオブジェクトを要素としたリストにしている．Fasta.parseジェネレータに対しlist()関数を使うことでリストに変換できる．次にsorted()関数を使って配列が長いものから順にリストを並び替えている．__len__()メソッドを定義しているため，並び替えのkeyとしてlen()関数を指定することで配列の長さでソートできる．reverse=Trueは降順にするために指定している．最後にリストをループして，各配列の概要をprint()で表示させている．このときに表示されている情報は__repr__()メソッドで定義したものとなっている．

▼入力6-16

```
fasta_list = list(Fasta.parse('s288c.fna'))
fasta_list = sorted(fasta_list, key=len, reverse=True)
for fasta in fasta_list:
    print(fasta)
```

▼出力6-16

```
<Fasta: NC_001136.10; Saccharomyces cerevisiae S288C chromosome IV, complete sequence; Length=1531933>
<Fasta: NC_001147.6; Saccharomyces cerevisiae S288C chromosome XV, complete sequence; Length=1091291>
<Fasta: NC_001139.9; Saccharomyces cerevisiae S288C chromosome VII, complete sequence; Length=1090940>
<Fasta: NC_001144.5; Saccharomyces cerevisiae S288C chromosome XII, complete sequence; Length=1078177>
…（略）…
```

ここで示したようにクラスにメソッドを追加して拡張していくことで，より多くのあるいは複雑な機能を持たせることができる．一度クラスとして定義してしまえばプログラム本体にあたる部分はクラスの機能を利用することで見通しよく記述できるということが実感できたであろう．

6.1.5 オブジェクト指向

プログラミングの組み立て方の1つとして**オブジェクト指向**という考え方がある．ひとことで説明するのは難しいが，プログラミングで扱うさまざまなモノやコトをオブジェクトとして扱い，オブジェクトを組み合わせて全体を構成するという考え方といえる．代表的なオブジェクト指向言語の例としてJavaが挙げられる．Javaと比べると簡易的ではあるが，Pythonではすべてのデータはオブジェクトであり，オブジェクト指向の考え方に沿ったプログラミングもできる．

オブジェクト指向プログラミングでは**継承**といって，あるクラスをもとにしてより機能を拡張させた**派生クラス**を作成することができる．派生クラスでは継承元の親クラスのメソッドを引き継いだり上書きしたり，あるいは新しいメソッドを追加したりすることができる．Fastaクラスを例にすると，塩基配列データ用の

NucleotideFastaクラスや，タンパク質配列用のProteinFastaクラスといった派生クラスが考えられるであろう．その場合get_gc_content()メソッドはNucleotideFastaクラスではそのまま使用できるが，ProteinFastaクラスで使用しようとするとエラーを生じるというように処理方法を変えることができる．

オブジェクト指向は大規模なプログラミングや多人数で分業してプログラミングを行う際には便利であるが，本書で想定する用途に限ればそれほど意識する必要はないだろう．興味があれば中級者向けのPythonの参考書[文献1)]やオブジェクト指向に関する専門書[文献2)]をあたっていただきたい．

参考 データクラスの利用

Python3.7以降ではデータ格納に特化したデータクラス（dataclass）が利用可能になっている．データクラスを利用するにはあらかじめdataclassをインポートしておき，@dataclassデコレータをクラス定義の前に記載する．データクラスを用いると▼入力6-7で定義したクラスは次のように書くことができる．

▼入力6-17

```
from dataclasses import dataclass  # あらかじめ dataclass をインポートしておく

@dataclass
class Fasta:
    id: str
    description: str
    seq: str

    def get_gc_content(self):
        g_count = self.seq.count('G')
        c_count = self.seq.count('C')
        gc_content = ( g_count + c_count ) / len(self.seq)
        return gc_content
```

データクラスを定義するには__init__メソッドは不要で，属性名とそのデータ型をコロンで区切って記載すればよい．ここではすべての属性は文字列型なのでstrを指定しているがintやfloatあるいはリストや辞書などを指定することやそのデフォルト値を指定することもできる．また，この例で定義しているget_gc_contentのような独自のメソッドも通常のクラスと同じように定義できる．

インスタンスの生成は通常のクラスと変わらない．すなわち，▼入力6-8で行ったのと同様に行うことができる．

▼入力6-18

```
fasta = Fasta('gene01', 'nucleotide sequence of tRNA-Ser',
              'TGGAGTGTTGTCCGAGCGGCTGAAGGAGCATGATTGGAAATCATGTATACGGGTAAATACCTGTATCGAGGGTTCAAATCC
CTCACACTCCGT')
```

文献2）『オブジェクト指向でなぜつくるのか 第3版』（平澤章／著），日経BP，2021

データクラスを使うと`__repr__`メソッドなどの一部の特殊メソッドは自動で定義される．したがって，`print`関数やJupyter notebookの機能を使って変数の中身を表示できる．

▼入力6-19

```
fasta
```

▼出力6-19

```
Fasta(id='gene01', description='nucleotide sequence of tRNA-Ser', seq='TGGAGTGTTGTCCGAGCGGCTGAA
GGAGCATGATTGGAAATCATGTATACGGGTAAATACCTGTATCGAGGGTTCAAATCCCTCACACTCCGT')
```

6.2 Biopythonを使った配列ファイルの読み書き

Biopython（バイオパイソン）は生命科学に関するデータを扱うための拡張ライブラリである．BiopythonにはNCBIやKEGG[注6)]データベースでの検索を行う機能や，PDB（Protein Data Bank）のタンパク質立体構造データを取り扱う機能など多くの機能が含まれるが，ここでは塩基配列データの取り扱い方法を中心に述べる．Biopython公式ページ（`biopython.org`）ではチュートリアル等のドキュメントが公開されている．また，読みこなすには少し知識も必要ではあるがチュートリアルでは扱いきれていない内容については仕様書（`biopython.org/DIST/docs/api/`）で調べることもできる．

BiopythonはAnacondaパッケージには含まれていないため，ターミナル上でインストール操作を行う必要がある．AnacondaあるいはMinicondaを使用する場合には，`conda install biopython`，使用していない場合には，`pip install biopython`でインストールを行う．

執筆時点では下記で確認できる通りBiopython v1.8.3を使用している．

▼入力6-20

```
import Bio
Bio.__version__
```

▼出力6-20

```
'1.83'
```

注6）Kyoto Encyclopedia of Genes and Genome．代謝やシグナル伝達といった分子間ネットワークの情報をゲノムや遺伝子を軸として統合したデータベース．

6.2.1 SeqRecordオブジェクトとSeqオブジェクト

FASTA形式のファイルをはじめとした配列ファイルの読み書きはBiopythonのSeqIOモジュールを使用する．これは次のようにimportする．

▼入力6-21

```
from Bio import SeqIO
```

ファイルの読み込みはSeqIO.parse()を用いる．ファイル名に続けて2つ目の引数としてファイル形式を小文字で指定する．fastaの他，塩基配列データベースGenBankのファイル形式（genbank）やタンパク質配列データベースUniprotKB[注7)]のファイル形式（swiss）などさまざまなファイル形式に対応している．

▼入力6-22

```
fasta_file_name = 's288c.fna'
records = SeqIO.parse(fasta_file_name, 'fasta')
```

recordsは次に示すようにジェネレータになっている．

▼入力6-23

```
type(records)
```

▼出力6-23

```
Bio.SeqIO.FastaIO.FastaIterator
```

前節で述べたようにfor文を使ってデータを取り出す方法の他に，next()関数を使うことでジェネレータから1件ずつデータを取り出すこともできる．

▼入力6-24

```
r1 = next(records)
```

next()を繰り返し用いることで以後の配列を順次取り出すことができる．ただし，前のデータに戻ることはできないので最初に戻るにはSeqIO.parse()を繰り返し行う必要がある．読み込まれた配列データはSeqRecordオブジェクトに格納されている．

▼入力6-25

```
r1
```

注7）タンパク質のアミノ酸配列のためのデータベースで，マニュアルアノテーションによって精度が保たれたSwiss-Protと自動収集されたデータから構成されるTrEMBLの2つからなる．

▼出力6-25

```
SeqRecord(seq=Seq('ccacaccacacccacacacccacacaccacaccacacaccacaccacacccaca...ggg'), id='NC_001133.9',
name='NC_001133.9', description='NC_001133.9 Saccharomyces cerevisiae S288C chromosome I, complete
sequence', dbxrefs=[])
```

SeqRecordは配列ID，配列の説明（description）だけではなくアノテーションされた遺伝子（features）や関連データベースへの参照（dbxrefs）などの情報も格納される．ただし，FASTAファイルにはアノテーションや関連データベース情報は含まれていないのでこれらは空になっている．以下，これらの情報を確認してみる．また，配列の長さはlen()関数で取得できる．

▼入力6-26

```
print('ID:', r1.id)
print('Description:', r1.description)
print('Length:', len(r1))
print('Features:', r1.features)  # FASTAファイルなのでアノテーションは含まれていない（空のリスト）
```

▼出力6-26

```
ID: NC_001133.9
Description: NC_001133.9 Saccharomyces cerevisiae S288C chromosome I, complete sequence
Length: 230218
Features: []
```

配列自体の情報はseqという属性名でアクセスできる（あとの操作のためいったん別の変数に代入して取り出しておく）．

▼入力6-27

```
r1_seq = r1.seq
r1_seq
```

▼出力6-27

```
Seq('ccacaccacacccacacacccacacaccacaccacacaccacaccacacccaca...ggg')
```

このようにSeq型オブジェクトとしてデータが格納されている．Seqオブジェクトは部分配列の切り出し，**相補鎖変換**（reverse_complement()），**翻訳**（translate()）などの機能（メソッド）を持つ．これを使ってタンパク質をコードする遺伝子領域を切り出してアミノ酸配列への変換を行ってみよう．FASTAファイルには遺伝子領域の情報は含まれていないが，本章の後半で紹介するGenBankファイルには遺伝子領域の情報が含まれており，それによると1,807番目から2,169番目の相補鎖側にタンパク質配列がコードされている．

遺伝子コード領域の切り出し

Seqオブジェクトではスライスを使って部分配列を取り出すことができる．Pythonの文字列オブジェクトと同じように1文字目が0番目となっているので，1,807文字目から2,169文字目の配列を取り出すには[1806:2169]というように指定する．

▼入力6-28

```
r1_seq[1806:2169]
```

▼出力6-28

```
Seq('CTAGTTTGCGATAGTGTAGATACCGTCCTTGGATAGAGCACTGGAGATGGCTGG...Cat')
```

相補鎖への変換

▼入力6-29

```
r1_seq[1806:2169].reverse_complement()
```

▼出力6-29

```
Seq('atGGTCAAATTAACTTCAATCGCCGCTGGTGTCGCTGCCATCGCTGCTACTGCT...TAG')
```

アミノ酸配列への翻訳

▼入力6-30

```
r1_seq[1806:2169].reverse_complement().translate()  # 相補鎖に変換してから翻訳
```

▼出力6-30

```
Seq('MVKLTSIAAGVAAIAATASATTTLAQSDERVNLVELGVYVSDIRAHLAQYYMFQ...AN*')
```

最後の例で示したように複数のメソッドをピリオドでつなげて記述することができる．これはSeqオブジェクトのスライスやreverse_complement()の結果が同じSeqオブジェクトとして返されるからである．このような記述方法を**メソッドチェーン**とよぶ．

SeqRecordオブジェクトやSeqオブジェクトが他にどのようなメソッドやインスタンス変数を持つかはdir()関数を使って調べてみるとよいだろう．また，Jupyter Notebookを使用している場合にはr1?というようにタイプすることでヘルプの表示ができる．

最後にフォーマット変換方法について紹介する．format()メソッドに書式名を指定することでSeqRecordオブジェクトを特定の形式に変換できる．例えば改行なしのFASTA形式に変換するにはr1.format('fasta-2line')というように指定する．

▼入力6-31

```
records = SeqIO.parse(fasta_file_name, 'fasta')
r1 = next(records)
print(r1.format('fasta-2line')[:300])  # 長いので先頭の300文字のみ表示している
```

▼出力6-31

```
>NC_001133.9 Saccharomyces cerevisiae S288C, chromosome I
ccacaccacacccacacacccacacaccacaccacacaccacaccacacccacacacacacatCCTAACACTACCCTAACACAGCCCTAATCTAACCCTGGC
CAACCTGTCTCTCAACTTACCCTCCATTACCCTGCCTCCACTCGTTACCCTGTCCCATTCAACCATACCACTCCGAACCACCATCCATCCCTCTACTTACTA
CCACTCACCCACCGTTACCCTCCAATTACCCATATCCA
```

6.2.2 FASTAファイルの読み書き

ファイル全体を処理する場合，forループを用いるかlist()関数を用いて全データをリストに格納してから処理を行うことが一般的である．

▼入力6-32

```
records = SeqIO.parse(fasta_file_name, 'fasta')
for r in records:
    print('Seq ID=', r.id)
    print('Length=', len(r))
    print(r.seq[:50] + '...')
    print('----')
```

▼出力6-32

```
Seq ID= NC_001133.9
Length= 230218
ccacaccacacccacacacccacacaccacaccacacaccacaccacacc...
----
Seq ID= NC_001134.8
Length= 813184
AAATAGCCCTCATGTACGTCTCCTCCAAGCCCTGTTGTCTCTTACCCGGA...
----
```

```
Seq ID= NC_001135.5
Length= 316620
cccacacaccacacccacaccacacccacacaccacacacaccacacccca...
----
…（略）…
```

数百Mbyte程度のFASTAファイルであれば一般的なコンピューターでも問題なく読み込めるが，list()関数を使った場合には全データをメモリに格納するので大きいファイルを取り扱う場合には注意が必要である．また，リストにした場合には添字を指定して任意の配列データを抽出できる．例えば，最後の配列を取り出すには-1を指定する．

▼入力6-33

```
records = list(SeqIO.parse(fasta_file_name, 'fasta'))
records[-1]
```

▼出力6-33

```
SeqRecord(seq=Seq('TTCATAATTAATTTTTTATATATATATTATATTATAATATTAATTTATATTATA...ATA'), id='NC_001224.1',
name='NC_001224.1', description='NC_001224.1 Saccharomyces cerevisiae S288c mitochondrion, complete
genome', dbxrefs=[])
```

実践的なプログラム例として，出芽酵母S288C株の遺伝子タンパク質配列のFASTAファイル（s288c.protein.faa）から閾値以上の長さ（1,000アミノ酸残基とする）の配列だけを抽出し長いものから順にソートして別ファイルに書き出す処理を行ってみる．タンパク質配列であっても塩基配列ファイルと同じようにファイルを読み込める．ファイルへの書き出しはSeqIO.write()を使用する．

▼入力6-34

```
protein_fasta_file = 's288c.protein.faa'
output_file_name = 's288c.protein.long.faa'
records = SeqIO.parse(protein_fasta_file, 'fasta')
threshold = 1000

# リスト内包表記とifを組み合わせ，条件に合う配列だけを抽出する
records = [r for r in records if len(r) >= threshold]

records = sorted(records, key=len, reverse=True)

with open(output_file_name, 'w') as f:
    SeqIO.write(records, f, 'fasta')
```

もう1つの例としてゲノム塩基配列の**N50**を求めてみる．N50とは**ゲノムアセンブリ**の完成度を示す指標で，配列を長いものから順に足していったときにゲノム全体の長さの50％に到達したときの配列の長さに等しい．N50の値が大きいほどアセンブリの完成度が高いとされる．ただし，ドラフトゲノムの完成度を評価するのにはよく用いられるが，今回の例で用いたような完全長ゲノムでは値の大小はあまり意味をなさない．

▼入力6-35

```
genome_fasta_file = 's288c.fna'
records = SeqIO.parse(genome_fasta_file, 'fasta')
N = 50

list_length = [len(r) for r in records]  # 各配列の長さを要素としたリストを生成する

list_length = sorted(list_length, reverse=True)

total_length = sum(list_length)
cumulative_sum = 0
for length in list_length:
    cumulative_sum += length
    if cumulative_sum >= total_length * N / 100:
        break
print(f'N{N}: {length}bp')
```

▼出力6-35

```
N50: 924431bp
```

6.2.3 FASTAファイルへのランダムアクセス

これまでに紹介した方法はforループを使ってファイル全体の処理を行うには好都合であるが，配列IDを指定して特定の配列だけを取り出す（**ランダムアクセス**）ような使い方には向いていない．このような場合の対処方法を紹介する．

辞書を用いる方法

もっともシンプルなのは辞書を用いる方法で，SeqIO.to_dict()を使うと，SeqRecordオブジェクトを辞書に格納することができる．

▼入力6-36

```
records = SeqIO.parse(fasta_file_name, 'fasta')
dict_records = SeqIO.to_dict(records)
```

読み込み結果は下記のように各配列IDをkeyとした辞書になっている.

▼入力6-37

```
dict_records.keys()
```

▼出力6-37

```
dict_keys(['NC_001133.9', 'NC_001134.8', 'NC_001135.5', 'NC_001136.10', 'NC_001137.3', 'NC_001138.5',
'NC_001139.9', 'NC_001140.6', 'NC_001141.2', 'NC_001142.9', 'NC_001143.9', 'NC_001144.5',
'NC_001145.3', 'NC_001146.8', 'NC_001147.6', 'NC_001148.4', 'NC_001224.1'])
```

配列IDを指定すれば各配列データがSeqRecordとして取得できる.

▼入力6-38

```
dict_records['NC_001224.1']
```

▼出力6-38

```
SeqRecord(seq=Seq('TTCATAATTAATTTTTTATATATATATTATATTATAATATTAATTTATATTATA...ATA'), id='NC_001224.1',
name='NC_001224.1', description='NC_001224.1 Saccharomyces cerevisiae S288c mitochondrion, complete
genome', dbxrefs=[])
```

SeqIO.to_dict()を使用しなくても{r.id: r for r in records}というように辞書内包表記を使用して同等のことができるが，SeqIO.to_dict()は重複する配列IDが存在しないかチェックも行っている.

インデックスを利用する方法

前述の辞書を用いる方法はファイルに含まれるすべての配列情報をメモリに格納するので大きなサイズのファイルの取り扱いには向いていない．そのような場合にはSeqIO.index()を用いた方法がある.

▼入力6-39

```
idx_records = SeqIO.index(fasta_file_name, 'fasta')
```

SeqIO.index()で得られた結果からは辞書のように配列IDを指定してSeqRecordを取り出すことができる(辞書型と完全に同一というわけではない). SeqIO.to_dict()とは異なりメモリ上に配列データを保持しているわけではないので，処理速度は辞書を用いたときよりも若干遅くなる.

▼入力6-40

```
idx_records['NC_001224.1']
```

▼出力6-40

```
SeqRecord(seq=Seq('TTCATAATTAATTTTTTATATATATATTATATTATAATATTAATTTATATTATA...ATA'), id='NC_001224.1',
name='NC_001224.1', description='NC_001224.1 Saccharomyces cerevisiae S288c mitochondrion, complete
genome', dbxrefs=[])
```

pyfaidxを使った高速な配列へのアクセス

pyfaidxモジュールはFASTAファイルのインデックス（**FAIファイル**）を利用することで，FASTA形式のファイルへの高速なランダムアクセスを可能にしている．SeqIO.to_dict()やSeqIO.index()はBiopythonが読み込み可能な他のファイル形式にも対応しているのに対し，pyfaidxはFASTA形式のファイルのみに対応している．また，Biopythonには含まれていないので個別にインストールする必要がある．インストールはターミナルでpip install pyfaidxまたはAnaconda／Minicondaを利用していればconda install -c bioconda pyfaidxを実行する．pyfaidxの簡単な使い方は以下の通りである．詳細は公式サイト[文献3)]を参考にされたい．本稿では version 0.8.1.1 を用いて動作確認を行なっている．

▼入力6-41

```
from pyfaidx import Fasta
records = Fasta(fasta_file_name)
```

実行するとFASTAファイルと同じ場所にファイル名に.faiがつけ加えられた**インデックスファイル**が自動で生成される．2回目以降実行する場合，インデックスファイルが存在していれば再利用されるので処理時間が短縮される．読み込んだ配列IDはkeys()メソッドで確認できる．

▼入力6-42

```
records.keys()
```

▼出力6-42

```
odict_keys(['NC_001133.9', 'NC_001134.8', 'NC_001135.5', 'NC_001136.10', 'NC_001137.3',
'NC_001138.5', 'NC_001139.9', 'NC_001140.6', 'NC_001141.2', 'NC_001142.9', 'NC_001143.9',
'NC_001144.5', 'NC_001145.3', 'NC_001146.8', 'NC_001147.6', 'NC_001148.4', 'NC_001224.1'])
```

辞書と同様に配列IDを指定して特定の配列データにアクセスできる．Biopythonとは異なりFastaRecordというオブジェクトになっている．

文献3）「pyfaidx 0.1.3 documentation」pythonhosted.org/pyfaidx/（2024-10-25閲覧）

▼入力6-43

```
record = records['NC_001133.9']
record
```

▼出力6-43

```
FastaRecord("NC_001133.9")
```

以下，部分配列を切り出し，名称，位置情報等を確認してみよう．

▼入力6-44

```
subseq = record[100:200]
print('Name:', subseq.name)
print(f'Location: {subseq.start}..{subseq.end}')
print('Fancy name:', subseq.fancy_name)
print('Seq:', subseq.seq)
```

▼出力6-44

```
Name: NC_001133.9
Location: 101..200
Fancy name: NC_001133.9:101-200
Seq: GCCAACCTGTCTCTCAACTTACCCTCCATTACCCTGCCTCCACTCGTTACCCTGTCCCATTCAACCATACCACTCCGAACCACCATCCATCCCTCT
ACTT
```

相補鎖配列への変換も行える．

▼入力6-45

```
subseq.reverse.complement
```

▼出力6-45

```
>NC_001133.9:200-101 (complement)
AAGTAGAGGGATGGATGGTGGTTCGGAGTGGTATGGTTGAATGGGACAGGGTAACGAGTGGAGGCAGGGTAATGGAGGGTAAGTTGAGAGACAGGTTGGC
```

get_seq() メソッドを用いて部分配列を得る方法もある．先に紹介したスライスを用いた方法はPythonの文字列と同様に最初の文字を0番目と数えるので101塩基目から200塩基目までを切り出すのに[100:200]を指定するが，get_seq() では1から数えた番号で指定する．

▼入力6-46

```
subseq2 = records.get_seq('NC_001133.9', 101, 200)
subseq2
```

▼出力6-46

```
>NC_001133.9:101-200
GCCAACCTGTCTCTCAACTTACCCTCCATTACCCTGCCTCCACTCGTTACCCTGTCCCATTCAACCATACCACTCCGAACCACCATCCATCCCTCTACTT
```

rc=Trueを指定することで相補鎖配列も取得できる.

▼入力6-47

```
subseq2_rc = records.get_seq('NC_001133.9', 101, 200, rc=True)
subseq2_rc
```

▼出力6-47

```
>NC_001133.9:200-101 (complement)
AAGTAGAGGGATGGATGGTGGTTCGGAGTGGTATGGTTGAATGGGACAGGGTAACGAGTGGAGGCAGGGTAATGGAGGGTAAGTTGAGAGACAGGTTGGC
```

遺伝子の位置情報が書かれたファイルと組み合わせて遺伝子やその周辺領域を切り出すといった目的には便利であろう.

6.3 GenBankファイルの読み込み

GenBank形式のファイルは国際塩基配列データベースコンソーシアム（**INSDC**[注8]）の一員であるアメリカNCBIの**GenBankデータベース**[注9]や**RefSeqデータベース**[注10]でデータを公開するために用いられ，塩基配列データに加えて**アノテーション**された遺伝子の情報も含んでいる．同じくINSDCの一員である日本の**DDBJ**[注11]はGenBank形式とほぼ同等のファイル形式を，欧州の**ENA**[注12]では独自のEMBL形式とよばれるファイル形式を用いている．これらのデータ公開用のファイルは**フラットファイル**（flat file）とよばれている．GenBank形式[注13]のファイルの拡張子は.gb，.gbk，.gbffなどが一般に使用されている．

注8) International Nucleotide Sequence Database Collaboration．アメリカNCBI，欧州ENA，日本のDDBJによって構成される国際公共塩基配列データベースを運用するためのコンソーシアム．お互いのデータベース間でデータは交換／共有される．

注9) NCBIで運用されている塩基配列データベース．塩基配列の決定に携わった研究者から直接登録されたデータをアーカイブするため，一次データベース（primary database）に分類される．また，GenBankデータベースで使用されているデータファイル形式名ともなっている．

注10) NCBIで運用されている塩基配列データベース．GenBankデータベースのデータに対して独自の解釈を付け加えた形でデータを提供しているため，一次データベースであるGenBankに対して二次データベース（secondary database）に分類される．

注11) DNA Data Bank of Japan．INSDCを構成する塩基配列データベースの1つで，国立遺伝学研究所のDDBJセンターによって運用されている．GenBank／ENAとの間でデータの交換／共有を行っている．

注12) European Nucleotide Archive．EMBL-EBI（欧州バイオインフォマティクス研究所）によって運用される塩基配列データベースでINSDCの一員となっている．DDBJ／GenBankとの間でデータの交換／共有を行っている．

注13) 塩基配列データベースGenBankでのデータ公開用のファイル形式．配列／アノテーション情報を扱うための標準的なファイル形式の1つとして使われている．

本項ではGenBankのフラットファイルについて概説したあと，ファイルを読み込んでそこに含まれるアノテーション情報を利用する方法を説明する．

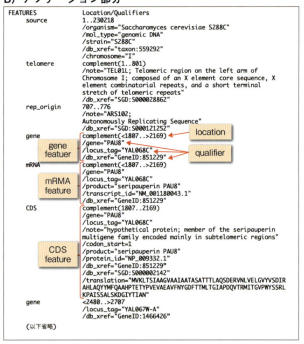

6.3.1 GenBank形式ファイル

図6.2はサンプルファイルs288c.gbkの一部を示したものである．配列ID，生物種名，文献情報といった情報を含んだヘッダー（**図6.2-A**），遺伝子注釈情報が記述されたアノテーション（**図6.2-B**），配列（**図6.2-C**）の3つの部分で1件の配列情報が構成されている．INSDCではこの1件の登録単位のことを**エントリ**（entry）とよんでいる．このファイルには染色体16本とミトコンドリアを合わせた合計17エントリのデータが含まれている．BiopythonでGenBank形式のファイルを読み込んだ場合1エントリが1つのSeqRecordオブジェクトに対応する．

A）ヘッダー部分

```
LOCUS       NC_001133              230218 bp    DNA     linear   CON 06-APR-2018
DEFINITION  Saccharomyces cerevisiae S288C chromosome I, complete sequence.
ACCESSION   NC_001133
VERSION     NC_001133.9
DBLINK      BioProject: PRJNA128
            Assembly: GCF_000146045.2
KEYWORDS    RefSeq.
SOURCE      Saccharomyces cerevisiae S288C
  ORGANISM  Saccharomyces cerevisiae S288C
            Eukaryota; Fungi; Dikarya; Ascomycota; Saccharomycotina;
            Saccharomycetes; Saccharomycetales; Saccharomycetaceae;
            Saccharomyces.
REFERENCE   1  (bases 1 to 230218)
  AUTHORS   Goffeau,A., Barrell,B.G., Bussey,H., Davis,R.W., Dujon,B.,
            Feldmann,H., Galibert,F., Hoheisel,J.D., Jacq,C., Johnston,M.,
            Louis,E.J., Mewes,H.W., Murakami,Y., Philippsen,P., Tettelin,H. and
            Oliver,S.G.
  TITLE     Life with 6000 genes
  JOURNAL   Science 274 (5287), 546 (1996)
   PUBMED   8849441
REFERENCE   2  (bases 1 to 230218)
  AUTHORS   Bussey,H., Kaback,D.B., Zhong,W., Vo,D.T., Clark,M.W., Fortin,N.,
            Hall,J., Ouellette,B.F., Keng,T., Barton,A.B. et al.

（中略）

REFERENCE   5  (bases 1 to 230218)
  CONSRTM   Saccharomyces Genome Database
  TITLE     Direct Submission
  JOURNAL   Submitted (11-DEC-2009) Department of Genetics, Stanford
            University, Stanford, CA 94305-5120, USA
COMMENT     REVIEWED REFSEQ: This record has been curated by SGD. The reference
            sequence is identical to BK006935.
            On Apr 26, 2011 this sequence version replaced NC_001133.8.
 （以下省略）
```

B）アノテーション部分

```
FEATURES             Location/Qualifiers
     source          1..230218
                     /organism="Saccharomyces cerevisiae S288C"
                     /mol_type="genomic DNA"
                     /strain="S288C"
                     /db_xref="taxon:559292"
                     /chromosome="I"
     telomere        complement(1..801)
                     /note="TEL01L; Telomeric region on the left arm of
                     Chromosome I; composed of an X element core sequence, X
                     element combinatorial repeats, and a short terminal
                     stretch of telomeric repeats"
                     /db_xref="SGD:S000028862"
     rep_origin      707..776
                     /note="ARS102;
                     Autonomously Replicating Sequence"
                     /db_xref="SGD:S000121252"
     gene            complement(<1807..>2169)
                     /gene="PAU8"
                     /locus_tag="YAL068C"
                     /db_xref="GeneID:851229"
     mRNA            complement(<1807..>2169)
                     /gene="PAU8"
                     /locus_tag="YAL068C"
                     /product="seripauperin PAU8"
                     /transcript_id="NM_001180043.1"
                     /db_xref="GeneID:851229"
     CDS             complement(1807..2169)
                     /gene="PAU8"
                     /locus_tag="YAL068C"
                     /note="hypothetical protein; member of the seripauperin
                     multigene family encoded mainly in subtelomeric regions"
                     /codon_start=1
                     /product="seripauperin PAU8"
                     /protein_id="NP_009332.1"
                     /db_xref="GeneID:851229"
                     /db_xref="SGD:S000002142"
                     /translation="MVKLTSIAAGVAAIAATASATTTLAQSDERVNLVELGVYVSDIR
                     AHLAQYYMFQAAHPTETYPVEVAEAVFNYGDFTTMLTGIAPDQVTRMITGVPWYSSRL
                     KPAISSALSKDGIYTIAN"
     gene            <2480..>2707
                     /locus_tag="YAL067W-A"
                     /db_xref="GeneID:1466426"

     （以下省略）
```


C）配列部分

```
ORIGIN
        1 ccacaccaca cccacacacc cacacaccac accacacacc acaccacacc cacacacaca
       61 catcctaaca ctaccctaac acagccctaa tctaaccctg gccaacctgt ctctcaactt
      121 accctccatt accctgcctc cactcgttac cctgtcccat tcaaccatac cactccgaac
      181 caccatccat ccctctactt actaccactc acccaccgtt accctccaat tacccatatc
      241 caacccactg ccacttaccc taccattacc ctaccatcca ccatgaccta ctcaccatac
      （以下省略）
```

図6.2　GenBank形式のファイルの例

アノテーション部分に記載された一つひとつの注釈情報は**フィーチャー**（feature）とよばれる．フィーチャーには，**遺伝子座位**を表すgeneフィーチャー，**翻訳領域**を表すCDSフィーチャーなどの他，**複製開始点**（rep_origin）や**反復領域**（repeat_region）などさまざまな種類がある．

各フィーチャーは**位置情報**（location）と詳細情報を記載するための複数の**クオリファイア**（qualifier）から構成される．クオリファイアは/から始まるkeyと，それに対応する値との組み合わせになっている（一部にkeyのみで値を持たないクオリファイアも存在する）．クオリファイアの例として，遺伝子産物の名称を示すproduct，遺伝子のアミノ酸配列を示すtranslationなどがある．また，locus_tagクオリファイアは遺伝子座に対して一意につけられるタグ情報となっている．

次項でBiopythonを使ってGenBankファイルからさまざまな情報を取り出すが，entry-feature-qualifierの階層構造になっていることを意識しておくとよいだろう．

6.3.2 Biopythonを使ったGenBankファイルのパース

FASTA形式のファイルと同様，BiopythonのSeqIO.parse()を使ってGenBank形式のファイルを読み込むことができる．FASTAファイルと異なるのは読み込み時にファイル形式をgenbankと指定することだけである．

▼入力6-48

```
gbk_file_name = 's288c.gbk'
records = SeqIO.parse(gbk_file_name, 'genbank')
```

GenBankファイルにはさまざまな注釈情報が含まれている．まずは1件目のデータについてprint()関数を使って概要を表示させてみよう．

▼入力6-49

```
r1 = next(records)
print(r1)
```

▼出力6-49

```
ID: NC_001133.9
Name: NC_001133
Description: Saccharomyces cerevisiae S288C chromosome I, complete sequence
Database cross-references: BioProject:PRJNA128, Assembly:GCF_000146045.2
Number of features: 324
/molecule_type=DNA
...（略）...
/organism=Saccharomyces cerevisiae S288C
/taxonomy=['Eukaryota', 'Fungi', 'Dikarya', 'Ascomycota', 'Saccharomycotina', 'Saccharomycetes',
'Saccharomycetales', 'Saccharomycetaceae', 'Saccharomyces']
/references=[Reference(title='Life with 6000 genes', ...), Reference(title='The nucleotide sequence
of chromosome I from Saccharomyces cerevisiae', ...), Reference(title='Direct Submission', ...),
Reference(title='Direct Submission', ...), Reference(title='Direct Submission', ...)]
...（略）...
Seq('CCACACCACACCCACACACCCACACACCACACCACACACCACACCACACCCACA...GGG')
```

これらの付随情報の多くはannotations属性から取得できる．

▼入力6-50

```
r1.annotations
```

▼出力6-50

```
{'molecule_type': 'DNA',
 'topology': 'linear',
...（略）...
 'organism': 'Saccharomyces cerevisiae S288C',
 'taxonomy': ['Eukaryota',
  'Fungi',
  'Dikarya',
  'Ascomycota',
  'Saccharomycotina',
  'Saccharomycetes',
  'Saccharomycetales',
  'Saccharomycetaceae',
  'Saccharomyces'],
 'references': [Reference(title='Life with 6000 genes', ...),
  Reference(title='The nucleotide sequence of chromosome I from Saccharomyces cerevisiae', ...),
...（略）...
 'comment': 'REVIEWED REFSEQ: This record has been curated by SGD. The reference\nsequence is
identical to BK006935.\nOn Apr 26, 2011 this sequence version replaced NC_001133.8.\nCOMPLETENESS:
full length.',
 'structured_comment': OrderedDict([('Genome-Annotation-Data',
              OrderedDict([('Annotation Provider', 'SGD'),
                           ('Annotation Status', 'Full Annotation'),
                           ('Annotation Version', 'R64-2-1'),
                           ('URL', 'http://www.yeastgenome.org/')]))]),
 'contig': 'join(BK006935.2:1..230218)'}
```

r1.annotationsの中身は辞書になっているので，次のように各値を得ることができる．なお，ここでのannotationsはいわゆる遺伝子アノテーションではなく，配列に付随する生物種情報や文献情報といったメタデータを指している．遺伝子アノテーション情報は後述のfeatures属性に含まれている．

▼入力6-51

```
r1.annotations['taxonomy']
```

▼出力6-51

```
['Eukaryota',
 'Fungi',
 'Dikarya',
 'Ascomycota',
 'Saccharomycotina',
```

```
 'Saccharomycetes',
 'Saccharomycetales',
 'Saccharomycetaceae',
 'Saccharomyces']
```

▼入力6-52

```
r1.annotations['references']
```

▼出力6-52

```
[Reference(title='Life with 6000 genes', ...),
 Reference(title='The nucleotide sequence of chromosome I from Saccharomyces cerevisiae', ...),
 Reference(title='Direct Submission', ...),
 Reference(title='Direct Submission', ...),
 Reference(title='Direct Submission', ...)]
```

それではアノテーションされた遺伝子情報を取得してみよう．これらはfeatures属性にリストとして格納されており，この配列データには全324件のアノテーション情報（feature）が含まれている．

▼入力6-53

```
len(r1.features)
```

▼出力6-53

```
324
```

10件目までのフィーチャーの概略は次のようになっている．

▼入力6-54

```
r1.features[:10]
```

▼出力6-54

```
[SeqFeature(FeatureLocation(ExactPosition(0), ExactPosition(230218), strand=1), type='source', qualifiers=...),
 SeqFeature(FeatureLocation(ExactPosition(0), ExactPosition(801), strand=-1), type='telomere', qualifiers=...),
 SeqFeature(FeatureLocation(ExactPosition(706), ExactPosition(776), strand=1), type='rep_origin', qualifiers=...),
 SeqFeature(FeatureLocation(BeforePosition(1806), AfterPosition(2169), strand=-1), type='gene', qualifiers=...),
 SeqFeature(FeatureLocation(BeforePosition(1806), AfterPosition(2169), strand=-1), type='mRNA', qualifiers=...),
 SeqFeature(FeatureLocation(ExactPosition(1806), ExactPosition(2169), strand=-1), type='CDS', qualifiers=...),
 SeqFeature(FeatureLocation(BeforePosition(2479), AfterPosition(2707), strand=1), type='gene', qualifiers=...),
 SeqFeature(FeatureLocation(BeforePosition(2479), AfterPosition(2707), strand=1), type='mRNA', qualifiers=...),
 SeqFeature(FeatureLocation(ExactPosition(2479), ExactPosition(2707), strand=1), type='CDS', qualifiers=...),
 SeqFeature(FeatureLocation(BeforePosition(7234), AfterPosition(9016), strand=-1), type='gene', qualifiers=...)]
```

先頭（0番目）のフィーチャーを取り出し，内容を確認してみよう．

▼入力6-55

```
f0 = r1.features[0]
print(f0)
```

▼出力6-55

```
type: source
location: [0:230218](+)
qualifiers:
    Key: chromosome, Value: ['I']
    Key: db_xref, Value: ['taxon:559292']
    Key: mol_type, Value: ['genomic DNA']
    Key: organism, Value: ['Saccharomyces cerevisiae S288C']
    Key: strain, Value: ['S288C']
```

先頭のフィーチャーはsource featureとよばれ，その配列がどのような生物から得られたかを示したもので通常は1エントリにつき1つ記載される．また，フィーチャー情報はSeqFeatureオブジェクトとして格納されている．

▼入力6-56

```
type(f0)
```

▼出力6-56

```
Bio.SeqFeature.SeqFeature
```

続いて3番目から5番目までの概要を見てみよう．

▼入力6-57

```
f3, f4, f5 = r1.features[3:6]
print(f3)
print(f4)
print(f5)
```

▼出力6-57

```
type: gene
location: [<1806:>2169](-)
qualifiers:
    Key: db_xref, Value: ['GeneID:851229']
```

```
    Key: gene, Value: ['PAU8']
    Key: locus_tag, Value: ['YAL068C']

type: mRNA
location: [<1806:>2169](-)
qualifiers:
    Key: db_xref, Value: ['GeneID:851229']
    Key: gene, Value: ['PAU8']
    Key: locus_tag, Value: ['YAL068C']
    Key: product, Value: ['seripauperin PAU8']
    Key: transcript_id, Value: ['NM_001180043.1']

type: CDS
location: [1806:2169](-)
qualifiers:
    Key: codon_start, Value: ['1']
    Key: db_xref, Value: ['GeneID:851229', 'SGD:S000002142']
    Key: gene, Value: ['PAU8']
    Key: locus_tag, Value: ['YAL068C']
    Key: note, Value: ['hypothetical protein; member of the seripauperin multigene family encoded
mainly in subtelomeric regions']
    Key: product, Value: ['seripauperin PAU8']
    Key: protein_id, Value: ['NP_009332.1']
    Key: translation, Value: ['MVKLTSIAAGVAAIAATASATTTLAQSDERVNLVELGVYVSDIRAHLAQYYMFQAAHPTETYPVEVAEAVF
NYGDFTTMLTGIAPDQVTRMITGVPWYSSRLKPAISSALSKDGIYTIAN']
```

gene，mRNA，CDSに同じlocus_tagの値（YAL068C）が割り当てられていることから，これらが同じ遺伝子座に属していることがわかる．

5番目のフィーチャーを例にとり詳細情報を取得してみよう．GenBankフラットファイル中では次のように記載されている．

```
     CDS             complement(1807..2169)
                     /gene="PAU8"
                     /locus_tag="YAL068C"
                     /note="hypothetical protein; member of the seripauperin
                     multigene family encoded mainly in subtelomeric regions"
                     /codon_start=1
                     /product="seripauperin PAU8"
                     /protein_id="NP_009332.1"
                     /db_xref="GeneID:851229"
                     /db_xref="SGD:S000002142"
```

```
/translation="MVKLTSIAAGVAAIAATASATTTLAQSDERVNLVELGVYVSDIR
AHLAQYYMFQAAHPTETYPVEVAEAVFNYGDFTTMLTGIAPDQVTRMITGVPWYSSRL
KPAISSALSKDGIYTIAN"
```

フィーチャーの種別はインスタンス変数typeに格納されている．

▼入力6-58

```
f5.type
```

▼出力6-58

```
'CDS'
```

位置情報（location）はSimpleLocationオブジェクトに格納されており，次のように取得できる．

▼入力6-59

```
f5.location
```

▼出力6-59

```
SimpleLocation(ExactPosition(1806), ExactPosition(2169), strand=-1)
```

これは開始位置と終了位置の座標がそれぞれ1806と2169で，strand=-1は相補鎖側に遺伝子がコードされていることを意味している．遺伝子が翻訳される向きで考えると座標2169の側が開始コドンで座標1806の側が終止コドンに対応する．なお，フラットファイルにはcomplement(1807..2169)と記載されている（**図6.2-B**を参照）ので開始位置が1ずれているが，これはPythonでの文字列のスライスの方法に合わせたものである．**6.2「Biopythonを使った配列ファイルの読み書き」**で示したようにこの領域を切り出すには

▼入力6-60

```
r1.seq[1806:2169].reverse_complement()
```

▼出力6-60

```
Seq('ATGGTCAAATTAACTTCAATCGCCGCTGGTGTCGCTGCCATCGCTGCTACTGCT...TAG')
```

で行うことができるが，SeqFeatureのextract()メソッドを用いてより簡単に行える．

▼入力6-61

```
f5.extract(r1.seq)
```

▼出力6-61

```
Seq('ATGGTCAAATTAACTTCAATCGCCGCTGGTGTCGCTGCCATCGCTGCTACTGCT...TAG')
```

extract() メソッドの引数には上で試したようにSeqオブジェクトを与えることも，次に示すようにSeqRecordオブジェクトを与えることもできる．

▼入力6-62

```
f5.extract(r1)
```

▼出力6-62

```
SeqRecord(seq=Seq('ATGGTCAAATTAACTTCAATCGCCGCTGGTGTCGCTGCCATCGCTGCTACTGCT...TAG'), id='<unknown id>',
name='<unknown name>', description='<unknown description>', dbxrefs=[])
```

SeqRecordオブジェクトを与えた場合には結果もSeqRecordオブジェクトとして返され，その領域に含まれるフィーチャー情報も引き継がれる．遺伝子情報も含めて特定の領域を切り出すのに便利である．

▼入力6-63

```
f5.extract(r1).features
```

▼出力6-63

```
[SeqFeature(FeatureLocation(BeforePosition(0), AfterPosition(363), strand=1), type='gene', qualifiers=...),
 SeqFeature(FeatureLocation(BeforePosition(0), AfterPosition(363), strand=1), type='mRNA', qualifiers=...),
 SeqFeature(FeatureLocation(ExactPosition(0), ExactPosition(363), strand=1), type='CDS', qualifiers=...)]
```

上の例は切り出された領域に含まれるフィーチャーを表示したもので，切り出された領域に合わせてlocationの開始／終了位置が調整されていることがわかる．

クオリファイアは次のように辞書（順序つき辞書，OrderedDict）として格納されている．

▼入力6-64

```
f5.qualifiers
```

▼出力6-64

```
{'gene': ['PAU8'],
 'locus_tag': ['YAL068C'],
 'note': ['hypothetical protein; member of the seripauperin multigene family encoded mainly in
subtelomeric regions'],
```

```
 'codon_start': ['1'],
 'product': ['seripauperin PAU8'],
 'protein_id': ['NP_009332.1'],
 'db_xref': ['GeneID:851229', 'SGD:S000002142'],
 'translation': ['MVKLTSIAAGVAAIAATASATTTLAQSDERVNLVELGVYVSDIRAHLAQYYMFQAAHPTETYPVEVAEAVFNYGDFTTMLTGIA
PDQVTRMITGVPWYSSRLKPAISSALSKDGIYTIAN']}
```

関連するデータベースへの参照情報であるdb_xrefの値を取り出してみると，次のように2件の情報がリストに格納されていることがわかる．

▼入力6-65

```
f5.qualifiers['db_xref']
```

▼出力6-65

```
['GeneID:851229', 'SGD:S000002142']
```

同様に遺伝子産物名（product）を取得してみる．

▼入力6-66

```
f5.qualifiers['product']
```

▼出力6-66

```
['seripauperin PAU8']
```

値は1件だけだがリストになっているため，文字列として取り出すには次のようにする必要がある．

▼入力6-67

```
f5.qualifiers['product'][0]
```

▼出力6-67

```
'seripauperin PAU8'
```

値を書き加えたり，変更することもできる．試しにnoteクオリファイアに情報を追加してみよう．辞書やリストを操作するのと基本的な操作方法は同じである．

▼入力6-68

```
f5.qualifiers['note'].append('Test')
print(f5)
```

▼出力6-68

```
type: CDS
location: [1806:2169](-)
qualifiers:
    Key: codon_start, Value: ['1']
    Key: db_xref, Value: ['GeneID:851229', 'SGD:S000002142']
    Key: gene, Value: ['PAU8']
```

```
    Key: locus_tag, Value: ['YAL068C']
    Key: note, Value: ['hypothetical protein; member of the seripauperin multigene family encoded
mainly in subtelomeric regions', 'Test']
    Key: product, Value: ['seripauperin PAU8']
    Key: protein_id, Value: ['NP_009332.1']
    Key: translation, Value: ['MVKLTSIAAGVAAIAATASATTTLAQSDERVNLVELGVYVSDIRAHLAQYYMFQAAHPTETYPVEVAEAVF
NYGDFTTMLTGIAPDQVTRMITGVPWYSSRLKPAISSALSKDGIYTIAN']
```

翻訳されたアミノ酸配列も次のように取得できる.

▼入力6-69

```
f5.qualifiers['translation'][0]
```

▼出力6-69

```
'MVKLTSIAAGVAAIAATASATTTLAQSDERVNLVELGVYVSDIRAHLAQYYMFQAAHPTETYPVEVAEAVFNYGDFTTMLTGIAPDQVTRMITGVPWYSSR
LKPAISSALSKDGIYTIAN'
```

translationクオリファイアが存在しない場合でもtranslate()メソッドを使って翻訳できる.

▼入力6-70

```
f5.translate(r1.seq)
```

▼出力6-70

```
Seq('MVKLTSIAAGVAAIAATASATTTLAQSDERVNLVELGVYVSDIRAHLAQYYMFQ...IAN')
```

結果はSeqオブジェクトになっているので文字列として得たい場合にはstr()関数を用いる.

▼入力6-71

```
str(f5.translate(r1.seq))
```

▼出力6-71

```
'MVKLTSIAAGVAAIAATASATTTLAQSDERVNLVELGVYVSDIRAHLAQYYMFQAAHPTETYPVEVAEAVFNYGDFTTMLTGIAPDQVTRMITGVPWYSSR
LKPAISSALSKDGIYTIAN'
```

特にオプションを指定しなければ標準的な**コドン表**を使って翻訳されるが，使用するコドン表の指定や翻訳開始位置のオフセット指定などさまざまなオプションがある．詳細はヘルプ（f5.translate?で表示可能）等を参考にすること．また，translate()メソッドやextract()メソッドは複数の**エクソン**に分かれているときにも使用できる．例えば，130番目のフィーチャーは次のように2つのエクソンからなるCDSである．

```
CDS             join(87286..87387,87501..87752)
                /gene="SNC1"
                /locus_tag="YAL030W"
                /experiment="EXISTENCE:direct assay:GO:0005484 SNAP
                /translation="MSSSTPFDPYALSE...
```

このような場合にも同様の操作で翻訳された配列を得ることができる．

▼入力6-72

```
f130 = r1.features[130]
print('Location:', f130.location)
print('Translate method:', f130.translate(r1.seq))
print('Translation qualifier:', f130.qualifiers['translation'][0])
```

▼出力6-72

```
Location: join{[87285:87387](+), [87500:87752](+)}
Translate method: MSSSTPFDPYALSEHDEERPQNVQSKSRTAELQAEIDDTVGIMRDNINKVAERGERLTSIEDKADNLAVSAQGFKRGANRVRKA
MWYKDLKMKMCLALVIIILLVVIIVPIAVHFSR
Translation qualifier: MSSSTPFDPYALSEHDEERPQNVQSKSRTAELQAEIDDTVGIMRDNINKVAERGERLTSIEDKADNLAVSAQGFKRGAN
RVRKAMWYKDLKMKMCLALVIIILLVVIIVPIAVHFSR
```

6.3.3 ファイル全体のfeatureをループで回す

例としてCDSフィーチャーの中からすべてのアミノ酸配列を取得し，locus_tagをkeyとした辞書に格納してみよう．

▼入力6-73

```
D = {}
for r in SeqIO.parse(gbk_file_name, 'genbank'):
    for f in r.features:
        translation = f.qualifiers.get('translation', [''])[0]
        locus_tag = f.qualifiers.get('locus_tag', [''])[0]
        if locus_tag and translation:
            # locus_tagおよびtranslationの両方の値が取得できたときのみ辞書に追加する
```

```
            D[locus_tag] = translation
print(f'Number of CDS: {len(D)}')
```

▼出力6-73

```
Number of CDS: 6002
```

上記の例でクオリファイアの値を取得する際に，f.qualifiers.get('translation', [''])としているのは，一部のCDSは偽遺伝子（pseudoクオリファイアがつけられている）となっていてtranslationクオリファイアを持っていないためである．f.qualifiers['translation']とした場合には，translationクオリファイアが存在していないとエラーになるが，get()を使った場合には第2引数で指定した値（ここでは['']という空の文字列を要素に持ったリスト）が返される．そのあとにつけた[0]はリストから文字列として取り出すためにつけている．

実際のデータに対してプログラミングで処理を行う場合，想定していないさまざまな原因によってエラーが生じる場合がある．そのような場合にはtry～except構文を使ってエラーが生じた部分をトラップして原因を調査することがある．下記にその例を示す．qualifiersにtranslationが含まれていないことと，pseudoが含まれていることを確認しよう．

▼入力6-74

```
D = {}
for r in SeqIO.parse(gbk_file_name, 'genbank'):
    for f in r.features:
        if f.type == 'CDS':
            try:
                locus_tag = f.qualifiers['locus_tag'][0]
                translation = f.qualifiers['translation'][0]
                D[locus_tag] = translation
            except KeyError as e:
                # エラーが起こった場合の処理
                print(f)  # 問題のあったfeatureを表示
                raise e  # 再度エラーを生じさせて処理を停止させる
```

▼出力6-74

```
type: CDS
location: [721070:721481](-)
qualifiers:
    Key: codon_start, Value: ['1']
    Key: db_xref, Value: ['GeneID:851712', 'SGD:S000002541']
    Key: locus_tag, Value: ['YDR134C']
```

```
    Key: note, Value: ['Cell wall protein; YDR134C has a paralog, CCW12, that arose from the whole genome duplication; S. cerevisiae genome reference strain S288C contains an internal in-frame stop at codon 67, which in other strains encodes glutamine']
    Key: pseudo, Value: ['']

---------------------------------------------------------------------------
KeyError                                  Traceback (most recent call last)
<ipython-input-102-7d9f49b793c9> in <module>
     10                 # エラーが起こった場合の処理
     11                 print(f)  # 問題のあったfeatureを表示
---> 12                 raise e  # 再度エラーを生じさせて処理を停止させる

<ipython-input-102-7d9f49b793c9> in <module>
      5             try:
      6                 locus_tag = f.qualifiers['locus_tag'][0]
----> 7                 translation = f.qualifiers['translation'][0]
      8                 D[locus_tag] = translation
      9             except KeyError as e:

KeyError: 'translation'
```

次の例は，GenBankファイルの中身をすべてforループでたどり，アミノ酸配列（translation），ローカスタグ（locus_tag），遺伝子産物名（product）を取得して次のようなFASTA形式で出力するものである．サンプルファイルに含まれるs288c.protein.faaはこの方法で作成した．

```
>YAL068C seripauperin PAU8
MVKLTSIAAGVAAIAATASATTTLAQSDERVNLVELGVYVSDIRAHLAQYYMFQAAHPTETYPVEVAEAVFNYGDFTTMLTGIAPDQVTRMITGVPWYSSRLK
PAISSALSKDGIYTIAN
>YAL067W-A hypothetical protein
MPIIGVPRCLIKPFSVPVTFPFSVKKNIRILDLDPRTEAYCLSLNSVCFKRLPRRKYFHLLNSYNIKRVLGVVYC
>YAL067C putative permease SEO1
MYSIVKEIIVDPYKRLKWGFIPVKRQVEDLPDDLNSTEIVTISNSIQSHETAENFITTTSEKDQLHFETSSYSEHKDNVNVTRSYEYRDEADRPWWRFFDEQE
YRINEKERSHN…（略）…
```

▼入力6-75

```
gbk_file_name = 's288c.gbk'
faa_file_name = 's288c.protein.faa'

result = ''
for r in SeqIO.parse(gbk_file_name, 'genbank'):
```

```
    for f in r.features:
        if f.type != 'CDS':
            continue  # CDSでない場合には処理をスキップ
        if 'pseudo' in f.qualifiers:
            continue  # pseudoである場合には処理をスキップ
        locus_tag = f.qualifiers['locus_tag'][0]
        translation = f.qualifiers['translation'][0]
        product = f.qualifiers['product'][0]
        result += f'>{locus_tag} {product}\n{translation}\n'

with open(faa_file_name, 'w') as fh:
    fh.write(result)
```

この例ではファイルに書き出す内容をresultという変数に格納し，最後に出力用ファイルを開いてまとめて書き出している．大量のデータを扱うような場合でメモリの使用量を節約するためには，ループが始まる前に出力用ファイルを開いておきループを処理する際にその都度ファイルに追記するようにする．ファイルに書き込むという比較的負荷の高い操作が何回も発生するため処理速度は遅くなるが，本データ程度の件数ではほとんど違いはない．

6.4 GFFファイルの読み込み

GFFはGeneric Feature Formatの略でGenBank形式ファイルと並んでアノテーションされた遺伝子情報を表現するための標準的なファイル形式である．**GMOD**（Generic Model Organism Database）プロジェクトで開発されているゲノムブラウザ（**JBrowse**）やゲノムアノテーションパイプライン（**Maker**）等においてもGFF形式が標準のファイル形式として利用されている．現在ではGFF ver3（GFF3）とよばれる形式が使われており，ファイルの拡張子は.gffまたは.gff3を用いるのが一般的となっている．GFFは使用するツールによって“方言”があり，あるツールで出力されたGFFを別のツールで読み込もうとするとうまく読み込めないといったことも少なくない．さらに，GFFから派生した似た形式の**GTF**（Gene Transfer Format）というファイル形式も存在し，混乱に拍車をかけている．

GFF／GTFのファイル相互変換や，GFFファイルからの遺伝子配列の抽出については自分でプログラミングを行わなくても**gffread**（ccb.jhu.edu/software/stringtie/gff.shtml）などさまざまなツールが利用可能なので，Pythonを使ってGFFファイルを扱う必要がすぐにないのであれば本項は読み飛ばしてしまってもよいだろう．筆者は複数のアノテーションツールから得られたGFFのマージやその加工にPythonを用いている．

本項では“標準的と思われる”GFFの形式とその読み込み方法について概説する．現状ではGFFを読み込むための機能は正式にはBiopythonには含まれていないため，追加モジュールとしてBCBioGFFをインストールする．インストールはターミナルからpip install bcbio-gff（またはAnaconda／Minicondaを使っている場合にはconda install -c bioconda bcbio-gff）で行う．

6.4.1 GFFファイルの構造

GFFファイルは下記のように9列からなるタブ（\t）区切りの表形式になっている．GFFファイルはGenBankファイルと同等の情報を保持しているが，ID-Parentを対応づけることによって明示的にgene-mRNA-CDSの階層構造を表現していることが特徴である．これにより**選択的スプライシング**によって1つの遺伝子座（gene）から複数の転写産物（**mRNA**）が存在するような場合の記載に便利となっている．

ゲノム中での位置は，その遺伝子をコードしている配列のID（1列目）／配列中での開始位置と終了位置（4，5列目）／どちらのDNA鎖上にコードされているか（7列目）で示されている．また3列目はフィーチャーの種別（type）を，8列目はCDS領域中のコドンの読み枠開始位置へのオフセットを示している．9列目はattributeとされ，さまざまな属性値が`key=value`の形で記載されている．これはGenBankファイルでのクオリファイアに相当する（**第5章表5.5**も参照）．

次に示すのはGFFファイルの例（`sample.gff3`．紙面上で見やすくするため一部改変している）で，ゼニゴケの参照ゲノム配列から一部を取り出したものである．

```
##gff-version 3
chr1    feature    gene               1001    8240    .    +    .    ID=gene1;Name=gene1;note=trans↵
cription%20factor
chr1    feature    mRNA               1001    8240    .    +    .    ID=gene1.1;Name=gene1.1;Parent↵
=gene1
chr1    feature    five_prime_UTR     1001    2246    .    +    .    ID=gene1.1.utr1;Parent=gene1.1
chr1    feature    CDS                2247    2520    .    +    0    ID=gene1.1.cds1;Parent=gene1.1
chr1    feature    CDS                3316    3795    .    +    2    ID=gene1.1.cds2;Parent=gene1.1
chr1    feature    CDS                6800    6923    .    +    2    ID=gene1.1.cds3;Parent=gene1.1
chr1    feature    CDS                7103    7173    .    +    1    ID=gene1.1.cds4;Parent=gene1.1
chr1    feature    CDS                7317    7348    .    +    2    ID=gene1.1.cds5;Parent=gene1.1
chr1    feature    three_prime_UTR    7349    8240    .    +    .    ID=gene1.1.utr2;Parent=gene1.1
#
chr1    feature    mRNA               1084    8240    .    +    .    ID=gene1.2;Name=gene1.2;Parent↵
=gene1
chr1    feature    five_prime_UTR     1084    2246    .    +    .    ID=gene1.2.utr1;Parent=gene1.2
chr1    feature    CDS                2247    2520    .    +    0    ID=gene1.2.cds1;Parent=gene1.2
chr1    feature    CDS                3316    3795    .    +    2    ID=gene1.2.cds2;Parent=gene1.2
chr1    feature    CDS                6800    6923    .    +    2    ID=gene1.2.cds3;Parent=gene1.2
chr1    feature    CDS                7103    7220    .    +    1    ID=gene1.2.cds4;Parent=gene1.2
chr1    feature    three_prime_UTR    7221    8240    .    +    .    ID=gene1.2.utr2;Parent=gene1.2
#
chr1    feature    gene               14608    17683    .    -    .    ID=gene2;Name=gene2;note=ste↵
rol%20dehydrogenase
chr1    feature    mRNA               14608    17683    .    -    .    ID=gene2.1;MapolyID=Mapoly00↵
14s0058.1;Name=gene2.1;Parent=gene2
chr1    feature    five_prime_UTR     17613    17683    .    -    .    ID=gene2.1.utr1;Parent=gene2.1
```

```
chr1    feature    CDS                17427    17612    .    -    0    ID=gene2.1.cds1;Parent=gene2.1
chr1    feature    CDS                16996    17160    .    -    0    ID=gene2.1.cds2;Parent=gene2.1
chr1    feature    CDS                16791    16877    .    -    0    ID=gene2.1.cds3;Parent=gene2.1
chr1    feature    CDS                16585    16675    .    -    0    ID=gene2.1.cds4;Parent=gene2.1
chr1    feature    CDS                16367    16421    .    -    2    ID=gene2.1.cds5;Parent=gene2.1
chr1    feature    CDS                16164    16224    .    -    1    ID=gene2.1.cds6;Parent=gene2.1
chr1    feature    CDS                15830    16051    .    -    0    ID=gene2.1.cds7;Parent=gene2.1
chr1    feature    CDS                15604    15720    .    -    0    ID=gene2.1.cds8;Parent=gene2.1
chr1    feature    CDS                15384    15473    .    -    0    ID=gene2.1.cds9;Parent=gene2.1
chr1    feature    CDS                15025    15213    .    -    0    ID=gene2.1.cds10;Parent=gene2.1
chr1    feature    three_prime_UTR    14608    15024    .    -    .    ID=gene2.1.utr2;Parent=gene2.1
```

このファイルには2つのgeneが存在し，gene1は2つのmRNAを，gene2は1つのmRNAを有している．さらに，それぞれのmRNAはスプライシングによって分かれた複数の**翻訳領域**（CDS）とそれを挟む形で存在する5′末端と3′末端の**非翻訳領域**（UTR）とで構成されている．これらのフィーチャー間の親子関係はID-Parentに同じ値を指定することで表現されている．ゲノム可視化ツール**IGV**[文献3)]を使って描画した**図6.3**[注14)]とファイルの記載内容がどのように対応しているか確認しておこう．

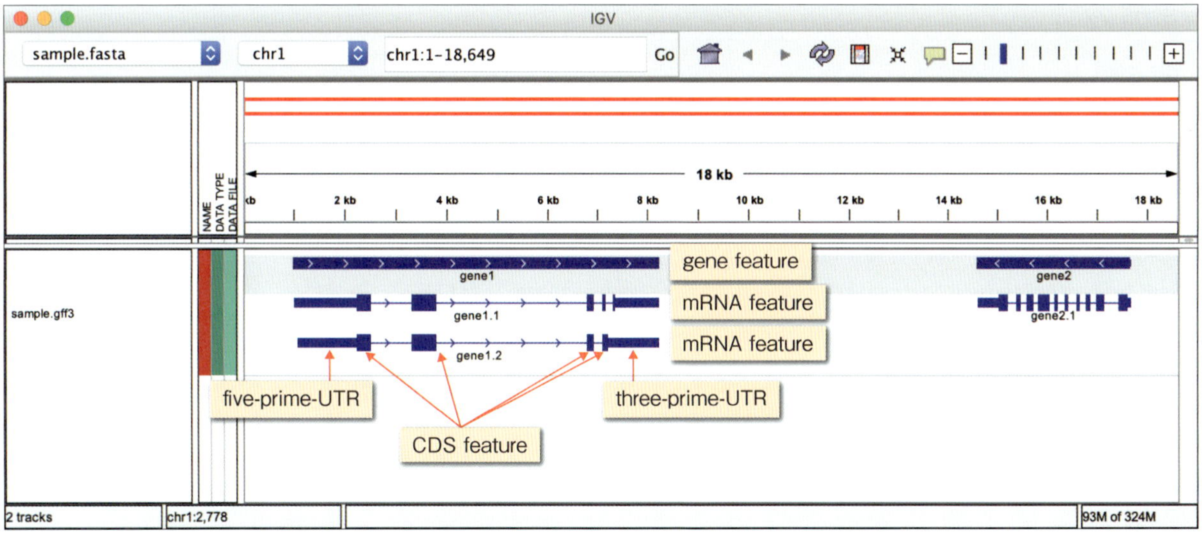

図6.3　ゲノム可視化ツールIGV

GFFの概要や仕様についてはそれぞれgmod.org/wiki/GFFやwww.sequenceontology.org/gff3.shtmlに説明されている．

文献3）Thorvaldsdóttir H, et al：Brief Bioinform, 14：178-192, 2013 doi:10.1093/bib/bbs017

注14）IGVでsample.fastaとsample.gff3を読み込むことで描画できる．

6.4.2 GFFファイルのパース

本書では概要のみにとどめるので，BCBioモジュールの詳細な使用方法はbiopython.org/wiki/GFF_Parsingを参考にすること．BCBioGFFのインポートおよびファイルの読み込みは下記のように行う[注15]．

▼入力6-76

```
from BCBio import GFF
gff_file_name = 'sample.gff3'
records = GFF.parse(open(gff_file_name))
```

Biopythonで GFFを読み込んだときと同様に，ジェネレータとなっているのでnext()関数で最初のエントリを取り出す．

▼入力6-77

```
r = next(records)
print(r)
```

▼出力6-77

```
ID: chr1
Name: <unknown name>
Description: <unknown description>
Number of features: 2
/gff-version=['3']
/sequence-region=[('chr1', 0, 18649)]
Seq('aataatcctcgaagatccatcgaaggaaggacggaaggaaggaaagaaggaaag...tct')
```

最初のエントリrに含まれているフィーチャーは2つで，gene-mRNA-CDSの階層の最上位であるgene featureのみが見えている．

▼入力6-78

```
r.features
```

注15）GFFファイルには遺伝子の位置情報のみを含んだものと末尾にFASTA形式のデータを連結して配列情報まで含んだものの両方が存在する．BCBioGFFはどちらの形式のデータも扱うことができるが，ここではFASTA形式のデータを含んだ場合の方法を示す．配列データを含まない場合には別に用意したFASTAファイルから配列情報を読み込む必要がある．

▼出力6-78

```
[SeqFeature(FeatureLocation(ExactPosition(1000), ExactPosition(8240), strand=1), type='gene',
id='gene1', qualifiers=...),
 SeqFeature(FeatureLocation(ExactPosition(14607), ExactPosition(17683), strand=-1), type='gene',
id='gene2', qualifiers=...)]
```

1件目のgeneフィーチャーをさらに詳しく見てみよう．

▼入力6-79

```
gene_feature = r.features[0]
print(gene_feature)
```

▼出力6-79

```
type: gene
location: [1000:8240](+)
id: gene1
qualifiers:
    Key: ID, Value: ['gene1']
    Key: Name, Value: ['gene1']
    Key: note, Value: ['transcription factor']
    Key: source, Value: ['feature']
```

下位のmRNAフィーチャーにはsub_featuresからアクセスできる．

▼入力6-80

```
gene_feature.sub_features
```

▼出力6-80

```
[SeqFeature(FeatureLocation(ExactPosition(1000), ExactPosition(8240), strand=1), type='mRNA',
id='gene1.1', qualifiers=...),
 SeqFeature(FeatureLocation(ExactPosition(1083), ExactPosition(8240), strand=1), type='mRNA',
id='gene1.2', qualifiers=...)]
```

また，親階層の情報はattribute列（GFFファイルの9列目）のParent属性に記載されており，GenBankファイルでクオリファイアの値を取得したのと同様の操作で得ることができる．

▼入力6-81

```
mrna_feature = gene_feature.sub_features[0]
parent_id = mrna_feature.qualifiers['Parent'][0]
mrna_id = mrna_feature.qualifiers['ID'][0]
```

```
print(f'Type={mrna_feature.type}, ID={mrna_id} Parent={parent_id}')
```

▼出力6-81

```
Type=mRNA, ID=gene1.1 Parent=gene1
```

さらに下の階層にはCDSやUTR等のフィーチャーが含まれている．

▼入力6-82

```
mrna_feature.sub_features
```

▼出力6-82

```
[SeqFeature(FeatureLocation(ExactPosition(1000), ExactPosition(2246), strand=1), type='five_prime_
UTR', id='gene1.1.utr1', qualifiers=...),
 SeqFeature(FeatureLocation(ExactPosition(2246), ExactPosition(2520), strand=1), type='CDS',
id='gene1.1.cds1', qualifiers=...),
 SeqFeature(FeatureLocation(ExactPosition(3315), ExactPosition(3795), strand=1), type='CDS',
id='gene1.1.cds2', qualifiers=...),
…（略）…
 SeqFeature(FeatureLocation(ExactPosition(7316), ExactPosition(8240), strand=1), type='exon',
id='gene1.1.exon5', qualifiers=...)]
```

これらの情報をすべてたどるにはsub_featuresをネスト（入れ子構造）させてforループを回す必要がある．次の例はファイル中に含まれているフィーチャーの階層構造をリストアップしたものである．

▼入力6-83

```
records = GFF.parse(open(gff_file_name))
set_feature_types = set()
for r in records:
    for f in r.features:  # loop for gene features
        for sf in f.sub_features:  # loop for mRNA features
            for ssf in sf.sub_features:  # loop for other features
                feature_type = ' -> '.join([f.type, sf.type, ssf.type])
                set_feature_types.add(feature_type)

for feature_type in set_feature_types:
    print(feature_type)
```

▼出力6-83

```
gene -> mRNA -> exon
gene -> mRNA -> five_prime_UTR
gene -> mRNA -> three_prime_UTR
gene -> mRNA -> CDS
```

少し発展させてタンパク質配列を取得してみよう[注16].

▼入力6-84

```
records = GFF.parse(open(gff_file_name))
for r in records:
    for f in r.features:  # loop for gene features
        for sf in f.sub_features:  # loop for mRNA features
            print('mRNA ID:', sf.id)
            temp = [ssf.location for ssf in sf.sub_features if ssf.type =='CDS']
            if sf.location.strand == -1:
                cds_locations = sum(sorted(temp, key=lambda x: -x.start))
            else:
                cds_locations = sum(sorted(temp, key=lambda x: x.start))
            cds_locations = sum(temp)
            print('Location:', cds_locations)
            aa_seq = str(cds_locations.extract(r.seq).translate())
            print('AA seq:', aa_seq[:30] + '...' + aa_seq[-10:])  # 先頭と末尾の一部のみ表示している
            print('----------')
```

▼出力6-84

```
mRNA ID: gene1.1
Location: join{[2246:2520](+), [3315:3795](+), [6799:6923](+), [7102:7173](+), [7316:7348](+)}
AA seq: MEADARVGGKVEMAPLQQQVQVQSVGGGAA...LANGTMLRS*
----------
mRNA ID: gene1.2
Location: join{[2246:2520](+), [3315:3795](+), [6799:6923](+), [7102:7220](+)}
AA seq: MEADARVGGKVEMAPLQQQVQVQSVGGGAA...SIMPLVNLE*
----------
mRNA ID: gene2.1
Location: join{[17426:17612](-), [16995:17160](-), [16790:16877](-), [16584:16675](-), [16366:16421]
(-), [16163:16224](-), [15829:16051](-), [15603:15720](-), [15383:15473](-), [15024:15213](-)}
AA seq: MAAAMASAISCAAATPAVAAQLQAKGCATT...LGKKTFVAA*
```

注16) コード中のlambda式でのソートについては**第4章**4.4.1中の「無名関数でソート」を参照.

```
----------
```

FeatureLocationオブジェクト同士を足し合わせる（上記例ではリスト化してsum()関数を適用することですべてのCDSのlocationを合算している）とCompoundLocationオブジェクトとなる．CompoundLocationのextract()メソッドを利用すると複数の領域に分かれている場合でも簡単に配列を抽出できる．また，遺伝子がコードされているDNA鎖の向きで条件分岐させて転写の向きに合わせてCDSフィーチャーをソートしている．サンプルファイルではもともとソートされているため必要ないが，念のためソートをしてから領域抽出／翻訳を行った．

▼入力6-85

```
type(cds_locations)
```

▼出力6-85

```
Bio.SeqFeature.CompoundLocation
```

6.4.3 GTFファイルについて

GTFファイルは1列目から8列目まではGFFファイルと共通で，9列目のattributeの表記方法のみ形式が異なっている．タンパク質コード遺伝子の構造の記述に特化したファイル形式で，RNA-Seqで遺伝子ごとの発現量を求めるときに（GFFファイルとともに）GTFファイルが多く使われる．下記はサンプルファイルsample.gtfのgene1.1について表した部分である．GTFではgene_idとtranscript_idという属性が必須になっており，これを用いてfeature間の親子関係を表現している．

```
chr1    feature    transcript  1001  8240   .   +   .   transcript_id "gene1.1"; gene_id "gene1";
chr1    feature    CDS         2247  2520   .   +   0   transcript_id "gene1.1"; gene_id "gene1";
chr1    feature    CDS         3316  3795   .   +   2   transcript_id "gene1.1"; gene_id "gene1";
chr1    feature    CDS         6800  6923   .   +   2   transcript_id "gene1.1"; gene_id "gene1";
chr1    feature    CDS         7103  7173   .   +   1   transcript_id "gene1.1"; gene_id "gene1";
chr1    feature    CDS         7317  7348   .   +   2   transcript_id "gene1.1"; gene_id "gene1";
```

BCBioGFFを用いてGTFファイルを読み込むことも可能だが，執筆時点（2024年）ではGTFファイルを読み込んだ場合，親子関係をうまく関連づけてくれないようであった．BCBioGFFは最終的にはBiopythonの一部に取り込まれることを目指しているようなので，今後のアップデートに期待したい．

6.5　おわりに

本章ではクラスとオブジェクトを用いたプログラミング方法およびBiopythonやBCBioGFFを利用した各種形式の塩基配列データの取り扱い方法を紹介した．オブジェクトとはざっくり言ってしまえば「データの入れ物（＋そのデータのための各種機能）」である．現在ではBiopythonだけでなくさまざまなファイルフォーマットを扱うための拡張モジュールが利用可能になっているが，それらの多くは独自に定義したオブジェクトとしてデータを取り扱っている．クラスやオブジェクトといった概念を理解することで，よりそれらを有効に扱いやすくなるだろう．また利用できるモジュールがない場合には，ぜひ自分が扱うデータの形式に合わせたクラスを設計し利用することに挑戦してもらいたい．他のプログラムでの再利用や機能の拡張が行いやすいこともクラスを利用したプログラミングの利点である．

第7章 pandasはじめの一歩
表形式データの扱い方

坂本美佳

本章の目的

この章では，基本的なpandas（パンダス）[文献1)]の操作方法を学ぶ．pandasはデータ解析用のモジュールで，主に二次元の表形式データ（DataFrame）を対象としている．pandasは，行列／多次元配列を扱う数値計算モジュールNumPyを利用し，高速計算を可能にしている．また，pandasは時系列データや文字データなどを含んださまざまな表形式ファイルの扱いに長けている．この章では，**第8章**（RNA-Seqカウントデータの処理）で用いる機能や，バイオインフォマティクスでよく用いる機能を中心に解説する．pandasにはその他にも多くの機能があるが，残念ながら，ここではpandasの使い方のすべてを網羅することができない．この章で書かれていること以外の機能を知りたいときは，pandas公式サイトのチュートリアル[文献2)]や参考書[文献3)]を読んでほしい．

7.1 準備

7.1.1 pandasのimport

Anacondaまたは Minicondaで Python環境を構築している場合は，すでにpandasもインストールされている．

▼入力7-1

```
# pandasをpdとして，numpyをnpとしてimportする
import pandas as pd
import numpy as np
```

本章の執筆にあたり，Python==3.12.3，pandas==2.2.2，NumPy==1.26.4を用いて動作確認を行った．

文献1）「pandas 公式サイト」pandas.pydata.org（2024-5-25閲覧）

文献2）「pandas公式サイト 10 Minutes to pandas」pandas.pydata.org/docs/user_guide/10min.html（2024-5-25閲覧）

文献3）『Pythonによるデータ分析入門 第3版―pandas、NumPy、Jupyterを使ったデータ処理』（Wes McKinney/著，瀬戸山雅人，小林儀匡/訳）オライリー・ジャパン，2023

importができたら，以下のようにコマンドを入力しpandasのバージョンを確認しておくとよい．執筆時（2024年5月）のpandasの最新バージョンは2.2.2（2024年4月）である．読者の環境がバージョン2.2.2以上であれば，この章のコードは問題なく動くと思われる．

▼入力7-2

```
print(pd.__version__)
print(np.__version__)
```

▼出力7-2

```
2.2.2
1.26.4
```

7.1.2 本章で使用するデータファイル

この章で使うデータファイルは，**第1章1.6**に紹介した方法で，羊土社特設ページよりダウンロードできる．chapter07ディレクトリ内のtest_matrix_data.tsvファイルを現在の作業ディレクトリにコピーしておこう．

7.2 Series

Series（シリーズ）は一次元のデータを扱うためのデータオブジェクトである．実際の解析では，Seriesを新規に作成する機会は少ないと思われるが，表形式データの行や列を抽出した場合には，Seriesとして結果が返されることがある．

7.2.1 Seriesの作成と四則計算

リストからSeriesを作成してみよう．下記のように整数だけのSeriesのデータ型（dtype）はint64である．

▼入力7-3

```
L1 = [1, 3, 5, 6, 8]
s1 = pd.Series(L1)
s1
```

▼出力7-3

```
0    1
1    3
2    5
3    6
4    8
dtype: int64
```

小数が含まれているときは，Seriesのデータ型（dtype）はfloat64になる．

▼入力7-4

```
L2 = [1, 3, 5, 6, 8.0]
s2 = pd.Series(L2)
s2
```

▼出力7-4

```
0    1.0
1    3.0
2    5.0
```

```
3    6.0
4    8.0
dtype: float64
```

文字列が含まれているときは，Seriesのデータ型（dtype）はobjectになる．

▼入力7-5

```
L3 = [1, 3, 5, 6, 8.0, 'hello']
s3 = pd.Series(L3)
s3
```

▼出力7-5

```
0        1
1        3
2        5
3        6
4      8.0
5    hello
dtype: object
```

Seriesは値とindex（各値のラベル）からできている．デフォルトでは0から始まる数字だが，任意のindexをつけることもできる．

▼入力7-6

```
s4 = pd.Series([100, 200, 300, 400 , 500],
               index=['geneA', 'geneB', 'geneC', 'geneD', 'geneE'])
s4
```

▼出力7-6

```
geneA    100
geneB    200
geneC    300
geneD    400
geneE    500
dtype: int64
```

四則計算は各要素すべてが計算対象となる．

▼入力7-7

```
s5 = pd.Series([10, 30, 50, 60, 80, 100])
s5 + 10
```

▼出力7-7

```
0     20
1     40
2     60
3     70
4     90
5    110
dtype: int64
```

Python3では/（除算）の結果は小数点のついた値floatで返る．//を使うと整数値intで返る．

▼入力7-8

```
s5 / 10
```

▼出力7-8

```
0     1.0
1     3.0
2     5.0
3     6.0
4     8.0
5    10.0
dtype: float64
```

▼入力7-9

```
s5 // 10
```

▼出力7-9

```
0     1
1     3
2     5
3     6
4     8
5    10
dtype: int64
```

Series同士のかけ算では，同じ位置にある要素同士が計算される．

▼入力7-10

```
s6 = pd.Series([1, 3, 5, 6, 8])
s5 * s6
```

▼出力7-10

```
0     10.0
1     90.0
2    250.0
3    360.0
4    640.0
5      NaN
dtype: float64
```

7.2.2 データの抽出

位置を指定した抽出

位置を指定して単独の要素を取得することができる．

▼入力7-11

```
s7 = pd.Series(list('ABCDEFGH'))
s7[3]
```

▼出力7-11

```
'D'
```

リストと同じように**スライス**を使ってデータを切り出すことができる．もとのデータ型がobjectなので，切り出してもデータ型はobjectのままであることに注意してほしい．

▼入力7-12

```
s7[2:5]
```

▼出力7-12

```
2    C
3    D
4    E
dtype: object
```

複数の位置を指定することもできる．下の例では，位置を指定するリストを対象としている．

▼入力7-13

```
targets = [0, 2, 4, 6]
s7[targets]
```

▼出力7-13

```
0    A
2    C
4    E
6    G
dtype: object
```

上記を1行で書くときは，次のように[]が二重[[]]になる．これをs7[0, 2, 4, 6]としてしまうとエラーになる．

▼入力7-14

```
s7[[0, 2, 4, 6]]
```

▼出力7-14

```
0    A
2    C
4    E
6    G
dtype: object
```

抽出したデータの型

以下のような場合，[]で指定すると文字型strになる．

▼入力7-15

```
print(s7[0])
print(type(s7[0]))
```

▼出力7-15

```
A
<class 'str'>
```

[[]]で指定するとSeriesで返る．

▼入力7-16

```
print(s6[[0]])
print(type(s6[[0]]))
```

▼出力7-16

```
0    1
dtype: int64
<class 'pandas.core.series.Series'>
```

Seriesをリストに変換するときには`list()`を使う.

▼入力7-17

```
list(s7)
```

▼出力7-17

```
['A', 'B', 'C', 'D', 'E', 'F', 'G', 'H']
```

indexを使ったデータの抽出

Seriesではindexを指定してデータを取り出すことができる.

▼入力7-18

```
s4['geneA']
```

▼出力7-18

```
100
```

辞書を使ってindexを指定したSeriesを作成することもできる. 下の例（学名のSeries）では, indexに属名, 値に種小名を割り当てている.

▼入力7-19

```
D = {'Chlamydomonas': 'reinhardtii', 'Volvox': 'carteri',
     'Coccomyxa': 'subellipsoidea', 'Coffea': 'arabica'}
s8 = pd.Series(D)
```

indexが`Chlamydomonas`または`Volvox`である値を取り出してみよう.

▼入力7-20

```
s8[['Chlamydomonas', 'Volvox']]
```

▼出力7-20

```
Chlamydomonas    reinhardtii
Volvox               carteri
dtype: object
```

indexに用いる値は重複していてもよい.

▼入力7-21

```
data= ['reinhardtii', 'carteri', 'subellipsoidea_C_169',
       'arabica', 'canephora']
index = ['Chlamydomonas',  'Volvox', 'Coccomyxa',
         'Coffea', 'Coffea']
s9 = pd.Series(data=data, index=index)
print(s9)
```

▼出力7-21

```
Chlamydomonas             reinhardtii
Volvox                        carteri
Coccomyxa        subellipsoidea_C_169
Coffea                        arabica
Coffea                      canephora
dtype: object
```

ただし，重複したindexを指定した場合，各要素がSeriesとして返る．単独の値を持つindexを指定した場合，要素は文字型（str）として返る．上記のSeriesのs9では，Coffeaというindexは，2つの値arabica，canephoraを持っている．これに対し，Chlamydomonasは1つの値reinhardtiiだけを持っている．Coffeaを指定すると，

▼入力7-22

```
s9['Coffea']
```

▼出力7-22

```
Coffea      arabica
Coffea    canephora
dtype: object
```

返り値は，indexを持ったSeriesである．Chlamydomonasを指定すると，

▼入力7-23

```
s9['Chlamydomonas']
```

▼出力7-23

```
'reinhardtii'
```

返り値は文字型（str）である．このように異なったデータ形式で結果が返ってくることがあるため，重複したindexを使うときは注意してほしい．

indexおよび値の参照

Series.index，Serires.valuesでそれぞれindexと値を取り出せる．新しい値を指定することもできる．

▼入力7-24

```
s9.index
```

▼出力7-24

```
Index(['Chlamydomonas', 'Volvox', 'Coccomyxa', 'Coffea', 'Coffea'], dtype='object')
```

▼入力7-25

```
s9.values
```

▼出力7-25

```
array(['reinhardtii', 'carteri', 'subellipsoidea_C_169',
'arabica', 'canephora'], dtype=object)
```

データ形式を確認してみると，内部的にNumPyが使われていることがわかる．

▼入力7-26

```
type(s9.values)
```

▼出力7-26

```
numpy.ndarray
```

7.3 DataFrameの基本操作

DataFrame（データフレーム）は二次元の表を扱うためのデータオブジェクトである．

7.3.1 DataFrameの作成

pd.DataFrame()でDataFrameを作成する．

```
pd.DataFrame([data, index, columns, dtype, copy])
```

引数のうちdataには，二次元のリストや辞書などを指定する．index（**行ラベル**），columns（**列ラベル**）を指定しなかった場合，0，1，2…が自動で割り振られる．

▼入力7-27

```
data = [[1, 2, 3],
        [10, 20, 30],
        [100, 200, 300],
        [1000, 2000, 3000]
       ]
columns = ['sample1', 'sample2', 'sample3']

df1 = pd.DataFrame(data, columns=columns)
df1
```

▼出力7-27

	sample1	sample2	sample3
0	1	2	3
1	10	20	30
2	100	200	300
3	1000	2000	3000

このDataFrameはデフォルトのindex（行ラベル，0から始まる整数値）を使用している．df.indexに代入することで，あとから任意のindexをつけることができる．

▼入力7-28

```
df1.index = ['geneA', 'geneB', 'geneC', 'geneD']
df1
```

▼出力7-28

	sample1	sample2	sample3
geneA	1	2	3
geneB	10	20	30
geneC	100	200	300
geneD	1000	2000	3000

辞書データを与える場合は，列ごとに値を指定する．

▼入力7-29

```
D = {'generic_name': ['Chlamydomonas', 'Volvox', 'Ostreococcus',
                      'Coccomyxa', 'Marchantia', 'Thalassiosira'],
     'specific_name': ['reinhardtii', 'carteri', 'lucimarinus',
                       'subellipsoidea C-169', 'polymorpha','pseudonana'],
     'assemble_version': ['v5.5', 'v2.1', 'v2.0', 'v2.0', 'v3.1', 'V3.0'],
     'genome_size': [111.1, 131.2, 13.2, 49, 225.8, 34],
     'common_name': ['green algae', 'green algae', 'green algae',
                    'green algae',' liverwort', 'diatom'],
     'unicellular': [True, False, True, True, False, True]
     }
df2 = pd.DataFrame(D)
df2
```

▼出力7-29

	generic_name	specific_name	assemble_version	genome_size	common_name	unicellular
0	Chlamydomonas	reinhardtii	v5.5	111.1	green algae	True
1	Volvox	carteri	v2.1	131.2	green algae	False
2	Ostreococcus	lucimarinus	v2.0	13.2	green algae	True
3	Coccomyxa	subellipsoidea C-169	v2.0	49.0	green algae	True
4	Marchantia	polymorpha	v3.1	225.8	liverwort	False
5	Thalassiosira	pseudonana	V3.0	34.0	diatom	True

列名（列ラベル）や，index（行ラベル）はそれぞれ，columns，indexで参照できる．

▼入力7-30

```
print('column names: ', df2.columns)
print('index: ', df2.index)
```

▼出力7-30

```
column names:  Index(['generic_name', 'specific_name', 'assemble_version', 'genome_size',
       'common_name', 'unicellular'],
      dtype='object')
index:  RangeIndex(start=0, stop=6, step=1)
```

実際にRNA-Seqなどの解析を行うときは，ファイルを読み込んでDataFrameを作成する場合が多い．ファイルから読み込むときはpd.read_table()やpd.read_csv()を使う．これ以外にも，クリップボードにコピーしたデータを読み込むpd.read_clipboard()，Excelファイルを読み込むpd.read_excel()などもある．7.4「欠損値，重複の扱い」ではタブ区切りのファイルを読み込む方法を紹介する．

7.3.2 DataFrameを使った計算

データフレームを使った計算をしてみよう．7.3.1「DataFrameの作成」で作成したdf1を使う．

▼入力7-31

```
df1
```

▼出力7-31

	sample1	sample2	sample3
geneA	1	2	3
geneB	10	20	30
geneC	100	200	300
geneD	1000	2000	3000

スカラー値との四則演算は各要素に対して行われる．

▼入力7-32

```
df1 * 10
```

▼出力7-32

	sample1	sample2	sample3
geneA	10	20	30
geneB	100	200	300
geneC	1000	2000	3000
geneD	10000	20000	30000

計算結果は，もとのDataFrameが変更されるのではなく，新しいDataFrameとして返る．そのため，DataFrameの値を更新したいときは，df1 = df1 * 10のように，計算結果をもとのDataFrameに代入する必要がある．次はリストやSeriesとの計算をしてみよう．

▼入力7-33

```
L = [1, 2, 3]
df1 + L
```

▼出力7-33

	sample1	sample2	sample3
geneA	2	4	6
geneB	11	22	33
geneC	101	202	303
geneD	1001	2002	3003

各行ごとに計算が適用される（これを**ブロードキャスト**とよぶ）．なお，下の例ではデータの要素数が揃っていないのでエラーになる．

▼入力7-34

```
L = [1, 2, 3, 4]
df1 + L
```

▼出力7-34

```
---------------------------------------------------------------------------
ValueError                                Traceback (most recent call last)
<ipython-input-41-5a97e55dfe0f> in <module>
      1 L = [1, 2, 3, 4]
----> 2 df1 + L
...（中略）...
ValueError: Unable to coerce to Series, length must be 3: given 4
```

横方向にブロードキャストするときは，df.Tを使い行と列を転置させてから計算し，再び転置させてもとの形に戻す．

▼入力7-35

```
L = [1, 2, 3, 4]
(df1.T + L).T
```

▼出力7-35

	sample1	sample2	sample3
geneA	2	3	4
geneB	12	22	32
geneC	103	203	303
geneD	1004	2004	3004

DataFrame同士の計算も可能である．DataFrameの形状（行数と列数）が同じであれば要素ごとに計算できる．また，行列の内積のような計算も可能だが，本格的な行列の数値計算であればNumPyを使ったほうが便利だろう．

7.3.3 関数を使った操作

集計関数 sum(), mean(), cumsum()

合計を求めるときはsum()を使う．デフォルトは列方向の合計（axis=0）である．行方向の合計を求めるときはaxis=1とする．

▼入力7-36

```
df1
```

▼出力7-36

	sample1	sample2	sample3
geneA	1	2	3
geneB	10	20	30
geneC	100	200	300
geneD	1000	2000	3000

▼入力7-37

```
df1.sum()
```

▼出力7-37

```
sample1    1111
sample2    2222
sample3    3333
dtype: int64
```

▼入力7-38

```
df1.sum(axis=1)
```

▼出力7-38

```
geneA       6
geneB      60
geneC     600
geneD    6000
dtype: int64
```

列方向の平均を求めるときはmean()を使う．列方向の累積はcumsum()で計算できる．sum()やmean()とは異なり，結果はDataFrameとして返る．

▼入力7-39

```
df1.cumsum(axis=0)
```

▼出力7-39

	sample1	sample2	sample3
geneA	1	2	3
geneB	11	22	33
geneC	111	222	333
geneD	1111	2222	3333

index でソート sort_index()

デフォルトでは昇順にソートされる．ascending=False とすると降順でソートされる．

▼入力7-40

```
df1.sort_index(ascending=False)
```

▼出力7-40

	sample1	sample2	sample3
geneD	1000	2000	3000
geneC	100	200	300
geneB	10	20	30
geneA	1	2	3

要素の値でのソート sort_values()

genome_size 列の値で昇順にソートする．今回は影響しないが，na_position の指定によって，欠損値（NaN）のふるまいを変えられる．

▼入力7-41

```
df2.sort_values(by='genome_size', na_position='first')
```

▼出力7-41

	generic_name	specific_name	assemble_version	genome_size	common_name	unicellular
2	Ostreococcus	lucimarinus	v2.0	13.2	green algae	True
5	Thalassiosira	pseudonana	V3.0	34.0	diatom	True
3	Coccomyxa	subellipsoidea C-169	v2.0	49.0	green algae	True
0	Chlamydomonas	reinhardtii	v5.5	111.1	green algae	True
1	Volvox	carteri	v2.1	131.2	green algae	False
4	Marchantia	polymorpha	v3.1	225.8	liverwort	False

次に，generic_name 列でソートする．inplace=True オプションをつけると，もとの DataFrame を書き換える（**破壊的メソッド**）．順番が変わっていることを確認しておこう．今回は影響を感じられないが，kind でソートアルゴリズムを指定できる．

▼入力7-42

```
df2.sort_values(by='generic_name', axis=0, ascending=True, inplace=True,
                kind='quicksort', na_position='last')
df2
```

▼出力7-42

	generic_name	specific_name	assemble_version	genome_size	common_name	unicellular
0	Chlamydomonas	reinhardtii	v5.5	111.1	green algae	True
3	Coccomyxa	subellipsoidea C-169	v2.0	49.0	green algae	True
4	Marchantia	polymorpha	v3.1	225.8	liverwort	False
2	Ostreococcus	lucimarinus	v2.0	13.2	green algae	True
5	Thalassiosira	pseudonana	V3.0	34.0	diatom	True
1	Volvox	carteri	v2.1	131.2	green algae	False

index順にソートしてもとに戻しておく（inplace=Trueオプション）．なお，df2のindexはデフォルト（0～5の整数）である．

▼入力7-43

```
df2.sort_index(ascending=True, inplace=True)
df2
```

▼出力7-43

	generic_name	specific_name	assemble_version	genome_size	common_name	unicellular
0	Chlamydomonas	reinhardtii	v5.5	111.1	green algae	True
1	Volvox	carteri	v2.1	131.2	green algae	False
2	Ostreococcus	lucimarinus	v2.0	13.2	green algae	True
3	Coccomyxa	subellipsoidea C-169	v2.0	49.0	green algae	True
4	Marchantia	polymorpha	v3.1	225.8	liverwort	False
5	Thalassiosira	pseudonana	V3.0	34.0	diatom	True

デフォルトは列方向のソートだが，axis=1とすると行方向にソートする．以下の例では，sort_values(axis=1)を使って列の並び替えを行う．まず，head(2)で，df1の上から2行を表示してみよう．

▼入力7-44

```
df1.head(2)
```

▼出力7-44

	sample1	sample2	sample3
geneA	1	2	3
geneB	10	20	30

geneAの行の値は左から1→2→3と並んでいるが，これを左から降順（3→2→1）に並び替える．行方向の処理なのでaxis=1を指定する．

▼入力7-45

```
df1.sort_values(by='geneA', axis=1, ascending=False).head(2)
```

▼出力7-45

	sample3	sample2	sample1
geneA	3	2	1
geneB	30	20	10

7.3.4 データの抽出

列の抽出

抽出したい列名を[]で指定する．結果はSeriesとして返る．

▼入力7-46

```
df1['sample1']
```

▼出力7-46

```
geneA       1
geneB      10
geneC     100
geneD    1000
Name: sample1, dtype: int64
```

以下のやり方でも同様の操作が可能である．

▼入力7-47

```
df1.sample1
```

▼出力7-47

```
geneA       1
geneB      10
geneC     100
geneD    1000
Name: sample1, dtype: int64
```

複数の列を抽出する場合にはリストで指定する．[]が二重[[]]になることに注意してほしい．結果はDataFrameとして返る．

▼入力7-48

```
df1[['sample1', 'sample3']]
```

▼出力7-48

	sample1	sample3
geneA	1	3
geneB	10	30
geneC	100	300
geneD	1000	3000

sample1列をDataFrameとして抽出しよう．最初の例df1['sample1']との違い（Seriesとして返るか，DataFrameとして返るか）に注意してほしい．

▼入力7-49

```
df1[['sample1']]
```

▼出力7-49

	sample1
geneA	1
geneB	10
geneC	100
geneD	1000

スライスを使った行の抽出

行の抽出にスライスを使うことができる．以下の例では，[0:3]として，0から2行目までを抽出している．ただし，スライスによる抽出よりも，後述のlocまたはilocを使った抽出を覚えておけばよい．

▼入力7-50

```
df2[0:3]
```

▼出力7-50

	generic_name	specific_name	assemble_version	genome_size	common_name	unicellular
0	Chlamydomonas	reinhardtii	v5.5	111.1	green algae	True
1	Volvox	carteri	v2.1	131.2	green algae	False
2	Ostreococcus	lucimarinus	v2.0	13.2	green algae	True

「0」という名称の列が存在しないため，df2[0]とするとエラーになる．スライスで0行目を抽出するときは以下のように指定する．

▼入力7-51

```
df2[0:1]
```

▼出力7-51

	generic_name	specific_name	assemble_version	genome_size	common_name	unicellular
0	Chlamydomonas	reinhardtii	v5.5	111.1	green algae	True

要素の抽出

atでindexと列名（行ラベル，列ラベル）を指定して要素を抽出する．[行，列]の順に指定する．

▼入力7-52

```
df1.at['geneB', 'sample2']
```

▼出力7-52

```
20
```

iatで位置を（数字で）指定して要素を抽出する〔iはinteger（整数）の意味である〕．

▼入力7-53

```
df1.iat[1, 1]
```

▼出力7-53

```
20
```

範囲（複数，単数の行および列）を指定した抽出

locでindexによる抽出ができる．単独の要素の抽出は以下のように書く．df1.at['geneA', 'sample2']と同じ結果になるが，atのほうが処理が速い．

▼入力7-54

```
df1.loc['geneA', 'sample2']
```

▼出力7-54

```
2
```

複数の行／列からなる範囲の抽出は以下のように行う．結果はDataFrameとして返る．この例では，通常の数値によるスライスとは異なりgeneC行やsample3列が含まれていることに注意してほしい．操作に慣れるまでは，実際に抽出したデータが自分のほしいものかどうかを確認しながら進めたほうがよい．

▼入力7-55

```
df1.loc['geneA':'geneC', 'sample2':'sample3']
```

▼出力7-55

	sample2	sample3
geneA	2	3
geneB	20	30
geneC	200	300

:を指定すると対象となる列or行の全体が抽出される．以下の例ではgeneBからgeneDまでのすべての列を表示する．:を省略し，df1.loc['geneB':'geneD']としてもよい．

▼入力7-56

```
df1.loc['geneB':'geneD', :]
```

▼出力7-56

	sample1	sample2	sample3
geneB	10	20	30
geneC	100	200	300
geneD	1000	2000	3000

リストを使って行や列を指定することも可能である．この方法を使って任意の並び順にできる．

▼入力7-57

```
df1.loc[['geneB', 'geneC', 'geneA'], ['sample2',
'sample1']]
```

▼出力7-57

	sample2	sample1
geneB	20	10
geneC	200	100
geneA	2	1

すべての列を取得する場合は以下のようにする．df1.loc[['geneC','geneA], :]でも同じ結果になる．

▼入力7-58

```
df1.loc[['geneC','geneA']]
```

▼出力7-58

	sample1	sample2	sample3
geneC	100	200	300
geneA	1	2	3

すべての行を取得する場合は以下のように書くが，df1[['sample3', 'sample1']]としても同じ結果になる．

▼入力7-59

```
df1.loc[:, ['sample3', 'sample1']]
```

▼出力7-59

	sample3	sample1
geneA	3	1
geneB	30	10
geneC	300	100
geneD	3000	1000

▼入力7-60

```
df1[['sample3', 'sample1']]
```

▼出力7-60

	sample3	sample1
geneA	3	1
geneB	30	10
geneC	300	100
geneD	3000	1000

単独の行の抽出は以下のようにする．列の指定 :は省略できる．

▼入力7-61

```
df1.loc['geneD', :]
```

▼出力7-61

```
sample1    1000
sample2    2000
sample3    3000
Name: geneD, dtype: int64
```

単独の列の抽出は以下のようにする．行の指定:は省略できる．

▼入力7-62

```
df1.loc[:, 'sample2']
```

▼出力7-62

```
geneA       2
geneB      20
geneC     200
geneD    2000
Name: sample2, dtype: int64
```

[[]]で指定したときと[]で指定したときでは，返ってくるデータの形式が異なる．[[]]で指定するとDataFrameが返る．

▼入力7-63

```
df1.loc[['geneD']]
```

▼出力7-63

	sample1	sample2	sample3
geneD	1000	2000	3000

[]で指定するとSeriesが返る．

▼入力7-64

```
df1.loc['geneD']
```

▼出力7-64

```
sample1    1000
sample2    2000
sample3    3000
Name: geneD, dtype: int64
```

ilocで位置（整数値）による指定ができる．位置を数字で指定することを除いてlocと同じである．[行，列]と指定する．

▼入力7-65

```
df1.iloc[1, 2]
```

▼出力7-65

```
30
```

スライスやリストで指定することもできる．

▼入力7-66

```
df1.iloc[1:2, 0:2]
```

▼出力7-66

	sample1	sample2
geneB	10	20

▼入力7-67

```
df1.iloc[[1, 2], [0, 1, 2]]
```

▼出力7-67

	sample1	sample2	sample3
geneB	10	20	30
geneC	100	200	300

すべての列（行全体）を取得するときは以下のようにする．列の指定:を省略しても同じ結果が得られる．

▼入力7-68

```
df1.iloc[1, :]
```

▼出力7-68

```
sample1    10
sample2    20
sample3    30
Name: geneB, dtype: int64
```

上の例と同じ行を抽出しているが，リストで指定した場合はDataFrameとして返る．

▼入力7-69

```
df1.iloc[[1]]
```

▼出力7-69

	sample1	sample2	sample3
geneB	10	20	30

すべての行（列全体）を取得するときは以下のようにする．

▼入力7-70

```
df1.iloc[:, 1]
```

▼出力7-70

```
geneA       2
geneB      20
geneC     200
geneD    2000
Name: sample2, dtype: int64
```

条件を指定して抽出

抽出対象を真偽値（TrueまたはFalse）のリストで指定する（boolean indexing）．df2の1，2，4行目を取得してみよう．

▼入力7-71

```
targets = [True, True, False, False, True, False]
df2[targets]
```

▼出力7-71

	generic_name	specific_name	assemble_version	genome_size	common_name	unicellular
0	Chlamydomonas	reinhardtii	v5.5	111.1	green algae	True
1	Volvox	carteri	v2.1	131.2	green algae	False
4	Marchantia	polymorpha	v3.1	225.8	liverwort	False

df2からunicellular=Trueのデータを抽出しよう.

▼入力7-72

```
df2[df2.unicellular]
```

▼出力7-72

	generic_name	specific_name	assemble_version	genome_size	common_name	unicellular
0	Chlamydomonas	reinhardtii	v5.5	111.1	green algae	True
2	Ostreococcus	lucimarinus	v2.0	13.2	green algae	True
3	Coccomyxa	subellipsoidea C-169	v2.0	49.0	green algae	True
5	Thalassiosira	pseudonana	V3.0	34.0	diatom	True

~(チルダ)をつけるとnotの意味になる.

▼入力7-73

```
df2[~df2.unicellular]
```

▼出力7-73

	generic_name	specific_name	assemble_version	genome_size	common_name	unicellular
1	Volvox	carteri	v2.1	131.2	green algae	False
4	Marchantia	polymorpha	v3.1	225.8	liverwort	False

比較演算子も使える.genome_size列の値が100以上のものを抽出しよう.

▼入力7-74

```
df2[df2.genome_size >= 100]
```

▼出力7-74

	generic_name	specific_name	assemble_version	genome_size	common_name	unicellular
0	Chlamydomonas	reinhardtii	v5.5	111.1	green algae	True
1	Volvox	carteri	v2.1	131.2	green algae	False
4	Marchantia	polymorpha	v3.1	225.8	liverwort	False

common_name列の値がgreen algaeであるものを抽出しよう．

▼入力7-75

```
df2[df2['common_name'] == 'green algae']
```

▼出力7-75

	generic_name	specific_name	assemble_version	genome_size	common_name	unicellular
0	Chlamydomonas	reinhardtii	v5.5	111.1	green algae	True
1	Volvox	carteri	v2.1	131.2	green algae	False
2	Ostreococcus	lucimarinus	v2.0	13.2	green algae	True
3	Coccomyxa	subellipsoidea C-169	v2.0	49.0	green algae	True

7.3.5 DataFrameの編集

列の追加

DataFrame名[列ラベル] = [データのリスト]で新しい列が追加できる．

▼入力7-76

```
df1['sample4'] = [4, 40, 400, 4000]
df1
```

▼出力7-76

	sample1	sample2	sample3	sample4
geneA	1	2	3	4
geneB	10	20	30	40
geneC	100	200	300	400
geneD	1000	2000	3000	4000

上の例では，すでにsample4列が存在している場合には上書きされる．

列の編集

sample3列を10倍し，sample4列のデータを入れ替えてみよう．

▼入力7-77

```
df1['sample3'] = df1['sample3'] * 10
df1['sample4'] = [4, 44, 444, 4444]
df1
```

▼出力7-77

	sample1	sample2	sample3	sample4
geneA	1	2	30	4
geneB	10	20	300	44
geneC	100	200	3000	444
geneD	1000	2000	30000	4444

sample1からsample4の平均を計算し，AVERAGE列を追加する．mean()関数を使っても同じ結果が得られる．

▼入力7-78

```
df1['AVERAGE'] = (df1['sample1'] + df1['sample2'] + df1['sample3'] + df1['sample4']) / 4
df1
```

▼出力7-78

	sample1	sample2	sample3	sample4	AVERAGE
geneA	1	2	30	4	9.25
geneB	10	20	300	44	93.50
geneC	100	200	3000	444	936.00
geneD	1000	2000	30000	4444	9361.00

▼入力7-79

```
df1['AVERAGE2'] = df1[['sample1', 'sample2', 'sample3', 'sample4']].mean(axis=1)
df1
```

▼出力7-79

	sample1	sample2	sample3	sample4	AVERAGE	AVERAGE2
geneA	1	2	30	4	9.25	9.25
geneB	10	20	300	44	93.50	93.50
geneC	100	200	3000	444	936.00	936.00
geneD	1000	2000	30000	4444	9361.00	9361.00

列の削除

列の削除にはdrop()を使う．デフォルトでは行の削除（axis=0）なので，列の削除ではaxis=1を指定する．

▼入力7-80

```
df1.drop('AVERAGE', axis=1)
```

▼出力7-80

	sample1	sample2	sample3	sample4	AVERAGE2
geneA	1	2	30	4	9.25
geneB	10	20	300	44	93.50
geneC	100	200	3000	444	936.00
geneD	1000	2000	30000	4444	9361.00

リストを使って複数列を指定することができる．

▼入力7-81

```
df1.drop(['AVERAGE', 'AVERAGE2'], axis=1)
```

▼出力7-81

	sample1	sample2	sample3	sample4
geneA	1	2	30	4
geneB	10	20	300	44
geneC	100	200	3000	444
geneD	1000	2000	30000	4444

drop()は非破壊的メソッド（もとのデータを変えない）であり，上の例では，実際にはdf1のAVERAGE列とAVERAGE2列は削除できていない．これらをdf1から削除するためには，df1 = df1.drop('AVERAGE', axis=1)というように代入する．以下のようにdelを使うと，破壊的メソッド（もとのデータを変える）になるので，代入なしで即座に反映される．ただし，del df1[['AVERAGE', 'AVERAGE2', 'sample4']]とするとエラーになる．

▼入力7-82

```
del df1['AVERAGE'], df1['AVERAGE2'], df1['sample4']
df1
```

▼出力7-82

	sample1	sample2	sample3
geneA	1	2	30
geneB	10	20	300
geneC	100	200	3000
geneD	1000	2000	30000

行の追加

追加したい行データ（以下の例ではgeneE）をDataFrameとして作成しておく．まずSeriesを作成してからDataFrameに変換する．このときSeriesのindexにはDataFrameの列名（columns）を指定し，行名にname='geneE'を指定する．

▼入力7-83

```
geneE = pd.Series([9, 99, 999], index=df1.columns, name='geneE')
geneE = pd.DataFrame([geneE]) # Seriesを要素とするリストをDataFrameに変換
geneE
```

▼出力7-83

	sample1	sample2	sample3
geneE	9	99	999

concat()を使うと行を追加することができる．横方向の追加のためaxis=0を指定する．

▼入力7-84

```
df1 = pd.concat([df1, geneE], axis=0)
df1
```

▼出力7-84

	sample1	sample2	sample3
geneA	1	2	30
geneB	10	20	300
geneC	100	200	3000
geneD	1000	2000	30000
geneE	9	99	999

実際には，今回のように1行ずつ追加するよりも，concat()で複数のDataFrameを連結する操作のほうが多いかもしれない．複数の行や列を追加する方法については，7.7.1で解説する．

行の編集

locまたはilocを使って行を指定し，新しい値を代入する．以下の例では，geneEの行を10倍した値に変換している．

▼入力7-85

```
df1.iloc[4] = df1.iloc[4] * 10
df1
```

▼出力7-85

	sample1	sample2	sample3
geneA	1	2	30
geneB	10	20	300
geneC	100	200	3000
geneD	1000	2000	30000
geneE	90	990	9990

次に，geneEの値を10で割った値にする．ここではlocを使っているので[]の中身はindex（行ラベル）である．

▼入力7-86

```
df1.loc['geneE'] = df1.loc['geneE'] / 10
df1
```

▼出力7-86

	sample1	sample2	sample3
geneA	1	2	30
geneB	10	20	300
geneC	100	200	3000
geneD	1000	2000	30000
geneE	9	99	999

要素の値を指定することも可能である．

▼入力7-87

```
df1.loc['geneA', 'sample1'] = 0
df1
```

▼出力7-87

	sample1	sample2	sample3
geneA	0	2	30
geneB	10	20	300
geneC	100	200	3000
geneD	1000	2000	30000
geneE	9	99	999

行の削除

drop()を使用する．index（行ラベル）を指定する．

▼入力7-88

```
df1 = df1.drop('geneE')
df1
```

▼出力7-88

	sample1	sample2	sample3
geneA	0	2	30
geneB	10	20	300
geneC	100	200	3000
geneD	1000	2000	30000

7.4 欠損値，重複の扱い

この節では，テストデータとしてタブ区切りのファイルを用いる．**7.1.2「本章で使用するデータファイル」**に示したように，羊土社特設ページより演習データをダウンロード，test_matrix_data.tsvファイルを作業ディレクトリにコピーした状態を仮定して操作を進める．

まず，test_matrix_data.tsvを読み込む．ファイルの読み込みにはpd.read_table()またはpd.read_csv()を使う．head()で上から5行だけ表示してみよう．

▼入力7-89

```
df3 = pd.read_table('test_matrix_data.tsv', index_col=0)
df3.head()
```

```
df3 = pd.read_csv('test_matrix_data.tsv', sep='\t', index_col=0)
```

としても同じ結果になる．

▼出力7-89

	A	B	C	D	E	F	G
data_idx							
data_1	58	-27	31.0	0.6028	73.922054	0.0179	-0.0102
data_10	109	-53	56.0	0.5000	575.585790	0.0346	0.0000
data_11	77	-44	33.0	0.6281	144.838806	0.0343	-0.0411
data_12	181	126	55.0	0.5000	NaN	0.0551	0.0000
data_13	91	-46	45.0	0.5220	896.439718	0.0044	-0.0082

データの大きさをshapeで確認する．30行×7列のデータになっているはずである．

▼入力7-90

```
df3.shape
```

▼出力7-90

```
(30, 7)
```

7.4.1 欠損値の削除

データに欠損値（NaN）がある行すべてを削除しよう（dropna()）．この例ではdata_12のE列にNaNがあるため削除される．

▼入力7-91

```
df3.dropna().head()
```

▼出力7-91

	A	B	C	D	E	F	G
data_idx							
data_1	58	-27	31.0	0.6028	73.922054	0.0179	-0.0102
data_10	109	-53	56.0	0.5000	575.585790	0.0346	0.0000
data_11	77	-44	33.0	0.6281	144.838806	0.0343	-0.0411
data_13	91	-46	45.0	0.5220	896.439718	0.0044	-0.0082
data_14	133	-70	63.0	0.5000	374.867722	0.0420	0.0000

非破壊的変更なので実際に削除するにはdf3 = df3.dropna()とするか，df3.dropna(inplace=True)とする必要がある．shapeで何行削除されたか確認しておこう．

▼入力7-92

```
df3.dropna().shape
```

▼出力7-92

```
(26, 7)
```

30行×7列だったDataFrameが26行×7列になったので，4行削除されたことがわかる．デフォルトでは欠損値を含む行が削除される（axis=0）．欠損値を含む列を削除するにはaxis=1を指定する．その他，特定の行に欠損値が含まれている場合を削除対象にするオプションsubsetや，欠損値の数の閾値を指定するオプションthreshなどもある．

7.4.2 欠損値の補完

fillna()で欠損値を補完することができる．引数で補完する値を指定できる．

▼入力7-93

```
df3.head()
```

▼出力7-93

	A	B	C	D	E	F	G
data_idx							
data_1	58	-27	31.0	0.6028	73.922054	0.0179	-0.0102
data_10	109	-53	56.0	0.5000	575.585790	0.0346	0.0000
data_11	77	-44	33.0	0.6281	144.838806	0.0343	-0.0411
data_12	181	126	55.0	0.5000	NaN	0.0551	0.0000
data_13	91	-46	45.0	0.5220	896.439718	0.0044	-0.0082

data_12のE列を例にとり，NaNを補完する例を4つ示す．まず，引数に0を指定した場合．

▼入力7-94

```
df3.fillna(0).head()
```

▼出力7-94

	A	B	C	D	E	F	G
data_idx							
data_1	58	-27	31.0	0.6028	73.922054	0.0179	-0.0102
data_10	109	-53	56.0	0.5000	575.585790	0.0346	0.0000
data_11	77	-44	33.0	0.6281	144.838806	0.0343	-0.0411
data_12	181	126	55.0	0.5000	0.000000	0.0551	0.0000
data_13	91	-46	45.0	0.5220	896.439718	0.0044	-0.0082

引数に辞書やSeriesを指定することで，各行ごとに異なる値を指定することもできる．次の例では，C列は0，E列は1で補完される．

▼入力7-95

```
Dic = {'C': 0, 'E': 1}
df3.fillna(Dic).head()
```

▼出力7-95

	A	B	C	D	E	F	G
data_idx							
data_1	58	-27	31.0	0.6028	73.922054	0.0179	-0.0102
data_10	109	-53	56.0	0.5000	575.585790	0.0346	0.0000
data_11	77	-44	33.0	0.6281	144.838806	0.0343	-0.0411
data_12	181	126	55.0	0.5000	1.000000	0.0551	0.0000
data_13	91	-46	45.0	0.5220	896.439718	0.0044	-0.0082

上記の方法を応用して，各列の平均で埋めることもできる．

▼入力7-96

```
df3.fillna(df3.mean()).head()
```

▼出力7-96

	A	B	C	D	E	F	G
data_idx							
data_1	58	-27	31.0	0.6028	73.922054	0.0179	-0.0102
data_10	109	-53	56.0	0.5000	575.585790	0.0346	0.0000
data_11	77	-44	33.0	0.6281	144.838806	0.0343	-0.0411
data_12	181	126	55.0	0.5000	314.394296	0.0551	0.0000
data_13	91	-46	45.0	0.5220	896.439718	0.0044	-0.0082

`interpolate()`を使うと，同じ列の前後の値の平均で補完される．

▼入力7-97

```
df3.interpolate().head()
```

▼出力7-97

	A	B	C	D	E	F	G
data_idx							
data_1	58	-27	31.0	0.6028	73.922054	0.0179	-0.0102
data_10	109	-53	56.0	0.5000	575.585790	0.0346	0.0000
data_11	77	-44	33.0	0.6281	144.838806	0.0343	-0.0411
data_12	181	126	55.0	0.5000	520.639262	0.0551	0.0000
data_13	91	-46	45.0	0.5220	896.439718	0.0044	-0.0082

7.4.3 重複の除去

drop_duplicates()を用いると，デフォルトでは行全体の値が重複していた場合に削除する．以下の例では，df3のD列がdata_10，data_12，data_14…で同じ値（0.5000）になっているので，subset='D'で重複を判定する列をD列に指定し，先頭の行（data_10）を残して以後の行を削除している（keep='first'がデフォルト）．keep=Falseとすると重複している行すべてを削除することができる．

▼入力7-98

```
df3.head(6)
```

▼出力7-98

	A	B	C	D	E	F	G
data_idx							
data_1	58	-27	31.0	0.6028	73.922054	0.0179	-0.0102
data_10	109	-53	56.0	0.5000	575.585790	0.0346	0.0000
data_11	77	-44	33.0	0.6281	144.838806	0.0343	-0.0411
data_12	181	126	55.0	0.5000	NaN	0.0551	0.0000
data_13	91	-46	45.0	0.5220	896.439718	0.0044	-0.0082
data_14	133	-70	63.0	0.5000	374.867722	0.0420	0.0000

▼入力7-99

```
df3.drop_duplicates(subset='D').head()
```

▼出力7-99

	A	B	C	D	E	F	G
data_idx							
data_1	58	-27	31.0	0.6028	73.922054	0.0179	-0.0102
data_10	109	-53	56.0	0.5000	575.585790	0.0346	0.0000
data_11	77	-44	33.0	0.6281	144.838806	0.0343	-0.0411
data_13	91	-46	45.0	0.5220	896.439718	0.0044	-0.0082
data_19	6	-2	4.0	0.5453	72.282932	0.0220	-0.0707

▼入力7-100

```
df3.drop_duplicates(subset='D', keep=False).
head()
```

▼出力7-100

data_idx	A	B	C	D	E	F	G
data_1	58	-27	31.0	0.6028	73.922054	0.0179	-0.0102
data_11	77	-44	33.0	0.6281	144.838806	0.0343	-0.0411
data_13	91	-46	45.0	0.5220	896.439718	0.0044	-0.0082
data_19	6	-2	4.0	0.5453	72.282932	0.0220	-0.0707
data_2	17	3	14.0	0.7112	36.759859	0.0263	0.0009

7.4.4 メソッドチェーン

pandasではDataFrameに対する操作の多くは**非破壊的メソッド**，つまり自分自身を変更させるのではなく，新しいDataFrameとして結果を返す．このメリットの1つに，複数のメソッドを連結して使用できることが挙げられる．これを**メソッドチェーン**とよぶ．シェルスクリプトのワンライナーやRのdplyrパッケージで用いられる%>%と似た使い方である．

● 例

```
df3.dropna().drop_duplicates(subset='D').sort_index().head()
```

7.5 DataFrameに対する関数の適用

7.5.1 DataFrameの集計

▼入力7-101

```
df3.sum()
```

▼出力7-101

```
A     2029.000000
B      101.000000
C      939.000000
D       16.628800
E     8488.645986
F        0.799400
G       -0.561800
dtype: float64
```

▼入力7-102

```
df2.sum()
```

▼出力7-102

```
generic_name        ChlamydomonasVolvoxOstreococcusCoccomyxaMarcha...
specific_name       reinhardtiicarterilucimarinussubellipsoidea C-...
assemble_version                                 v5.5v2.1v2.0v2.0v3.1V3.0
genome_size                                                         564.3
common_name         green algaegreen algaegreen algaegreen algae l...
unicellular                                                             4
dtype: object
```

7.5.2 NumPyの関数の利用

NumPyには，**ユニバーサル関数**とよばれる，行列（DataFrame）の要素ごとに処理を行う関数がある．

np.log10()で**常用対数**を計算してみよう．他に自然対数を計算するnp.log()，底が2の対数を計算するnp.log2()などもある．はじめにNumPyをnpとしてimportしているので，以下の例では関数名の前にnp.がつく．

▼入力7-103

```
df1.loc['geneA', 'sample1'] = 1 # 元の値に戻しておく
df1.sample3 = df1.sample3 // 10  # 元の値に戻しておく
np.log10(df1)
```

▼出力7-103

	sample1	sample2	sample3
geneA	0.0	0.30103	0.477121
geneB	1.0	1.30103	1.477121
geneC	2.0	2.30103	2.477121
geneD	3.0	3.30103	3.477121

ユニバーサル関数はSeriesにも適用できるので特定の列や行に対して実行することも可能である．ここでは，np.sqrt()を用いて**平方根**を計算する例を示す．値を更新するには

```
df1['sample2'] = np.sqrt(df1['sample2'])
```

というように代入する．

▼入力7-104

```
np.sqrt(df1['sample2'])
```

▼出力7-104

```
geneA     1.414214
geneB     4.472136
geneC    14.142136
geneD    44.721360
Name: sample2, dtype: float64
```

前出のdf3の2行目を抽出し，np.round()で**四捨五入**を計算する．

▼入力7-105

```
df3.iloc[1]
```

▼出力7-105

```
A    109.00000
B    -53.00000
C     56.00000
D      0.50000
E    575.58579
F      0.03460
G      0.00000
Name: data_10, dtype: float64
```

▼入力7-106

```
np.round(df3.iloc[1])
```

▼出力7-106

```
A    109.0
B    -53.0
C     56.0
D      0.0
E    576.0
F      0.0
G      0.0
Name: data_10, dtype: float64
```

NumPyの集計関数も利用可能である．例として，np.var()でdf1の**分散**を計算してみよう．axis=0で列方向の分散を計算する．

▼入力7-107

```
np.var(df1, axis=0)
```

▼出力7-107

```
sample1    1.753802e+05
sample2    7.015208e+05
sample3    1.578422e+06
dtype: float64
```

行方向に適用するときはaxis=1とする．df1の分散（行方向）を計算してみよう．

▼入力7-108

```
np.var(df1, axis=0)
```

▼出力7-108

```
geneA         0.666667
geneB        66.666667
geneC      6666.666667
geneD    666666.666667
dtype: float64
```

np.var() は平均との差の二乗をデータ数 N で割っているが，不偏分散（$N-1$ で割る）を求めるには ddof=1 を指定する．

▼入力7-109

```
np.var(df1, ddof=1, axis=0)
```

▼出力7-109

```
sample1     233840.25
sample2     935361.00
sample3    2104562.25
dtype: float64
```

pandas.DataFrame のメソッドにも分散を計算する var() があるが，var() はデフォルトで ddof=1 として計算されている．

▼入力7-110

```
df1.var()
```

▼出力7-110

```
sample1     233840.25
sample2     935361.00
sample3    2104562.25
dtype: float64
```

この他，**標準偏差**を求めるには np.std() または df.std() を使用する．

7.5.3 map 関数の利用

map 関数は，関数を DataFrame や行／列に適用するのに用いる．ただし，NumPy や DataFrame のメソッドに定義されているものがあれば，そちらを使用したほうが処理が速い．**7.3.1「DataFrame の作成」**で用いた df2 を使って，map()，apply() の挙動を確認してみよう．

map()

テスト用の関数 my_lower() を定義する．my_lower() では，引数 x が文字列であれば小文字に変換，そうでなければ - を返すという処理を行う．

▼入力7-111

```
def my_lower(x):
    if isinstance(x, str):
        return x.lower()
    else:
        return '-'
```

Series（DataFrame の行／列）の各要素に関数を適用するには map() を使う．my_lower() を df2 の generic_ name列に適用し，先頭の大文字を小文字に変えてみよう．

▼入力7-112

```
df2['generic_name'].map(my_lower)
```

▼出力7-112

```
0    chlamydomonas
1           volvox
2     ostreococcus
3        coccomyxa
4      marchantia
5    thalassiosira
Name: generic_name, dtype: object
```

DataFrameの各要素に関数を適用するのにもmap()を使う．my_lower()をdf2に適用し，大文字を小文字に変えてみよう．数値は-に変わる．

▼入力7-113

```
df2.map(my_lower)
```

▼出力7-113

	generic_name	specific_name	assemble_version	genome_size	common_name	unicellular
0	chlamydomonas	reinhardtii	v5.5	-	green algae	-
1	volvox	carteri	v2.1	-	green algae	-
2	ostreococcus	lucimarinus	v2.0	-	green algae	-
3	coccomyxa	subellipsoidea c-169	v2.0	-	green algae	-
4	marchantia	polymorpha	v3.1	-	liverwort	-
5	thalassiosira	pseudonana	v3.0	-	diatom	-

これらも非破壊的メソッドなので，もとのDataFrame df2は変化していない．

apply()

より複雑な関数をSeries（DataFrameの行／列）の各要素に適用するには，pandas.Seriesのapply()を使う．

```
Series.apply(func, convert_dtype=True, args=(), **kwds)
```

テスト用関数my_round()を定義する．my_round(x, n)は，第1引数xが数値であれば，小数第n位までの概数にするという処理を行う．nは負の値をとることも可能である．xが数値でなければNaNを返す．

▼入力7-114

```
def my_round(x, n):
    if isinstance(x, int) or isinstance(x, float):
        return round(x, n)
    else:
        return np.NaN
```

test_sというSeriesを作成する．

▼入力7-115

```
test_s = pd.Series([3.89, 2.192, 15.3921, 43.903, 390.083, 239.622])
```

test_sにmy_round()を適用して，各値を小数第二位までの概数にする．argsには，第2引数以降の引数をタプルとして与える．要素数1のタプルなので(2,)と書く．

▼入力7-116

```
test_s.apply(my_round, args=(2,))
```

▼出力7-116

```
0      3.89
1      2.19
2     15.39
3     43.90
4    390.08
5    239.62
dtype: float64
```

DataFrameの行または列ごとに関数を適用するには，pandas.DataFrameのapply()を使う．pandas.DataFrameのapply()とpandas.Seriesのapply()は使い方が異なるので注意してほしい．

```
df1.apply(func, axis=0, broadcast=False, raw=False, reduce=None, args=(), **kwds)
```

テスト用集計関数count_larger_than()を定義する．count_larger_than(S, threshold)は，Series（DataFrameの行／列）Sを受け取り，thresholdより値が大きいものの個数を返すという処理を行う．

▼入力7-117

```
def count_larger_than(S, threshold=0):
    assert isinstance(S, pd.core.series.Series)  # Sがシリーズであるかチェックを行っている
    return len([x for x in S if x > threshold])
```

関数の動作確認をしておこう．s_testというSeriesを作成し，count_larger_than()関数を適用する．thresholdを5にしたので，5より大きな数字の個数が返る．

▼入力7-118

```
s_test = pd.Series([1, 3, 5, 6, 8])
count_larger_than(s_test, 5)
```

▼出力7-118

```
2
```

以前に出てきたdf1の各列に，count_larger_than()関数を適用する．

▼入力7-119

```
df1.apply(count_larger_than, args=(10,))
```

▼出力7-119

```
sample1    2
sample2    3
sample3    3
dtype: int64
```

count_larger_than()関数をaxis=1を指定して各行に適用する．

▼入力7-120

```
df1.apply(count_larger_than, args=(10,), axis=1)
```

▼出力7-120

```
geneA    0
geneB    2
geneC    3
geneD    3
dtype: int64
```

Seriesを受け取ってSeriesまたはリストを返す関数my_cumproduct()を定義する．my_cumproduct()は，Seriesの要素を1つずつ受け取り，1つ前に格納された数との積をリストに格納するという処理を行う．

▼入力7-121

```
def my_cumproduct(S):
    L = []
    current = 1
    for x in S:
        current *= x
        L.append(current)
    return L
```

定義した関数の動作確認をしておこう．

▼入力7-122

```
my_cumproduct(pd.Series([10, 20, 30]))
```

▼出力7-122

```
[10, 200, 6000]
```

df1に適用する．

▼入力7-123

```
df1.apply(my_cumproduct)
```

▼出力7-123

	sample1	sample2	sample3
geneA	1	2	3
geneB	10	40	90
geneC	1000	8000	27000
geneD	1000000	16000000	81000000

Zスコア（平均値を引いたあと，標準偏差で割る）を計算する関数zscore()を定義する．zscore()は，Seriesを引数として受け取り，Zスコア（平均値を引いたあと，標準偏差で割る）に変換してSeriesとして返すという処理を行う．

▼入力7-124

```
def zscore(S):
    mean = S.mean()  # 平均
    stdv = S.std()  # 標準偏差
    return (S - mean) / stdv
```

df1に適用する．

▼入力7-125

```
df1.apply(zscore)
```

▼出力7-125

	sample1	sample2	sample3
geneA	-0.572306	-0.572306	-0.572306
geneB	-0.553694	-0.553694	-0.553694
geneC	-0.367578	-0.367578	-0.367578
geneD	1.493578	1.493578	1.493578

7.6 行／列のループ処理

7.6.1 DataFrameをそのままループで回す

DataFrameをforループ（for文）で回すと，列名が順に取り出される．例としてdf1をforループで回してみよう．

▼入力7-126

```
for x in df1:
    print(x, type(x))
```

▼出力7-126

```
sample1 <class 'str'>
sample2 <class 'str'>
sample3 <class 'str'>
```

7.6.2 1行ずつor1列ずつ取り出す

iterrows()を使うと，各行のindexおよび行データがタプル（**第4章4.4.2**参照）として取り出せる．行データの形式はSeriesとなる．

▼入力7-127

```
for index, row in df1.iterrows():
    print('INDEX =', index)
    print(list(row))
    print('-----')
```

▼出力7-127

```
INDEX = geneA
[1, 2, 3]
-----
INDEX = geneB
[10, 20, 30]
-----
INDEX = geneC
[100, 200, 300]
-----
INDEX = geneD
[1000, 2000, 3000]
-----
```

items()を使うと，各列の列名および列データがタプルとして取り出せる．列データの形式はSeriesとなる．

▼入力7-128

```
for col_name, col in df1.items():
    print('Column name =', col_name)
    print(list(col))
    print('-----')
```

▼出力7-128

```
Column name = sample1
[1, 10, 100, 1000]
-----
Column name = sample2
[2, 20, 200, 2000]
-----
Column name = sample3
[3, 30, 300, 3000]
-----
```

7.6.3 forループを使う場合の注意点

N 行×100列のテストデータの各要素を四捨五入した値に書き換える処理にかかる時間を，ループ処理またはmap()を使った処理で比べてみよう．テストデータtest_dfを作る．各データは0～10のランダムな小数である．

▼入力7-129

```
N = 100
test_df = pd.DataFrame(np.random.rand(N, 100) * 10)
```

DataFrameをループで回して，各要素を四捨五入した値に書き換える処理にかかる時間を測定する．%%timeはJupyter Notebookの**マジックコマンド**とよばれる機能の1つで，セル内の処理にかかった時間を出力する（**第3章**3.2.3参照）．

▼入力7-130

```
%%time
for row_index, row in test_df.iterrows():
    for column_index in row.index:
        test_df.loc[row_index, column_index] = round(test_df.loc[row_index, column_index])
```

▼出力7-130

```
CPU times: user 903 ms, sys: 5.38 ms, total: 909 ms
Wall time: 909 ms
```

これは，forループ自体が遅いわけではなく，ループの中の処理に時間がかかっている（この出力は読者の実行環境によって異なる）．locを使った要素の参照／書き換えを行っているのが遅くなる要因である．locの代わりにatを使うと速くなる．

▼入力7-131

```
N = 100
test_df = pd.DataFrame(np.random.rand(N, 100) * 10)
```

▼入力7-132

```
%%time
# atを使う
for row_index, row in test_df.iterrows():
    for column_index in row.index:
        test_df.at[row_index, column_index] = round(test_df.at[row_index, column_index])
```

▼出力7-132

```
CPU times: user 414 ms, sys: 3.45 ms, total: 417 ms
Wall time: 416 ms
```

これを試した環境では2倍程度速くなった．次に，forループを使わずに，map()を使って，各要素を四捨五入した値に書き換える処理（round()を使う）の時間を計ってみよう．

▼入力7-133

```
N = 100
test_df = pd.DataFrame(np.random.rand(N, 100) * 10)
```

▼入力7-134

```
%%time
test_df = test_df.map(round)
```

▼出力7-134

```
CPU times: user 9.12 ms, sys: 1.14 ms, total: 10.3 ms
Wall time: 9.63 ms
```

さらに速くなった．一般に，

- **NumPyやpandasの関数／メソッドを使用する**
- **apply()やmap()で行／列／データフレーム全体に関数を適用する**
- **forループを回して処理する**

の順にパフォーマンスが低下する．

7.7 DataFrameの結合

7.7.1 2つ以上のDataFrameの連結

pd.concat()を用いると2つ（またはそれ以上）のDataFrameを縦／横方向に**連結**できる．共通するindexや列ラベルがあれば，それらを利用して結びつけられる．

▼入力7-135

```
df_A = pd.DataFrame([['A0', 'A1', 'A2'],
                     ['B0', 'B1', 'B2'],
                     ['C0', 'C1', 'C2']],
                    columns=[0, 1, 2],
                    index=['A', 'B', 'C'])
df_B = pd.DataFrame([['D0', 'D1', 'D2', 'D3'],
                     ['E0', 'E1', 'E2', 'E3'],
                     ['F0', 'F1', 'F2', 'F3']],
                    columns=[0, 1, 2, 3],
                    index=['D', 'E', 'F'])
df_C = pd.DataFrame([['A3', 'A4', 'A5'],
                     ['B3', 'B4', 'B5'],
                     ['C3', 'C4', 'C5']],
                    columns=[3, 4, 5],
                    index=['A', 'B', 'C'])
```

▼入力7-136

```
df_A
```

▼出力7-136

	0	1	2
A	A0	A1	A2
B	B0	B1	B2
C	C0	C1	C2

▼入力7-137

```
df_B
```

▼出力7-137

	0	1	2	3
D	D0	D1	D2	D3
E	E0	E1	E2	E3
F	F0	F1	F2	F3

df_A，df_Bを縦に連結してみよう．

▼入力7-138

```
pd.concat([df_A, df_B])
```

▼出力7-138

	0	1	2	3
A	A0	A1	A2	NaN
B	B0	B1	B2	NaN
C	C0	C1	C2	NaN
D	D0	D1	D2	D3
E	E0	E1	E2	E3
F	F0	F1	F2	F3

▼入力7-139

```
df_C
```

▼出力7-139

	3	4	5
A	A3	A4	A5
B	B3	B4	B5
C	C3	C4	C5

df_A，df_Cを横方向に連結してみよう．axis=1を指定し，共通する行ラベル同士で連結する．

▼入力7-140

```
pd.concat([df_A, df_C], axis=1)
```

▼出力7-140

	0	1	2	3	4	5
A	A0	A1	A2	A3	A4	A5
B	B0	B1	B2	B3	B4	B5
C	C0	C1	C2	C3	C4	C5

7.7.2 indexをkeyとして連結

join()は，index（行ラベル）をkeyとして連結するのに便利である．テスト用データdf_Lとdf_Rを以下のように作成する．df_Lは遺伝子IDと数値からなる，遺伝子発現データなどによく見られる形式である．df_Rは遺伝子IDにそのdefinition（名称）がつけられたものである．

▼入力7-141

```
df_L = pd.DataFrame([1.2, 0.8, 2.3, 3.5, 2.2],
                    index=['gene_1', 'gene_2', 'gene_3', 'gene_4', 'gene_5'],
```

```
                  columns=['DE'])
df_R = pd.DataFrame(['50S ribosome-binding GTPase', 'Surface antigen',
                     'Elongation factor Tu GTP binding domain',
                     'Ring finger domain'],
                    index=['gene_1', 'gene_2', 'gene_4', 'gene_6'],
                    columns=['definition'])
```

▼入力7-142

```
df_L
```

▼出力7-142

	DE
gene_1	1.2
gene_2	0.8
gene_3	2.3
gene_4	3.5
gene_5	2.2

▼入力7-143

```
df_R
```

▼出力7-143

	definition
gene_1	50S ribosome-binding GTPase
gene_2	Surface antigen
gene_4	Elongation factor Tu GTP binding domain
gene_6	Ring finger domain

join()を用いて，df_Lとdf_Rを結合し，遺伝子IDに遺伝子の名称を追加しよう．df_Rにdefinitionがない遺伝子IDの場合，definition列にNaNが表示される．

▼入力7-144

```
df_L.join(df_R)
```

▼出力7-144

	DE	definition
gene_1	1.2	50S ribosome-binding GTPase
gene_2	0.8	Surface antigen
gene_3	2.3	NaN
gene_4	3.5	Elongation factor Tu GTP binding domain
gene_5	2.2	NaN

上の場合，デフォルトではhow='left'が指定されているので，左のDataFrame（上の例ではdf_L）にあるものはすべて出力される．how='inner'を指定すると，両方のDataFrameに存在するもののみが出力される．

▼入力7-145

```
df_L.join(df_R, how='inner')
```

▼出力7-145

	DE	definition
gene_1	1.2	50S ribosome-binding GTPase
gene_2	0.8	Surface antigen
gene_4	3.5	Elongation factor Tu GTP binding domain

pd.concat()を使い，pd.concat([df_L, df_R], axis=1, join='inner')としても同様の結果が得られる．

7.7.3 index以外をkeyとして連結

pd.merge()は，index以外をkeyとして連結するのに便利である．多くのオプションがあるので詳細はpandas公式サイトのヘルプページ[文献4)]を参照してほしい．

テスト用データdf_Lとdf_Rを以下のように作成する．df_Lは遺伝子IDとPfamのIDの対応表である．df_RはPfamのIDにそのdefinition（名称）がつけられたものである．

▼入力7-146

```
df_L = pd.DataFrame([['gene_1', 'PF00009'],
                     ['gene_2', 'PF01103'],
                     ['gene_3', 'PF01926'],
                     ['gene_4', 'PF01926'],
                     ['gene_5', 'PF13639'],
                     ['gene_6', 'PF02225']],
                    columns=['gene_id', 'PFAM_id',])
df_R = pd.DataFrame([['PF01926', '50S ribosome-binding GTPase'],
                     ['PF01103', 'Surface antigen'],
                     ['PF00009', 'Elongation factor Tu GTP binding domain'],
                     ['PF13639', 'Ring finger domain']],
                    columns=['PFAM_id', 'definition'])
```

文献4）「pandas documantation」pandas.pydata.org/docs/（2024-06-04閲覧）

▼入力7-147

```
df_L
```

▼出力7-147

	gene_id	PFAM_id
0	gene_1	PF00009
1	gene_2	PF01103
2	gene_3	PF01926
3	gene_4	PF01926
4	gene_5	PF13639
5	gene_6	PF02225

▼入力7-148

```
df_R
```

▼出力7-148

	PFAM_id	definition
0	PF01926	50S ribosome-binding GTPase
1	PF01103	Surface antigen
2	PF00009	Elongation factor Tu GTP binding domain
3	PF13639	Ring finger domain

以下の例では，共通する列ラベルPFAM_idをkeyとして結合される．どの列をkeyにするかはon，left_on，right_onなどで指定する．indexの値をkeyとして使うときはleft_index，right_indexで指定する．デフォルトではinnerjoin（how='inner'）なので，両方のDataFrameに共通して存在するものが返る．下の例では，右側のDataFrame df_RにないPF02225は削除される．

▼入力7-149

```
pd.merge(df_L, df_R)
```

▼出力7-149

	gene_id	PFAM_id	definition
0	gene_1	PF00009	Elongation factor Tu GTP binding domain
1	gene_2	PF01103	Surface antigen
2	gene_3	PF01926	50S ribosome-binding GTPase
3	gene_4	PF01926	50S ribosome-binding GTPase
4	gene_5	PF13639	Ring finger domain

df_L.merge(df_R)としても同じ結果になる．leftjoin（how='left'）にすると，左側のDataFrame df_Lにあるものはすべて表示される．

▼入力7-150

```
pd.merge(df_L, df_R, how='left')
```

▼出力7-150

	gene_id	PFAM_id	definition
0	gene_1	PF00009	Elongation factor Tu GTP binding domain
1	gene_2	PF01103	Surface antigen
2	gene_3	PF01926	50S ribosome-binding GTPase
3	gene_4	PF01926	50S ribosome-binding GTPase
4	gene_5	PF13639	Ring finger domain
5	gene_6	PF02225	NaN

以下の例では，前出のdf_Aとdf_Cをindexをkeyとして結合する．**7.7.1「2つ以上のDataFrameの連結」**のpd.concat([df_A, df_C], axis=1)と同じ結果になる．

▼入力7-151

```
pd.merge(df_A, df_C, left_index=True, right_index=True)
```

▼出力7-151

	0	1	2	3	4	5
A	A0	A1	A2	A3	A4	A5
B	B0	B1	B2	B3	B4	B5
C	C0	C1	C2	C3	C4	C5

7.8 その他の機能

7.8.1 MultiIndex

複数の列をindexにすることができる（MultiIndex）．前出のdf2を用いて確認してみよう．

▼入力7-152

```
df2
```

▼出力7-152

	generic_name	specific_name	assemble_version	genome_size	common_name	unicellular
0	Chlamydomonas	reinhardtii	v5.5	111.1	green algae	True
1	Volvox	carteri	v2.1	131.2	green algae	False
2	Ostreococcus	lucimarinus	v2.0	13.2	green algae	True
3	Coccomyxa	subellipsoidea C-169	v2.0	49.0	green algae	True
4	Marchantia	polymorpha	v3.1	225.8	liverwort	False
5	Thalassiosira	pseudonana	V3.0	34.0	diatom	True

df2のcommon_name列とgeneric_name列をindexに設定した，新しいDataFrame df2_multiindexを作成する．

▼入力7-153

```
df2_multiindex = df2.set_index([df2.common_name, df2.generic_name])
df2_multiindex
```

▼出力7-153

		generic_name	specific_name	assemble_version	genome_size	common_name	unicellular
common_name	**generic_name**						
green algae	**Chlamydomonas**	Chlamydomonas	reinhardtii	v5.5	111.1	green algae	True
	Volvox	Volvox	carteri	v2.1	131.2	green algae	False
	Ostreococcus	Ostreococcus	lucimarinus	v2.0	13.2	green algae	True
	Coccomyxa	Coccomyxa	subellipsoidea C-169	v2.0	49.0	green algae	True
liverwort	**Marchantia**	Marchantia	polymorpha	v3.1	225.8	liverwort	False
diatom	**Thalassiosira**	Thalassiosira	pseudonana	V3.0	34.0	diatom	True

df2_multiindexのindexがgreen algaeであるものを抽出してみよう．

▼入力7-154

```
df2_multiindex.loc['green algae']
```

▼出力7-154

	generic_name	specific_name	assemble_version	genome_size	common_name	unicellular
generic_name						
Chlamydomonas	Chlamydomonas	reinhardtii	v5.5	111.1	green algae	True
Volvox	Volvox	carteri	v2.1	131.2	green algae	False
Ostreococcus	Ostreococcus	lucimarinus	v2.0	13.2	green algae	True
Coccomyxa	Coccomyxa	subellipsoidea C-169	v2.0	49.0	green algae	True

df2_multiindexのindexがgreen algaeかつChlamydomonasであるものを抽出してみよう．複数indexの指定にはタプルを使う．

▼入力7-155

```
df2_multiindex.loc[('green algae', 'Chlamydomonas')]
```

▼出力7-155

```
generic_name        Chlamydomonas
specific_name         reinhardtii
assemble_version             v5.5
genome_size                 111.1
common_name           green algae
unicellular                  True
Name: (green algae, Chlamydomonas), dtype: object
```

7.8.2 データのグルーピング

groupby()でデータををグルーピングして扱うことができる．df2のcommon_name列の記述によりgroupby()によるグルーピングをしてみよう．下の例では，グルーピングのあと，各列の要素数をcount()で出力している．

▼入力7-156

```
df2.groupby('common_name').count()
```

▼出力7-156

	generic_name	specific_name	assemble_version	genome_size	unicellular
common_name					
liverwort	1	1	1	1	1
diatom	1	1	1	1	1
green algae	4	4	4	4	4

7.8.3 カテゴリごとにグルーピングして計算

pivot_table()はカテゴリごとにグルーピングして計算するときに使う．下の例では，df2のcommon_name列でgroupby()によるグルーピングをしたあと，genome_size列の平均を求めている．

▼入力7-157

```
df2.pivot_table(index='common_name', values='genome_size', aggfunc='mean')
```

▼出力7-157

	genome_size
common_name	
liverwort	225.800
diatom	34.000
green algae	76.125

7.9 DataFrameの書き出し

to_csv()でDataFrameをファイルとして書き出す．ファイルに書き出したときに空欄にならないように，indexに名前をつけておくとよい．下の例では，df1のindexに名前INDEXをつけ，現在の作業ディレクトリにdataframe1.tsvとして書き出す．

▼入力7-158

```
df1.index.name = 'INDEX'
df1.to_csv('dataframe1.tsv', sep='\t', header=True, index=True)
```

7.10 おわりに

やや冗長な感もあるが，RNA-Seqをはじめとした次世代シークエンスによるデータの処理に必要なpandasの機能は網羅したつもりである．最初からすべての機能を覚えるのは無理なので，よく使う機能から始めて，少しずつ自分のものにしていってほしい．そして，やりたいことがpandasで実現できるのか，Webで検索したり，参考書を読んだりして知識を広げてほしい．この章が読者の「pandasはじめの一歩」の助けになったなら幸いである．

第8章

RNA-Seqカウントデータの処理

pandas実践編

坂本美佳

本章の目的

この章では，**第7章**で取り上げたpandasを利用して，表形式データを処理する練習を行う．ここで取り扱う表形式データは，実際のRNA-Seqカウントデータである．具体的には，RNA-Seqカウントデータに以下のような処理を行う．

- **カウントデータの読み込み**
- **遺伝子のアノテーション（gene idに対応したdescriptionをつける）**
- **カウントデータの正規化（RPM／FPM，FPKM，TPM）**
- **発現変動遺伝子の抽出**
- **サンプル間のクラスタリング**

8.1 準備

8.1.1 RNA-Seqとは

RNA-Seqとは，mRNAやmiRNAの配列をシークエンスして，発現量の定量や新規転写産物の同定を行う手法である．シークエンスで得られたデータ（リード）は，以下のようなステップで解析する．

1. **リードのトリミング**
2. **ゲノム配列へのマッピング**
3. **マッピングされたリード数を数える**
4. **サンプルごとの総リード数の違いや，遺伝子配列長の違いを補正（正規化）**
5. **遺伝子ごとの発現量を同定，比較**

この章では上記ステップのうち4以降を扱い，主にpandasを使って処理を行う．ここではPythonおよびpandas

本章の執筆にあたり，Python==3.12.3，pandas==2.2.2，NumPy==1.26.4，Matplotlib==3.8.4，SciPy==1.13.1を用いて動作確認を行った．

の練習を目的としているため，すでにカウントデータが得られたところから解説および操作を行う．ステップ1〜3までの詳細な解説が必要なときは，RNA-Seqについて書かれた書籍[文献1)][文献2)]やWebサイト[文献3)][文献4)]を読んでほしい．

8.1.2 この章で用いるRNA-Seqデータ

この章では，異なる2条件で培養された酵母（*Saccharomyces cerevisiae*）のRNA-Seqデータ[文献5)]を使用する．このRNA-Seqデータは，DDBJのSRA（sequence read archive）データベース（www.ddbj.nig.ac.jp/dra/）にアクセッション番号SRR453566からSRR453571の6つのデータとして存在している．SRR453566，SRR453567およびSRR453568は，通常のグルコース濃度培地によるBatch培養のサンプルから得られた．一方，SRR453569，SRR453570およびSRR453571は，低グルコース濃度を維持した培地によるChemostat培養のサンプルから得られた．いずれもBiological triplicatesになっている．この他，サンプルデータの詳細はもとの論文[文献5)]を参照してほしい．

アーカイブされたデータをダウンロードして，遺伝子ごとのカウントデータにするまでの手順と，使用したソフトウェアは以下の通りである．

1. **リードとリファレンスの準備：fastq-dump ver. 2.8.2**[文献6)]
2. **リードクオリティチェック：FastQC ver. 0.11.8**[文献7)]
3. **リードの前処理（リードトリミング，アダプター配列の除去）：Trimmomatic ver. 0.38**[文献8)]
4. **リードをリファレンスゲノムにマッピング：HISAT2 ver. 2.1.0**[文献9)][文献10)]
5. **遺伝子ごとにリードカウント：featureCounts ver. 1.6.2**[文献11)]

これらの処理についてはこの章では扱っていない．実行スクリプトや解説など，詳しい内容は「先進ゲノム支援2018年度情報解析中級者講習会」配布資料[文献12)]にあるので活用してほしい．

文献1)『改訂版RNA-Seqデータ解析　WETラボのための超鉄板レシピ』（坊農秀雅／編），羊土社，2023

文献2)『次世代シークエンサーDRY解析教本 改訂第2版』（清水厚志，坊農秀雅／編），学研メディカル秀潤社，2019

文献3)「(Rで) 塩基配列解析」www.iu.a.u-tokyo.ac.jp/~kadota/r_seq.html（2024-6-4閲覧）

文献4)「biopapyrus RNA-seq」bi.biopapyrus.jp/rnaseq/（2024-6-4閲覧）

文献5) Nookaew I, et al：Nucleic Acids Res, 40：10084-10097, 2012 doi:10.1093/nar/gks804

文献6)「sra-tools」github.com/ncbi/sra-tools（2024-6-4閲覧）

文献7)「FastQC: a quality control tool for high throughput sequence data」www.bioinformatics.babraham.ac.uk/projects/fastqc/（2024-6-4閲覧）

文献8) Bolger AM, et al：Bioinformatics, 30：2114-2120, 2014 doi:10.1093/bioinformatics/btu170

文献9) Kim D, et al：Nat Methods, 12：357-360, 2015 doi:10.1038/nmeth.3317

文献10) Kim D, et al：Nat Biotechnol, 37：907-915, 2019 doi:10.1038/s41587-019-0201-4

文献11) Liao Y, et al：Bioinformatics, 30：923-930, 2014 doi:10.1093/bioinformatics/btt656

文献12)「先進ゲノム支援 2018年度情報解析中級者講習会」配布資料「genome-sci / python_bioinfo_2018」github.com/genome-sci/python_bioinfo_2018（2024-6-4閲覧）

8.1.3 本章で使用するデータファイル

この章で使うデータファイルは，**第1章1.6**に紹介した方法で，羊土社特設ページよりダウンロードできる．chapter08ディレクトリ内のcounts.txtと，gene_id_product.tsvを現在の作業ディレクトリにコピーしておこう．

カウントデータについて

counts.txtは以下のような内容である．

```
# Program:featureCounts v1.6.2; Command:"../tools/subread-1.6.2-Linux-x86_64/bin/featureCounts" "-p"↵
 "-T" "8" "-t" "exon" "-g" "gene_id" "-a" "../reference/s288c_e.gff" "-o" "../featurecount/counts.↵
txt" "SRR453566.sorted.bam" "SRR453567.sorted.bam" "SRR453568.sorted.bam" "SRR453569.sorted.bam" ↵
"SRR453570.sorted.bam" "SRR453571.sorted.bam"
Geneid  Ch    Start   End     Strand  Length  SRR453566.sorted.bam    SRR453567.sorted.bam    ↵
SRR453568.sorted.bam    SRR453569.sorted.bam    SRR453570.sorted.bam    SRR453571.sorted.bam
gene_0001    NC_001133.9    1807    2169    -       363    1    3    2    0    0    1
gene_0002    NC_001133.9    2480    2707    +       228    0    0    0    0    0    0
gene_0003    NC_001133.9    7235    9016    -       1782   0    0    0    0    0    0
gene_0004    …（略）…
```

1行目はfeatureCountsの実行条件が記載されているだけなので使用しない．2行目は列タイトルを表すヘッダー行である．3行目以降がデータ行である．一番左の列が遺伝子IDになっているので，これをindexとして使う．

descriptionファイルについて

gene_id_product.tsvは以下のような内容である．

```
gene_0001    seripauperin PAU8
gene_0002    hypothetical protein
gene_0003    putative permease SEO1
gene_0004    hypothetical protein
gene_0005    hypothetical protein
…（略）…
```

1列目に遺伝子ID，2列目にproduct名がある．このファイルは，*Saccharomyces cerevisiae* S288Cのリファレンスゲノム配列のGFFファイルから，**第6章**で扱ったBiopythonを利用して作成されたものである．参考として，2024年6月現在，NCBIのWebサイト[文献13)]から得られる*Saccharomyces cerevisiae* S288Cのリファレンスゲノム配列のGFFファイルGCF_000146045.2_R64_genomic.gffからgene_id_product.tsvを作成す

文献13)「NCBI Assemblyデータベース Saccharomyces cerevisiae S288C」www.ncbi.nlm.nih.gov/datasets/genome/GCF_000146045.2/（2024-6-4閲覧）

るPythonスクリプトの例〔先進ゲノム支援（PAGS）、DDBJ、DBCLS合同情報解析講習会配布資料[文献14)] 1-3のadd_gene_id.pyを一部改変〕を示す．ただし，GCF_000146045.2_R64_genomic.gffの内容は，**8.1.3**に示した演習用データにあるカウントデータを作成したときのGFFファイルの内容とは一部が異なる（例えば，hypothetical proteinがuncharactarized proteinとなっているなど）．そのため，GCF_000146045.2_R64_genomic.gffを使う場合，カウントデータの作成からやり直す必要がある．

▼入力8-1

```
import sys
from BCBio import GFF

# bcbio-gff=0.7.1, biopython=1.83
# 入出力ファイル名
file_name = 'GCF_000146045.2_R64_genomic.gff'
out_file_name = 'gene_id_product_new.tsv'

# GFFファイルの読み込み
records = list(GFF.parse(open(file_name)))

# gene_id（gene_4桁の数字）をつけて，product名と紐づけた辞書として保存
D = {}
gene_cnt = 0
for r in records:
    for f in r.features:
        if f.type == 'gene' or f.type == 'pseudogene':
            gene_cnt += 1
            gene_id = 'gene_' + str(gene_cnt).zfill(4)
            f.qualifiers['gene_id'] = [gene_id]
            for sf in f.sub_features:
                if f.type == 'gene' and sf.type == 'mRNA':
                    sf.qualifiers['gene_id'] = [gene_id]

                    gene_id = sf.qualifiers['gene_id'][0]
                    product = sf.qualifiers['product'][0]
                    D[gene_id] = product

# タブ区切りのファイルとして書き出す
with open(out_file_name, 'w') as f:
    for key, value in D.items():
        f.write(key + '\t' + value + '\n')
```

文献14)「先進ゲノム支援（PAGS）、DDBJ、DBCLS合同情報解析講習会」配布資料「genome-sci / pags_workshop_2019」github.com/genome-sci/pags_workshop_2019（2024-6-4閲覧）

8.2 データファイルの読み込みとアノテーション

8.2.1 カウントデータ

ではさっそくカウントデータの処理を始めよう．まず，pandasをpdとしてimportする．同様にnumpyをnpとしてimportする．

▼入力8-2

```
import pandas as pd
import numpy as np
pd.__version__, np.__version__
```

▼出力8-2

```
('2.2.2', '1.26.4')
```

SRR453566からSRR453571のカウントデータをまとめたファイルcounts.txtのパスを指定する．同様に遺伝子IDとdescriptionを紐づけたファイルgene_id_product.tsvのパスも指定する．

▼入力8-3

```
count_file = 'counts.txt'
gene_id_product_file = 'gene_id_product.tsv'
```

pd.read_table()メソッド（**第7章7.4**参照）のskiprows，index_colオプションを指定して読み込む．

- skiprows
  DataFrameに読み込まない行（ファイルの先頭行を0として数える）を数字で指定する．リストで指定することもできる

- index_col
  インデックスとして用いる列を数字で指定する

▼入力8-4

```
df = pd.read_table(count_file, index_col=0, skiprows=1)
```

skiprows=1の代わりにheader=1としてもよい．pd.read_table(count_file)の代わりにpd.read_csv(count_file, sep='\t')を用いることもできる．sep='\t'の代わりにdelimiter='\t'としてもよい．

8.2.2　データの概観

データを概観してみよう．DataFrameの最初の5行を出力するhead()で列名とインデックスが正しく読み込まれているかを確認する．

▼入力8-5

```
df.head()
```

▼出力8-5

	Chr	Start	End	Strand	Length	SRR453566.sorted.bam	SRR453567.sorted.bam	SRR453568.sorted.bam	SRR453569.sorted.bam	SRR453570.sorted.bam	SRR453571.sorted.bam
Geneid											
gene_0001	NC_001133.9	1807	2169	-	363	0	2	6	0	0	1
gene_0002	NC_001133.9	2480	2707	+	228	0	0	0	0	0	0
gene_0003	NC_001133.9	7235	9016	-	1782	0	0	0	0	0	0
gene_0004	NC_001133.9	11565	11951	-	387	0	0	0	0	0	0
gene_0005	NC_001133.9	12046	12426	+	381	2	8	10	6	7	18

特定の列だけ見ることもできる．Start列だけ確認してみよう．

▼入力8-6

```
df.Start.head()
```

▼出力8-6

```
Geneid
gene_0001     1807
gene_0002     2480
gene_0003     7235
gene_0004    11565
gene_0005    12046
Name: Start, dtype: object
```

Start列とEnd列はobject型なので，もしこれらを使ってなんらかの計算をしたいときは数値型（int，float64など）に変換する必要がある（詳しくは**第4章4.3**参照）．

次に，カウントデータファイルの行数と列数をshapeを使って確認する．

▼入力8-7

```
df.shape
```

▼出力8-7

```
(6420, 11)
```

8.2.3　列名を変更する

現在の列名はSRRで始まる**アクセッション番号**だが，これらを各実験条件に沿った列名に変更する．列名を変更するための対応表をnamesという辞書オブジェクトとして与える．

▼入力8-8

```
names = {'SRR453566.sorted.bam': 'batch_1',
         'SRR453567.sorted.bam': 'batch_2',
         'SRR453568.sorted.bam': 'batch_3',
         'SRR453569.sorted.bam': 'chemostat_1',
         'SRR453570.sorted.bam': 'chemostat_2',
         'SRR453571.sorted.bam': 'chemostat_3'}
```

rename()をaxis=1を適用して使い，列名を変更する．

▼入力8-9

```
df = df.rename(mapper=names, axis=1)
```

rename()を使わなくても，既存の列を別名でコピーしたあとでもとの列を削除，という方法でも可能である．

```
df['batch_1'] = df['SRR453566.sorted.bam']
del df['SRR453566.sorted.bam']
```

▼入力8-10

```
df.head()
```

▼出力8-10

	Chr	Start	End	Strand	Length	batch_1	batch_2	batch_3	chemostat_1	chemostat_2	chemostat_3
Geneid											
gene_0001	NC_001133.9	1807	2169	-	363	0	2	6	0	0	1
gene_0002	NC_001133.9	2480	2707	+	228	0	0	0	0	0	0
gene_0003	NC_001133.9	7235	9016	-	1782	0	0	0	0	0	0
gene_0004	NC_001133.9	11565	11951	-	387	0	0	0	0	0	0
gene_0005	NC_001133.9	12046	12426	+	381	2	8	10	6	7	18

8.2.4 ミトコンドリア上の遺伝子を除く

counts.txtにはミトコンドリア上の遺伝子も含まれるのでこれを除く．Chr列NC_001224.1がミトコンドリアに該当する．df.Chrの値がNC_001224.1に**一致しないもの**を抽出してdfに代入する．

▼入力8-11

```
df = df[df.Chr != 'NC_001224.1']  # !=は不等価演算子
```

正しく処理ができていれば，データ件数は6,394件になるはずである．shapeで確認しておこう．

▼入力8-12

```
df.shape
```

▼出力8-12

```
(6394, 11)
```

8.2.5 アノテーションファイルの読み込み

gene_idとproductの一覧ファイルを読み込む．gene_id_product.tsvは以下のようなタブ区切りのファイルである．

```
gene_0001    seripauperin PAU8
gene_0002    hypothetical protein
gene_0003    putative permease SEO1
gene_0004    hypothetical protein
gene_0005    hypothetical protein
gene_0006    Tda8p
gene_0007    …（略）…
```

DataFrame名をgene_products，1列目をインデックス，ヘッダー（カラム名）をnames=['gene_id', 'product']として読み込む．

▼入力8-13

```
gene_products = pd.read_table(gene_id_product_file, index_col=0, names=['gene_id', 'product'])
```

gene_id列がインデックスとなる．

▼入力8-14

```
gene_products.head()
```

▼出力8-14

	product
gene_id	
gene_0001	seripauperin PAU8
gene_0002	hypothetical protein
gene_0003	putative permease SEO1
gene_0004	hypothetical protein
gene_0005	hypothetical protein

8.2.6 カウントデータとdescriptionを連結する

join()で2つのDataFrame dfとgene_productsを連結する．gene_productsにはmRNAのデータしか含まれていないので，rRNAなどのデータはこの時点で除かれる．ミトコンドリア遺伝子はもともとgene_productsに含まれていないので，**8.2.4「ミトコンドリア上の遺伝子を除く」**で行ったミトコンドリア上の遺伝子を除く操作をしなくても同じ結果になる．

▼入力8-15

```
df_with_product = gene_products.join(df)
```

merge()やconcat()で結合することもできる．

```
# mergeを使った場合
pd.merge(gene_products, df, left_index=True, right_index=True)

# concatを使った場合
pd.concat([gene_products, df], axis=1, join='inner')
```

df_with_productを確認しておこう．

▼入力8-16

```
df_with_product.head()
```

▼出力8-16

gene_id	product	Chr	Start	End	Strand	Length	batch_1	batch_2	batch_3	chemostat_1	chemostat_2	chemostat_3
gene_0001	seripauperin PAU8	NC_001133.9	1807	2169	-	363	0	2	6	0	0	1
gene_0002	hypothetical protein	NC_001133.9	2480	2707	+	228	0	0	0	0	0	0
gene_0003	putative permease SEO1	NC_001133.9	7235	9016	-	1782	0	0	0	0	0	0
gene_0004	hypothetical protein	NC_001133.9	11565	11951	-	387	0	0	0	0	0	0
gene_0005	hypothetical protein	NC_001133.9	12046	12426	+	381	2	8	10	6	7	18

8.2.7 カウントデータ部分の切り出し

発現変動などの計算には数値データ部分だけを使うので，df_count として raw カウントの部分を切り出す．スライスで指定するなら df_with_product.iloc[:, 6:12] とする．

▼入力8-17

```
df_count = df_with_product[['batch_1', 'batch_2', 'batch_3',
                            'chemostat_1', 'chemostat_2', 'chemostat_3']]
df_count.head()
```

▼出力8-17

gene_id	batch_1	batch_2	batch_3	chemostat_1	chemostat_2	chemostat_3
gene_0001	0	2	6	0	0	1
gene_0002	0	0	0	0	0	0
gene_0003	0	0	0	0	0	0
gene_0004	0	0	0	0	0	0
gene_0005	2	8	10	6	7	18

8.2.8 ファイルの保存

作業ディレクトリに output ディレクトリを用意し（%mdkir output），アノテーション付きカウントデータを count_preprocessed.tsv として保存する．次に raw カウントのデータを count_raw.tsv として保存する．

▼入力8-18

```
df_with_product.to_csv('output/count_preprocessed.tsv', sep='\t')  # アノテーション付きデータの保存
```

▼入力8-19

```
df_count.to_csv('output/count_raw.tsv', sep='\t')  # rawカウントのデータの保存
```

Bashのコマンドheadを使って保存したデータを確認してみよう．Jupyter Notebookのマジックコマンド%%bashを使う．

▼入力8-20

```
%%bash
head output/count_raw.tsv
```

▼出力8-20

```
gene_id batch_1 batch_2 batch_3 chemostat_1     chemostat_2     chemostat_3
gene_0001       0       2       6       0       0       1
gene_0002       0       0       0       0       0       0
gene_0003       0       0       0       0       0       0
gene_0004       0       0       0       0       0       0
gene_0005       2       8       10      6       7       18
gene_0006       0       0       0       0       0       0
gene_0007       0       0       0       0       0       0
gene_0008       0       0       0       0       0       0
gene_0009       32      37      33      43      63      84
```

8.3 カウントデータの正規化

8.3.1 リード数で正規化（RPM／FPM）

100万リードあたりのカウント数に揃える．**RPM**はreads per millionの略称，**FPM**はfragments per millionの略称であるが，ほぼ同じ意味で用いられているので，この章ではFPMを用いる．

まず，rawカウントデータdf_countをいったん別のDataFrameとしてコピーしておく[注1]．

▼入力8-21

```
df_tmp = df_count.copy()
```

リード数の合計をsum()を使って計算しよう．

注1）なぜ代入ではなくcopy()を使用するかについては，**第4章**参考6「データのコピーについて」を参照．

▼入力8-22

```
sum_count = df_tmp.sum()
sum_count
```

▼出力8-22

```
batch_1        4565008
batch_2        6253117
batch_3        4524000
chemostat_1    3073975
chemostat_2    3869518
chemostat_3    4902464
dtype: int64
```

100万リードあたりのカウント数に揃える．

▼入力8-23

```
df_tmp = 10**6 * df_tmp / sum_count  # **はべき乗演算子
df_tmp.head()
```

▼出力8-23

	batch_1	batch_2	batch_3	chemostat_1	chemostat_2	chemostat_3
gene_id						
gene_0001	0.000000	0.319840	1.326260	0.00000	0.000000	0.203979
gene_0002	0.000000	0.000000	0.000000	0.00000	0.000000	0.000000
gene_0003	0.000000	0.000000	0.000000	0.00000	0.000000	0.000000
gene_0004	0.000000	0.000000	0.000000	0.00000	0.000000	0.000000
gene_0005	0.438115	1.279362	2.210433	1.95187	1.809011	3.671623

リード数の合計が100万に揃っていることを確認しよう．

▼入力8-24

```
df_tmp.sum()
```

▼出力8-24

```
batch_1        1000000.0
batch_2        1000000.0
batch_3        1000000.0
chemostat_1    1000000.0
chemostat_2    1000000.0
chemostat_3    1000000.0
dtype: float64
```

normalize_per_million_reads() として関数化しておく．

▼入力8-25

```
def normalize_per_million_reads(df):
    sum_count = df.sum()
    return 10**6 * df / sum_count
```

normalize_per_million_reads()を用いてdf_countをFPM正規化する.

▼入力8-26

```
df_count_fpm = normalize_per_million_reads(df_count)
```

リード数の合計が100万に揃っていることを確認しておく.

▼入力8-27

```
df_count_fpm.sum()
```

▼出力8-27

```
batch_1        1000000.0
batch_2        1000000.0
batch_3        1000000.0
chemostat_1    1000000.0
chemostat_2    1000000.0
chemostat_3    1000000.0
dtype: float64
```

FPM正規化を行った結果をcount_fpm.tsvとして保存する.

▼入力8-28

```
df_count_fpm.to_csv('output/count_fpm.tsv', sep='\t')
```

8.3.2 遺伝子長による正規化（RPKM／FPKM）

上で求めたFPMをさらに遺伝子長で割って1,000をかけ，FPKMを求める．FPKMはfragments per kilobase of exon per million reads mappedの略称である．single-endの場合，RPKM（reads per kilobase of exon per million reads mappedの略称）とよばれるが，FPKMとRPKMはほぼ同じ意味で用いられている.

テストのためにdf_count_fpmをコピーしておく.

▼入力8-29

```
df_tmp = df_count_fpm.copy()
```

アノテーションをつけたカウントデータdf_with_productから各遺伝子の長さを抽出しておく.

▼入力8-30

```
gene_length = df_with_product['Length']
```

次に，FPM正規化したカウントデータを各遺伝子の長さで割るが，下のように書くと縦方向にブロードキャストされてしまうためうまくいかない．

```
df_tmp / gene_length*10**3
```

これを，下のようにすれば1列ずつ計算することはできる．

```
df_tmp['batch_1'] / gene_length * 10**3
```

これを利用して，すべての列を計算する方法を解説する．

forループを使う方法

DataFrameをforループ（for文）で回すと，列名が取得できるのでそれを利用する．

▼入力8-31

```
df_tmp = df_count_fpm.copy()
for col_name in df_tmp:
    df_tmp[col_name] = df_tmp[col_name] / gene_length * 10**3
```

▼入力8-32

```
df_tmp.head()
```

▼出力8-32

	batch_1	batch_2	batch_3	chemostat_1	chemostat_2	chemostat_3
gene_id						
gene_0001	0.000000	0.881103	3.653609	0.000000	0.00000	0.561926
gene_0002	0.000000	0.000000	0.000000	0.000000	0.00000	0.000000
gene_0003	0.000000	0.000000	0.000000	0.000000	0.00000	0.000000
gene_0004	0.000000	0.000000	0.000000	0.000000	0.00000	0.000000
gene_0005	1.149909	3.357905	5.801662	5.123019	4.74806	9.636806

items() を使用する方法

items()（第7章7.6.2参照）を利用する方法もある．

▼入力8-33

```
df_tmp = df_count_fpm.copy()
for col_name, col in df_tmp.items():
    df_tmp[col_name] = col / gene_length * 10**3
```

データフレームを転置してから計算する方法

テスト用にFPM正規化したカウントデータをdf_tmpとしてコピーし，df_tmpを転置（第7章7.3.2参照）してFPMを遺伝子長で割り，1,000をかけるという処理を行う．そのあと，もう一度転置する．

▼入力8-34

```
df_tmp = df_count_fpm.copy()
df_tmp = df_tmp.T / gene_length * 10**3
df_tmp = df_tmp.T
```

apply() を使い各列に関数を適用する方法

列を入力とし，各要素を遺伝子長で割る処理を行う関数divide_by_length()を定義し，apply()（第7章7.5.3参照）で適用する．

▼入力8-35

```
def divide_by_length(S):
    return S / gene_length * 10**3
```

テスト用にFPM正規化カウントデータをコピーし，apply()でdivide_by_length()関数を適用する．

▼入力8-36

```
df_tmp = df_count_fpm.copy().apply(divide_by_length)
```

divide() を使用する方法

pandas.DataFrameメソッドのdivide()を使用する方法もある．

▼入力8-37

```
df_tmp = df_count_fpm.copy()
df_tmp = df_tmp.divide(gene_length, axis='index') * 10**3
```

これ以降の操作のため，データフレームを転置させて計算する方法をnormalize_per_kilobase()として関数化しておこう．

▼入力8-38

```
def normalize_per_kilobase(df, gene_length):
    df_tmp = df.copy()
    df_tmp = (df.T * 10**3 / gene_length).T
    return df_tmp
```

▼入力8-39

```
df_count_fpkm = normalize_per_kilobase(df_count_fpm, gene_length)
df_count_fpkm.head()
```

▼出力8-39

	batch_1	batch_2	batch_3	chemostat_1	chemostat_2	chemostat_3
gene_id						
gene_0001	0.000000	0.881103	3.653609	0.000000	0.00000	0.561926
gene_0002	0.000000	0.000000	0.000000	0.000000	0.00000	0.000000
gene_0003	0.000000	0.000000	0.000000	0.000000	0.00000	0.000000
gene_0004	0.000000	0.000000	0.000000	0.000000	0.00000	0.000000
gene_0005	1.149909	3.357905	5.801662	5.123019	4.74806	9.636806

outputディレクトリに，FPKM正規化を行った結果をcount_fpkm.tsvとして保存する．

▼入力8-40

```
df_count_fpkm.to_csv('output/count_fpkm.tsv', sep='\t')
```

8.3.3 TPM正規化

TPMはtranscripts per millionの略である．TPMについての詳しい説明は，biopapyrusのTPMの項[文献15)]などを参考にしてほしい．TPMは，RPKM／FPKMのときとは逆に，長さ1,000 bpあたりのリード数を求めてから，総リード数を100万に揃える．

文献15)「biopapyrus TPM」bi.biopapyrus.jp/rnaseq/analysis/normalizaiton/tpm.html（2024-6-4閲覧）

▼入力8-41

```
df_tmp = df_count.copy()
```

▼入力8-42

```
df_tmp = normalize_per_kilobase(df_tmp, gene_length)  # 長さ1,000bpあたりのリード数
df_tmp = normalize_per_million_reads(df_tmp)  # 総リード数を100万に揃える
```

結果を確認しよう.

▼入力8-43

```
df_tmp.head()
```

▼出力8-43

	batch_1	batch_2	batch_3	chemostat_1	chemostat_2	chemostat_3
gene_id						
gene_0001	0.00000	0.734587	3.129839	0.000000	0.000000	0.504810
gene_0002	0.00000	0.000000	0.000000	0.000000	0.000000	0.000000
gene_0003	0.00000	0.000000	0.000000	0.000000	0.000000	0.000000
gene_0004	0.00000	0.000000	0.000000	0.000000	0.000000	0.000000
gene_0005	0.94849	2.799529	4.969954	4.689762	4.372026	8.657291

RPKM／FPKMと違い，合計が100万となっている.

▼入力8-44

```
df_tmp.sum()
```

▼出力8-44

```
batch_1        1000000.0
batch_2        1000000.0
batch_3        1000000.0
chemostat_1    1000000.0
chemostat_2    1000000.0
chemostat_3    1000000.0
dtype: float64
```

normalize_tpm()として関数化しておこう.

▼入力8-45

```
def normalize_tpm(df, gene_length):
    df_tmp = df.copy()
    df_tmp = normalize_per_kilobase(df_tmp, gene_length)
```

```
    df_tmp = normalize_per_million_reads(df_tmp)
    return df_tmp
```

▼入力8-46

```
df_count_tpm = normalize_tpm(df_count, gene_length)
```

結果を確認しよう.

▼入力8-47

```
df_count_tpm.sum()
```

▼出力8-47

```
batch_1        1000000.0
batch_2        1000000.0
batch_3        1000000.0
chemostat_1    1000000.0
chemostat_2    1000000.0
chemostat_3    1000000.0
dtype: float64
```

outputディレクトリに, TPM正規化を行った結果をcount_tpm.tsvとして保存する.

▼入力8-48

```
df_count_tpm.to_csv('output/count_tpm.tsv', sep='\t')
```

8.3.4 NumPyを使った高速バージョンとの比較

pandasで実装したものとNumPyで実装したものを比較してみよう. %%timeitはコードの時間計測を何回か試し, その中で最速の時間と平均値を返すマジックコマンドである. まず, 8.3.3「TPM正規化」でpandasを利用して定義したnormalize_tpm()にかかる時間を計ってみよう. 出力結果は読者の実行環境によって異なる.

▼入力8-49

```
%%timeit
normalize_tpm(df_count, gene_length)
```

▼出力8-49

```
1.65 ms ± 47.9 µs per loop (mean ± std. dev. of 7 runs, 1,000 loops each)
```

次はNumPyを使った実装である．まずvaluesによりnumpy.ndarray（**付録A A.2**参照）として数値データを抽出しておく．

▼入力8-50

```
counts = df_count.values
length = gene_length.values
```

NumPyで計算しよう．

1. **遺伝子の長さで正規化（行方向へブロードキャストするため，lengthをreshapeしておく）**
2. **次に，カウント数の各列の合計を求める**
3. **100万カウントに揃える**

%%timeitで時間計測をしてみよう．出力結果は読者の実行環境によって異なる．

▼入力8-51

```
%%timeit
counts_tmp = counts / length.reshape(-1, 1) * 1000
sum_count = counts_tmp.sum(axis=0)
tpm = counts_tmp / sum_count * 1000000
```

▼出力8-51

```
131 μs ± 2.33 μs per loop (mean ± std. dev. of 7 runs, 10,000 loops each)
```

8.4 発現変動遺伝子の抽出

TPMで正規化したカウントデータdf_count_tpmを用いる．batch培養の平均をbatchとし，chemostat培養の平均をchemostatとしてdf_count_tpmに追加する．

▼入力8-52

```
df_count_tpm['batch'] = (df_count_tpm['batch_1'] + df_count_tpm['batch_2'] +
                         df_count_tpm['batch_3']) / 3
df_count_tpm['chemostat'] = (df_count_tpm['chemostat_1'] + df_count_tpm['chemostat_2'] +
                             df_count_tpm['chemostat_3']) / 3
```

発現変動を2を底にした対数値（log2fold）として求める．0での除算を防ぐため，分母に微小な値を加えている．

▼入力8-53

```
df_count_tpm['log2fold'] = df_count_tpm['chemostat'] / (df_count_tpm['batch'] + 10**-6)
df_count_tpm['log2fold'] = df_count_tpm['log2fold'].apply(np.log2)
df_count_tpm.head()
```

▼出力8-53

	batch_1	batch_2	batch_3	chemostat_1	chemostat_2	chemostat_3	batch	chemostat	log2fold
gene_id									
gene_0001	0.00000	0.734587	3.129839	0.000000	0.000000	0.504810	1.288142	0.168270	-2.936443
gene_0002	0.00000	0.000000	0.000000	0.000000	0.000000	0.000000	0.000000	0.000000	-inf
gene_0003	0.00000	0.000000	0.000000	0.000000	0.000000	0.000000	0.000000	0.000000	-inf
gene_0004	0.00000	0.000000	0.000000	0.000000	0.000000	0.000000	0.000000	0.000000	-inf
gene_0005	0.94849	2.799529	4.969954	4.689762	4.372026	8.657291	2.905991	5.906359	1.023238

必要部分のみ抜き出し，product名をつける．具体的にはdf_count_tpmからbatch，chemostat，log2foldの列を抜き出しdiff_exとする．join()で遺伝子IDとproductの対応DataFrameであるgene_productsを結合する．

▼入力8-54

```
diff_ex = df_count_tpm[['batch', 'chemostat', 'log2fold']]
diff_ex = diff_ex.join(gene_products)
diff_ex.head()
```

▼出力8-54

	batch	chemostat	log2fold	product
gene_id				
gene_0001	1.288142	0.168270	-2.936443	seripauperin PAU8
gene_0002	0.000000	0.000000	-inf	hypothetical protein
gene_0003	0.000000	0.000000	-inf	putative permease SEO1
gene_0004	0.000000	0.000000	-inf	hypothetical protein
gene_0005	2.905991	5.906359	1.023238	hypothetical protein

カウント数が0であるデータを除く．残った行数をshapeで確認しておこう．

▼入力8-55

```
diff_ex = diff_ex[diff_ex['batch'] > 0]
diff_ex = diff_ex[diff_ex['chemostat'] > 0]
```

▼入力8-56

```
diff_ex.shape
```

▼出力8-56

```
(5857, 4)
```

▼入力8-57

```
diff_ex.head()
```

▼出力8-57

	batch	chemostat	log2fold	product
gene_id				
gene_0001	1.288142	0.168270	-2.936443	seripauperin PAU8
gene_0005	2.905991	5.906359	1.023238	hypothetical protein
gene_0009	1.424695	3.627256	1.348225	flocculin FLO9
gene_0010	8.211912	155.846213	4.246261	glutamate dehydrogenase (NADP(+)) GDH3
gene_0011	14.270889	155.994499	3.450348	putative dehydrogenase BDH2

sort_values()を使いlog2foldの降順（ascending=False）に並び替える．

▼入力8-58

```
diff_ex = diff_ex.sort_values('log2fold', ascending=False)
```

発現変動遺伝子の上位を表示してみよう．

▼入力8-59

```
diff_ex.head()  # chemostat > batch の上位5番目まで表示
```

▼出力8-59

gene_id	batch	chemostat	log2fold	product
gene_2989	0.428753	1469.082090	11.742478	Rgi2p
gene_4740	3.101195	5075.124519	10.676403	Sip18p
gene_4667	4.944971	4658.135852	9.879575	Spg4p
gene_4237	0.961310	708.223065	9.524985	hypothetical protein
gene_5965	7.232487	5295.812440	9.516144	Gre1p

▼入力8-60

```
diff_ex.tail()  # batch > chemostat の上位5番目まで表示
```

▼出力8-60

gene_id	batch	chemostat	log2fold	product
gene_0314	10.570903	1.105484	-3.257349	ADP/ATP carrier protein AAC3
gene_2429	2.082786	0.181792	-3.518158	hypothetical protein
gene_2725	784.525221	66.820686	-3.553453	hexose transporter HXT4
gene_5487	77.913513	6.244048	-3.641320	hypothetical protein
gene_1320	812.668223	46.017423	-4.142414	hexose transporter HXT3

8.5 TPM正規化したデータのクラスタリング

ここでは，TPM正規化したカウントデータでサンプル間のクラスタリングをしてみよう．同じ条件から得られたRNA-Seqデータが，Biological replicate[注2)]として適しているかどうかを判断するために行う．

まず，クラスタリングの計算をしてグラフを描くため，追加でMatplotlib（**第9章**参照）とSciPyのモジュールをimportしておく．

▼入力8-61

```
import matplotlib.pyplot as plt
from scipy.cluster.hierarchy import linkage, dendrogram, fcluster
# matplotlib=3.8.4, scipy=1.13.1
```

TPM正規化したデータdf_count_tpmを使う．まず，DataFrameを転置してからサンプルの平均（batch, chemostat）とlog2foldの行を削除し，各サンプルのTPM正規化カウントデータだけにする．

▼入力8-62

```
tpm_t = df_count_tpm.T
tpm_t = tpm_t.drop(['batch', 'chemostat', 'log2fold'])
```

SciPyのlinkage()を用いてクラスタリングを行う．以下の例ではユークリッド距離（metric='euclidean'）に基づきウォード法（method='ward'）でクラスタリングした．

▼入力8-63

```
linkage_result = linkage(tpm_t, method='ward', metric='euclidean')
```

Matplotlibで**デンドログラム**を描く．

▼入力8-64

```
plt.figure(num=None, figsize=(16, 9), dpi=200, facecolor='w', edgecolor='k')
dendrogram(linkage_result, labels=list(tpm_t.index))
plt.show()
```

注2）生物学的なばらつきを把握するための反復実験．この場合は特に同一実験条件下でサンプルごとのばらつきが生じていないことを確認するための反復実験のこと．

▼出力8-64

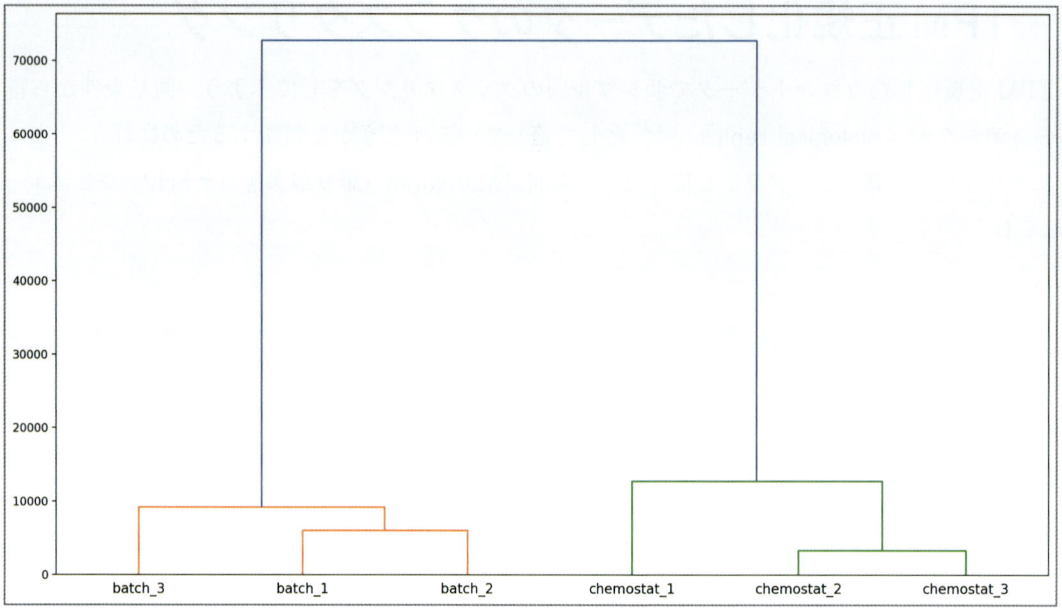

8.6 おわりに

この章では，pandas（**第7章**参照）を用いた表形式のデータの扱いの例として，RNA-Seqデータの解析を行った．はじめにも述べたが，あくまでもPython（とpandas）の練習の題材としてRNA-Seqのカウントデータを用いており，実際にRNA-Seqデータの解析をする際にはRのパッケージなどを使う場合[文献3)]がほとんどではないかと思う．しかし，カウントデータにアノテーションをつけるときの操作など，この章で学んだ内容を他のデータ解析に応用できるものは少なくないはずである．自分のデータがあれば（なければ公共データベースからよさそうなものを取得して），使えそうな操作から気軽に試してみてほしい．

第9章 データの可視化
Matplotlib，Seabornを用いたグラフ作成

孫 建強

本章の目的

可視化は，データ解析において重要な役割を果たしている．生データの可視化は，データの分布の把握に役立つだけでなく，データに含まれる重要な情報やデータに潜む異常値に気づかせることにも役立つ．また，解析結果の可視化は，複雑な関係性や傾向などを簡潔に表したり，研究成果をわかりやすく説明することに役立つ．他にも，解析の途中結果の可視化は，新しい知見を得たり，間違いに早く気づいたりすることに役立つ．このように，可視化はデータを解析するうえで外せない存在である．

本章ではPythonを用いたデータの可視化方法について解説する．その流れとして，Pythonの可視化ライブラリMatplotlibの基本的な使い方を解説し，続けて，ヒストグラム，棒グラフ，線グラフや散布図など基本グラフの描き方を解説する．また，応用事例として，RNA-Seqデータ解析でよく使われるペアプロットやMAプロットの描き方も示す．

9.1 解析環境のセットアップおよびデータの準備

9.1.1 可視化ライブラリ

汎用プログラミング言語として開発されたPythonは，主にソフトウェア開発などで使われる機能を備えている．そのため，Pythonをデータ解析などのような特定の目的で利用する際に，拡張機能であるライブラリを利用する必要がある．例えば，これまでに見てきたように，正規表現による文字列処理ならばreライブラリ，データの整形や科学演算ならばpandasおよびNumPyライブラリ，バイオインフォマティクス解析ならばBiopythonライブラリ群などのように，それぞれの目的に適したライブラリをimportして，利用してきた．本章で解説するデータの可視化もその例外ではない．

データからグラフを作成するPythonの可視化ライブラリは多数開発されている．グラフを静止画像として生成するライブラリには**Matplotlib**（マットプロットリブ）や**Seaborn**（シーボーン）などがあり，また，グラフをマウスで拡大／縮小できるようなインタラクティブなWebページとして出力するライブラリとして

本章の執筆にあたり，Python==3.10，NumPy==1.26.4，pandas==2.2.2，Matplotlib==3.8.4，Seaborn==0.13.2，JoyPy==0.2.6，matplotlib_venn==0.11.10を用いて動作確認を行なった．

Plotly（プロットリー）やBokeh（ボケ）などがある．

数多くあるライブラリの中で，とりわけMatplotlibは，もっとも長く常用されている．このライブラリは，現在においても開発団体によって頻繁にアップデートされ，多くのユーザーによって使われている．Matplotlibは，グラフを構成する各パーツ（例えばプロット領域，座標軸領域など）をクラスとして定義し，それぞれのクラスには多数のメソッドや関数を定義している．Matplotlibで用意された豊富なメソッドや関数を組み合わせることで，プロット領域や座標軸等に対する細かい調整を容易にできたり，高度なグラフも描けるようになる．

Seabornは，Matplotlibを補完する位置づけとして開発され，使用されている．SeabornはMatplotlibのような細かい調整ができない反面，複雑なグラフを容易に描ける．例えば，ヒストグラム付きの散布図や樹形図付きのヒートマップなどのような複雑なグラフを描くとき，Matplotlibならばプロット領域をいくつかのサブプロット領域に分割し，それらのサブプロット領域にヒストグラムを描いたり，散布図を描いたりする必要がある．これに対して，Seabornでは，jointplot()やclustermap()関数を使用するだけで同等のことが行える．

MatplotlibとSeabornは使い方が異なっている．Matplotlibでは，グラフを描く関数にx座標とy座標になる値を代入してグラフを描く．これに対して，Seabornでは，グラフを描く関数にDataFrameを代入し，x座標とy座標となる値がそのDataFrameのどの列にあるのかを指定してグラフを描く．Rに例えると，Matplotlibの使い方はR標準のグラフ作図関数に似て，Seabornの使い方はggplot2パッケージの作図関数の使い方に似ている．本章ではMatplotlibの機能を中心に紹介する．また，ヒートマップなどのMatplotlibのみでは実現が煩雑になるようなグラフを描くときに，補完的にSeabornを用いることにする．

9.1.2 ライブラリのインストール

本章で紹介するMatplotlibおよびSeabornは，Minicondaをインストールすることで自動的にインストールされる．自動的にインストールされていない場合は，conda（またはpip）コマンドを使用してインストールできる．

```
pip install matplotlib
pip install seaborn
```

また，本章では複数のヒストグラムを縦に並べて描く方法やベン図を描く方法も紹介する．これらのグラフは，MatplotlibおよびSeabornだけで実現しようとすると困難であることから，JoyPyおよびmatplotlib_vennライブラリを使用する．これらのライブラリをインストールするには，pipコマンドを使用する．

```
pip install joypy
pip install matplotlib_venn
```

9.1.3 データの準備

本章では，擬似データを使用してグラフ作成関数の基本的な使い方を説明したあとに，**第8章**で定量した遺伝子発現量行列を用いて，可視化の応用例を示す．その準備として，発現量行列をpandasのDataFrameとして読み込み，tpm変数に代入する．なお，発現量の低い遺伝子は，解析結果の偽陽性を増やす原因になるため，解析に先立って除去する必要がある．ここでは，すべてのサンプルにおける平均発現量が1.0 TPM以下の遺伝子を除去する[注1]．**第1章**1.6に紹介した方法で羊土社特設ページよりデータをダウンロードする．chapter09ディレクトリ内のcount_tpm.tsvを作業ディレクトリにコピーしておく（**第8章**で出力したcount_tpm.tsvを流用してもよい）．

▼入力9-1

```
import numpy as np
import pandas as pd

tpm = pd.read_table('count_tpm.tsv', index_col=0)
tpm = tpm.loc[tpm.mean(axis=1) > 1.0, :]  # 平均発現量が1.0 TPMより大きい遺伝子を選択
tpm.head()
```

▼出力9-1

gene_id	batch_1	batch_2	batch_3	chemostat_1	chemostat_2	chemostat_3
gene_0005	0.948490	2.799529	4.969954	4.689762	4.372026	8.657291
gene_0009	1.456789	1.242913	1.574382	3.226353	3.777192	3.878222
gene_0010	8.547801	7.956960	8.130975	159.953635	159.681219	147.903784
gene_0011	17.146568	12.227012	13.439088	147.000089	166.232609	154.750798
gene_0012	181.630900	204.342810	218.854452	257.885864	215.595828	206.211542

RNA-Seqデータの定量で得られるリードカウントデータおよびそれを正規化したTPMのばらつきが大きいことが知られている．ばらつきの大きいデータをわかりやすく可視化する方法の1つとして，データの**対数化**が挙げられる．ここで，TPMの常用対数化を行い，その値をlog_tpmに保存する．なお，ここで$\log_{10} 0$を避けるために，すべての遺伝子のTPMに1.0を加えてから対数化を行う．

注1）ここでは発現量の低い遺伝子を取り除くために1.0 TPMを閾値として用いた．この閾値は，実験条件や解析目的によって異なる．

▼入力9-2

```
log_tpm = np.log10(tpm + 1.0)
log_tpm.head()
```

▼出力9-2

	batch_1	batch_2	batch_3	chemostat_1	chemostat_2	chemostat_3
gene_id						
gene_0005	0.289698	0.579730	0.775971	0.755094	0.730138	0.984855
gene_0009	0.390368	0.350812	0.410673	0.625966	0.679173	0.688262
gene_0010	0.979903	0.952161	0.960517	2.206701	2.205965	2.172906
gene_0011	1.258794	1.121462	1.159540	2.170262	2.223321	2.192430
gene_0012	2.261574	2.312480	2.342135	2.413108	2.335650	2.316414

9.2 Matplotlib ライブラリの使い方

9.2.1 グラフのプロット領域

Matplotlib はグラフの**プロット領域**をいくつかのパーツに分けて，それぞれのパーツをクラス（**第6章**参照）として定義してある（**図9.1**）．グラフを作成するうえでよく使われるクラスとして，プロット領域全体を含む**Figure**

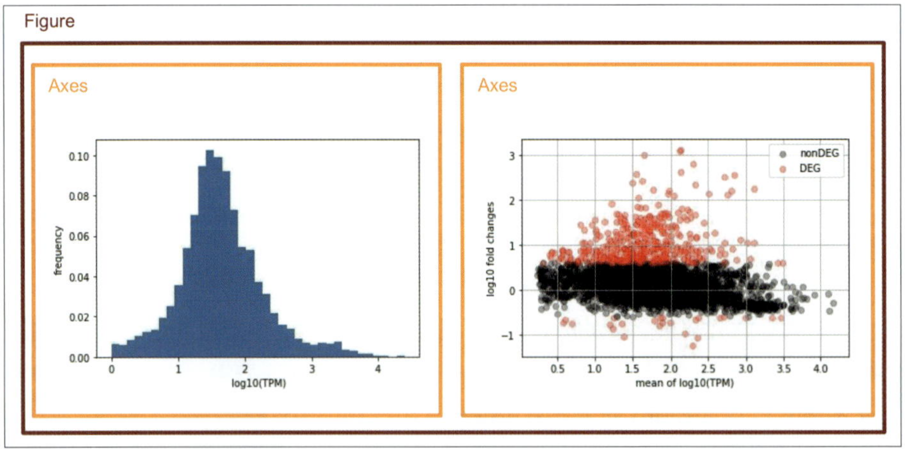

図9.1　Matplotlibの作図領域

Matplotlibの作図領域に多数のクラスが定義されている．各クラスで定義されたメソッドを組み合わせることで，さまざまなグラフを描くことができる．

クラス，そして実際にグラフを描くサブプロット領域を含む**Axesクラス**などがある[注2]．Figureクラスに対して，複数のAxesクラスのインスタンスを生成することで，1枚の画像に複数のグラフを描けるようになる．

9.2.2 グラフの作成方法

Matplotlibを使用してグラフを作成するとき，FigureやAxes等のクラスをすべてインスタンス化（**第6章6.1.2**参照）する必要がある．この際，Matplotlibで用意されたpyplotモジュールを呼び出すことで，これらすべてのクラスを一括にインスタンス化することができる．

Matplotlibには2種類の使い方（**インターフェース**）が用意されている．1つはオブジェクト指向型プログラミング言語を意識したobject-orientedインターフェースである．これは，pyplotで生成されたインスタンスからFigureクラスおよびAxesクラスのインスタンスを呼び出し，それらのクラスで定義されたメソッドを介して，グラフを描いていくインターフェースである．object-orientedインターフェースを使用することで，グラフの各パーツのクラスで定義されたメソッドを直接に制御できるため，それぞれのパーツに対する細かい調整が可能になる．

object-orientedインターフェースでグラフを描く手順として，`matplotlib.pyplot.figure()`関数でFigureクラスのインスタンスを呼び出し，次にFigureクラスの`add_subplot()`メソッドでAxesクラスのインスタンスを作成する．続けて，Axesクラスで定義されたサブプロット領域に，Axesクラスで定義された`scatter()`や`hist()`などの作図メソッドを使用してグラフを描く．また，必要に応じて座標軸のラベルなどをつける．最後に，グラフを計算機のディスプレイに表示させるために，Figureクラスの`show()`メソッドを使用する．例えば，散布図を描くとき，次のようなコードを書く．

▼入力9-3

```
import matplotlib.pyplot as plt

x = [1, 2, 3, 4, 5]
y = [2, 4, 6, 8, 10]

fig = plt.figure()  # プロット領域を用意する
ax = fig.add_subplot()  # グラフを描くためのサブプロット領域を用意する
ax.scatter(x, y)  # Axesクラスのメソッドで散布図を描く
# Axesクラスのメソッドで軸ラベルを設定する
ax.set_xlabel('X')
ax.set_ylabel('Y')
fig.show()  # プロット領域をディスプレイに表示する
```

注2）Figureクラスと Axesクラスの他に線，点や座標軸などもクラスとして定義されている．詳細はMatplotlib公式Webサイト（`matplotlib.org`）（2024-10-2閲覧）を参照．

▼出力9-3

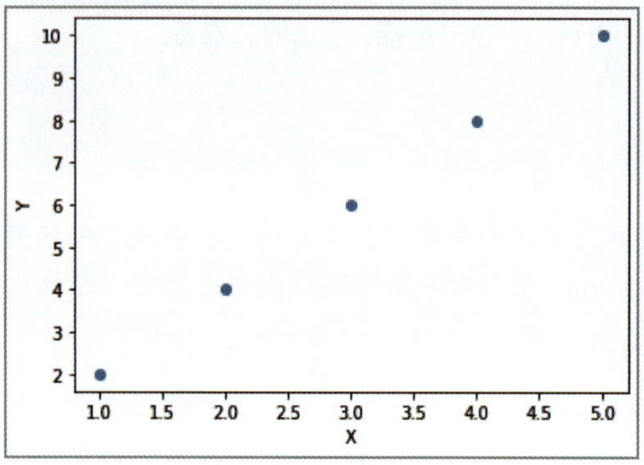

Matplotlibのもう1つのインターフェースは，**MATLAB**の使い方を踏襲した**state-basedインターフェース**である．これはすべての操作をpyplotのメソッドとして行うインターフェースである．この場合，pyplotが現在操作中のFigureクラスやAxesクラスを自動的に識別して操作し，グラフを作成する．state-basedインターフェースを用いて散布図を描くとき，次のようなコードを書く．

▼入力9-4

```
x = [1, 2, 3, 4, 5]
y = [2, 4, 6, 8, 10]

plt.scatter(x, y)  # 自動的にプロット領域とサブプロット領域を用意したうえで散布図を描く

# 現在のサブプロット領域のグラフに対して軸ラベルを設定する
plt.xlabel('X')
plt.ylabel('Y')

plt.show()  # プロット領域をディスプレイに表示する
```

▼出力9-4

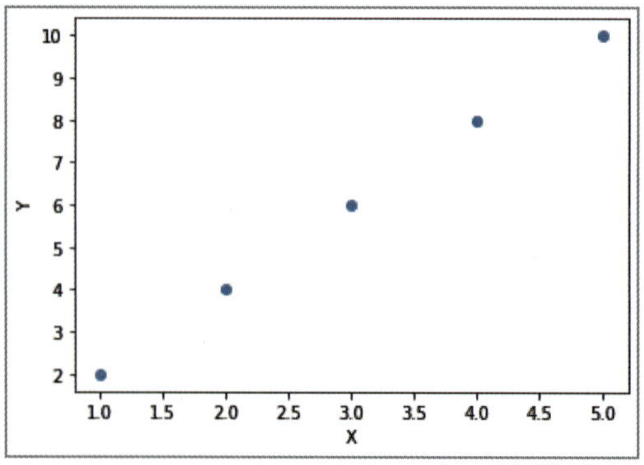

state-basedインターフェースはobject-orientedインターフェースに比べ，簡潔で使いやすいと感じるかもしれないが，グラフに対する細かい調整ができない場合もしばしばある．それゆえ，state-basedインターフェースを使用しているにも関わらず，object-orientedインターフェースを利用してグラフの調整を行う事例も見受けられる．

本章では，object-orientedインターフェースを中心に解説する．object-orientedインターフェースの場合，常にオブジェクトを意識して操作を行うため，初心者にとって難しく感じるかもしれない．しかし，応用性や柔軟性があるため，これから学ぶ人にこそobject-orientedインターフェースをお勧めしたい．

9.2.3 グラフの保存方法

Matplotlibで描いたグラフを画像ファイルに保存するときに，Figureクラスのsavefig()メソッドを使用する．savefig()メソッドに拡張子付きのファイル名を与えると，Figureクラスのインスタンス上で描かれたグラフが画像ファイルとして保存される．画像のフォーマットは，ファイル名の拡張子に基づいて自動的に決められる．savefig()が対応しているフォーマットは，OSやソフトウェア（レンダリングエンジン）の種類によって異なるが，論文で必要とされるPNG，PDF，SVG，TIFFなどのほとんどのフォーマットに対応している．

グラフを画像ファイルに書き出すとき，画像のサイズや解像度を指定できる．画像の横および縦のサイズは，plt.figure()メソッドの引数figsizeを介して指定する．この際，横のサイズおよび縦のサイズをインチ単位で指定する．また，**解像度**（dpi，dots per inch）は引数dpiを介して指定する．例えば，グラフを横6.4インチ，縦4.8インチの100 dpiの画像としてPDFに書き出す場合は，次のようなコードを利用する．

▼入力9-5

```
x = [1, 2, 3, 4, 5]
y = [2, 4, 6, 8, 10]

fig = plt.figure(figsize=(6.4, 4.8), dpi=100)
ax = fig.add_subplot()
ax.scatter(x, y)
ax.set_xlabel('X')
ax.set_ylabel('Y')
fig.savefig('example_scatterplot.pdf')
```

なお，state-basedインターフェースを使用している場合，グラフを描いたあと，plt.savefig()メソッドでグラフを画像として保存できる．fig.savefig()とplt.savefig()は同じように使用できる．

9.2.4　基本グラフを描くメソッド

データの可視化でよく使われる線グラフ，散布図，棒グラフ，ヒストグラムなどの基本的なグラフを描くAxesクラスのメソッドを**表9.1**に示してある．これらのメソッドは，x座標およびy座標の配列（リストやpandasのSeriesでも可）を引数として受け取る．その他に，色，マーカーや線の形などを指定する引数も多数用意されている．

表9.1　データの視覚化でよく使われるグラフを描くAxesクラスのメソッド一覧

メソッド	機能
ax.hist(x)	ヒストグラム
ax.boxplot(x)	ボックスプロット
ax.violinplot(x)	バイオリンプロット
ax.plot(x, y)	線グラフ
ax.scatter(x, y)	散布図
ax.bar(x, y)	棒グラフ
ax.grid()	グリッド線
ax.text(x, y, label)	テキスト

9.2.5　座標軸や凡例を調整するメソッド

座標軸に対する修飾もAxesクラスのメソッドを通して行う．座標軸の表示範囲を設定したり，座標の目盛り位置を指定したり，座標軸のスケールを変更したりするために，よく使われるメソッドの一覧を**表9.2**に示してある．表に示したメソッドについて，本章において順次取り上げていく．

なお，**表9.1**，**表9.2**で紹介したメソッド以外にも多くのものが用意されている．各メソッドの解説や引数について，詳しくはMatplotlibの公式ドキュメント[文献1)]を参照されたい．

表9.2　座標軸や凡例を調整するAxesクラスのメソッドの一覧

メソッド	機能
ax.set_xlim()	x軸の座標の表示範囲
ax.set_ylim()	y軸の座標の表示範囲
ax.set_xlabel()	x軸のラベル
ax.set_ylabel()	y軸のラベル
ax.set_title()	グラフのタイトル
ax.legend()	グラフの凡例
ax.set_xticks()	x軸の目盛りの表示位置
ax.set_yticks()	y軸の目盛りの表示位置
ax.set_xticklabels()	x軸の目盛りの値
ax.set_yticklabels()	y軸の目盛りの値
ax.set_xscale()	x軸の目盛りスケール（対数軸など）
ax.set_yscale()	y軸の目盛りスケール（対数軸など）
ax.set_aspect()	x軸とy軸の目盛りの比率

文献1）「matplotlib.axes」matplotlib.org/stable/api/axes_api.html(2024-4-15 閲覧)

9.3 基本グラフ

この節で，データの可視化によく使われるヒストグラム，ボックスプロット，散布図，線グラフ，棒グラフなどの基本的なグラフの作図方法を解説する．

9.3.1 ヒストグラム

ヒストグラム（histogram）は，**量的データ**の分布の様子を可視化するために用いられている．データをヒストグラムで示すことで，データ全体の分布の形や最大値／最小値など多くの情報を視覚的に把握できるようになる．データ解析にあたって，各変量をまずヒストグラムで可視化することが，最初かつ不可欠な一歩といえる．

ヒストグラムは**度数分布表**に基づいて描かれる．度数分布表は，量的データをいくつかの区間に分割し，各区間に含まれるデータの個数を計上した表である．前者のことを**階級**といい，後者のことを**度数**という．階級を横軸の座標とし，度数を縦軸としたグラフがヒストグラムである．階級の範囲は，平方根選択，**スタージェスの公式**（Sturges' formula）注3）や**スコットの選択**（Scott's choice）注4）などの方法に基づいて決めることが多い．この他，データの分布を確認する目的で，解析者が階級の範囲を恣意的に決める場合もある．

Matplotlibでヒストグラムを描くときにAxesクラスのhist()メソッドを使用する．hist()メソッドの引数binsにsqrt，sturgesやscottなどの文字列を代入して，階級の範囲を計算する方法を指定することができる．この他，bins=10などのように整数値を代入することで，データ全体を指定した数の階級に分けることもできる．

▼入力9-6

```
x = log_tpm.iloc[:, 1]
fig = plt.figure()
ax = fig.add_subplot()
ax.hist(x, bins='scott')  # 階級の範囲の計算方法を指定する
ax.set_xlabel('log10(TPM)')
ax.set_ylabel('frequency')
fig.show()
```

注3） スタージェスの公式：データ数がnのとき，$\log_2 n+1$以上の最小の整数を階級の幅とする．

注4） スコットの選択：データの標準偏差の3.5倍をデータ数の3乗根で割ったものを階級の幅とする．

▼出力9-6

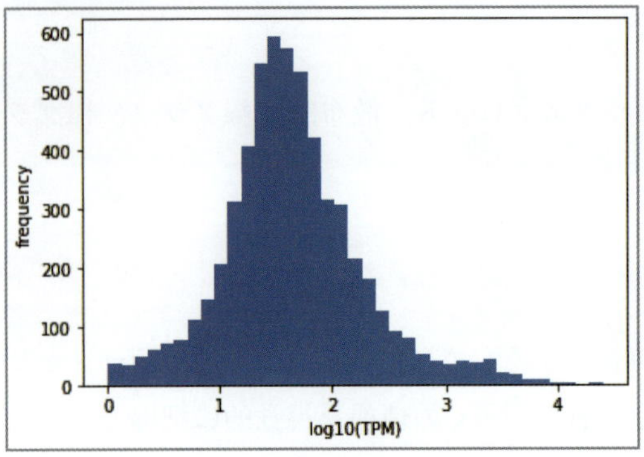

hist()メソッドのdensity引数にTrueを代入することで，**正規化**されたヒストグラムが描かれる．正規化されたヒストグラムは，ヒストグラム全体の面積が1.0となるように調整されている．ヒストグラムの各ビン（棒）の高さの合計が1.0になるわけではないので注意が必要である．ビンの高さの合計を1.0にするためには，ヒストグラムを描くとき，weights引数を利用して，入力データの値に重みをかけて調整する必要がある．なお，weights引数を利用するときには，binsに整数を代入しなければならない．そのため，スコットの選択などの公式に基づいてビンの数を決めたい場合は，**ビン数**をあらかじめ計算しておく必要がある．

▼入力9-7

```
x = log_tpm.iloc[:, 1]

# スコットの選択に基づくビンの数を計算する
h = (3.5 * np.std(x)) / (len(x) ** (1/3))
n_bins = int(np.round((np.max(x) - np.min(x)) / h))

w = np.ones_like(x)/float(len(x))  # 生データにかける重みを計算する. ones_like()は引数と同じ形状ですべて↵
の要素が1の配列を返す

fig = plt.figure()
ax = fig.add_subplot()
ax.hist(x, bins=n_bins, weights=w)
ax.set_xlabel('log10(TPM)')
ax.set_ylabel('frequency')
fig.show()
```

▼出力9-7

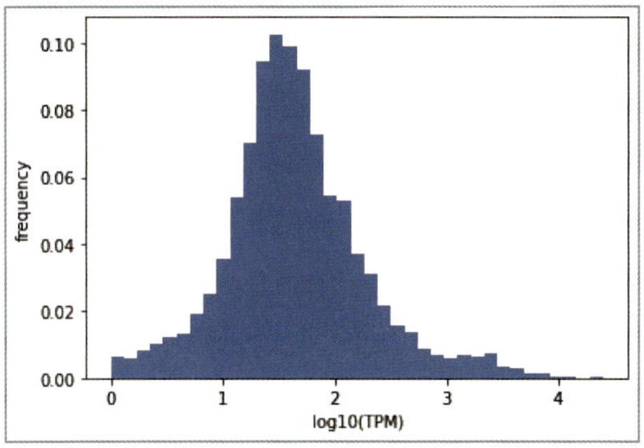

同じAxesクラスのインスタンスに対してhist()メソッドを複数実行することで，同じ作図領域に複数のヒストグラムを描くことができる．この際，ヒストグラムが重なり，最初に描かれたヒストグラムが見えなくなるのを防ぐために，hist()メソッドのalpha引数に透明度を指定するとよい．次ではfor文を用いて，発現量行列（log_tpm）に含まれる6ライブラリのTPMの分布（ヒストグラム）を1つのサブプロット領域に描く例を示してある．

▼入力9-8

```
fig = plt.figure()
ax = fig.add_subplot()

for i in range(tpm.shape[1]):
    x = log_tpm.iloc[:, i]
    ax.hist(x, bins='scott', alpha=0.2)  # alpha引数で透明度を指定する

fig.show()
```

▼出力9-8

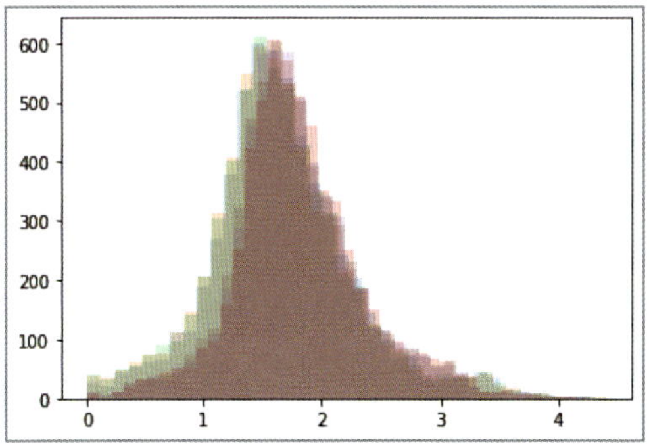

複数の変量を同じプロット領域に描くとき，変量同士の分布が似ているとヒストグラムが重なって見えに

くい場合がある．この際に，各々のヒストグラムを上下にずらして描く方法が用いられる．このようなグラフを描くには**JoyPy**（ジョイパイ）ライブラリを使用すると便利である．例えば，log_tpmに含まれる6ライブラリのTPMをヒストグラムで可視化したい場合は，log_tpmをJoyPyライブラリのjoyplot()関数に代入すればグラフが描かれる．なお，joyplot()関数をデフォルトのままで使用する場合，データの分布から密度が推定され，密度が描かれる．推定密度の代わりに，ヒストグラムとして描く場合は，hist引数にTrueを指定する必要がある．また，joyplot()関数にもbinsやalpha引数を利用することができる．

▼入力9-9

```
import joypy

fig, axes = joypy.joyplot(log_tpm, hist=True, bins='scott', alpha=0.5)
axes[-1].set_xlabel('log10(TPM)')
fig.show()
```

▼出力9-9

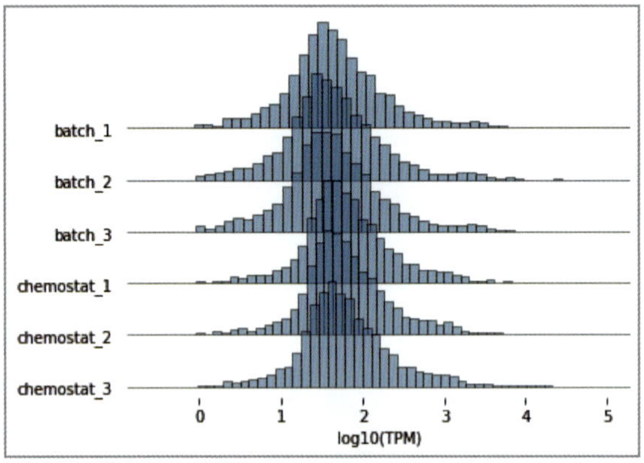

6つのライブラリをすべて図示することによって，群間の比較ができるようになる．これらのヒストグラムから，batchサンプルの複製実験で得られた全遺伝子の発現量TPMの分布の形が，chemostatサンプルのTPMの分布の形よりも裾がやや広いことがわかる．しかし，6ライブラリのTPMの形は互いに似て，乖離するものがなく，このまま解析に使用できると判断できる．

9.3.2 ボックスプロット

ボックスプロット（box plot，箱ヒゲ図）は，ヒストグラムと同様に，量的データの分布をわかりやすく表現するために使われるグラフである．ボックスプロットからデータの分布の形を正確に読み取れないが，複数の変量を同時に比べたりする際に便利である．

ボックスプロットは**四分位点**に基づいて描かれる．ボックスプロットの箱の下辺と上辺はそれぞれ第1四分位点（$Q_{\frac{1}{4}}$）と第3四分位点（$Q_{\frac{3}{4}}$）である．箱の内部に描かれる線は第2四分位点（$Q_{\frac{2}{4}}$）である．また，箱の下および上に伸びるヒゲの端はそれぞれ$Q_{\frac{1}{4}} - 1.5IQR$および$Q_{\frac{3}{4}} + 1.5IQR$で計算される値である[注5]．ここで，$IQR = Q_{\frac{3}{4}} - Q_{\frac{1}{4}}$によって計算される．また，ヒゲの上下端を超えたデータは，ボックスプロットを描く際に外れ値として扱われる．

Matplotlibでは，boxplot()関数を用いてボックスプロットを描く．この際に，描きたい変量を第一引数にし，さらにはそのデータのラベルをlabels引数にリストとして代入する．

▼入力9-10

```
x = log_tpm.iloc[:, 1].values

fig = plt.figure()
ax = fig.add_subplot()
ax.boxplot(x, labels=['batch1'])
fig.show()
```

▼出力9-10

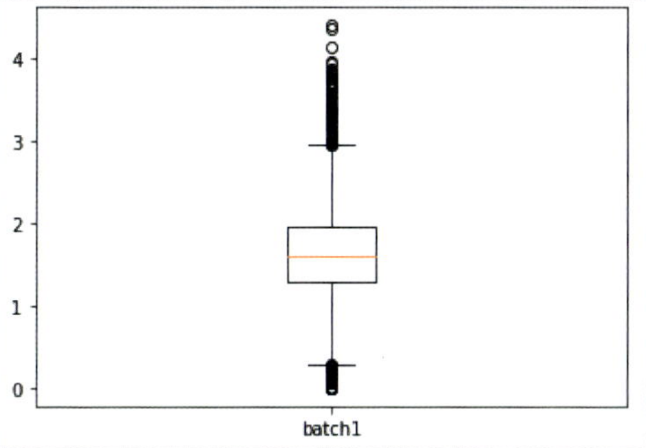

boxplot()に行列（NumPyの二次元配列またはpandasのDataFrame）を代入すると，行列の各列に対してボックスプロットが生成される．この際に，x軸のラベルも同様にリストあるいは配列として与える．例えば，log_tpmに含まれる6ライブラリのすべてに対してボックスプロットを描くとき，次のようなコードを書く．なお，ライブラリの名前が長く，デフォルトのままで描くとx軸に表示されるライブラリ名が重なってしまう．そこで，set_ticklabels()メソッドのratation引数を使用して軸ラベルを15度回転させて表示させる．

▼入力9-11

```
x = log_tpm.values
labels = log_tpm.columns.values

fig = plt.figure()
ax = fig.add_subplot()
ax.boxplot(x, labels=labels)
ax.set_xticklabels(labels, rotation=15)  # 軸ラベルを15度回転させる
fig.show()
```

注5）ヒゲの上下端の計算には複数の方法が存在する．

▼出力9-11

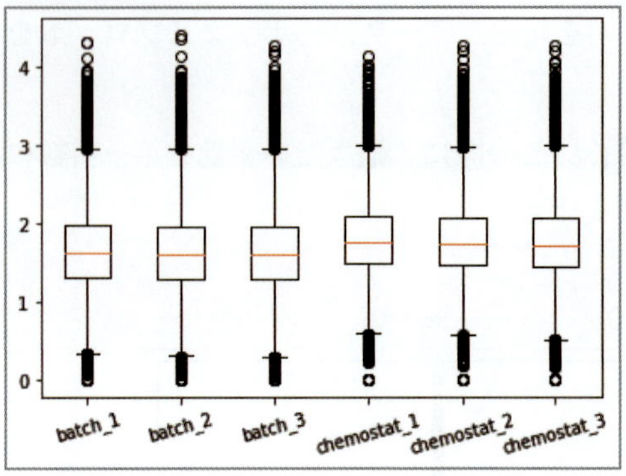

ボックスプロットだけでは，複数の変量同士の四分位点を容易に比較できるが，その分布の形を比較することが難しい．そのため，現在ではボックスプロットの上に実際の点を重ねたり，あるいは実際の分布から密度を推定して描いたりすることも行われる．推定密度をボックスプロットのように描いたグラフは**バイオリンプロット**（violin plot）とよばれている．Matplotlibではviolinplot()メソッドを使って描くことができる．violinplot()メソッドには，boxplot()メソッドのように座標軸を表示させるためのlabelオプションがないため，ユーザー自身がset_xticks()やset_xticklabels()メソッドなどを使用してラベルを出力させる必要がある．

▼入力9-12

```
x = log_tpm.values
labels = log_tpm.columns.values
xticks = [i + 1 for i in range(len(labels))]

fig = plt.figure()
ax = fig.add_subplot()
ax.violinplot(x, showmedians=True)

ax.set_xticks(xticks)
ax.set_xticklabels(labels, rotation=15)
fig.show()
```

▼出力9-12

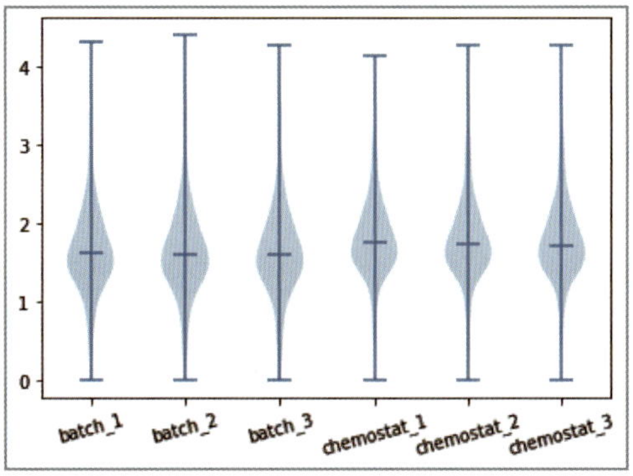

9.3.3 散布図

散布図（scatter plot）は，2つの量的データの関係や分布を可視化するために用いられる．2つの変量の間に因果関係が想定される場合，横軸に原因となる変量を，縦軸に結果となる変量をとるのが一般的である．散布図は，Axesクラスのscatter()メソッドに横軸と縦軸の座標を代入して描く．なお，そのままグラフを描くと，点と目盛りの対応を把握しづらい場合がある．ここで，grid()メソッドを使用して，作図領域にグリッド線を追加してグラフを見やすくする．

▼入力9-13

```
x = [0, 1, 2, 3, 4, 5, 6]
y = [2, 5, 4, 9, 8, 6, 1]

fig = plt.figure()
ax = fig.add_subplot()
ax.scatter(x, y)
ax.grid()  # グリッド線を出力する
fig.show()
```

▼出力9-13

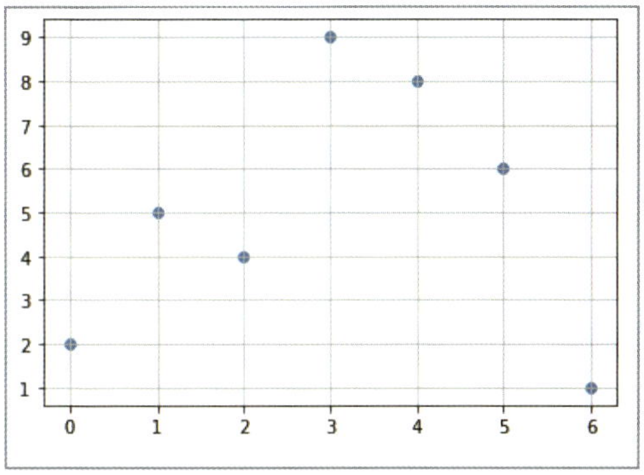

RNA-Seqの解析において散布図は多用される．例えば，全ライブラリにおける遺伝子の平均と分散を示した**平均分散プロット**や，発現変動遺伝子の同定結果を示した**MAプロット**などが散布図として描かれる．以下に，RNA-Seqデータから定量したカウントデータを利用して，平均分散プロットとMAプロットを描く例を示す．

カウントデータの分散は，平均とともに大きくなることが知られている．ここで，遺伝子が6ライブラリにおいて発現量に差がないと仮定して，その発現量tpmで平均分散プロットを描く例を示す．まず，横軸の座標となる平均μおよび縦軸の座標となる分散vをpandasのDataFrameのメソッド（**第7章7.3.3，7.5**参照）で計算して，それぞれをmuおよびvar変数に代入する．次に，このmuおよびvar変数をscatter()メソッドに代入する．このとき，点の重なりを濃淡づけるために，点の透明度alphaを20%に指定する．また，カウントデータのばらつきが大きいため，そのままで可視化すると全体が把握しづらいので，ここで縦軸と横軸をax.set_xscaleおよびax.set_yscaleにsymlogを指定して対数スケールで描く[注6]．

▼入力9-14

```
mu = tpm.mean(axis=1).values
var = tpm.var(axis=1).values

fig = plt.figure()
ax = fig.add_subplot()
ax.grid()
ax.scatter(mu, var, color='black', alpha=0.2)
ax.plot([0, 1e4], [0, 1e4], color='red')
ax.set_xlabel('mean')
ax.set_ylabel('variance')
ax.set_xscale('symlog')
ax.set_yscale('symlog')
fig.show()
```

▼出力9-14

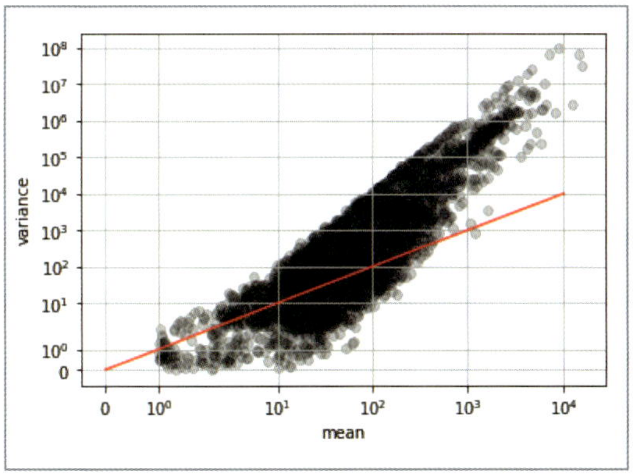

図示した平均分散プロットからは，平均μが大きくなると，分散vも大きくなることが読み取れる．また，

注6）座標軸の目盛りを対数スケールに変換するオプションとしてlogとsymlogが用意されている．logの場合は極端に小さい値やマイナスの値をプロットしない．これに対して擬似対数symlogの場合は，極端に小さい値の場合は対数化せずにそのまま線形のスケールでグラフ化する．

平均と分散の関係に着目すると，分散が平均の2次式（$v = \mu(1 + \phi\mu)$）として近似できる傾向が読み取れる．

MAプロットは発現変動遺伝子の検出結果分布を示す際によく用いられる散布図である．ここで，発現変動遺伝子をマークアップしたMAプロットを描く例を示す．まず，MAプロットを描くために，対数化された発現量の平均および**fold change**（倍率変化）を計算する．続いて，fold changeの絶対値が4以上の場合を発現変動遺伝子として定義する[注7]．次に，scatter()メソッドを2回使用して，それぞれ非発現変動遺伝子および発現変動遺伝子の点を描く．この際に，scatter()メソッドのlabel引数に点の属性（すなわち，非発現変動遺伝子か発現変動遺伝子）を追加し，最後にlegend()メソッドで点の色と遺伝子の属性を対応させるグラフ凡例を出力する．

▼入力9-15

```
batch_log_tpm_mean = np.log2(tpm.iloc[:, :3].mean(axis=1).values + 1)
chemostat_log_mean = np.log2(tpm.iloc[:, 3:].mean(axis=1).values + 1)

mu = (batch_log_tpm_mean + chemostat_log_mean) / 2
fc = chemostat_log_mean - batch_log_tpm_mean

is_DEG = np.array([False] * len(fc))  # [False, False, ... , False]がfcの要素数あるarrayを作成
is_DEG[(np.abs(fc) > 2)] = True  # 発現量の差が対数にして2以上の要素をフラグ

fig = plt.figure()
ax = fig.add_subplot()
ax.grid()
ax.scatter(mu[np.logical_not(is_DEG)], fc[np.logical_not(is_DEG)],
           color='black', alpha=0.3, label='nonDEG')
ax.scatter(mu[is_DEG], fc[is_DEG], color='red', alpha=0.3, label='DEG')
ax.set_xlabel('mean of log2(TPM)')
ax.set_ylabel('log2 fold changes (chemostat - batch)')
ax.legend()
fig.show()
```

注7） 本来ならばR/BioconductorのedgeRやDESeq2などのパッケージを利用して，カウントデータを正規化したうえで，統計的な手法で発現変動遺伝子を検出すべきである．都合上，ここではfold changeに閾値を設けて発現変動遺伝子を定義した．

▼出力9-15

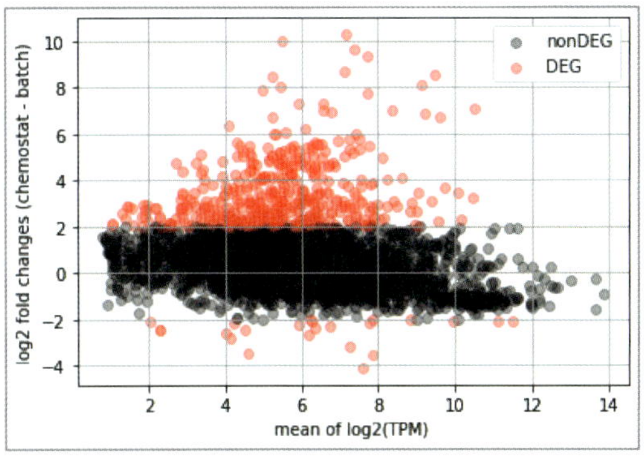

2つの変数の関係を調べるとき，一般的に，それぞれの変数をヒストグラムで図示して分布を確認してから，両者の関係を散布図で示すことがある．あるいは，ヒストグラムと散布図の両者を同時に示すグラフを用いることもある．このようなヒストグラム付きの散布図をMatplotlibで描くとき，プロット領域をいくつかのサブプロット領域に分割したあと，ヒストグラムおよび散布図を描いていくことになり，調整がやや複雑である．その代わりに，Seabornで提供されているjointplot()関数を用いることで，容易に描くことができる．Seabornでヒストグラム付き散布図を描くとき，横軸と縦軸の座標となるデータを1つのDataFrameに用意する．次に，このDataFrameをjointplot()関数に代入し，縦軸と横軸にあたる列名を指定して描く．次は，カウントデータのbatchサンプルの平均とchemostatサンプルの平均の関係をヒストグラム付きの散布図で描いた例である．

▼入力9-16

```
import seaborn as sns

batch_log_tpm_mean = np.log2(tpm.iloc[:, :3].mean(axis=1).values + 1)
chemostat_log_mean = np.log2(tpm.iloc[:, 3:].mean(axis=1).values + 1)

log_tpm_lib_mean = pd.DataFrame({'batch': batch_log_tpm_mean,
                                 'chemostat': chemostat_log_mean})

sns.jointplot(data=log_tpm_lib_mean, x = 'batch', y = 'chemostat')
plt.show()
```

▼出力9-16

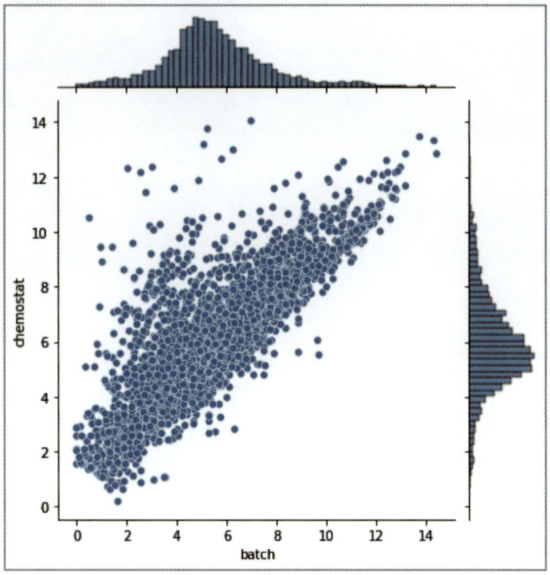

変数の数が多くなると，複数の変数間の総当たりでヒストグラム付きの散布図を描き，それを1枚のグラフにまとめた**ペアプロット**がよく使われる．Matplotlibでこれを描くのは困難であるが，Seabornならば容易に描くことができる．次は，Seabornの`pairplot()`関数を使って，カウントデータの6ライブラリ同士の関係を図示する例である．

▼入力9-17

```
sns.pairplot(log_tpm, diag_kind='kde')
plt.show()
```

▼出力9-17

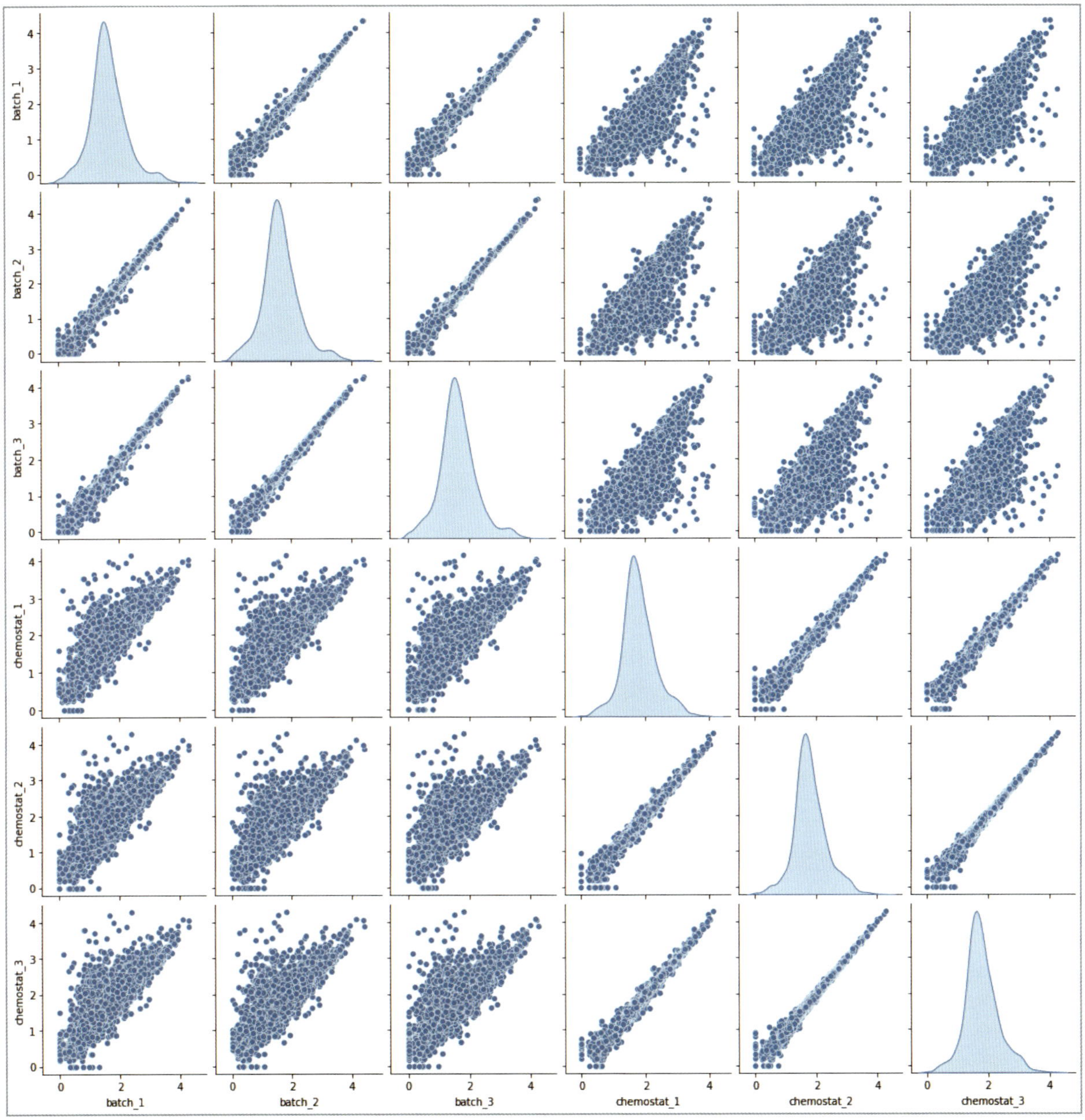

9.3.4 線グラフ

線グラフ（line plot）は順序のある**系列データ**を可視化するために利用されるグラフである．例えば，気温／降水量や時系列的に観測した遺伝子発現量の変化を可視化したりする際に用いられる．線グラフはAxesクラスの`plot()`メソッドで描く．一例として，ある遺伝子の発現量を処理前と処理後48時間まで観測した値を線グラフで描く場合を考える．このとき，x座標の目盛りを0，2，4，…，48のように，実際に観測を行った時刻につけたいのでset_xticks()メソッドを使用して，目盛りの表示位置を指定する．

▼入力9-18

```
x = [0, 2, 4, 8, 12, 24, 48]
y = [1.2, 2.4, 1.8, 1.6, 1.1, 1.0, 1.3]

fig = plt.figure()
ax = fig.add_subplot()
ax.plot(x, y)
ax.grid()
ax.set_xlabel('treatment [hour]')
ax.set_ylabel('gene expression [TPM]')
ax.set_xticks(x)
fig.show()
```

▼出力9-18

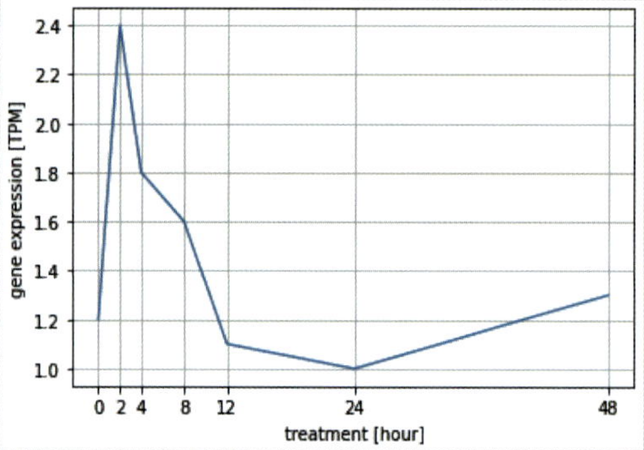

複数個の遺伝子発現量の変化を同じ作図領域に描くとき，これまでと同様に，それぞれの遺伝子発現量に対してplot()メソッドを実行する．このとき，グラフの線の色は自動的に配色される．また，複数の遺伝子を描く場合，グラフを描いたあとに線と実際の遺伝子名が対応できなくなることを防ぐために，plot()関数のlabelオプションにて遺伝子名を追加する．これによって，lenged()メソッドで凡例を表示させるときに，線の色と遺伝子名の対応が表示される．

▼入力9-19

```
x = [0, 2, 4, 8, 12, 24, 48]
y1 = [2, 5, 4, 9, 8, 6, 1]
y2 = [2, 4, 4, 5, 6, 4, 5]
y3 = [1, 8, 9, 3, 2, 0, 1]

fig = plt.figure()
```

```
ax = fig.add_subplot()
ax.grid()
ax.plot(x, y1, label='gene 1')
ax.plot(x, y2, label='gene 2')
ax.plot(x, y3, label='gene 3')
ax.set_xticks(x)
ax.legend()
fig.show()
```


▼出力9-19

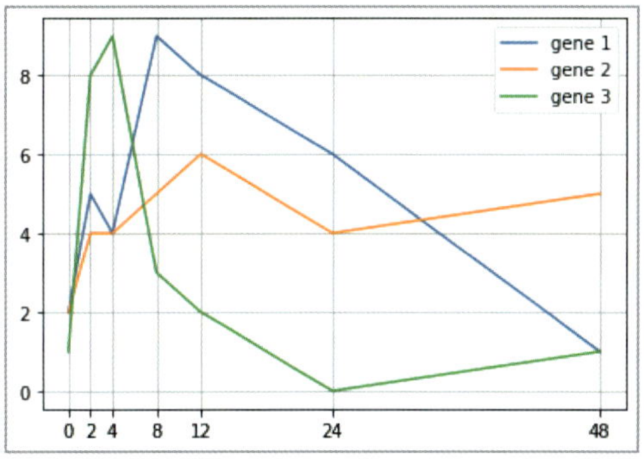

9.3.5 棒グラフ

棒グラフ（bar plot）は，複数のカテゴリに属している値同士の比較を行う際に用いられるグラフである．それゆえに，棒グラフは，棒の高さを個々に見るのではなく，すべての棒を1つのまとまりとして，それらの高低を比較しながら見ることが一般的である．そのため，棒グラフを描くとき，比較基準を0とし，また途中の目盛りを省略しない方が誤解を招かない．棒グラフはAxesクラスのbar()メソッドで描く．

▼入力9-20

```
x = ['batch', 'chemostat']
y = [1.2, 3.4]

fig = plt.figure()
ax = fig.add_subplot()
ax.bar(x, y)
ax.set_ylabel('log10(TPM)')
fig.show()
```

▼出力9-20

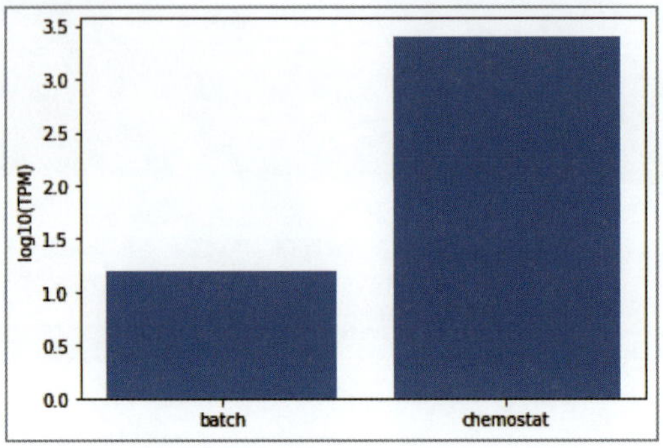

1つのカテゴリに複数の値を含むデータを横並びの棒グラフで可視化するときは，解析者が棒の幅や横軸の座標を調整する必要がある．ここで，横並びの棒グラフを描く例を示す．**第8章**で得られた発現量行列のうち，gene_6356の発現量に着目したとき，gene_6356の発現量はbatchおよびchemostatそれぞれにおいて3個体で測定されている．3個体それぞれの値を棒グラフとして示すとき，次のようにして，棒の幅と横軸の座標を調整しながら，bar()を3回実行する．

▼入力9-21

```
gene_id = 'gene_6356'
labels = ['batch', 'chemostat']
x = np.array([0, 1])
y = tpm.loc[gene_id, :].values.reshape((3, 2), order='F')

fig = plt.figure()
ax = fig.add_subplot()

# 棒の幅を0.3倍する
ax.bar(x, y[0, :], width=0.3, label='replicate 1')
# 1本目の棒のx座標に（1本目の棒の幅）0.3を足した座標を，2本目の棒のx座標とする
ax.bar(x + 0.3, y[1, :], width=0.3, label='replicate 2')
# 1本目の棒のx座標に（1本目と2本目の棒の幅）0.3 + 0.3を足した座標を，3本目の棒のx座標とする
ax.bar(x + 0.3 + 0.3, y[2, :], width=0.3, label='replicate 3')
ax.set_ylabel('TPM')
ax.set_xticks(x + 0.3)
ax.set_xticklabels(labels)
ax.legend()
fig.show()
```

▼出力9-21

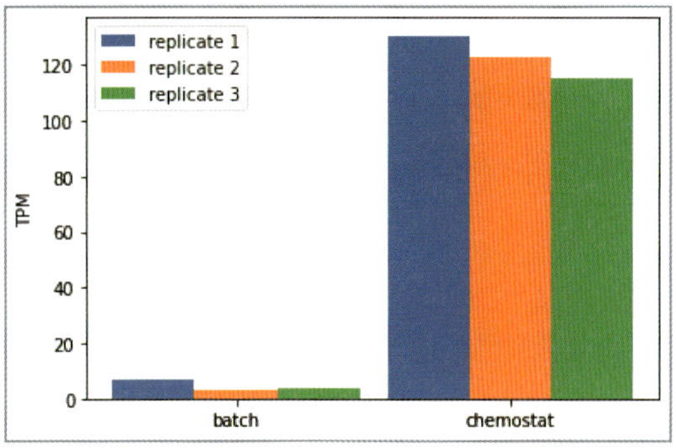

積み上げ棒グラフの場合は，x 軸の座標を調整せずに，棒を描く基準となる y 軸の座標を調整する必要がある．例えば，次の例では，replicate 2（個体2）の基準点をreplicate 1の棒の高さとし，replicate 3の基準点をreplicate 1および2の棒の高さの和となるように調整して，棒グラフを描いている．

▼入力9-22

```
gene_id = 'gene_6356'
x = ['batch', 'chemostat']
y = tpm.loc[gene_id, :].values.reshape((3, 2), order='F')

fig = plt.figure()
ax = fig.add_subplot()
ax.bar(x, y[0, :], label='replicate 1')
# 2本目の棒の基準値（bottom）を1本目の棒の高さにする
ax.bar(x, y[1, :], bottom=y[0, :], label='replicate 2')
# 3本目の棒の基準値（bottom）を1本目と2本目の棒の高さの和にする
ax.bar(x, y[2, :], bottom=y[0, :] + y[1, :], label='replicate 3')
ax.set_ylabel('TPM')
ax.legend()
fig.show()
```

▼出力9-22

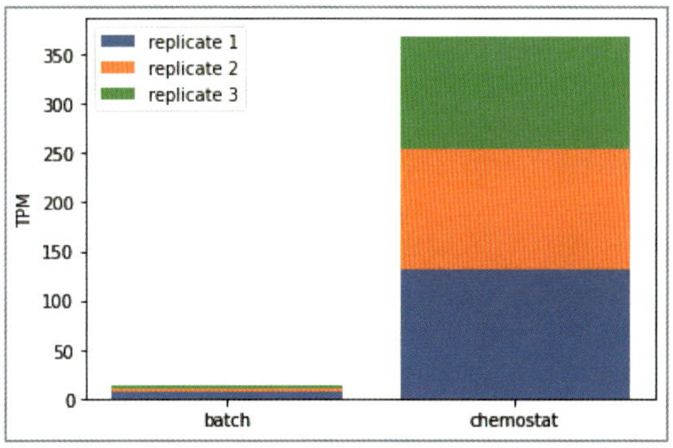

棒グラフはしばしば**エラーバー**と共に用いられている．次は，gene_6356遺伝子発現量のbatch群とchemostat群それぞれから平均と分散を計算し，平均を棒の高さ，標準偏差をエラーバーの高さとして棒グラフを描く例である．なお，デフォルトのオプションで描いたエラーバーは，1本の縦棒に見える．エラーバーを縦棒ではなく，「エ」の形にするために，バーの幅や太さを調整する必要がある．この調整はerror_kw引数を介して行う．

▼入力9-23

```
gene_id = 'gene_6356'
labels = ['batch', 'chemostat']
x = np.array([0, 1])
y = tpm.loc[gene_id, :].values.reshape((3, 2), order='F')
y_mean = y.mean(0)
y_sd = y.std(0)

error_bar_options = {'lw':1, 'capthick':1, 'capsize':20}

fig = plt.figure()
ax = fig.add_subplot()
ax.bar(x, y_mean, yerr=y_sd, error_kw=error_bar_options)
ax.set_xticks(x)
ax.set_xticklabels(labels)
ax.set_ylabel('TPM')
fig.show()
```

▼出力9-23

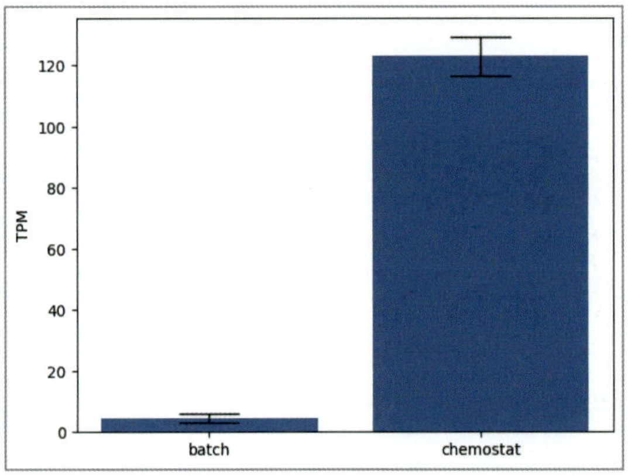

9.3.6 ヒートマップ

ヒートマップ（heat map）は，バイオインフォマティクスの分野において，**遺伝子発現量行列**を可視化するために多用される．Matplotlibでヒートマップを描くときはpcolor()メソッドが便利である．pcolor()以外にもmatshow()やimshow()メソッドなどの行列や画像を図示するメソッドが利用できるが，ここではpcolor()を紹介する．

次は，10行×6列からなる行列型のデータを作成し，これをヒートマップで図示する例を示してある．行列データをpcolor()メソッドに代入するとヒートマップが描かれる．また，colorbar()メソッドも合わせて利用することで，ヒートマップの横にスケールバーを表示させることができる．デフォルトではカラースケールは入力データに基づいて自動的に配色される．配色グラデーションの最小値と最大値を固定したい場合はpcolor()メソッドのvminおよびvmax引数で指定する．

▼入力9-24

```
x = np.random.rand(10, 6)  # ランダムの擬似データのため，出力のヒートマップは環境によって異なる

fig = plt.figure()
ax = fig.add_subplot()
heatmap = ax.pcolor(x, vmin=0, vmax=1, cmap='YlOrRd')  # Yellow→Orange→Redのグラデーション
fig.colorbar(heatmap, ax=ax)
fig.show()
```

▼出力9-24

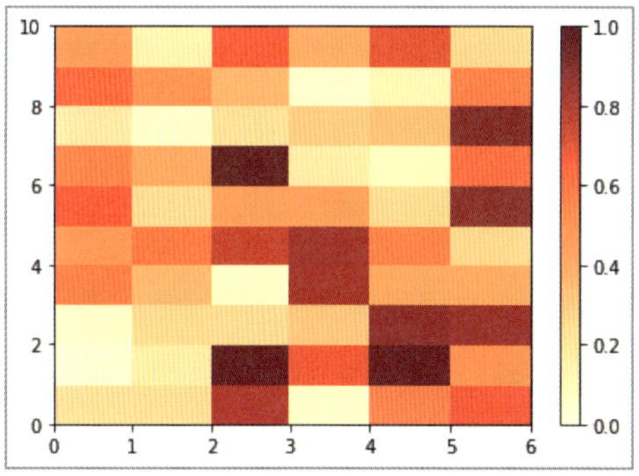

ここで応用例として，batchおよびchemostat間において，fold changeの絶対値が4以上の遺伝子を発現変動遺伝子として定義し，発現変動遺伝子のヒートマップを描く例を示す．まず，fold changeを計算し，発現変動遺伝子を検出して，発現変動遺伝子の発現量行列を取り出す．次に，pcolor()メソッドに発現変動遺伝子の発現量行列を代入する．このとき，スケールバーの最小値を0とし，最大値を発現変動遺伝子の発現量行列中の最大値とする．

9
データの可視化

▼入力9-25

```
batch_log_tpm_mean = np.log2(tpm.iloc[:, :3].mean(axis=1).values + 1)
chemostat_log_mean = np.log2(tpm.iloc[:, 3:].mean(axis=1).values + 1)

mu = (batch_log_tpm_mean + chemostat_log_mean) / 2
fc = chemostat_log_mean - batch_log_tpm_mean

is_DEG = np.array([False] * len(fc))
is_DEG[(np.abs(fc) > 2)] = True

log_tpm_DEG = log_tpm.loc[is_DEG, :].values
fc_DEG = fc[is_DEG]

fig = plt.figure()
ax = fig.add_subplot()
heatmap = ax.pcolor(log_tpm_DEG, vmin=0, vmax=np.max(log_tpm_DEG), cmap='YlOrRd')
ax.set_xticks([0, 1, 2, 3, 4, 5])
ax.set_xticklabels(log_tpm.columns.values, rotation=15)
fig.colorbar(heatmap, ax=ax)
fig.show()
```

▼出力9-25

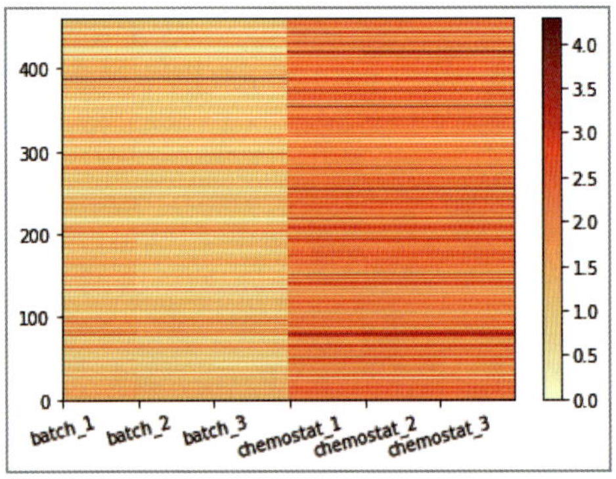

ヒートマップは，縦方向または横方向でクラスタリングして，そのクラスタリング結果とともに図示する場合も多く見られる．Matplotlibでこの機能を実現するには非常に手間がかかる．これに対して，Seabornを利用すれば，関数1つでクラスタリング付きのヒートマップを作図できる．

Seabornでクラスタリング付きのヒートマップを描くときにclustermap()メソッドを利用する．次の例はclustermap()メソッドに対して，ユークリッド距離で距離行列を計算し，次にこの距離行列に基づいてウォード法（method='ward'）に基づくクラスタリングを行い，その結果をヒートマップに示してある．

▼入力9-26

```
batch_log_tpm_mean = np.log2(tpm.iloc[:, :3].mean(axis=1).values + 1)
chemostat_log_mean = np.log2(tpm.iloc[:, 3:].mean(axis=1).values + 1)

mu = (batch_log_tpm_mean + chemostat_log_mean) / 2
fc = chemostat_log_mean - batch_log_tpm_mean

is_DEG = np.array([False] * len(fc))
is_DEG[(np.abs(fc) > 2)] = True

log_tpm_DEG = log_tpm.loc[is_DEG, :]

fig = plt.figure(figsize=(2, 14))
sns.clustermap(log_tpm_DEG, method='ward', metric='euclidean', cmap='YlOrRd')
fig.show()
```

▼出力9-26

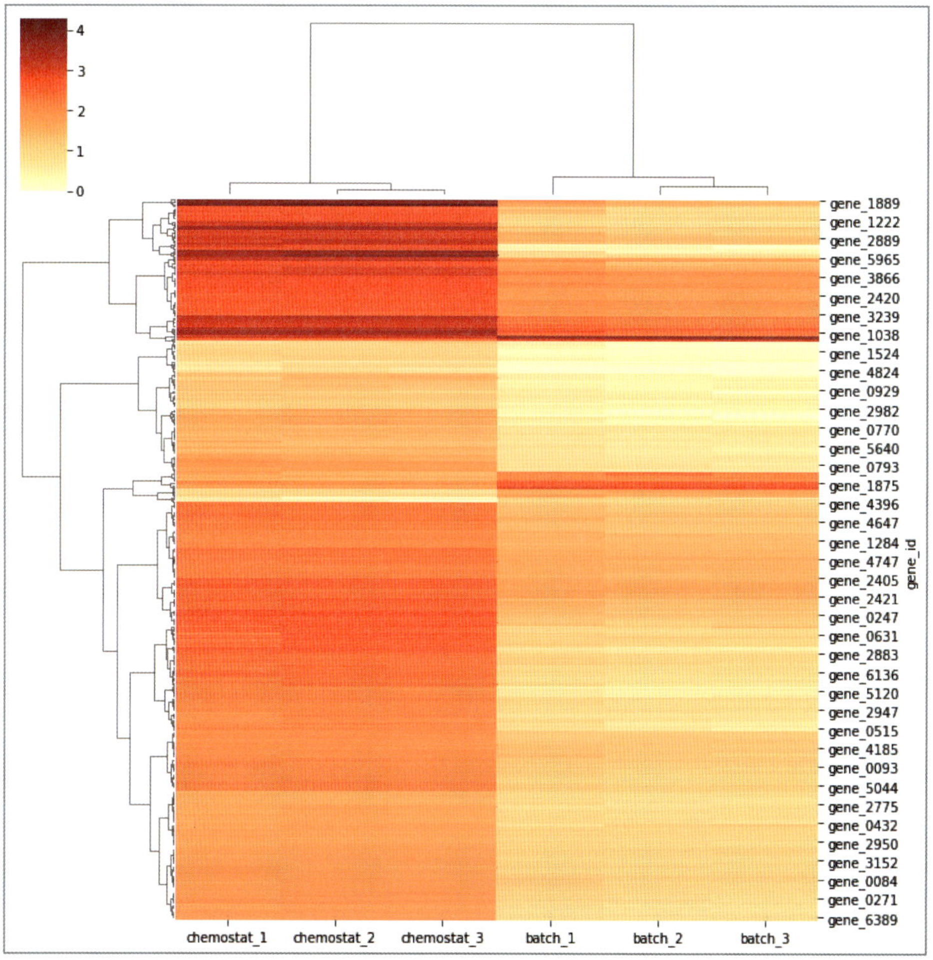

9.3.7　ベン図

ベン図（venn diagram）も複数のグループ間の共通要素を確認する際に用いられる．例えば，複数の系統に対して同様な処理を行い，有意に高発現した遺伝子を系統ごとに求めたとする．次に，各系統で高発現する遺伝子は共通しているのかそれとも異なっているのかを示すために，ベン図で表すことがある．

ベン図を描く際にmatplotlib_vennライブラリを利用する．2つのグループからなるベン図を描くとき，venn2()関数を使用する．この際に，グループ間のオーバーラップ領域に含まれる要素の数をあらかじめ計算する必要がある．

▼入力9-27

```
from matplotlib_venn import venn2

group_a = {'gene_1', 'gene_2', 'gene_3', 'gene_4', 'gene_5'}  # グループは集合型にする
group_b = {'gene_4', 'gene_5', 'gene_6'}

n_a = len(group_a - group_b)
n_b = len(group_b - group_a)
n_ab = len(group_a & group_b)

v = venn2(subsets=(n_a, n_b, n_ab), set_labels=('A', 'B'))
plt.show()
```

▼出力9-27

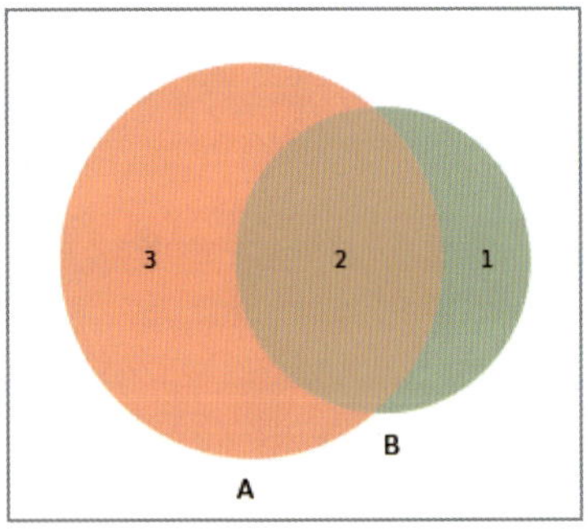

3つのグループからなるベン図を描く場合はvenn3()関数を利用する．このときも，グループ同士のオーバーラップ領域に含まれる要素の数をあらかじめ計算する必要がある．そして，その要素数を指定された順序でvenn3()関数に代入する必要がある．

▼入力9-28

```
from matplotlib_venn import venn3

group_a = {'gene_1', 'gene_2', 'gene_3', 'gene_4', 'gene_5', 'gene_6'}
group_b = {'gene_2', 'gene_4', 'gene_6', 'gene_8', 'gene_10'}
group_c = {'gene_2', 'gene_3', 'gene_5', 'gene_7', 'gene_9', 'gene_10'}

n_a = len(group_a - group_b - group_c)
n_b = len(group_b - group_a - group_c)
n_c = len(group_c - group_b - group_a)
n_ab = len((group_a & group_b) - group_c)
n_bc = len((group_b & group_c) - group_a)
n_ca = len((group_c & group_a) - group_b)
n_abc = len(group_a & group_b & group_c)

v = venn3(subsets=(n_a, n_b, n_ab, n_c, n_ca, n_bc, n_abc), set_labels=('A', 'B', 'C'))
plt.show()
```

▼出力9-28

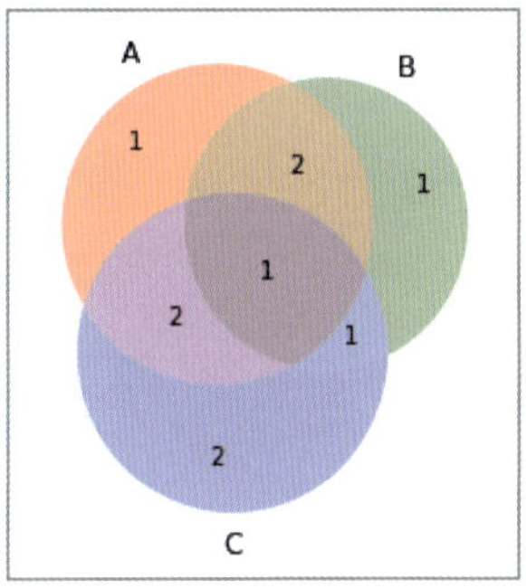

9.4 プロット領域の分割

9.4.1 複数グラフ

1枚の画像に複数のグラフを書き込むことができる．これははじめに説明した1つのFigureクラスのインスタンスに複数のAxesクラスのインスタンスを追加することで実現できる．これまでAxesクラスのインスタンスを作るときにfig.add_subplot()関数を使ってきた．この関数に引数を与えることで，1つのFigureクラスのインスタンスに複数のAxesクラスのインスタンスを生成することができる．

add_subplot()関数に引数を与えるときは3つの整数値を与える．この3つの整数はそれぞれ行の分割数，列の分割数，そして分割後の領域番号を表す．例えば，ax1 = add_subplot(1, 2, 1)ならば，プロット領域全体が1行×2列に分割され，その1番目の作図領域の情報を返してax1に代入している．このax1に対してscatter()などの作図メソッドを適用すると，プロット領域の左側に散布図などが描かれる．また，ax2 = add_subplot(1, 2, 2)ならば，プロット領域全体が1行×2列に分割され，その2番目の作図領域の情報を返してax2に代入している．ax2に対してhist()などの作図メソッドを適用すると，プロット領域の右側にヒストグラムなどが描かれる．なお，分割したプロット領域でグラフを描くと，グラフ同士の隙間が小さくなり見づらくなる．plt.tight_layout()メソッドを利用することで，その隙間を見やすくするように自動調整できる．

▼入力9-29

```
# ランダムの擬似データを作成
x = np.random.uniform(0, 100, 20)
y = x * np.random.uniform(1, 2, 20)

fig = plt.figure()

## Axes 1
ax1 = fig.add_subplot(1, 2, 1)
ax1.scatter(x, y)

## Axes 2
ax2 = fig.add_subplot(1, 2, 2)
ax2.hist(x)

# show plots
plt.tight_layout()
plt.show()
```

▼出力9-29

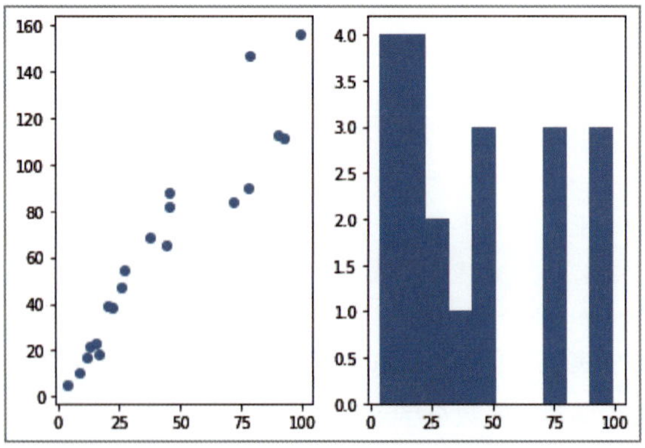

add_subplot()はプロット領域の縦および横の等分割しかできない．上の例ではプロット領域を1行×2列の割合で等分割している．例えば，add_subplot(2, 3, 1)のようにすることで，プロット領域を2行×3列に

等分割することができる．add_subplot() によって分割したあとの領域は，左から右へ，そして上から下への順番で作図領域に番号がつけられる．

add_subplot() メソッドはプロット領域を縦および横に等分割するのに便利だが，非等分割の場合は難しい．プロット領域を自由に分割して，複数のグラフを描く際に，gridspec.GridSpec() メソッドが便利である．gridspec.GridSpec() メソッドは，プロット領域をグリッド状に等分割したうえで，いくつかのグリッドを結合させて使用することができる．

例えば**図9.2**に示したように，gridspec.GridSpec() でプロット領域全体を3行×4列のグリッド状に分割し，その後，グリッドの横軸と縦軸の座標を指定して，該当する複数のグリッドを結合して1つの作図領域として使用することができる．グリッドの座標は配列のように扱うことができ，例えば，1行目の1列目と2列目にある2つのグリッドを結合して使用する場合は，1行目を示す座標0と1列目と2列目を示す座標[0, 1]または0:2を使用して，gs[0, 0:2]とすることでサブプロット領域を切り出すことができる．

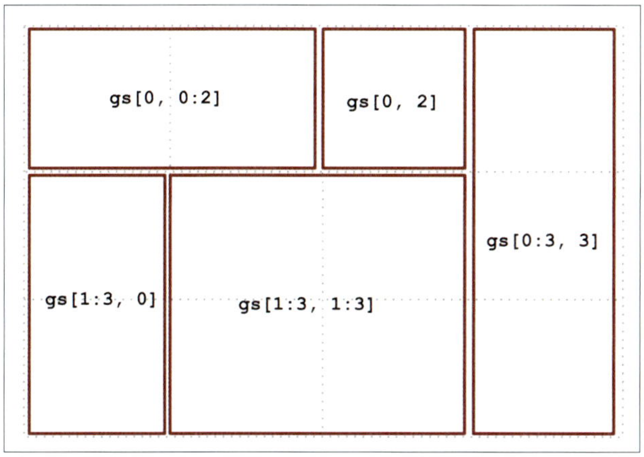

図9.2　GridSpec()による分割の例

matplotlib.gridspec モジュールのGridSpec() 関数を利用することで，プロット領域全体をグリッド状に分割することができる．このグリッドを任意の組み合わせで結合することで自由度の高い領域分割ができるようになる

▼入力9-30

```
import matplotlib.gridspec as gridspec

gs = gridspec.GridSpec(3, 4)

ax1 = plt.subplot(gs[0, 0:2])
ax2 = plt.subplot(gs[0, 2])
ax3 = plt.subplot(gs[1:3, 0])
ax4 = plt.subplot(gs[1:3, 1:3])
ax5 = plt.subplot(gs[0:3, 3])

ax1.scatter([0, 1, 2, 3], [0, 2, 4, 6])
```

9　データの可視化

```
ax3.hist([0, 1, 1, 2, 2, 3, 1, 2, 5, 6, 7, 8, 9, 10])
ax2.bar(['A', 'B', 'C'], [1.2, 3.2, 3.1])
ax4.plot([0, 1, 2, 3], [0, 2, 4, 6])
ax5.plot([0, 1, 2, 3], [0, 2, 4, 6], marker='o')

plt.tight_layout()
plt.show()
```

▼出力9-30

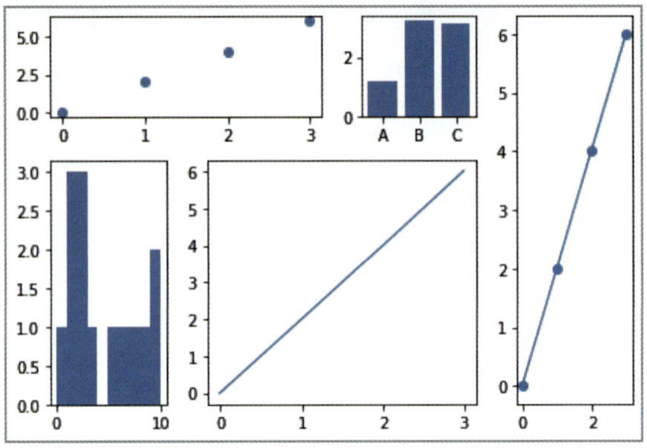

9.5 おわりに

可視化はデータ解析において重要なステップである．今日，さまざまな目的に合ったグラフが考案され，使われている．本章で，Pythonによるすべてのグラフの作図方法を網羅するのは不可能であったが，データの可視化，グラフの出力の雰囲気は掴めたのではないかと思う．本章で紹介していないグラフを作図したい場合は，画像検索で似たグラフを見つけて，そのコードを修正して使うのが手っ取り早いだろう．また，本章ではMatplotlibおよびSeabornしか取り上げなかった．しかし，今後，IoTやICT技術などがさらに発展し，オンラインでデータ解析結果を共有したりする場面が今日以上に多くなる．そのため，グラフを静止画像として生成するのではなく，Webベースでインタラクティブに可視化する必要性があると考えられる．読者には，MatplotlibとSeabornの使い方に慣れたあとに，PlotlyやBokehなどのインタラクティブなグラフのライブラリの使い方も習得することをおすすめしたい．

第10章

統計的仮説検定

RNA-Seqデータを用いた検定の基本からモデル選択まで

森　宙史

本章の目的

RNA-Seq解析では，ゲノム中の多数の遺伝子を対象にして群間で発現量の比較を行い，発現量が変動した遺伝子をスクリーニングする．その際，個々の遺伝子発現量はランダムな誤差を含むため，誤差を考慮したうえでの統計解析が必要になる．この章では，基本的な統計の知識はすでに他の教科書等で身につけていることを前提にし，個々の統計理論についての説明は必要最低限にとどめている．そのうえで，RNA-Seq解析で得られた遺伝子ごとの発現量のデータをどのように統計解析するかについて，統計的仮説検定に焦点を絞って説明する．

10.1　必要ライブラリのimport

この章では，先の章から順に進めていれば全て導入済みのライブラリのみ使用している．

▼入力10-1

```
# 必要なライブラリのインポート
import numpy as np  # NumPy
import scipy as sp  # SciPy
import pandas as pd  # pandas
import statsmodels.stats.multitest as multi  # statsmodelsライブラリ
import statsmodels.formula.api as smf  # statsmodelsライブラリ
import statsmodels.api as sm  # statsmodelsライブラリ
from scipy import stats  # SciPy
from matplotlib import pyplot as plt  # Matplotlib
import seaborn as sns  # Seaborn
sns.set()  # Seaborn
%matplotlib inline
```

本章の執筆にあたりPython==3.12.2, NumPy==2.1.0, SciPy==1.14.0, pandas==2.2.2, statsmodels==0.14.2, Matplotlib==3.9.1, Seaborn==0.13.2を用いて動作確認を行った．

10.2 基本的な用語や概念

統計的仮説検定の説明に入る前に，統計の基本的な用語や概念について説明する．

- **推測統計学**

  限られたサンプルのデータから，そのサンプルが所属する集団について，なんらかの推測を行う統計学の分野および手法

統計的仮説検定は，推測統計学の代表的なアプローチの1つである．

10.2.1 母集団と標本（サンプル）

表10.1 母集団と標本に関連する用語

用語	説明	例
母集団	調べたい対象の全体	酵母のある条件でのmRNA全部
標本	母集団から無作為（ランダム）にN個抽出した集合	酵母のある条件でのmRNAをcDNA化して断片化しHiSeqでN read pairsシークエンシングした結果
サンプリング	母集団から標本を得ること	RNA抽出してcDNA化してシークエンシング
サンプルサイズ	標本の大きさ（N）	N read pairs
サンプル数	標本を抽出した数	3 biological replicates

10.2.2 標本データの尺度水準

データにはさまざまな種類がある．その中でも**表10.2**で説明するデータの尺度水準は，使える統計手法や必要なデータの前処理方法が尺度水準によって異なるため，重要である．

表10.2 尺度水準の種類

用語	説明	例
名義尺度	種類（カテゴリ）の違いのみに意味がある尺度	アルファベット，都道府県
順序尺度	カテゴリの違いとカテゴリ間の順位に意味がある尺度	大ー中ー小，優ー良ー可
間隔尺度	定量的な数値データであり，数値の間隔には意味があるが，比率には意味がない尺度	セルシウス温度
比率尺度	定量的な数値データであり，数値の間隔には意味があり，比率にも意味がある尺度	絶対温度，長さ，体重

10.2.3 確率変数と確率分布

- **確率変数：とりうる値とその確率が決まっているもの**

  (例) コインの裏表，サイコロの目

- **確率分布：確率変数とそれに付与された確率との対応を表したもの**

  (例) コインの裏表の確率分布　裏：0 = 1/2，表：1 = 1/2

確率密度関数

名義尺度や順序尺度のデータは，**離散値**，つまり値間の境界が明確であるため，コインの裏の確率等，確率変数の各値の確率を計算することは容易である．それに対して多くの間隔尺度や比率尺度のデータは**連続値**であるため，確率変数の各値の確率を計算することは困難である．例えば，長さ4 mmはもっと測定精度を上げると，4.1 mmや，4.001 mmかもしれず，4ちょうどになる確率に実用上の意味はほとんどない．したがって，4～5 mmの間等，ある程度間隔をとって確率変数の値がその間の値になる確率を表現する．実際は，区間で積分して密度を求める作業になる．そのため，間隔尺度や比率尺度の場合の確率を確率密度とよび，連続型の確率変数の確率分布を，**確率密度関数**とよぶ．

同じ長さと言っても，例えばゲノムサイズの場合は塩基の数であるので，3.1塩基等が原理的に存在せず，厳密には離散値であると考えることができる．バイオインフォマティクスで扱うデータは，配列の本数や塩基数など，一見連続値に見えて実際は離散値であるデータも多いため，離散値か連続値かの判断には注意が必要である．

10.3 さまざまな確率分布

推測統計学では，母集団に仮定をおくことで推定を簡単にする．母集団の推定は，分布の形（何分布か）を推定することと，確率分布のパラメータを推定することの2つによって，構成される．

母集団にはさまざまな確率分布が存在するが，大きくデータが離散値の場合と連続値の場合によって分けられる．ここでは，離散値の場合の分布として二項分布とポアソン分布，連続値の場合の分布として，正規分布を紹介する．

10.3.1 二項分布

コインの表裏のように，とりうる値が2値のみであり，かつ毎回の試行で得られる値が独立である場合の試行（サンプリングとも考えられる）をベルヌーイ試行とよぶ．この，ベルヌーイ試行をN回行った場合に2値のうちの一方が何回観察されるかの確率分布を，二項分布（binomial distribution）とよぶ．二項分布は，0以上の整数のみを値としてとる分布である．二項分布の例は下記である．

▼入力10-2

```
rand_binomial = np.random.binomial(100, 0.5, size=10000)  # 2値のどちらが生じる確率も0.5の二項分布に従う↵
乱数を100回発生させ，一方の値が得られた数をカウントする試行を10,000回行い結果をリストに格納する
sns.histplot(rand_binomial, bins=20)
plt.ylabel('frequency')
```

▼出力10-2

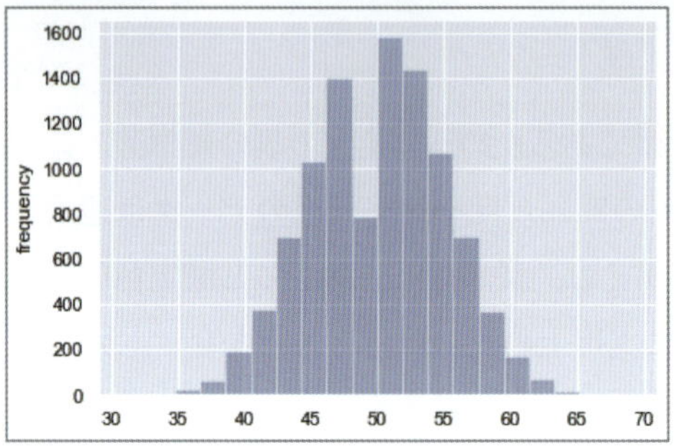

10.3.2 ポアソン分布

ポアソン分布（Poisson distribution）はカウントデータが従う離散型の確率分布の1つであり，二項分布と似ているが，ポアソン分布の場合はサンプルサイズが非常に大きく，かつその事象が起こる確率が小さいことを仮定している．ポアソン分布は単一のパラメータλによって分布が決定される．ポアソン分布の例は下記である．

▼入力10-3

```
rand_poisson = np.random.poisson(lam=0.5, size=20000)  # λ=0.5のポアソン分布に従う乱数を発生させ，事象が↵
起こった回数をカウントする試行を20,000回行い結果をリストに格納する
sns.histplot(rand_poisson, bins=10)
plt.ylabel('frequency')
```

▼出力10-3

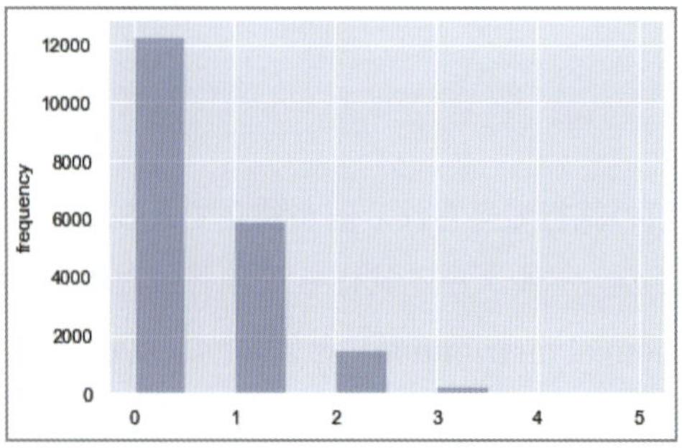

10.3.3　正規分布

正規分布（normal distribution）はガウス分布ともよばれる，マイナス無限大からプラス無限大までの実数値をとる，連続値の代表的な確率分布．平均値と分散が正規分布において確率分布を特徴づけるパラメータであり，平均値に近いほど確率密度が大きい．確率密度の大きさは，平均値を中心に左右対称となる．正規分布の例は下記である．

▼入力10-4

```
randn = np.random.randn(10000)  # 標準正規分布（平均=0, 分散=1）に従う乱数を10,000回発生
sns.histplot(randn, bins=32)
plt.ylabel('frequency')
```

▼出力10-4

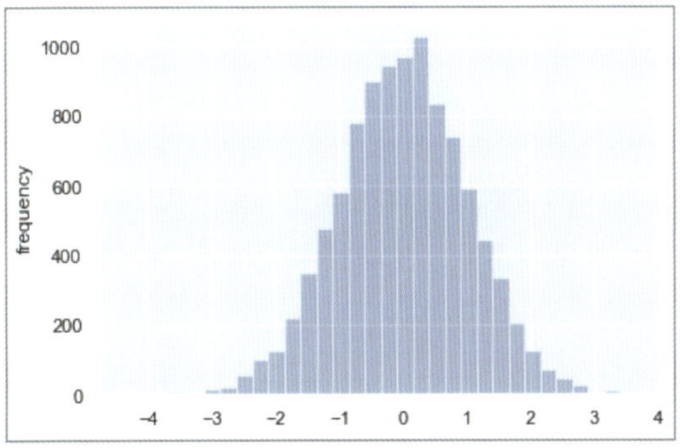

10.4　統計的仮説検定について

サンプルのデータを用いて母集団について議論するのが，推測統計学の目的である．推測統計学で扱う対象としては，点推定や区間推定，統計的仮説検定等があるが，ここでは，統計的仮説検定を主に扱う．

サンプルから母集団を推定する場合，必ず**推定誤差**が生じる．推定誤差がある前提で，「検証したい仮説」がある場合に，**統計的仮説検定**（以下，単に検定とよぶ）を行う．検定は，サンプルを使って，母集団に関する統計的な判断を下す方法として，特に仮説検証型の科学と相性がよく，生命科学においても広く利用されている．

10.4.1　帰無仮説と対立仮説

検定の論理は，**反証法**（背理法）である．差があることを証明するために，差がないとするには矛盾があることを証明する．

- **帰無仮説：棄却される対象になる仮説**
- **対立仮説：実際に検証したい仮説**

として，帰無仮説を棄却することで，対立仮説を採択する．帰無仮説か対立仮説かという二択にするため，かつ，実験で仮説を検証する妥当性を主張するため，仮説設定および実験計画が非常に重要になる．帰無仮説が棄却できなくても，帰無仮説が正しいことが証明されたわけではない．差がないとは断言できず，基本的に「差があるとは言えない」としか言えない．

10.4.2 *p* 値

p 値

サンプルが帰無仮説に従っていると考えた場合に，サンプルから計算した統計量よりも極端な値が得られる確率であり，サンプルが帰無仮説に従っていると考えることにどの程度矛盾があるのかの目安となる指標である．

有意水準（危険率）

帰無仮説を棄却する基準となる値であり，どの程度p値が偏っていれば偶然では起こりにくい（有意）と考えるか，の閾値であり，αで表す．検定を行う前に決めておくのが原則であり，生命科学では多くの場合0.05がαとして設定される．

- Type 1 error
  帰無仮説が正しいのに，それを誤って棄却する確率をType 1 error（第一種の過誤）とよぶ

- Type 2 error
  逆に，帰無仮説が間違っているのに，誤って帰無仮説を採択してしまう確率をType 2 error（第二種の過誤）とよぶ

Type 1 error = p値であり，検定では，Type 1 errorを有意水準で制御していると言える．一方，Type 2 errorについては，検定では制御していない．このため，検定の結果，帰無仮説が棄却できなくても，帰無仮説を積極的に採択することはできない．

p値はサンプルサイズやデータのばらつき等によっても変動するため，異なる検定間でp値のみを比較して差の大きさを議論することは危険であり，避けるべきである．一方，RNA-Seq解析等で，遺伝子間でp値をもとにソートして表として表示し，p値が有意水準より小さい遺伝子の中でもよりp値が小さい遺伝子について重点的に議論している論文が多数存在する．この場合は比較している実験系やサンプルサイズが同一で検定の方法も同一であり，かつ研究の目的が多数候補の中からのスクリーニングであるような，かなり特殊なケースである点に注意が必要である．

10.4.3 片側検定と両側検定

通常は，計測値に違いがあるとする場合，大きいまたは小さいの2通りが考えられる．偶然にしては大きすぎないか，または小さすぎないかを両方見る，このような場合の検定を，**両側検定**とよぶ．一方，想定する仮説が，なんらかの根拠をもって必ず大きい側または小さい側に偏ると考えられる場合の検定を，**片側検定**とよぶ．

両側検定と片側検定では，仮説や p 値の計算方法が異なるため，検定を行う前にどちらを行うのかを決めておく必要がある．

10.4.4 検定の使い分け

検定にはデータの尺度水準や比較する対象等によってさまざまな検定方法が考案されているが（**表10.3**），大きく分けると，**パラメトリック検定**と**ノンパラメトリック検定**の2つに大別される．パラメトリック検定は，母集団の分布について正規分布に従っている等の一定の仮定をおき，それに基づいて検定を行う方法のことを指す．一方，ノンパラメトリック検定は，母集団の分布について特別の仮定をおく必要がない検定方法を指す．分布に明確な仮定をおくことは間隔尺度および比率尺度に固有のものであり，名義尺度や順序尺度のデータに対する検定は，すべてノンパラメトリック検定になる．

ノンパラメトリック検定と言っても，例えば，非常によく使われている**Mann-WhitneyのU検定**や**Kruskal-Wallis検定**は，サンプルが同じ分布から得られたことを仮定している．そのため，データのばらつきが群間であまり違わない場合はうまくいくが，群間でデータのばらつきが大きく異なる場合にはこれらの検定を用いるべきではなく，Mann-WhitneyのU検定であれば代わりに**Brunner-Munzel検定**等を用いるべきである．上記のように母集団について仮定をおいているノンパラメトリック検定もあり，ノンパラメトリック検定であればどのような場合にも適用できると考えるのは危険である．

表10.3　大まかな検定の区分（検定手法は他にもたくさんあるため，あくまで代表例）

データ形式	尺度水準	検定手法
1群	名義尺度	二項検定，χ 二乗適合度検定
1群	間隔／比尺度	平均値の検定
独立2群	名義尺度	χ 二乗独立性の検定，Fisherの正確確率検定，比率の差の検定
独立2群	順序尺度	Mann-WhitneyのU検定（Wilcoxonの順位和検定），Brunner-Munzel検定
独立2群	間隔／比尺度	t 検定，等分散の検定（F 検定）
関連2群	名義尺度	符号検定
関連2群	順序尺度	Wilcoxonの符号順位検定
関連2群	間隔／比尺度	対応のある t 検定（paired t 検定）
独立多群	名義尺度	χ 二乗独立性の検定
独立多群	順序尺度	Kruskal-Wallis検定
独立多群	間隔／比尺度	一元配置分散分析
関連多群	名義尺度	χ 二乗独立性の検定
関連多群	順序尺度	Friedman検定
関連多群	間隔／比尺度	二元配置分散分析

10.5　TPMデータを用いた検定の例

それでは，Pythonを用いて実際に検定を行っていく．ここでは，ここまでの章でも用いた酵母のRNA-Seq実験の，遺伝子ごとのタグカウントデータであるcount_raw.tsvと，TPM補正を行ったcount_tpm.tsvを用いる．**第1章1.6**に紹介した方法で，羊土社特設ページよりダウンロードできる．chapter10ディレクトリ内のcount_raw.tsvとcount_tpm.tsvファイルを現在の作業ディレクトリにコピーしておこう．

▼入力10-5

```
# データを読み込む
rawtag = pd.read_csv('count_raw.tsv', sep='\t')
tpm = pd.read_csv('count_tpm.tsv', sep='\t')
```

▼入力10-6

```
rawtag.head()  # rawtagの中身を少し見てみる
```

▼出力10-6

	gene_id	batch_1	batch_2	batch_3	chemostat_1	chemostat_2	chemostat_3
0	gene_0001	0	2	6	0	0	1
1	gene_0002	0	0	0	0	0	0
2	gene_0003	0	0	0	0	0	0
3	gene_0004	0	0	0	0	0	0
4	gene_0005	2	8	10	6	7	18

▼入力10-7

```
tpm.head()  # tpmの中身を少し見てみる
```

▼出力10-7

	gene_id	batch_1	batch_2	batch_3	chemostat_1	chemostat_2	chemostat_3
0	gene_0001	0.00000	0.734587	3.129839	0.000000	0.000000	0.504810
1	gene_0002	0.00000	0.000000	0.000000	0.000000	0.000000	0.000000
2	gene_0003	0.00000	0.000000	0.000000	0.000000	0.000000	0.000000
3	gene_0004	0.00000	0.000000	0.000000	0.000000	0.000000	0.000000
4	gene_0005	0.94849	2.799529	4.969954	4.689762	4.372026	8.657291

▼入力10-8

```
rawtag.describe()  # rawtagの中身を要約する
```

▼出力10-8

	batch_1	batch_2	batch_3	chemostat_1	chemostat_2	chemostat_3
count	5983.000000	5983.000000	5983.000000	5983.000000	5983.000000	5983.000000
mean	762.996490	1045.147418	756.142403	513.784891	646.752131	819.398964
std	2340.621813	3317.458482	2480.278261	1231.551981	1778.429371	2218.882875
min	0.000000	0.000000	0.000000	0.000000	0.000000	0.000000
25%	125.000000	156.000000	109.000000	121.000000	144.000000	184.000000
50%	287.000000	376.000000	266.000000	237.000000	285.000000	364.000000
75%	602.000000	816.000000	580.000000	467.500000	569.000000	730.500000
max	72079.000000	102148.000000	76964.000000	34808.000000	52707.000000	65855.000000

▼入力10-9

```
tpm.describe()  # tpmの中身を要約する
```

▼出力10-9

	batch_1	batch_2	batch_3	chemostat_1	chemostat_2	chemostat_3
count	5983.000000	5983.000000	5983.000000	5983.000000	5983.000000	5983.000000
mean	167.140231	167.140231	167.140231	167.140231	167.140231	167.140231
std	676.764751	718.557714	660.514608	518.206747	588.978425	592.809952
min	0.000000	0.000000	0.000000	0.000000	0.000000	0.000000
25%	18.142105	17.065011	17.179998	27.690041	26.786171	25.795361
50%	38.074356	36.870840	36.978465	52.769183	50.497338	49.894817
75%	89.884201	87.009136	88.036030	119.126766	113.792307	113.755712
max	21341.957332	25472.407296	18882.116608	13693.378889	19157.473199	19225.835800

10.5.1 TPMとは

TPM（transcripts per million，**第8章8.3.3**参照）[文献1)] は，以前よく使われていた**RPKM／FPKM**と比べてサンプル間の補正が正確であるため，遺伝子単位のRNA-Seq解析では最近広く用いられているデータの補正方法である．RPKM／FPKMはマップされた全リード数を重要視しているが，残念ながら，全リード数は実験に用いたmRNA全体の個数とは比例しない[文献2)]．長いmRNAからはリードがたくさんシークエンスされるため（1,000 bpのmRNAからは100 bpのリードが10本得られるのに対し，3,000 bpのmRNAからは30本得られる），発現しているmRNA全体の長さの分布によって，同じ個数のmRNAから得られる全リード数は異なる．同じN個のmRNAをRNA-Seq実験に使ったサンプル間であっても，長い遺伝子が多く発現しているサンプルでは全リード数が多く，短い遺伝子が多く発現していたら全リード数は少なくなる．真に補正すべきは実験に用いたmRNA全体の個数なのに，全リード数で補正するとずれてしまう．RPKM／FPKMにも遺伝子の長さの補正項は存在するが，全リード数の補正の際に遺伝子の長さの分布を考慮しておらず，上記の問題がある．TPMでは，RPKM／FPKMのように全リード数で割り算するのではなく，まず各遺伝子の長さでその遺伝子にマップされたリード数を割り算した値を計算し，その和で補正する．

10.5.2 TPMデータの概観

上記`tpm.describe()`で，countつまりは遺伝子数は5,983であり，TPMは合計を100万に補正しているため，TPMの遺伝子ごとの平均値は，

▼入力10-10

```
1000000/5983
```

▼出力10-10

```
167.1402306535183
```

である．では，タグカウントとTPMの分布を見てみる．

▼入力10-11

```
#タグカウント（batch_1）のデータの分布を図示
sns.histplot(rawtag.batch_1, bins=15)
plt.ylabel('frequency')
```

▼出力10-11

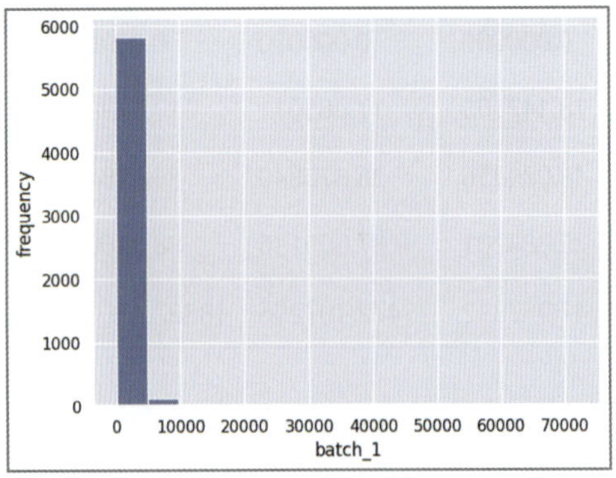

文献1） Li B, et al：Bioinformatics, 26：493-500, 2010 doi:10.1093/bioinformatics/btp692

文献2） Wagner GP, et al：Theory Biosci, 131：281-285, 2012 doi:10.1007/s12064-012-0162-3

▼入力10-12

```
#TPM (batch_1) のデータの分布を図示
sns.histplot(tpm.batch_1, bins=15)
plt.ylabel('frequency')
```

▼出力10-12

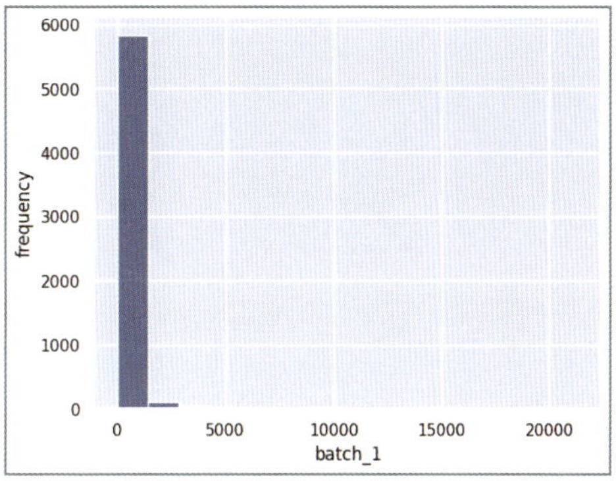

rawtagもtpmもポアソン分布に近そうな分布に見える．サンプル間の関係性を視覚的に把握するために，TPMについて，6サンプル×6サンプルの全組み合わせの散布図を表示してみる．

▼入力10-13

```
sns.pairplot(tpm)  # 全組み合わせの散布図を表示
```

▼出力10-13

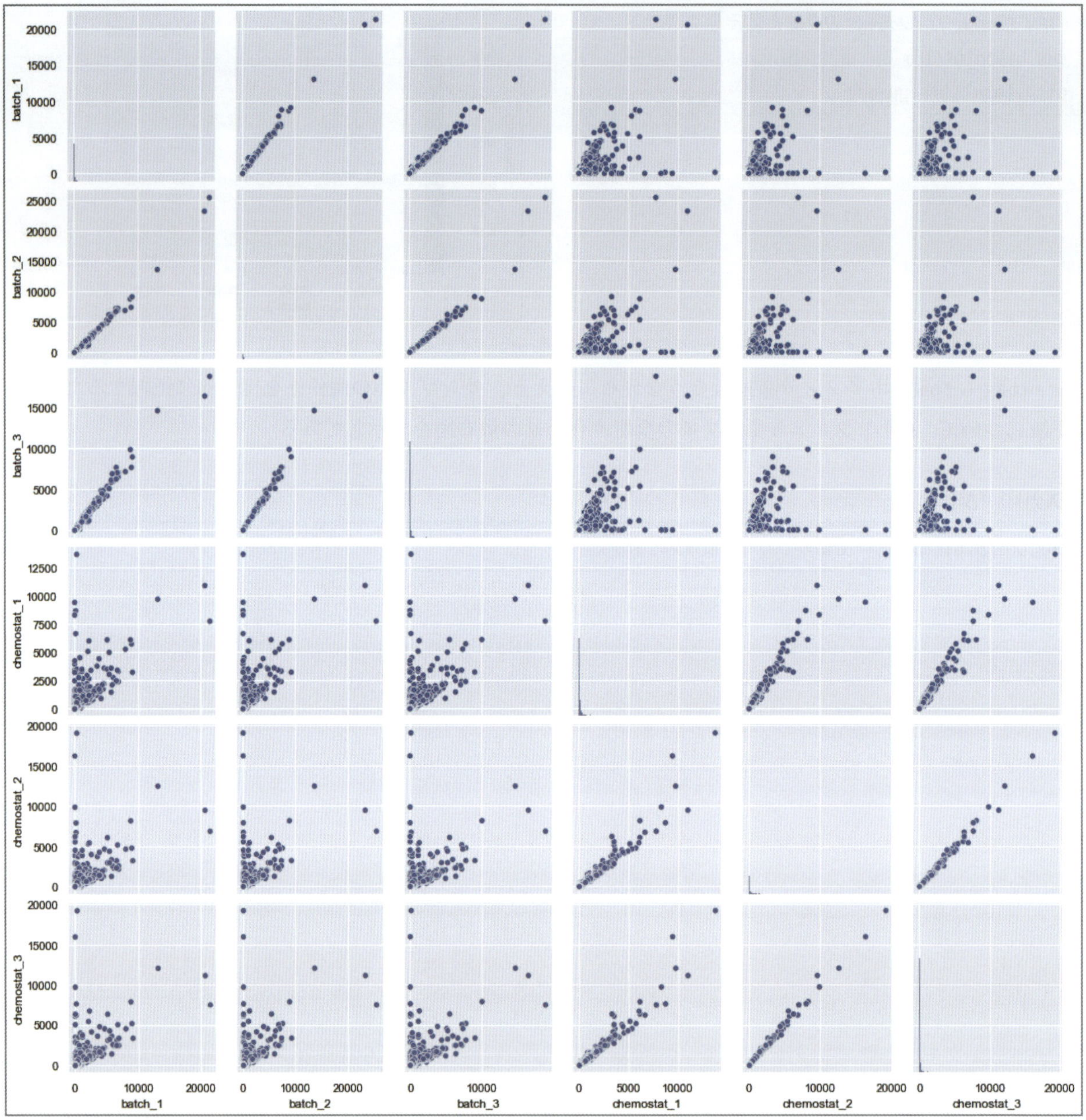

散布図を見ると，batch対batch，chemostat対chemostatのサンプル間では，遺伝子発現パターンは高く類似しているように見える．

10.5.3 相関係数について

サンプル間の遺伝子発現パターンの関連の度合いを，定量的に評価したい場合には，相関係数が便利である．相関係数には，代表的な統計量として，**Pearson相関係数**と**Spearman相関係数**がある．Pearson相関係数は，変数の母集団の分布に正規分布を仮定しているパラメトリックな統計手法であり，間隔尺度として変数の値の大小を相関係数の計算に使用できるが，外れ値の影響も強く受ける．先ほど描画した散布図では，いくつか極端に大きな発現量をもつ遺伝子が観察される．そのため，今回のデータではPearson相関係数は使用すべきではない．今回は，データを順序尺度に直して計算を行うノンパラメトリックな統計手法である，Spearman相関係数を用いる．

Pearson相関係数もSpearman相関係数も，－1から1の間の連続値をとる統計量であり，0から－1に近づくほど2変数間で負の相関があることを示しており，0から1に近づくほど2変数間で正の相関があることを示している．

▼入力10-14

```
# batch_1とbatch_2のTPMでSpearman相関係数を計算してみる
corr, p = stats.spearmanr(tpm.batch_1, tpm.batch_2)
print('Spearman correlation:' + str(corr))
print('p value:' + str(p))
```

▼出力10-14

```
Spearman correlation:0.9902256194881663
p value:0.0
```

▼入力10-15

```
# batch_1とchemostat_1のTPMでSpearman相関係数を計算してみる
corr, p = stats.spearmanr(tpm.batch_1, tpm.chemostat_1)
print('Spearman correlation:' + str(corr))
print('p value:' + str(p))
```

▼出力10-15

```
Spearman correlation:0.829813969825131
p value:0.0
```

ここで，p値が出力されるが，これは，Spearman相関係数が有意に0と異なるかを検定した結果のp値である．このp値が有意水準よりも小さくても，相関があるとは言えるが，相関が高いことを示す検定ではないことに注意が必要である．

相関が高いか否かは，基本的に，相関係数の絶対値をもとに判断する必要があるが，明確な基準は存在しない．0.6や0.7等の値を超えるか否かで高い相関があるか否かを慣習的に判断している研究が多いが，サンプルサイズやデータのばらつき等のデータの性質によってもどの程度の値であれば高い相関と言うべきかが変わるため，注意が必要である．上記2組のSpearman相関係数はどちらも0.8以上であり，散布図を見てもどちらも高い相関があると判断できる．

Pearson相関係数もSpearman相関係数も，比較したい2変数間に線形の関係性（いわゆる，直線関係）があるか否かを判断する基準には利用できるが，二次関数等の非線形な関係性（例えば，Uの字型の関数等）がある場合には，その関係性を正常に検出することができない．そのため，相関係数だけで判断せず，散布図等でデータの関係性を描画して視覚的に判断することが重要になる．

10.5.4 群間の全体像の検定

batch対chemostatの比較でも，遺伝子発現量は比較的相関が高いことがわかった．では，batchとchemostat間で全体的な遺伝子発現量が異なると言えるのか否か（異なる母集団由来と考えてよいか否か）を検定してみる．

今回は母集団の遺伝子発現量の分布が正規分布しているとは仮定しにくいので，パラメトリックなt検定ではなく，ノンパラメトリックなMann-WhitneyのU検定を用いる．

▼入力10-16

```
# Mann-WhitneyのU検定でbatchとchemostat間で全体的な遺伝子発現量に違いがあるかを検定してみる
b1c1 = stats.mannwhitneyu(tpm.batch_1, tpm.chemostat_1, alternative='two-sided')  # alternative=↵
'two-sided'を指定しないと片側検定になる
b1c2 = stats.mannwhitneyu(tpm.batch_1, tpm.chemostat_2, alternative='two-sided')
b1c3 = stats.mannwhitneyu(tpm.batch_1, tpm.chemostat_3, alternative='two-sided')
b2c1 = stats.mannwhitneyu(tpm.batch_2, tpm.chemostat_1, alternative='two-sided')
b2c2 = stats.mannwhitneyu(tpm.batch_2, tpm.chemostat_2, alternative='two-sided')
b2c3 = stats.mannwhitneyu(tpm.batch_2, tpm.chemostat_3, alternative='two-sided')
b3c1 = stats.mannwhitneyu(tpm.batch_3, tpm.chemostat_1, alternative='two-sided')
b3c2 = stats.mannwhitneyu(tpm.batch_3, tpm.chemostat_2, alternative='two-sided')
b3c3 = stats.mannwhitneyu(tpm.batch_3, tpm.chemostat_3, alternative='two-sided')
print(b1c1.pvalue, b1c2.pvalue, b1c3.pvalue, '\n', b2c1.pvalue, b2c2.pvalue, b2c3.pvalue, '\n',
      b3c1.pvalue, b3c2.pvalue, b3c3.pvalue)
```

▼出力10-16

```
2.373266014417827e-50 2.215090356253646e-40 2.5317567730972835e-34
 4.75484897894087e-61 3.370421389404864e-50 1.873949852344719e-43
 4.821954363313383e-58 1.9103585097077315e-47 6.490854138298023e-41
```

replicate間でも発現量の全体像の検定をしてみる．

▼入力10-17

```
b1b2 = stats.mannwhitneyu(tpm.batch_1, tpm.batch_2, alternative='two-sided')
b1b3 = stats.mannwhitneyu(tpm.batch_1, tpm.batch_3, alternative='two-sided')
b2b3 = stats.mannwhitneyu(tpm.batch_2, tpm.batch_3, alternative='two-sided')
c1c2 = stats.mannwhitneyu(tpm.chemostat_1, tpm.chemostat_2, alternative='two-sided')
c1c3 = stats.mannwhitneyu(tpm.chemostat_1, tpm.chemostat_3, alternative='two-sided')
c2c3 = stats.mannwhitneyu(tpm.chemostat_2, tpm.chemostat_3, alternative='two-sided')
print(b1b2.pvalue, b1b3.pvalue, b2b3.pvalue, '\n', c1c2.pvalue, c1c3.pvalue, c2c3.pvalue)
```

▼出力10-17

```
0.08267338562330176 0.1743603024166338 0.7087270971636007
 0.06277168614779548 0.004897646243876941 0.31552031828944893
```

chemostat_1対chemostat_3はp値は約0.0048になる．散布図を描画してみる．

▼入力10-18

```
plt.scatter(tpm.chemostat_1, tpm.chemostat_3)
```

▼出力10-18

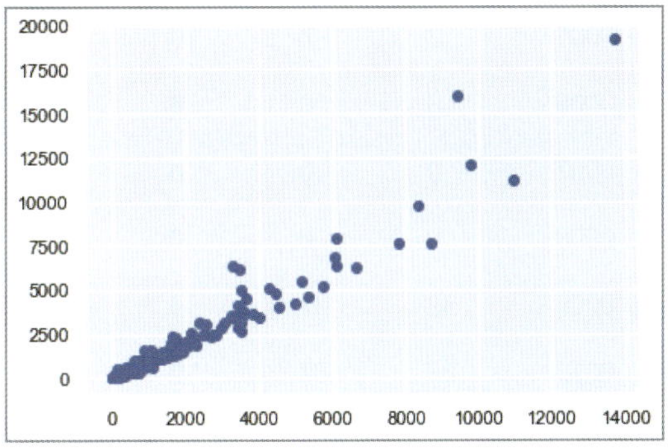

この程度の違いでも，p値は0.05未満になる．はたしてこれらをreplicateと考えてよいかどうか？　統計学的には有意差があるが，この程度の違いが生物学的に意味があるのかどうか？　行った実験の内容やサンプルサイズ等を考慮しつつ，個々の研究者が判断する必要がある．ここでは，chemostat_1とchemostat_3はreplicateであると考え，引き続き統計解析を行う．

10.5.5　群間の各カテゴリ（変数）の検定

全体像はわかったので，次に，batchとchemostat間で各遺伝子がどの程度発現量が有意に異なるのかを検定する．検定には，とりあえず**表10.4**のような，独立2群で名義尺度のデータに使える検定である，χ二乗独立性の検定を用いてみる．

表10.4

データ	群1	群2
遺伝子1	50	100
それ以外の遺伝子の合計	12,000,000	13,000,000

χ二乗独立性の検定でまずは最初の10遺伝子を検定してみる．

▼入力10-19

```
rawtag.head(10)  # 10行表示する
```

▼出力10-19

	gene_id	batch_1	batch_2	batch_3	chemostat_1	chemostat_2	chemostat_3
0	gene_0001	0	2	6	0	0	1
1	gene_0002	0	0	0	0	0	0
2	gene_0003	0	0	0	0	0	0
3	gene_0004	0	0	0	0	0	0
4	gene_0005	2	8	10	6	7	18
5	gene_0006	0	0	0	0	0	0
6	gene_0007	0	0	0	0	0	0
7	gene_0008	0	0	0	0	0	0
8	gene_0009	32	37	33	43	63	84
9	gene_0010	65	82	59	738	922	1109

▼入力10-20

```
# χ二乗独立性の検定は名義尺度のデータを使うので，rawtagを使う
sx = sum(rawtag.batch_1) + sum(rawtag.batch_2) + sum(rawtag.batch_3)  # batch 3 replicateのタグカウン↵
トの合計を計算
sy = sum(rawtag.chemostat_1) + sum(rawtag.chemostat_2) + sum(rawtag.chemostat_3)  # chemostat 3 ↵
replicateのタグカウントの合計を計算
ar = []
for i in range(10):  # 最初の10遺伝子で検定してみる
    x = rawtag.batch_1[i] + rawtag.batch_2[i] + rawtag.batch_3[i]  # i番目の遺伝子のbatch 3 ↵
replicateでのタグカウントの合計を計算
    y = rawtag.chemostat_1[i] + rawtag.chemostat_2[i] + rawtag.chemostat_3[i]  # i番目の遺伝子の↵
chemostat 3 replicateでのタグカウントの合計を計算
    sxr = sx - x  # i番目の遺伝子以外の全遺伝子の，batch 3 replicateでのタグカウントの合計を計算
    syr = sy - y  # i番目の遺伝子以外の全遺伝子の，chemostat 3 replicateでのタグカウントの合計を計算
    if (rawtag.batch_1[i] == 0 or rawtag.batch_2[i] == 0 or rawtag.batch_3[i] == 0 or
        rawtag.chemostat_1[i] == 0 or rawtag.chemostat_2[i] == 0 or rawtag.chemostat_3[i] == 0):
        ar.append(1)
        # χ二乗独立性の検定では，各値のどれかが0だと検定で仮定しているモデルからデータが大きく逸脱してしまい↵
検定の精度が悪くなることが知られているため，
        # そのようなデータの場合には検定をせずにp値を1とする
    else:
        forchi = np.array([[x, y], [sxr, syr]])
        chi = stats.chi2_contingency(forchi)
        ar.append(chi[1])
print(ar)
```

▼出力10-20

```
[1, 1, 1, 1, 0.01938602578323846, 1, 1, 1, 1.986085272704651e-13, 0.0]
```

どのカラムにも0が入っていないためχ二乗独立性の検定の対象になるgene_0005，gene_0009，gene_0010の3遺伝子で，p値が0.05未満であることがわかる．

10.6 検定の多重性の問題

先ほどの検定では，検定を10回繰り返している（**多重検定**）．1回ずつの検定のType 1 errorはαを今回は0.05に設定したが，繰り返す検定の数が増えるほど，どれか1回の検定で間違った判断を下してしまう確率（これを，**familywise error rate**とよぶ）も上がる．

familywise error rate，つまりは一連の似た仮説における検定全体で1回でも間違える確率を，一定以下に制御したい場合に用いられるp値の補正方法の代表例が，**Bonferroni補正**である．Bonferroni補正では，有意水準はそのままで，個々の検定のp値を検定回数で割って得られた値を有意性の判定に用いる．`multipletests()`で，methodの引数を`'Bonferroni'`とすることで実現できる．

▼入力10-21

```
print(ar)  # 何も補正をしないp値を表示．arの中身は，先ほどのχ二乗独立性の検定を参照
pval_corr = multi.multipletests(ar, alpha=0.05, method='Bonferroni')  # α=0.05として，Bonferroni補正↵
を行う
print(pval_corr[1])  # Bonferroni補正後のp値を表示
```

▼出力10-21

```
[1, 1, 1, 1, 0.01938602578323846, 1, 1, 1, 1.986085272704651e-13, 0.0]
[1.00000000e+00 1.00000000e+00 1.00000000e+00 1.00000000e+00
 1.93860258e-01 1.00000000e+00 1.00000000e+00 1.00000000e+00
 1.98608527e-12 0.00000000e+00]
```

10回検定を繰り返しているので，各p値が10倍になっているのがわかる．Bonferroni補正は検定回数でp値を単純に割るというかなり厳しい補正方法である．Bonferroni補正では，明らかに差がありそうな値の比較も，差があるか否かが微妙な値の比較も1回分の検定として同じ厳しさで一律に補正しているためである．

familywise error rateの代わりに，有意差ありと判定された結果の中に本当は差がない結果を含む確率（False Discovery Rate，**FDR**）を一定の水準以下にする，FDRをp値の代わりに用いる手法が実際の研究ではよく使われている．FDRの計算方法にはいくつか種類があるが，一番基本的なBenjamini-Hochberg法をここでは紹介する．

Benjamini-Hochberg法は，各検定で得られたp値を小さい順に並べて，N/順位をp値にかけることで個別の検定におけるFDRを求める．多くの場合，FDRはp値と区別するためにq値とよばれる．p値をもとに個々の検定を順位づけすることで，複数回の検定の中でもっとも差がありそうな値の比較の場合はBonferroni補正と同等の厳しい補正を行い，そうでない比較の場合にはBonferroni補正よりも緩い補正を行う方法である．multipletests()のmethodの引数は'fdr-bh'と指定する．

▼入力10-22

```
print(ar)  # 何も補正をしないp値を表示. arの中身は, 先ほどのχ二乗独立性の検定を参照
pval_corr = multi.multipletests(ar, alpha=0.05, method='fdr_bh')  # Benjamini-Hochberg法でFDRを計算する
print(pval_corr[1])  # 補正後のq値を表示
```

▼出力10-22

```
[1, 1, 1, 1, 0.01938602578323846, 1, 1, 1, 1.986085272704651e-13, 0.0]
[1.00000000e+00 1.00000000e+00 1.00000000e+00 1.00000000e+00
 6.46200859e-02 1.00000000e+00 1.00000000e+00 1.00000000e+00
 9.93042636e-13 0.00000000e+00]
```

では，実際にN/順位をp値にかける補正が行われているかを確認してみる．

▼入力10-23

```
# p値が2番目に小さい1.9860852727046511e-13は, Benjamini-Hochberg法で補正すると
1.9860852727046511e-13 * 10/2
```

▼出力10-23

```
9.930426363523256e-13
```

補正後の値に一致した．N/順位をp値にかける補正が行われていることが確認できたかと思う．

▼入力10-24

```
# 全遺伝子でχ二乗独立性の検定をし, FDRを計算しファイルに出力する
sx = sum(rawtag.batch_1) + sum(rawtag.batch_2) + sum(rawtag.batch_3)
sy = sum(rawtag.chemostat_1) + sum(rawtag.chemostat_2) + sum(rawtag.chemostat_3)
ai = len(rawtag.batch_1)
ar = []
for i in range(ai):
    x = rawtag.batch_1[i] + rawtag.batch_2[i] + rawtag.batch_3[i]
    y = rawtag.chemostat_1[i] + rawtag.chemostat_2[i] + rawtag.chemostat_3[i]
    sxr = sx - x
    syr = sy - y
    if (rawtag.batch_1[i] <= 0 or rawtag.batch_2[i] <= 0 or rawtag.batch_3[i] <= 0 or
        rawtag.chemostat_1[i] <= 0 or rawtag.chemostat_2[i] <= 0 or rawtag.chemostat_3[i] <= 0):
        ar.append(1)
    else:
        forchi = np.array([[x, y], [sxr, syr]])
        chi = stats.chi2_contingency(forchi)
        ar.append(chi[1])
pval_corr = multi.multipletests(ar, alpha=0.05, method='fdr_bh')
np.savetxt('test1.txt', pval_corr[1])  # 結果のq値をtest1.txtファイルに出力
```

結果のtest1.txtファイルを読み込んで，中身を見てみる．

▼入力10-25

```
qva = pd.read_csv('test1.txt', sep='\t', header=None)
qva.describe()
```

▼出力10-25

	0
count	5.983000e+03
mean	1.110218e-01
std	2.686146e-01
min	0.000000e+00
25%	2.479633e-48
50%	3.126970e-11
75%	9.809802e-03
max	1.000000e+00

グラフで，q 値の分布を見てみる．

▼入力10-26

```
sns.histplot(qva, bins=15)
```

▼出力10-26

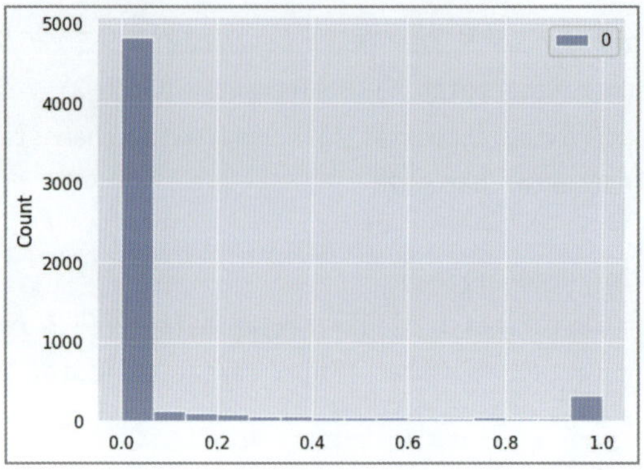

$q < 0.05$で統計的な有意差があると仮定すると，

▼入力10-27

```
qva005 = qva < 0.05  # 各q値が<0.05ならTrue，違うならFalseを出力してqva005に格納
print(qva005.sum())  # Trueの数を数えて出力
```

▼出力10-27

```
0    4785
dtype: int64
```

5,983遺伝子中4,785遺伝子で有意差ありとなる．散布図を見れば結構な数の遺伝子に差があっても不思議ではないが，約8割の遺伝子の発現が変動しているのは多すぎる気がする．これは，オミクス研究の検定ではよくあることであるが，大量にシークエンスしているためサンプルサイズが大きくなることも関係する（下のように$N =$数百万）．

▼入力10-28

```
sum(rawtag.batch_1)
```

▼出力10-28

```
4565008
```

サンプルサイズが大きくなると，少しのタグカウントの差でも統計的には有意差ありとみなされるためである．では，どうすればよいか？

10.7 実際のRNA-Seqにおける統計的仮説検定

さまざまな分野において，統計的仮説検定は下記のように段階を踏んで高度化していく．

1. 一般的な統計的仮説検定（ここまでで紹介した方法）を用いる段階
2. 近隣分野の似たような問題で使われている検定手法を用いる段階（DNAマイクロアレイ解析からRNA-Seq解析，RNA-Seq解析からメタゲノム解析等）
3. その問題に特化したモデル化を行い，確率モデルに基づいた検定手法を用いる段階

RNA-Seqにおける統計的仮説検定は，すでに第3段階に入りつつある．例えばt検定等のパラメトリック検定も，母集団の分布に一定の確率モデルを仮定しているため，確率モデルを用いた検定手法と言える．類似した研究のデータや知見が蓄積すれば，検定で仮定している確率モデルを，より分析するデータの特性に合わせたモデルにしたうえで，検定を行うことが可能になる．

具体的には，個々の遺伝子の発現量の検定には，**DESeq2**[文献3)] や**edgeR**[文献4)] 等のRNA-Seqの発現量比較に特化した検定手法が主に用いられるようになっている．両手法とも，RNA-Seqのリードのカウントデータの分布が，**負の二項分布**に従うという仮定に基づいた統計手法である．先にグラフで示したように，RNA-Seqのリードのカウントデータの分布は，見た目上ポアソン分布に従うように見える．しかし，実際は分散が通常のポアソン分布よりも大きく，ポアソン分布にパラメータをもう1つ加えた，負の二項分布のほうがよりよい当てはめが可能であることが，経験的に知られている．実際の生物の細胞の遺伝子発現は，少数の極端に高発現な遺伝子と，大多数のほとんど発現していない遺伝子の集合である場合が多いためである．

10.8 GLMによる確率モデルの最尤推定とAICによるモデル選択

試しに，`rawtag.batch_1`のタグカウントデータをもとに，ポアソン分布と負の二項分布をそれぞれ母集団の確率分布と仮定して，確率モデルを**最尤推定**してみる．なお，正規分布以外の線形モデルに基づく確率モデルをまとめて，**一般化線形モデル**（generalized linear models, GLM）とよぶ．

最尤推定では，与えられたデータから，そのデータがとられたサンプルが由来した母集団の確率分布のパラメータを推定する．最尤推定法によるパラメータ推定では，母集団の分布にあるパラメータを仮定した場合の観察されたサンプルのデータが得られる確率（これを，**尤度**とよぶ）を計算し，この尤度を最大化するようなパラメータを推定する．

文献3） Love MI, et al：Genome Biol, 15：550, 2014 doi:10.1186/s13059-014-0550-8
文献4） Robinson MD, et al：Bioinformatics, 26：139-140, 2010 doi:10.1093/bioinformatics/btp616

▼入力10-29

```
model_pois = smf.glm('rawtag.batch_1 ~ 1', data = rawtag.batch_1, family=sm.families.Poisson())
# ポアソン分布を仮定したGLMでrawtag.batch_1をモデル化
# ~ 1は，モデル式の変数間の関係性について何も指定しないことを意味する
res1 = model_pois.fit()  # ポアソン分布はパラメータが1つあるので，そのパラメータをデータから最尤推定する
res1.summary()  # モデルの最尤推定結果の要約
```

▼出力10-29

Generalized Linear Model Regression Results

Dep. Variable:	rawtag.batch_1	**No. Observations:**	5983
Model:	GLM	**Df Residuals:**	5982
Model Family:	Poisson	**Df Model:**	0
Link Function:	log	**Scale:**	1.0000
Method:	IRLS	**Log-Likelihood:**	-5.3923e+06
Date:	Wed, 02 Oct 2024	**Deviance:**	1.0741e+07
Time:	17:47:44	**Pearson chi2:**	4.30e+07
No. Iterations:	6	**Pseudo R-squ. (CS):**	-3.113e-13
Covariance Type:	nonrobust		

	coef	std err	z	P>|z|	[0.025	0.975]
Intercept	6.6373	0.000	1.42e+04	0.000	6.636	6.638

▼入力10-30

```
model_negbinom = smf.glm('rawtag.batch_1 ~ 1', data = rawtag.batch_1,
                         family=sm.families.NegativeBinomial())  # 負の二項分布を仮定したGLMで↵
rawtag.batch_1をモデル化
res2 = model_negbinom.fit()
res2.summary()
```

▼出力10-30

Generalized Linear Model Regression Results

Dep. Variable:	rawtag.batch_1	**No. Observations:**	5983
Model:	GLM	**Df Residuals:**	5982
Model Family:	NegativeBinomial	**Df Model:**	0
Link Function:	log	**Scale:**	1.0000
Method:	IRLS	**Log-Likelihood:**	-45698.
Date:	Wed, 02 Oct 2024	**Deviance:**	14492.
Time:	17:48:05	**Pearson chi2:**	5.62e+04
No. Iterations:	6	**Pseudo R-squ. (CS):**	4.130e-14
Covariance Type:	nonrobust		

	coef	**std err**	**z**	**P>|z|**	**[0.025**	**0.975]**
Intercept	6.6373	0.013	513.054	0.000	6.612	6.663

ポアソン分布の場合も負の二項分布の場合もsummary()関数によってさまざまな情報が表示される．ここでは推定した確率モデルの中身の詳細には言及しないが，Log-Likelihoodが，尤度の対数をとった，**対数尤度**の値である．基本的に，対数尤度が大きければ大きいほど，確率モデルのデータに対する当てはめの精度が高いと言え，この場合では負の二項分布に従った確率モデルのほうが，データの当てはめ精度が高いと言える．ただし，確率モデルのよさは，母集団からサンプリングされたデータに対する当てはめの精度だけで判断すべきではない．サンプルと母集団は別であり，得られたサンプルに特化しすぎた確率モデルは，逆に，母集団の確率分布から離れた確率モデルになってしまう可能性があるためである．このように，得られたデータに対する当てはめ精度が高い確率モデルで，同じ母集団からサンプリングされた新しいサンプルに対する予測精度が低くなってしまうことを，**過学習**とよぶ．

過学習を防ぐためにいくつか確率モデルのよさを評価する手法が考案され利用されているが，ここでは，そのような手法の1つである赤池情報量規準（**AIC**）を用いて，最尤推定した両確率モデルの，元データに対するモデルのよさを数値化してみる．AICは，推定された確率モデルにおける対数尤度とパラメータの個数の2つを用いて確率モデルを評価する．具体的には，AICはパラメータの個数がより少ない確率モデルであるにもかかわらず高い対数尤度が得られる確率モデルを，よい確率モデルであると評価する指数であり，AICの値が小さいほど，よいモデルであると言える．

ポアソン分布はパラメータが1つ，負の二項分布はパラメータが2つの確率モデルである．パラメータの個数自体が2つの分布間では異なるが，対数尤度の差がパラメータの個数の違いを考慮しても余りあるほど大きいかをAICで評価する．

▼入力10-31

```
res1.aic  # 先ほど推定したポアソン分布を仮定したGLMのAICを計算して表示
```

▼出力10-31

```
np.float64(10784590.305050297)
```

▼入力10-32

```
res2.aic  # 先ほど推定した負の二項分布を仮定したGLMのAICを計算して表示
```

▼出力10-32

```
np.float64(91397.2125844051)
```

Numpyの出力形式としてnp.float64()という文字列がついているが，AICはnp.float64()の中の値である．やはり負の二項分布を仮定した確率モデルのほうが，AICの値が小さく，`rawtag.batch_1`が得られた母集団の確率分布を表現する確率モデルとしては，よりよいと言える．

10.9 発現量変動解析について

RNA-Seqデータの**発現量変動解析**（differential gene expression）は，複数replicateの遺伝子ごとの発現量データをもとに，遺伝子の発現量とノイズをモデル化して，群間でなんらかの指標で確率モデル間を比較し，遺伝子ごとに発現量の違いを検定する手法が主に用いられている．遺伝子ごとの発現量の指標としては，タグカウントが用いられることが多く，群間の比較には，何倍発現が変動したかの指標である，log fold changeが使われる場合が多い．RNA-Seq定量化によく使われるSalmonやkallisto等で出力されたtranscriptごとのカウントデータの場合も，遺伝子ごとのタグカウントに集計し直して比較解析に用いられる場合も多い．

DESeq2，edgeR，DSS，BBSeq等，発現量変動解析の手法は多数存在するが，それぞれ独自の統計手法なため，手法の開発者が用いたプログラミング言語（R言語）以外ではほとんど実装されていない．例外的にDESeq2では，非公式（つまり元々のDESeq2の作者が公認しているわけではない）ではあるが，PythonでDESeq2を実行可能なPyDESeq2が開発されており，継続的にアップデートされている．ただし，全ての機能が移植されているわけではないので，結果がR版のDESeq2と異なることもあるので利用には注意が必要である．一方のedgeR等については，Pythonに移植され継続的にアップデートされている信頼できるライブラリは存在せず，それらの検定手法を用いたい場合には、Rを用いることをお勧する．

10.10 DESeq2について

ここでは，特に多くの研究で発現量変動解析に利用されている，**DESeq2**の手法について解説する．大前提として，DESeq2のアルゴリズムの詳細を理解するためには，DESeq2の論文[文献5)]を読むべきであり，DESeq2の具体的な使い方は，DESeq2のチュートリアル[文献6)]を読むべきである．PyDESeq2をインストールしたい場合は，`conda install -c bioconda pydeseq2`で可能である．pandasのデータフレームでRNA-seqデータのカウントテーブルのtsvを入力し，さらにサンプルのグループ分けのメタデータtsvの合計2ファイルを入力として実行可能である．チュートリアル[文献7)]がPyDESeq2のGitHubリポジトリ上に存在するので，使用したい場合は参考にされるのをお勧めする．

DESeq2は，遺伝子ごとのタグカウントデータが負の二項分布に従っていると仮定して，遺伝子ごとにGLMで発現量の確率モデルを推定する．その確率モデルでは，replicate間の遺伝子のタグカウントのばらつきを，dispersion parameterとして確率モデルに含める．

一般的にRNA-Seqデータはreplicateの数が小さいことがほとんどなので，遺伝子ごとのタグカウントのばらつきが大きいことを前提とする．ただし，似たタグカウントの遺伝子間では，replicate間のタグカウントのばらつきも似ていると仮定する．最初に，遺伝子ごとにタグカウントのばらつきを，replicate間のばらつきをもとに最尤法で推定する．この際，replicate間の全リード数の違いも補正する．

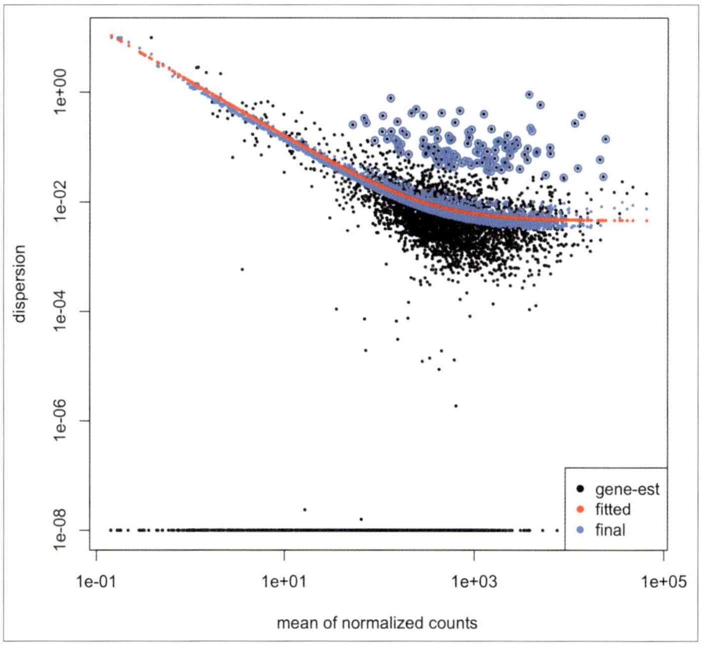

図10.1　タグカウントのばらつきの圧縮例

文献5)　Love MI, et al：Genome Biol, 15：550, 2014 doi:10.1186/s13059-014-0550-8

文献6)　「Analyzing RNA-seq data with DESeq2」www.bioconductor.org/packages/release/bioc/vignettes/DESeq2/inst/doc/DESeq2.html（2024-8-20閲覧）

文献7)　PyDESeq2「Getting Started」pydeseq2.readthedocs.io/en/latest/auto_examples/index.html（2024-11-14閲覧）

10
統計的仮説検定

この推定結果から，平均的なタグカウントを遺伝子ごとに予測する．平均的なタグカウントから，その遺伝子のタグカウントのばらつきの圧縮具合を推定する．

図10.1 は今回のデータの場合のタグカウントのばらつきの圧縮の例であり，黒点が最尤法で推定したその遺伝子のタグカウントのばらつきであり，青が平均タグカウントをもとにして圧縮されたばらつきである．ただし，もともとの最尤法で推定したタグカウントのばらつきが，fitted curveよりも2標準偏差以上だと，平均タグカウントをもとにしたばらつきの圧縮は行わず，もともとの最尤法で推定したその遺伝子のタグカウントのばらつきを用いる．赤い線よりもかなり上部に位置する青丸がそれらにあたる．

edgeR等の他の発現量変動解析手法と比べて，DESeq2を特徴づけている工夫が，**経験ベイズ法**を用いて，ばらつきの圧縮の度合いを，自由度（サンプルサイズ－推定したいパラメータ数）によって変えることである．平均的なその遺伝子のタグカウントの数だけでなく，サンプルサイズ（ここでは，replicateの数）も考慮してばらつきの圧縮具合を決める．サンプルサイズが大きければ，データから推定されるばらつきの信頼性は高いので，タグカウントのばらつきをあまり圧縮しない．

ほとんど発現していない遺伝子は，例えばタグカウントが1か2で2倍量変動するので，一般的にfold changeとしては極端な値になりやすい．そのようなほとんど発現していない遺伝子は，たとえ統計的な有意差があったとしても，生物学的に意味があるとは考えにくい．そのため，一定以下の平均タグカウントの遺伝子はfold change推定に使用せず，群間の検定にも使わない．また，regularized log変換という，log2変換の変形版を用いて，タグカウントの値を対数変換し，タグカウントの値が小さい遺伝子で発現量が群間で異なるとされやすくなる問題を軽減している．以上のようなさまざまな工夫を行い，各群で各遺伝子の発現量の確率モデルをタグカウントデータからGLMで推定する．

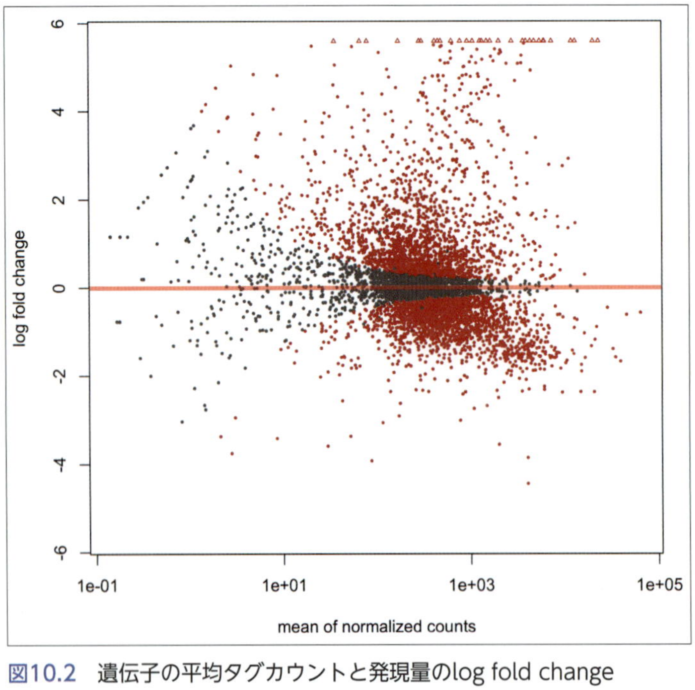

図10.2　遺伝子の平均タグカウントと発現量のlog fold change

ここまでは確率モデルの推定であり，検定ではない．このあと，群間で確率モデルを検定によって比較する．具体的には，群間でGLMによる確率モデルの傾きの違いが0であると言えるか否かを，Wald検定や対数尤度比検定で検定する．**図10.2**は，Wald検定によって今回の2群間での発現量のlog fold changeと，その遺伝子の平均的なタグカウント，さらには統計的な有意差（FDR $q < 0.05$）があった遺伝子（赤）の関係性を表したグラフである．

replicateをpoolしたχ二乗検定でのFDR補正では，4,785遺伝子が群間で有意差ありとなったが，DESeq2の場合，3,880遺伝子が群間で有意差ありとなった．どちらの手法でも統計的な有意差ありとなった遺伝子の数は非常に多いが，DESeq2のほうがreplicate間のばらつきのモデル化等を行っているため，一般的により信頼性が高いと考えられる．

10.11 今後の統計的仮説検定の位置づけについて

この章では，RNA-Seqデータの解析を例に統計的仮説検定について概説した．統計的仮説検定は，仮説検証型の科学を行う場合に現状ほぼ必須のツールであるが，手法の誤用や結果が拡大解釈されすぎている等の問題が生命科学を含めたさまざまな科学で目立つため，2016年と2019年にアメリカ統計学会が，p値の適正な解釈と使用についての声明を出している[文献8）文献9）]．

この声明では，p値のみを頼って有意か否かを判断するのはやめるべきであるとも述べている．統計的仮説検定はあくまでも1つのツールであり，ランダムサンプリングできているかやサンプルサイズ等の実験計画，検定が仮定している確率モデルが母集団とうまく適合するかなど，さまざまな要素を考慮したうえで結果を判断すべきである．

有意か否かで判断すべきでないのであれば，この章の終盤に多少触れたように，データから母集団が従う確率モデルを推定し，確率モデルに対するデータの当てはまりのよさや過学習の程度を定量的に評価し，適した確率モデルを選択することによって，統計的仮説検定の代わりとしようという動きも活発化している．今後，統計的仮説検定が確率モデリング等の手法に置き換わる可能性もあるが，データから先にある程度仮説を絞り込んだうえで検定を行うような場合に信頼性の高い検定を行うための理論である**選択的推論**（selective inference）等の，統計的仮説検定に関する新たな理論研究も進んでいる．少なくともしばらくの間は，統計的仮説検定が生命科学の研究における仮説判断の主要な根拠として今後も使われると筆者は考えている．

文献8） Wasserstein RL & Lazar NA：The American Statistician, 70：129-133, 2016 doi:10.1080/00031305.2016.1154108
文献9） Wasserstein RL, et al：The American Statistician, 73：1-19, 2019 doi:10.1080/00031305.2019.1583913

第11章

シングルセル解析①
テーブルデータの前処理

東　光一

本章の目的

本章から続く第11〜13章の中心的なテーマは「高次元データの可視化」である．無味乾燥な数値の羅列であったデータを調理して，直感的に把握しやすい図としてその全体像を表現する．図の見た目を調整したり，多様な手法でさまざまな角度からデータに光を当てていくことによって，生物学的な解釈をデータから引き出していく．プログラミングの試行錯誤が（生物学者にとっては特に）一番楽しい部分でもある．

題材として，胚様体分化過程のシングルセルRNA-Seq解析のデータを扱う．データの読み込みから論文に載せるような図を作成するところまで，Pythonを使ってすべてのステップを省略せずに実行してみる．本章では，以降の章のイントロダクションとして，生物学データにおける次元削減とクラスタリングについて簡単に述べる．続いて，生物学実験の結果として頻出するテーブル形式データの前処理におけるいくつかのステップの適用理由，それらのPythonによる実行方法を見ていく．

11.1 はじめに

11.1.1 高次元データを「見る」

データを理解し解釈する際，図を描く（データをなんらかの図形の組み合わせとして視覚的に表現する）ことは非常に有効な手段の1つである．このプロセスは少し難しい言葉で言うと**科学的可視化**（scientific visualization）とよばれ，その方法論自体が活発に研究されている．データの可視化は生物学研究においてとりわけ重要である．図がいっさい掲載されていない実験生物学の論文を想像することは難しいだろう．これは，生物学の研究対象がたいてい複雑に絡まり合った複数の要素から構成され，それらの変動を同時に計測することが実験の中核であることが多いためである．頭の中だけではイメージしづらい数値データも，図として表現されていれば変数間の関係性が直感的にぱっと把握できる．例えば年齢と年収の関係性であれば，それぞれの変数を軸にとって，各個人の年齢と年収を散布図として描けば全体のパターンを見渡すことができる．

本章の執筆にあたり，Python==3.12.4, NumPy==1.26.4, pandas==2.2.2, Matplotlib==3.9.1, Seaborn==0.13.2, SciPy==1.14.0, Scikit-learn==1.5.1 を用いて動作確認を行った．

しかし，前章までに扱ったような**高次元データ**の場合，このような単純な可視化は選択できない[注1]．遺伝子発現量を計測するRNA-Seqデータの場合，1つのデータを記述するために必要な変数の数は対象とした生物の遺伝子の数である．前章までのデータでは，数千次元となる．一方，われわれが認識できる空間は二次元か三次元，あるいは色を変化させたりムービーで時間を変化させたりしてもせいぜい四次元が限界である（数学者のなかには高次元空間を想像できる人がいるという噂を聞いたことがあるが，普通の人間には難しい）．とはいえ，適当に選んだ2つの遺伝子を変数として散布図を描けばほとんどの情報が失われてしまうし，すべての2遺伝子の組み合わせで描かれた数千万枚の図を全部チェックすることは不可能である．またその方法では3遺伝子以上の絡み合いを直接的に把握することはできない．したがって，高次元データを理解するためには，高次元空間に浮いているデータの性質をできるだけ維持しつつ，われわれが理解しやすい低次元空間上に表現する技術が必要となる．そのための代表的な技術が本章以降で扱う**次元削減**と**クラスタリング**である．

次元削減とクラスタリングは，①高次元空間上のデータの分布に関する**重要な特徴**を残したまま，②いくつかの少ない**変数**でそれらのデータを記述するための手法である．どのような**特徴**を重視するか，またどのような**変数**に落とし込むかによって，手法にさまざまなバリエーションがある．あとに紹介する主成分分析であれば，高次元空間でデータが広がっている方向が重要であると考え，その広がりをキャプチャできるような少数の合成変数にデータを落とし込む．クラスタリングであれば，データ点の互いの類似性を重視し，クラスタとよばれる名義尺度に落とし込む．いずれの場合も，「一見複雑に見える高次元データであっても**潜在変数**（実験で直接観測することは叶わなかった隠れた変数）で表現すればシンプルに記述できるはず」という意識が根底にある．そのような隠れた関係を明らかにしてデータの理解を目指す手法は数え切れないくらいのアルゴリズムが提案されているが，そのうち生物学の論文で利用されることの多いいくつかの手法を本書では扱う．

11.1.2 scRNA-Seq解析

このような手法が特に有効に働く生物学実験の1つとして，本章ではシングルセルRNAシークエンス（**scRNA-Seq**）のデータ解析を題材とする．

scRNA-Seqは単一細胞のトランスクリプトームを明らかにする技術である．次世代シークエンス技術と組み合わせることで，数百個の細胞，ときには数百万個の細胞集団を対象として，個別の細胞の遺伝子発現を網羅的に解析する．実験技術および情報解析技術の両面で近年きわめて急速に技術開発が進展しており，これまで知られていなかった細胞集団の発見や，細胞集団内の遺伝子発現の多様性など，組織の平均的な描像を知ることしかできないバルクRNA-Seq（前章までに扱ったRNA-Seq解析）では発見が困難であった現象がシングルセル解析によって次々に報告されている．特定の遺伝子発現を検出するのではなくトランスクリプトーム全体を網羅的に解析する手法であるため，やはり数千次元空間上に分布した，解釈が容易ではないデータである．それに加えて近年のscRNA-Seq解析の場合，数千個もの細胞の遺伝子発現を同時に検出するため，次元のサイズだけでなく観測対象の数も半端ではない．実験の結果，縦にも横にも巨大なテーブルが

注1） ここでは「次元」の定義についてはあまり厳密に考えず，特定の対象を記述するときに何個の変数が必要となるか，といった意味で緩く考えておく．

生成されるため，情報解析も手順が複雑になりやすい．近年では他のオミクス解析やエピゲノム情報との統合も盛んに研究され，ますます解析が複雑化している．

そのため，scRNA-Seqデータの情報解析では，すべてを自分で解析するのではなく，ちゃんとテストとメンテナンスがされている解析プラットフォームを利用することを強くお勧めする．R言語であれば**Seurat**[文献1)]，Pythonであれば**Scanpy**[文献2)] など，scRNA-Seq解析で必要なさまざまな解析が簡便に実行可能なすばらしいプラットフォームが存在しており，開発も活発で，最新のアルゴリズムを取り込むアップデートも早い．こういった解析プラットフォームを利用することで，本章の解析もずっとシンプルに記述できるし[注2)]，解析結果を論文にまとめるときにメソッドの文章が書きやすいという利点もある．したがって，scRNA-Seq解析をしたいだけなのであれば，わざわざ苦労して，より「一般的」な解析を勉強する必要はない．だが，ここで怒って本を閉じないでほしい．

11.1.3 なぜわざわざ自分で解析するのか

本書を手にとっていただいた読者，生物学のデータを解析するうえで出来合いのツールを使うのではなくあえてPythonを勉強しようとしている読者は，個別のツールの使い方にとらわれない「自由」を求めていることと思われる．解析プラットフォームや解析ツールは諸行無常である．ツールの使い方を覚えても，また別のツールが流行したときに使い方を一から覚え直さなければならないかもしれない．もちろんPythonそのものも盛者必衰であろうと思うが，基本的な部分から一つひとつの計算ステップを噛みしめつつ生のデータと向き合う経験は，他の言語を習得する際にもきっと役立つと思う．また，ツールによる図の生成はたいていの場合自由度が低い．細かい調整がやりにくいし，かといって画像編集ソフトウェアで一枚一枚編集する作業は再現性がないため，微調整も含めてスクリプトとして残しておきたい．それに，大量のデータを自動的に描画しながら，自分の書いた処理が図の表現に与える影響を観察して，結果や解釈がどのように変わるのか試行錯誤するプロセスは解析していて一番楽しい部分なので，ツールにお任せはもったいない．

統計学や機械学習の手法の重要な利点の1つは，適用対象のドメインを限定しないところにある．本章以降で紹介する手法はscRNA-Seq解析に限定した解析技術ではない[注3)]．つまりゲノム情報を扱うSNP解析や，微生物群集を扱うメタゲノム解析でも，それぞれの手法の前提や限界をわきまえてさえいれば適用可能な技術である．もし自分の分野で使われているツールでこれらの手法が実装されていない場合，そのツールのアップデートを辛抱強く待つか，あるいはその解析手法を使うためにわざわざ別の分野のツールを使わなければならないかもしれない．だが，メタゲノム解析の論文のメソッドにscRNA-Seq解析のツールが使われていたらギョッとされると思う．そういった事態を避けるためにも，特定のツールに依存せずある程度自分で自由に解析手法を選択できる環境があったほうがよいと思う．

文献1) 「Seurat v5」satijalab.org/seurat/（2024-10-08閲覧）

文献2) 「Scanpy – Single-Cell Analysis in Python」scanpy.readthedocs.io（2024-10-08閲覧）

注2) **付録B**に第11〜13章の内容をScanpyで実行する例を記述した．Pythonによるシングルセル解析に興味のある読者はそちらも参照してほしい．

注3) scRNA-Seq解析に特化した解析手法，例えばRNA速度の推定やtrajectory inferenceなどは本書では扱わない．それらをPythonで実行する方法はScanpyやscVeloのドキュメントなどを参照してほしい．

近年の生物学実験，特にハイスループットDNAシークエンサーを利用したオミクス解析では，どんな対象，どんな計測手法であっても，最終的に似たような形式のデータが得られる傾向にある．それは，「**観測値**」×「**特徴量**」の巨大なテーブルである（**表11.1**）．具体的に観測される対象，計測される特徴量，値が何を意味しているかは実験によってさまざまだが，情報解析には多くの共通点がある（と同時に，分野の慣習やデータの性質による相違も当然ある）．したがって，シングルセル解析やRNA-Seqデータを扱う予定のない研究者の方も，本章以降の内容を自分の手持ちのデータに適用したらどうなるか想像しながら，あるいは試しながら読んでいただければありがたい[注4]．

表11.1　生物学実験で得られるさまざまなテーブルデータ

実験	観測値	特徴量	値
RNA-Seq解析	組織試料など細胞集団	遺伝子	遺伝子発現量
scRNA-Seq解析	単一の細胞	遺伝子	遺伝子発現量
メタ16S解析	生物個体や自然環境中の試料	微生物系統	存在量
メタゲノム解析	生物個体や自然環境中の試料	微生物の遺伝子	存在量
レパトア解析	リンパ球細胞集団	クロノタイプ	存在量
ゲノム解析	個体のゲノム	バリアント	あり／なし
ChIP-Seqなどエピゲノム	組織試料など細胞集団	ゲノム上の座標	ピークの存在やカバレッジ
Hi-C解析	ゲノム上の座標	ゲノム上の座標	コンタクト

11.1.4　本章で扱うデータ

本章では，Moon, et al, 2019[文献3]の論文で扱われている，胚様体分化過程のシングルセルRNA-Seq解析のデータを扱う．27日間の分化時系列の中で，3日間の間隔で合計5回サンプリングされ，すべてについて**10x Genomics**社の装置でcDNAライブラリを生成してシークエンシングを行っている．シークエンシング後，Cell Rangerパイプラインによって配列情報から分子バーコード（個別の細胞を区別するためのタグ）ごとの遺伝子のカウント情報まで変換されている．

フルのデータセットはMendeleyのデータリポジトリ[文献4]で公開されている．`scRNAseq.zip`というデータが含まれているので，ダウンロードして解凍し，カレントディレクトリ下に`data`という名前のディレクトリをつくって，その中に配置してほしい．ただし，このデータセットは3万個以上の細胞を含む巨大なデータで，以下のコードをそのまま実行すると10 GB以上のメモリを消費するため，読者の環境によってはまともに解析が実行できないかもしれない．

もう少し軽く実行できるお試しのデータとして，このデータセットから10％の細胞をランダムにサンプリングした小規模データを用意した．メモリ消費を抑えて実行したい読者は，**第1章1.6**で紹介されている羊土

注4）例えばHi-C解析などはおもしろい例の1つだ．Hi-C解析は染色体の立体構造をDNAのシークエンスによって推測する手法で，初期のHi-C解析論文で染色体構造のA/Bコンパートメントという概念が提唱された．これはHi-C解析結果のテーブルを，以下で紹介する主成分分析によって次元削減して発見された現象で，実験による直接的な観測ではなくデータサイエンスによって新しい生物学的な概念が提唱された珍しい例である．

文献3）Moon KR, et al：Nat Biotechnol, 37：1482-1492, 2019 doi:10.1038/s41587-019-0336-3

文献4）「Embryoid Body data for PHATE, Mendeley Data, v1」dx.doi.org/10.17632/v6n743h5ng.1（2024-10-8閲覧）

社特設ページよりダウンロードして解凍したデータを作業ディレクトリに配置し，解析を試してみてほしい．本書ではこの小規模データに基づく結果を示す．

11.2　データの前処理

まずはデータ解析に有用なさまざまなPythonライブラリをimportする．数値計算のための**Numpy**，テーブルデータの解析に便利な**pandas**（**第7章**参照），プロット描画のための**Matplotlib**と**Seaborn**（**第9章**参照）をimportする[注5)]．Numpyの使い方については本書で扱う部分は**付録A**の「Numpy入門」に簡単にまとめてあるので，目を通しておいてほしい．

▼入力11-1

```
%matplotlib inline
import numpy as np
import pandas as pd
import matplotlib
import matplotlib.pyplot as plt
import seaborn as sns

# 画像出力の設定
sns.set_theme(style='whitegrid')
matplotlib.rcParams['figure.dpi'] = 200

# それぞれのバージョン
# 今後，いくつかのライブラリをインポートする際，
# 筆者の環境におけるバージョンを適宜表示する
!python --version
print('Numpy:', np.__version__)
print('Pandas:', pd.__version__)
print('Matplotlib:', matplotlib.__version__)
print('Seaborn:', sns.__version__)
```

▼出力11-1

```
Python 3.12.4
Numpy: 1.26.4
Pandas: 2.2.2
Matplotlib: 3.9.1
Seaborn: 0.13.2
```

11.2.1　データの読み込み

まずは，何はなくともデータの読み込みである．ここは，扱うデータによってさまざまである．CSV（comma-separated values，カンマ区切り）形式やTSV（tab-separated values，タブ区切り）形式の場合は，pandas

注5）余談だが，Seabornはsnsの短縮名でimportすることが一般的である．これは，アメリカのドラマ「ザ・ホワイトハウス」（原題“The West Wing”）に由来する．Seabornという名前が，ドラマの登場人物サム・シーボーン（Samuel Norman Seaborn）からとられているためだ．Seabornの開発者はこのドラマのファンなのか，他にもいくつか登場人物名がついたツールを開発している．

のpandas.read_csv()関数で簡単にロードできる．Excelファイルの場合もpandas.read_excel()が便利だが，少し複雑になってしまうので，事前に読み込みやすいテキストファイルに書き出しておいたほうが安心かもしれない．

本章で扱うscRNA-Seq解析の場合，Cell Rangerパイプラインによって出力されるデータは以下のようになっている．

▼入力11-2

```
# treeはディレクトリの階層構造を簡単に確認するためのコマンド．実行の必要はない
!tree ./data
```

▼出力11-2

```
./data
└── scRNAseq
    ├── T0_1A
    │   ├── barcodes.tsv
    │   ├── genes.tsv
    │   └── matrix.mtx
    ├── T2_3B
    │   ├── barcodes.tsv
    │   ├── genes.tsv
    │   └── matrix.mtx
    ├── T4_5C
    │   ├── barcodes.tsv
    │   ├── genes.tsv
    │   └── matrix.mtx
    ├── T6_7D
    │   ├── barcodes.tsv
    │   ├── genes.tsv
    │   └── matrix.mtx
    └── T8_9E
        ├── barcodes.tsv
        ├── genes.tsv
        └── matrix.mtx

7 directories, 15 files
```

T0_1A，T2_3B，T4_5C，T6_7D，T8_9Eはそれぞれ，27日間の分化時系列中で5回サンプリングされたそれぞれの時点を表している．各時点について，3つのファイルが書き出されている．

1つは，個別の細胞を識別するバーコードが記述されたbarcodes.tsvという名前のテキストファイルであ

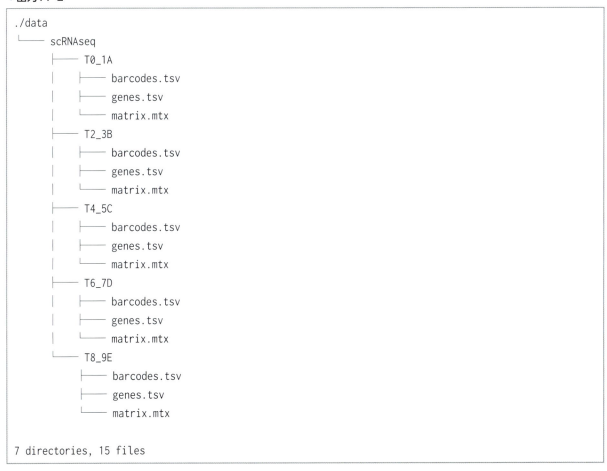

る．以下のように，各行に1つのバーコードが記述されている．headコマンドでファイルの最初の10行を見てみる．

▼入力11-3

```
!head ./data/scRNAseq/T0_1A/barcodes.tsv
```

▼出力11-3

```
AAACCGTGGCTACA-1
AAACGCTGTAGCGT-1
AAAGATCTGGTACT-1
AAAGATCTTCCTTA-1
AAAGTTTGAGCTCA-1
AACAATACGACAAA-1
AACAATACGCTTCC-1
AACCAGTGGAGGGT-1
AACGGTTGACGCTA-1
AACGTTCTTGACCA-1
```

2つ目は，計測された遺伝子が記述されたgenes.tsvという名前のタブ区切りテキストファイルである．このファイルは左側の列に遺伝子のENSEMBL Gene ID，右側の列に遺伝子のシンボルが記述されている．

▼入力11-4

```
!head ./data/scRNAseq/T0_1A/genes.tsv
```

▼出力11-4

```
ENSG00000243485    RP11-34P13.3
ENSG00000237613    FAM138A
ENSG00000186092    OR4F5
ENSG00000238009    RP11-34P13.7
ENSG00000239945    RP11-34P13.8
ENSG00000239906    RP11-34P13.14
ENSG00000241599    RP11-34P13.9
ENSG00000279928    FO538757.3
ENSG00000279457    FO538757.2
ENSG00000228463    AP006222.2
```

最後にあるmatrix.mtxというテキストファイルが，各細胞（バーコード）について各遺伝子の発現がいくつ観測されたのかカウント情報をまとめたファイルである．このファイルはMatrix Market（MM）Exchange Formatsという形式で記述されており，疎行列（含まれる値の多くがゼロであるような行列）を比較的コンパクトに記述するための形式となっている．

▼入力11-5

```
!head ./data/scRNAseq/T0_1A/matrix.mtx
```

▼出力11-5

```
%%MatrixMarket matrix coordinate integer general
%
33694 464 952034
9 18 1
9 43 1
9 61 1
9 102 1
9 347 1
9 358 1
9 363 1
```


まずは，5つあるうちの1つのサンプルについて，この3つのファイル（遺伝子，バーコード，マトリックス）を読み込んでみよう．以下ではdatadirでデータの置いてあるディレクトリを指定し，ファイル名とつなげてそれぞれ読み込んでいる．

遺伝子については，pandas.read_csv()関数で遺伝子ID，遺伝子のシンボルをカラムの名前として指定して読み込み，バーコードについてはnumpy.loadtxt()でそのままテキストの列として読み込み，マトリックスについては，この形式のデータを読み込むための特別な関数（scipy.io.mmread()）で読み込んでから，あとの計算の簡略化のためにtoarray()関数で行列データに変換している．

▼入力11-6

```
import os
import scipy.io
print('Scipy:', scipy.__version__)

datadir = './data/scRNAseq/T0_1A'

# pandasのread_csv()関数でタブ区切り（sep='\t'）テキストを読み込む
genes = pd.read_csv(os.path.join(datadir, 'genes.tsv'),
                    sep='\t', index_col=0, names=['GeneID', 'Symbol'])

# pandasでもいいが，こっちのファイルは単純なのでNumpyのloadtxt()で
barcodes = np.loadtxt(os.path.join(datadir, 'barcodes.tsv'), dtype='str')

# 特殊な形式のデータ読み込み
mtx = scipy.io.mmread(os.path.join(datadir, 'matrix.mtx')).toarray()
```

▼出力11-6

```
Scipy: 1.14.0
```

このあたりの，どのような関数でどんなデータとして読み込むかは，扱う対象によってさまざまである．テーブル形式のデータが多いオミクス解析の場合は，CSV（カンマ区切り）やTSV（タブ区切り）のテキス

トファイルを扱うことが多いかもしれない．観測値や特徴量に関する情報が同じファイルに同時に記載されている場合は，pandas.read_csv()ですべて読み込んでしまえば簡単である．いずれにしても，数値の書かれたマトリックスと，各行，各列が何を表しているかの情報をまず読み込む．読み込んだ情報を確認してみよう．まずバーコードは以下のように文字列のリストとして読み込まれている．

▼入力11-7

```
print(barcodes[:10])
```

▼出力11-7

```
['AAACCGTGGCTACA-1' 'AAACGCTGTAGCGT-1' 'AAAGATCTGGTACT-1'
 'AAAGATCTTCCTTA-1' 'AAAGTTTGAGCTCA-1' 'AACAATACGACAAA-1'
 'AACAATACGCTTCC-1' 'AACCAGTGGAGGGT-1' 'AACGGTTGACGCTA-1'
 'AACGTTCTTGACCA-1']
```

遺伝子は以下のように，pandasのDataFrameとして，遺伝子IDとシンボルを対応づけて読み込んでいる．

▼入力11-8

```
# DataFrameをJupyterで綺麗に表示するためには，print()ではなくdisplay()関数を使う
display(genes)
```

▼出力11-8

	Symbol
GeneID	
ENSG00000243485	RP11-34P13.3
ENSG00000237613	FAM138A
…（略）…	
ENSG00000268674	FAM231B

33694 rows × 1 columns

数値，遺伝子，バーコードの情報がばらばらだと扱いづらいので，ここですべてを1つのDataFrameとして統合しよう．pandas.DataFrame()関数で数値，行方向のラベル（index），列方向のラベル（columns）を指定して1つのDataFrameを生成する（**第7章7.3**参照）．行列のサイズとラベルの数が一致していないとエラーとなるので注意が必要である．

▼入力11-9

```
dataframe = pd.DataFrame(mtx, index=genes.index, columns=barcodes)
# 生成したDataFrameの上から5行，左から5行だけ表示
display(dataframe.iloc[:5, :5])
```

▼出力11-9

	AAACCGTGGCTACA-1	AAACGCTGTAGCGT-1	AAAGATCTGGTACT-1	AAAGATCTTCCTTA-1	AAAGTTTGAGCTCA-1
GeneID					
ENSG00000243485	0	0	0	0	0
ENSG00000237613	0	0	0	0	0
ENSG00000186092	0	0	0	0	0
ENSG00000238009	0	0	0	0	0
ENSG00000239945	0	0	0	0	0

さて，今5つのサンプルがあるので，これを5回繰り返せばいいのだが，サンプルのIDだけが異なる同じ処理を5回書くのもなんなので，for文で繰り返して，それぞれのDataFrameを1つのリスト（dataframes）に格納していこう．

▼入力11-10

```
datadir = './data/scRNAseq'

dataframes = []

for sample_id in ['T0_1A', 'T2_3B', 'T4_5C', 'T6_7D', 'T8_9E']:
    print(sample_id)

    genes = pd.read_csv(os.path.join(datadir, sample_id, 'genes.tsv'),
                        sep='\t', index_col=0, names=['GeneID', 'Symbol'])
    barcodes = np.loadtxt(os.path.join(datadir, sample_id, 'barcodes.tsv'),
                          dtype='str')
    mtx = scipy.io.mmread(os.path.join(datadir, sample_id, 'matrix.mtx'))
    mtx = mtx.toarray()
    dataframe = pd.DataFrame(mtx, index=genes.index, columns=barcodes)

    print('\t', dataframe.shape)
    dataframes.append(dataframe)
```

▼出力11-10

```
T0_1A
                    (33694, 464)
T2_3B
                    (33694, 737)
T4_5C
                    (33694, 624)
```

```
T6_7D
                        (33694, 656)
T8_9E
                        (33694, 632)
```

今，dataframesには5つのサンプルのDataFrameが格納されているが，これを1つの巨大なDataFrameに統合するには，pandas.concat()関数が便利である．

それぞれのDataFrameは，「遺伝子×細胞」（各行が遺伝子，各列が細胞を表す）の形式であり，行方向はいずれのサンプルも同じ遺伝子の並びである．そこでこれらを統合するときには横方向にすべてを連結すればいい．なので，pandas.concat()関数にはaxis=1という横方向に連結する指示を与えておく．さらに，どの細胞がどのサンプルに由来するものであったのかが区別できるように，それぞれの列にはkeysでグループ指定をしておこう．もともとのサンプルのラベル（T0_1A，T2_3Bなど）はわかりにくいので，Days0-3などもっとわかりやすい名前を割り振っておく．

▼入力11-11

```
sample_labels = ['Days0-3', 'Days6-9', 'Days12-15', 'Days18-21', 'Days24-27']

df = pd.concat(dataframes, axis=1, keys=sample_labels)
print('Total', len(df), 'genes, ', len(df.columns), 'cells')
```

▼出力11-11

```
Total 33694 genes,  3113 cells
```

以上で，データ全体の読み込みが終わった．全体で，33,694遺伝子，3,113細胞の遺伝子発現量テーブルを読み込むことができた．

11.2.2 クオリティコントロール（細胞と遺伝子のフィルタリング）

どのようなデータ分析においても，データのクオリティコントロールのステップは重要である．すべての観測が理想的な条件下でなされることなどは稀で，実験の技術的な**エラー**や**ノイズ**の影響で，たいていはおかしな値（**異常値**）を示すデータが混じっている．異常値を含むデータの解析は難しくなるので，明らかに異常と思われるデータは事前に**フィルタリング**して取り除いてしまったほうがいい．とはいえ，何が異常かは，経験的な知識や分野の慣習によっても異なる．

まず，わかりやすい不純物として，どの細胞でもまったく発現していない（発現量の値がゼロの）遺伝子をテーブルから除去してしまおう．これらの遺伝子は細胞を区別する情報を持たず今後の分析にまったく寄与しないためだ．pandas.DataFrame.drop()関数は，インデックスを指定するとその行をDataFrameから削除する．

▼入力11-12

```
# DataFrameのインデックスのうち，
# 横方向の和: .sum(axis=1) がゼロであるような遺伝子のインデックス
# 各列に細胞が並んでいるので，横の和がゼロ=いずれの細胞でも発現量ゼロ
genes_zero_values = df.index[df.values.sum(axis=1) == 0]

# genes_zero_valuesに該当する行をすべて削除する
df.drop(genes_zero_values, inplace=True)
print('After filtering:', len(df), 'genes')
```

▼出力11-12

```
After filtering: 20155 genes
```

この操作によって，はじめに33,694遺伝子あったテーブルが，20,155遺伝子に減った．次に，低クオリティの細胞をテーブルから除去しよう．基準はいろいろと考えられるが，ここでは以下の3つの観点で細胞のクオリティを調べてみる．

1. **細胞ごとに割り当てられたカウント**
   あまりに数が少なくスカスカだと，それらが細胞のトランスクリプトームの全体像を反映しているとは信じられなくなる．
2. **細胞ごとに検出された遺伝子の数**
   それぞれの細胞でわずかにでも検出された遺伝子を含めた全体の遺伝子数．あまりに少ないとおかしいのは1と同じ．またこれについては，数が多すぎるのも怪しい．というのも，シングルセル解析の実験上，1つの油滴に複数の細胞が混入してしまった場合，それらが混ざった結果が1つのバーコードで報告されるエラー（doublet, multipletなどとよばれる）が，現状の技術では生じうるためだ．情報的にこのようなエラーを取り除く手法はさまざまなものが提案されているが，外れ値的に検出遺伝子数が多いバーコードは疑わしいことは確かなので，安全のために取り除く．
3. **ミトコンドリア遺伝子の発現量**
   全体の遺伝子発現のうち，ミトコンドリア遺伝子の発現がどの程度を占めるのかは細胞ごとにある程度安定している．しかし死細胞などクオリティの低い細胞の場合，この値が異常に大きくなることがある．

まず，1番と2番について．先ほどは横方向に足し算をしたが，縦方向に足し算をすることで細胞ごとのカウント，検出遺伝子の数を計算できる．

▼入力11-13

```
# axis=0で，縦方向に総和をとる．つまり細胞ごとに割り当てられたカウント
counts = df.values.sum(axis=0)

# 細胞ごと，わずかにでも検出された遺伝子の数
# > 0.0 の部分で，DataFrameの各要素についてゼロか，それ以上かの論理値{True, False}になる
# astype(int)とすると{True, False}が{1, 0}に変換される
# その総和をとることで「ゼロではなかった要素の数」が計算できる
n_genes = (df.values > 0.0).astype(int).sum(axis=0)

# counts, n_genesはどちらも細胞の数だけ要素を持つリストなので，
# 最大値（max），最小値（min），平均値（average）を出力してみる
print('Stats for counts: max=', np.max(counts),
      'min=', np.min(counts),
      f'average= {np.average(counts):.2f}')

print('Stats for detected genes: max=', np.max(n_genes),
      'min=', np.min(n_genes),
      f'average= {np.average(n_genes):.2f}')
```

▼出力11-13

```
Stats for counts: max= 28927 min= 940 average= 4637.68
Stats for detected genes: max= 4656 min= 237 average= 1568.44
```

カウントとしては平均的に5,000弱，検出された遺伝子は平均的に1,500程度であることがわかった．次にミトコンドリア遺伝子の発現割合を調べてみよう．ここでは，遺伝子のシンボルが「MT-」から始まるミトコンドリア遺伝子についてのカウントの和を細胞ごとの総カウントと比較して，全体のうちのパーセンテージを計算してみる．

▼入力11-14

```
# 前節で読み込んだgenesは遺伝子IDと遺伝子のシンボルが記述されたDataFrameである
# まずは遺伝子名が「MT-」から始まる（startswith()関数）遺伝子IDを表示してみる
# Python標準の文字列処理関数のいくつかは，Pandasのstrアクセサでseries全体に適用できる
display(genes.loc[genes['Symbol'].str.startswith('MT-'), :])

mito_genes_index = genes.index[genes['Symbol'].str.startswith('MT-')]

# 細胞ごと，mito_genes_indexの数値の割合（%）を計算．行末に\を書くと式の途中でも改行できる
percent_mito = 100.0 * df.loc[mito_genes_index, :].values.sum(axis=0)\
               / df.values.sum(axis=0)
```

▼出力11-14

	Symbol
GeneID	
ENSG00000198888	MT-ND1
ENSG00000198763	MT-ND2
ENSG00000198804	MT-CO1
ENSG00000198712	MT-CO2
ENSG00000228253	MT-ATP8
ENSG00000198899	MT-ATP6
ENSG00000198938	MT-CO3
ENSG00000198840	MT-ND3
ENSG00000212907	MT-ND4L
ENSG00000198886	MT-ND4
ENSG00000198786	MT-ND5
ENSG00000198695	MT-ND6
ENSG00000198727	MT-CYB

これで，1番，2番，3番の数値のデータが集まった．これらを描画してどのような分布となっているのかを調べてみる．まずはSeabornの**バイオリンプロット**（**第9章**参照）でそれぞれ描いてみよう．

▼入力11-15

```
fig = plt.figure(figsize=(12, 3))

# 1行3列のプロットをax1, ax2, ax3と定義
ax1 = plt.subplot(1, 3, 1)
sns.violinplot(y=counts, orient='v', ax=ax1).set_title('counts per cell')
ax2 = plt.subplot(1, 3, 2)
sns.violinplot(y=n_genes, orient='v', ax=ax2).set_title('number of genes')
ax3 = plt.subplot(1, 3, 3)
sns.violinplot(y=percent_mito, orient='v', ax=ax3).set_title('%mitochondorial genes expressions')
plt.show()
```

▼出力11-15

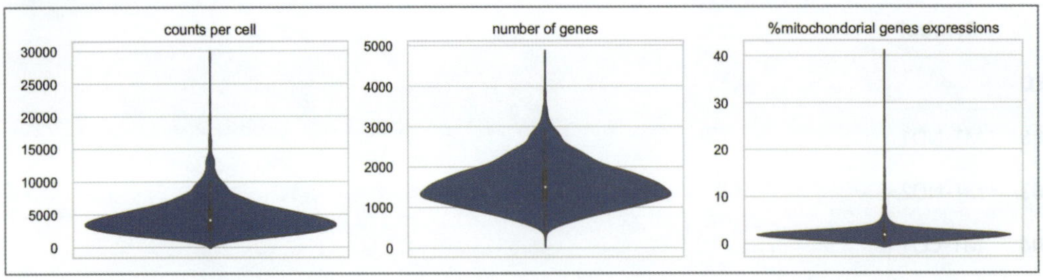

それぞれの分布がだいたい把握できた．さらに，これらの関係性を知るために，countsとpercent_mitoの組み合わせ，そしてcountsとn_genesの組み合わせで散布図を描いてみる．

▼入力11-16

```
# 一応の目安として以下の値で図に直線を描いてみる
min_genes = 500
max_genes = 4000
mito_threshold = 15

fig = plt.figure(figsize=(12, 4))

ax1 = plt.subplot(1, 2, 1)
ax1.scatter(counts, percent_mito, s=3, alpha=0.5)
ax1.axhline(y=mito_threshold, color='red')
ax1.set_xlabel('counts per cell')
ax1.set_ylabel('%mitochondorial genes expressions')

ax2 = plt.subplot(1, 2, 2)
ax2.scatter(counts, n_genes, s=3, alpha=0.5)
ax2.axhline(y=min_genes, color='red')
ax2.axhline(y=max_genes, color='red')
ax2.set_xlabel('counts per cell')
ax2.set_ylabel('number of genes')

plt.show()
```

▼出力11-16

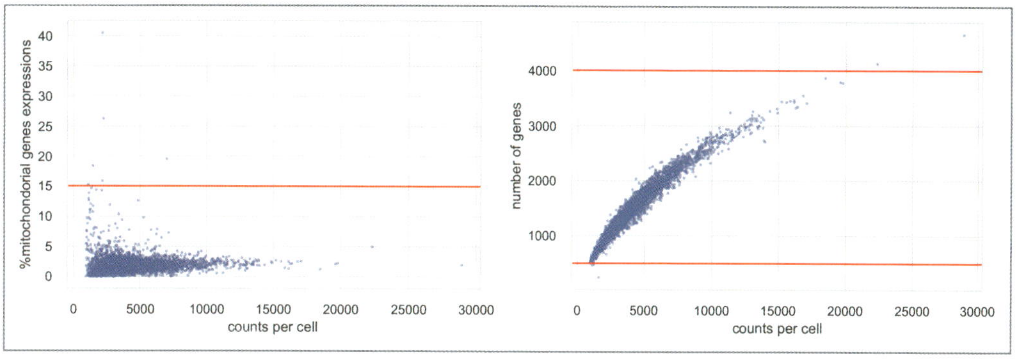

左の図から，ミトコンドリア遺伝子の発現割合が大きい細胞は，割り当てられたカウントが少ない傾向にあることがわかる．このような図をもとに，低クオリティの細胞をフィルタリングするためにはどんな値に設定したらいいかを判断する．

ここでは検出遺伝子数が501以上，4,000未満，ミトコンドリア遺伝子の発現割合が15％未満であるような細胞のみを今後の解析対象として抽出しよう．

▼入力11-17

```
# DataFrameから条件を満たす細胞のみを抽出
print('before filtering:', len(df.columns))
filtered_cells = df.columns[(n_genes > min_genes) &
                            (n_genes < max_genes) &
                            (percent_mito < mito_threshold)]

df_filtered = df.loc[:, filtered_cells]
print('after  filtering:', len(df_filtered.columns))
```

▼出力11-17

```
before filtering: 3113
after  filtering: 3102
```

結果，3,102の細胞が解析対象として残った．

11.2.3　データの正規化と対数変換

現状，細胞ごとに割り当てられているカウントは異なるため，それぞれの細胞の遺伝子発現量の値を直接比較することはできない．そのためなんらかの手法でデータに**正規化**（normalization）の処理を施して，比較可能な値に変換する必要がある．

選択肢としてはさまざまなものが考えられるが，このデータに関しては，バルクRNA-Seqの解析で紹介したTPM正規化は使うことができない．TPMは転写産物の全長をシークエンスした場合には適用が妥当であるが，本章のデータは転写産物の3′側の領域のみを読み取ったデータであり，計算の前提が成り立たないためだ．

そこで単純にシークエンスカウントの割合を計算して，さらに値が小さくなりすぎないように全体に10,000をかけて正規化することにする．

▼入力11-18

```
# 単純な万分率で正規化
normalized = 10000 * df_filtered.values / df_filtered.values.sum(axis=0)
```

遺伝子発現量のデータに限らず，さまざまな生物学データに見られる特徴として，数値データが**裾の重い分布**を示していることが挙げられる．つまり，非常に多くの特徴量（この場合は遺伝子）が小さな値を持つ一方，ごくわずかな特徴量が大きな値を持っているようなデータである．

このようなデータでは，観測値を比較する際，きわめて大きな値を示すごくわずかな数の支配的な特徴量の差に引っ張られすぎてしまい，その他多くの細かな違いを示す特徴量をすべて無視してしまうといった問題が生じることがある．それを避けるため，なんらかの変換によって，大きな数値の範囲を縮小しつつ，小さな数値の範囲を拡大することがある．

よく使われるのは対数変換や平方根変換である．いずれも，**Box-Cox変換**とよばれる変換の特殊な場合であり，**分散安定化**（分散が平均に依存しないようにする）を目的とした変換である．とはいっても，どのような変換が「正解」かを決めるのは難しく，経験や分野の慣習に合わせて設定するのがよいと思う．

ここでは対数変換を適用する．以下では，変換後の数値を新たにテーブルの値として設定してDataFrameを作り直している．

▼入力11-19

```
# 全体に1を足してlogをとる
# np.log1p(x)はnp.log(1+x)と同じ意味だが，xが小さいときにより精確
lognormalized = np.log1p(normalized)
df_lognormalized = pd.DataFrame(lognormalized,
                               index=df_filtered.index,
                               columns=df_filtered.columns)
```

11.2.4 特徴量選択（発現量変動の大きい遺伝子の抽出）

11.2.2の冒頭ですべての細胞で発現量がゼロの遺伝子を削除したが，その目的は細胞を区別する情報を持たない特徴量を取り除いて解析対象のデータサイズをよりコンパクトにするためだった．その意味では，「すべての細胞でほとんど発現量が変わらない遺伝子」も特徴量から除外すべきではないか．ここについては研究の目的や考え方にもよる．何か絶対的な評価尺度や基準（特定のサンプルの遺伝子発現パターンなど）との比較が研究目的である場合は，このような特徴量選択は適切ではない場合も多い．しかし，扱っているデータセットの中でそれぞれの細胞がどのように異なるのか，どの程度異なるのかを評価する場合は，その細胞

集団の中でバリエーションの大きい遺伝子のみを解析対象として選択することも1つの方針としてありうる．特徴量の数を低減できれば，以下で紹介するさまざまな手法の計算コストも小さくなる．

ここでは，「細胞ごとの発現量変動の大きい遺伝子」を，発現量変動の大きい順に上位から2,000個抽出することにする．繰り返しになるが，この点については絶対的なレシピはなく，解析担当者が目的に応じて選択することになる．目的によっては事前にリストアップしたマーカー遺伝子のみを対象とすることもあるし，観測値に紐づいたなんらかの別種のデータ（メタデータ）との相関などを基準に選択することもある．

「発現量変動の大きさ」をどのように評価するかについてもいくつかの手段が考えられるが，ここでは**分散平均比**（variance-to-mean ratio，VMR，index of dispersion などともよばれる）で評価する．これは単純に遺伝子ごとの細胞間発現量分散の値を発現量平均値で割った値であり，その値が大きい遺伝子が「発現量変動が大きい」遺伝子と考えることにする．平均値と分散の関係についてはもう少し複雑な統計モデルで推定することもある．

▼入力11-20

```
# 対数変換したデータなのでexpで戻して平均発現量を計算する
# expm1()はlog1p()と逆の計算（exp(x) - 1）でlog1p()同様小さい値でより計算精度が高い
# 平均，分散は遺伝子ごとの計算なので，計算の方向は横方向（axis=1）
mean_expressions = np.expm1(df_lognormalized.values).mean(axis=1)

# このあと平均値で割り算するときにゼロ除算エラーになったらまずいので，小さな値を設定しておく
mean_expressions[mean_expressions == 0] = 1e-12

# 遺伝子ごとの統計量を記録する新しいDataFrameを用意する
log_mean_expressions = np.log1p(mean_expressions)
genes_stats = pd.DataFrame(log_mean_expressions,
                           index=df_lognormalized.index,
                           columns=['AverageExpr'])
```

▼入力11-21

```
# 分散を計算して，平均で割る
dispersion = np.expm1(df_lognormalized.values).var(axis=1, ddof=1)\
           / mean_expressions
dispersion[dispersion == 0] = np.nan

# さっき作ったDataFrameに列を追加
dispersion = np.log(dispersion)
genes_stats['Dispersion'] = dispersion

display(genes_stats)
```

▼出力11-21

	AverageExpr	Dispersion
GeneID		
ENSG00000279457	0.075988	1.212828
ENSG00000228463	0.252027	1.320736
…（略）…		
ENSG00000271254	0.012182	1.195264

20155 rows × 2 columns

平均値と分散平均比との関係をプロットしてみる．上で作ったDataFrameの“Dispersion”の項目の上位2,000個の遺伝子を取り出して，それらを赤色で，それ以外を灰色でプロットしてみよう．

▼入力11-22

```
# 変動の大きい順に2,000個抽出することにする
n_highly_variable = 2000

# 遺伝子のDataFrameをDispersionの項目でソートする
# ascending=Falseで降順にソートされる（＝値が最大のものが最初にくる）
# その後，head()関数で上から2,000個取り出せば，
# Dispersionの上位2,000個の遺伝子のインデックスが取得できる
genes_disp = genes_stats.sort_values(by=['Dispersion'], ascending=False)
highly_variable_genes = genes_disp.head(n_highly_variable).index

# HVG（Highly variable genes）であるか否かの真偽値を設定する
isHVG = genes_stats.index.isin(highly_variable_genes)

fig, ax = plt.subplots()

# HVGではない（~isHVG）遺伝子のみを灰色でプロット
ax.scatter(genes_stats.loc[~isHVG, 'AverageExpr'],
           genes_stats.loc[~isHVG, 'Dispersion'],
           c='gray', s=6, alpha=0.5,
           label='non-variable')

# HVGである（isHVG）遺伝子を赤色でプロット
ax.scatter(genes_stats.loc[isHVG, 'AverageExpr'],
           genes_stats.loc[isHVG, 'Dispersion'],
           c='red', s=6, alpha=0.5,
           label='{} highly variable'.format(n_highly_variable))
```

```
ax.set_xlabel('Mean expression of genes')
ax.set_ylabel('Dispersion of genes')
plt.legend()

plt.show()
```

▼出力11-22

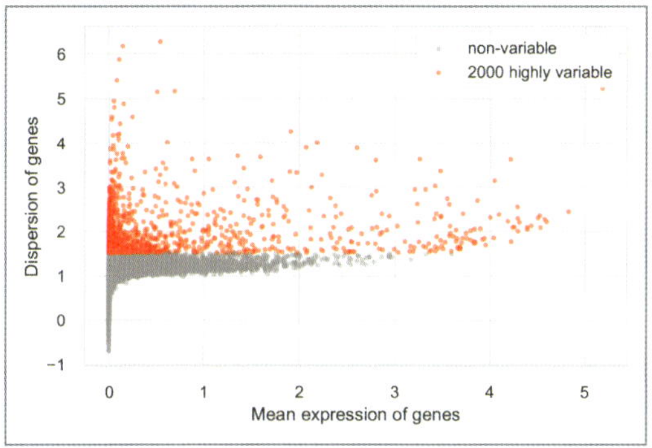

▼入力11-23

```
# 正規化テーブルから, highly variable genesの項目のみ抽出
df_HVGs = df_lognormalized.loc[isHVG, :]
print(df_HVGs.shape)
```

▼出力11-23

```
(2000, 3102)
```

以上の操作で，2,000 × 3,102 のサイズのテーブル（2,000 個の遺伝子，3,102 個の細胞）を作ることができた．

11.2.5 データの標準化

前処理の最後に，データの平均をゼロ，分散を1に**標準化**する．多くの**機械学習**の手法で，事前に**特徴量のスケール**（数値の変動の範囲）を揃えておくことが推奨される．特徴量のスケールが大きく異なっていると，学習アルゴリズムによっては安定した計算結果が得られなかったり，特徴量間の相対的な比較ができず結果の解釈が難しくなってしまうためである．特に特徴量それぞれの**単位系**が異なる場合は注意が必要である．例えば「年齢と年収の関係」を調べようとデータ分析した場合，年齢はせいぜい数十の範囲でばらつく一方で，年収は数十万，数百万の範囲でばらつく．このようなデータに，例えば以下で紹介する主成分分析などを適用した場合，年収の寄与が過大に評価されてしまい2変数の相対的な関係に関する情報はほとんど得られないだろう．また，年収の記述の仕方を円単位から万円単位に変更しただけの本質的に同一のデータを与えても，得られる結果は大きく異なってしまう．こういったデータでは事前に特徴量のスケールを揃えることが重要となる．

とはいえ，この手順もやはり必須とは限らず，解析の目的によると思われる．正規化を施した遺伝子発現量テーブルの場合，数値の単位はすでに揃えられていると考えることもできる．標準化を適用するということは，細胞集団全体で発現量が小さい遺伝子のわずかな変動も，発現量が大きい遺伝子の変動も，同程度の重要性で取り扱うということを意味する．これをよしとするかどうかである．小さな値の変動のほとんどが実験上のノイズであった場合，その変動を拡大して得られる結果はほとんどノイズに駆動されてしまう．一方で，わずかな変動こそが重要だ，というケースもあるだろう．その場合は標準化を適用しないと，そういった変動は発現量の大きな遺伝子の変動の中に埋もれて見えなくなってしまう．

いずれにしてもあらゆるケースに対応可能な処方箋はない．重要なことは，自分がデータをどのように変換して解析を実行したのか，その変換が解釈にどのような影響を及ぼしうるのか，それを常に意識しながら注意して解析することであると思う．

▼入力11-24

```
# 標準化は自分で計算するのも簡単だが，より簡単に実行するためのモデルがscikit-learnにある
from sklearn.preprocessing import StandardScaler

# 標準化計算をするためのモデルを読み込む
scaler = StandardScaler()

# 標準化を実行する
scaled_values = scaler.fit_transform(df_HVGs.values.T)

# Option: 外れ値の影響を緩和するために10以上の値は10に抑える
scaled_values = np.clip(scaled_values, None, 10)

# 標準化した数値でDataFrameを作る
df_scaled = pd.DataFrame(scaled_values.T,
                         index=df_HVGs.index, columns=df_HVGs.columns)
```

11.2.6 処理データの保存

次章以降で扱うために，本章で作成したいくつかのデータを保存しよう．テーブル形式のデータをテキストで書き出す場合は，`pandas.DataFrame.to_csv()`関数を使うと簡単である．ただ，ここで作成したような巨大なDataFrameを`to_csv()`で書き出そうとすると，書き出し，読み込みいずれも時間がかかってしまうし，ファイルサイズも巨大になってしまう．また，**MultiIndex**のような少し複雑な形式のテーブルだと，読み込むのも若干面倒だ．

そこで遺伝子発現量を格納した巨大なDataFrameについては，Pythonの**pickle**という仕組みを利用して，**バイナリファイル**として書き出すことにしよう．`pandas.DataFrame.to_pickle()`は，DataFrameの構造をそのまま保持してバイナリとして書き出す関数だ．構造が保持されるので次に読み込むときも簡単になる．

▼入力11-25

```
# 遺伝子IDと名前の対応表
# このテーブルはそれほど大きくないので，そのままテキストで書き出す
# sep='\t'を指定すると，タブ区切りテキストファイルとして出力される
genes.to_csv('./data/genes.tsv', sep='\t')

# 標準化前のデータ
df_HVGs.to_pickle('./data/df_HVGs.gz')

# 標準化後のデータ
df_scaled.to_pickle('./data/df_scaled.gz')
```


11.3 おわりに

本章では，データ読み込み，クオリティコントロール，正規化，特徴量選択という流れでscRNA-Seqデータの前処理を行ってきた．これらは，生物学実験で得られたテーブルデータ解析の多くで共通するステップである．しかし分野やデータの性質によって，具体的な計算手法は変わる．

分野によるバリエーションがおそらくもっとも大きいのは，正規化（Nomalization）のステップだろう．どのような計算によって正規化を実行するかは，それ自体がバイオインフォマティクスの研究対象である[注6]．単純な場合，マイクロバイオーム解析などでは，微生物系統の相対存在量をパーセンテージで表現することもある．もっと複雑な場合では，それらのデータ特有のバイアスを補正するためのなんらかの統計モデルを仮定する．Hi-C解析はさらに特殊で，テーブルの行と列，両方向から正規化をかける“matrix balancing”とよばれる手順を踏むことが多い．

生物学に限らず機械学習全般において，データの前処理は（目立って取り上げられることは少ないが，実務においてはとりわけ）重要なステップであり，それのみを扱った書籍も存在するほどである[文献5]．いずれにしても，どのような計算によって元のデータをどのように変換したのか，自覚しておくことが重要である．前処理のプロセスは，以降の章で扱うすべての手法の結果に大きく影響を与える[注7]．特に，本章で選択された2,000個の遺伝子以外の情報は以降の解析でいっさい無視していることに注意しよう．

注6）本書で紹介した単純な正規化手法を含む，シングルセル解析における22種類の数値変換手法を比較評価したベンチマーク論文も存在する．この論文でも示されているように，理論的に洗練された変換手法が必ずしも実践的な性能向上にはつながらないことには注意が必要である．Ahlmann-Eltze C & Huber W：Nat Methods, 20：665-672, 2023 doi:10.1038/s41592-023-01814-1

文献5）『機械学習のための特徴量エンジニアリング―その原理とPythonによる実践』（Alice Zheng，Amanda Casari/著，株式会社ホクソエム/訳），オライリー・ジャパン，2019

注7）“Garbage In, Garbage Out”という言葉がある．計算機に「ゴミを入れたらゴミが出てくる」という意味である．出てきたのがゴミと判断できるならマシだが，最近では“Garbage In, Gospel Out”というバリエーションもあるらしい．うまいことを言う．計算機にゴミを入力して出力された無意味な結果を盲目的に信仰する危険性を説いた警句である．福音の誘惑については次章で少しだけ触れる．

第12章 シングルセル解析②
次元削減

東　光一

本章の目的

長い前処理が終わって，いよいよ実際に高次元データを「見る」ための手法，次元削減を実行してみる．まずは線形次元削減の王道，高次元データの可視化のみならず，他の機械学習手法に投入するための前処理としても使われることの多い，主成分分析をやってみる．次に，データの非線形な特徴を捉える非線形次元削減（多様体学習ともよばれる）の代表例，scRNA-Seq解析で大流行のt-SNEとよばれる手法，さらにt-SNEを改良して近年やはりscRNA-Seq解析で使われることの多いUMAPとよばれる手法を紹介する．

12.1 データ読み込み

まずは，**第11章**と同様のライブラリ読み込みと，前章で作成したいくつかのデータの読み込みを行おう．

▼入力12-1

```
%matplotlib inline
import numpy as np
import pandas as pd
import matplotlib
import matplotlib.pyplot as plt
import seaborn as sns

# 画像出力の設定
sns.set_theme(style='whitegrid')
matplotlib.rcParams['figure.dpi'] = 200
```

TSV形式ファイルはpandas.read_csv()関数で読み込む．sepパラメータで区切り文字（separator）を指定し，遺伝子ID（ゼロ列目）をインデックスとする．

本章の執筆にあたり，Python==3.12.4，Numpy==1.26.4，pandas==2.2.2，Matplotlib==3.9.1，Seaborn==0.13.2，scikit-learn==1.5.1，UMAP==0.5.5を用いて動作確認を行った．

▼入力12-2

```
import os

datadir = './data'

genes = pd.read_csv(os.path.join(datadir, 'genes.tsv'),
                    sep='\t', index_col=0)

display(genes.head())
```

▼出力12-2

	Symbol
GeneID	
ENSG00000243485	RP11-34P13.3
ENSG00000237613	FAM138A
ENSG00000186092	OR4F5
ENSG00000238009	RP11-34P13.7
ENSG00000239945	RP11-34P13.8

pickleで保存した**第11章**のDataFrameは，pandas.read_pickle()関数で読み込む．

▼入力12-3

```
df_HVGs = pd.read_pickle(os.path.join(datadir, 'df_HVGs.gz'))
df_scaled = pd.read_pickle(os.path.join(datadir, 'df_scaled.gz'))
display(df_scaled.iloc[:5, :5])
```

▼出力12-3

					Days0-3
	AAACCGTGGCTACA-1	**AAACGCTGTAGCGT-1**	**AAAGATCTGGTACT-1**	**AAAGATCTTCCTTA-1**	**AAAGTTTGAGCTCA-1**
GeneID					
ENSG00000272512	-0.027669	-0.027669	-0.027669	-0.027669	-0.027669
ENSG00000188290	-0.427372	-0.427372	-0.427372	-0.427372	-0.427372
ENSG00000186827	-0.030594	-0.030594	-0.030594	-0.030594	-0.030594
ENSG00000189409	-0.254897	-0.254897	-0.254897	-0.254897	-0.254897
ENSG00000187730	-0.046916	-0.046916	-0.046916	-0.046916	-0.046916

12.2 主成分分析

11章の冒頭で，次元削減やクラスタリングの手法は，何を残すべき特徴として重視するか（どんな情報の損失を許容するか），どんな変数に落とすかでさまざまなバリエーションが生まれる，という話をした．

主成分分析（principal component analysis，PCAと略される）が重視するのは，高次元空間中のデータの広がり（分散）である．例として，**図12.1-A**のように三次元空間内に分布しているデータを考えよう．このデータを二次元平面で表現しようとしたとき，XY平面，YZ平面，XZ平面に映る影（そのまま垂直に下ろした点の座標）で表現することも可能ではある．しかしその場合，本来遠く離れた点同士が近い座標に配置されてしまうかもしれない．ではどのような平面に映る影を見ればいいか．これについて主成分分析は，まずデータの分散がもっとも大きい方向を取り出す．この方向はもとの空間を斜めに走っていることもあるので，もとの軸（**特徴量**）が複数組み合わさって（線形結合）構成されたベクトルとなる．これを第一主成分とよぶ．次に，第一主成分と直交する（無相関となる）ベクトルのうちで，データを射影したときに分散がもっとも大きくなる方向を第二主成分として取り出す．これを繰り返して適当なところで止めると，データの分散をある程度維持して低次元の部分空間内にデータを表現できる（残りの分散はノイズとして無視する）．

可視化するときは，第一主成分と第二主成分を取り出して**図12.1-B**のようにプロットすることが一般的である．第一～第三主成分を使って三次元にプロットすることもある．必ずしも上位の主成分のみでプロットしなければならないということはない．上位の主成分のいくつかの組み合わせで複数の二次元プロットを作ることもある．

クラシカルな手法ではあるが，後述の最近開発された**次元削減**手法（**t-SNE**など）にはない利点がたくさんあって，現在でも広く使われている．まず主成分分析は，実際にはデータの分散共分散行列の固有値分解（特異値分解）で計算が実行されるので，かなり大規模なデータでも非常に高速に計算できる．

また，取り出された主成分を新たな特徴量と考えると，この新しい特徴量では互いの相関がまったくなくなる，という点も大きな利点の1つである．高次元データではしばしば，強く相関した複数の特徴量がデータに含まれている．相関の大きな，すなわち冗長な特徴量がたくさん存在すると，回帰分析などの際に推定が不安定になったり，結果の解釈が難しくなる．相関が除去された特徴量を得る手段として主成分分析は重要である．

さらに，低次元空間の軸（主成分）が何を表現しているのかが明確であること（因子負荷量），どの程度の低次元空間に落とすと，もとのデータの特徴をどの程度保存してくれるのか（寄与率），といった計算が可能であることも主成分分析を使うことのメリットである．非線形次元削減手法では，このような情報を得ることが非常に難しい．

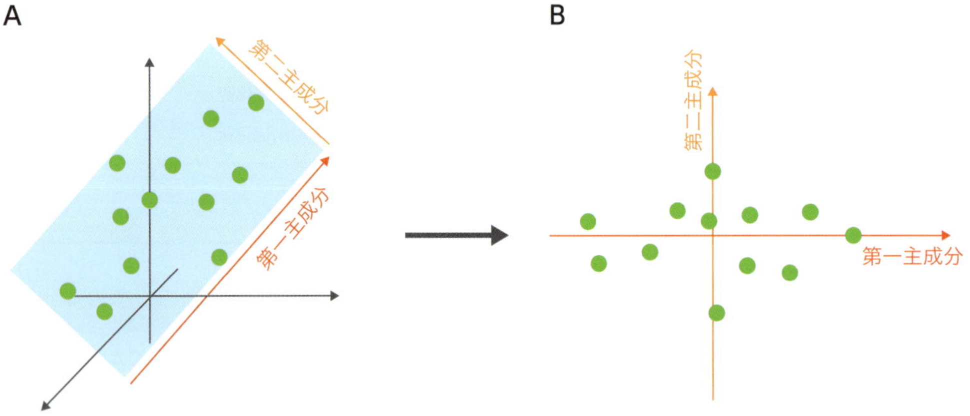

図12.1　データの射影のイメージ

それでは標準化データを投入して主成分分析を実行してみよう．scikit-learnライブラリにあるsklearn.decomposition.PCAクラスを使う．scikit-learnのモデルはインターフェースが統一されていて，基本的に以下のような手順で実行する．

1. model = XXX(parameters)
   機械学習モデルのクラスをインスタンス化する．このとき，モデルのパラメータをいろいろと設定する．
2. model.fit(data)
   モデルの重みパラメータなど，変換のための関数を学習する．
3. result = model.transform(data)
   学習されたモデルに実際にデータを流して変換する．

2と3をfit_transform()関数で同時に実行する場合もある．scikit-learnに含まれている手法に限らず，研究者が開発した新たな手法のPythonパッケージでもこのインターフェースが踏襲されていることが多いので，scikit-learnのモデルの呼び出し方，使い方に慣れておくことをお勧めする．

▼入力12-4

```
# scikit-learnのdecompositionをインポートする
import sklearn.decomposition
print('scikit-learn:', sklearn.__version__)

# いくつの主成分を保存するかをn_componentsに指定する
# 何も指定しないとすべての主成分を保存するが，
# 第一主成分，第二主成分のみ使う場合は2と設定しておけばいい
pca_model = sklearn.decomposition.PCA(n_components=2)

# scikit-learnのたいていのモデルは 観測値×特徴量 の行列を入力する
# 今回の場合 特徴量（遺伝子）×観測値（細胞） のテーブルとなっているので，
# 転置（.T）して入力する
pca_model.fit(df_scaled.values.T)

# 変換すると，低次元空間での座標が観測値の数だけ出力される
pca_coords = pca_model.transform(df_scaled.values.T)
```

▼出力12-4

```
scikit-learn: 1.5.1
```

それでは主成分分析を実行した結果をプロットしてみよう．変換の結果，「観測値」×「主成分」の行列が出力されるので，横軸に第一主成分の座標，縦軸に第二主成分の座標をプロットするためには，Matplotlibのscatter()関数に結果の1列目（ゼロ番目），2列目（1番目）のデータを与える．

▼入力12-5

```
fig, ax = plt.subplots()
ax.scatter(pca_coords[:, 0], pca_coords[:, 1], s=6, alpha=0.5)
ax.set_xlabel('PC1')
ax.set_ylabel('PC2')
plt.show()
```

▼出力12-5

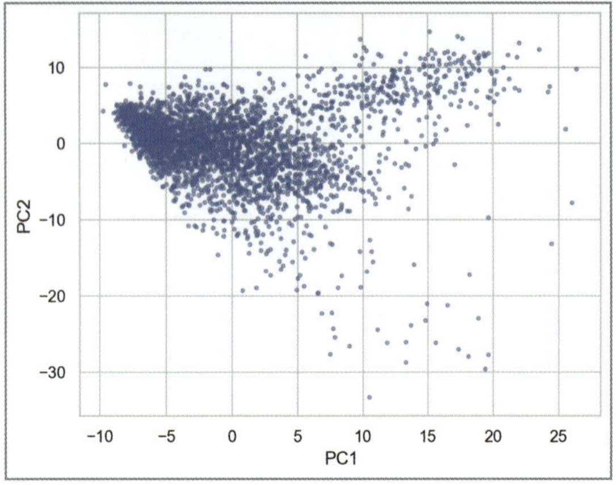

1つの点が，1つの細胞を表している．このプロットを見るだけでも，このデータが結局のところどういったデータであったのか，かなりイメージしやすくなった．データ全体の中で，どのくらいの細胞が密集しているのか，どの程度ばらけているのか，などである．とはいえ，あくまで高次元空間をある平面で切り裂いたときの影を見ているにすぎない点は注意が必要である．

本章で扱っている細胞には5つのラベルが割り振られていた．分化プロセスの27日間を5期間に分類したラベルである．主成分分析で得られた座標をそのまま使って，それぞれの点の色だけを細胞のラベルに合わせて塗り分けてみよう．

▼入力12-6

```
sample_labels = ['Days0-3', 'Days6-9', 'Days12-15', 'Days18-21', 'Days24-27']

# 5つのラベルに対応する色を辞書型で定義しておく
label_to_colors = {
    'Days0-3': 'red',
    'Days6-9': 'orange',
    'Days12-15': 'yellow',
    'Days18-21': 'green',
    'Days24-27': 'blue'}
```

```
fig, ax = plt.subplots()

# ラベルごとに順番にプロットする
for label in sample_labels:
    # ここで使っているDataFrameは，細胞のバーコード配列とともに，
    # それぞれのラベル情報も持った "MultiIndex" の形式となっている
    # df_scaledのゼロ番目のレベルにラベルの情報が格納されているので，
    # それが現在のlabel変数と一致するか否かの真偽値のリストを作って，
    # 変換後の座標pca_coordsの行のうち対応するもののみをプロットする
    cell_mask = df_scaled.columns.get_level_values(0) == label
    ax.scatter(pca_coords[cell_mask, 0], pca_coords[cell_mask, 1],
               color=label_to_colors[label], linewidth=0,
               label=label, s=6, alpha=0.5)

ax.set_xlabel('PC1')
ax.set_ylabel('PC2')

# 図の邪魔にならないようにレジェンドの位置を指定する
ax.legend(loc='center left', bbox_to_anchor=(1, 0.5))

plt.show()
```

▼出力12-6

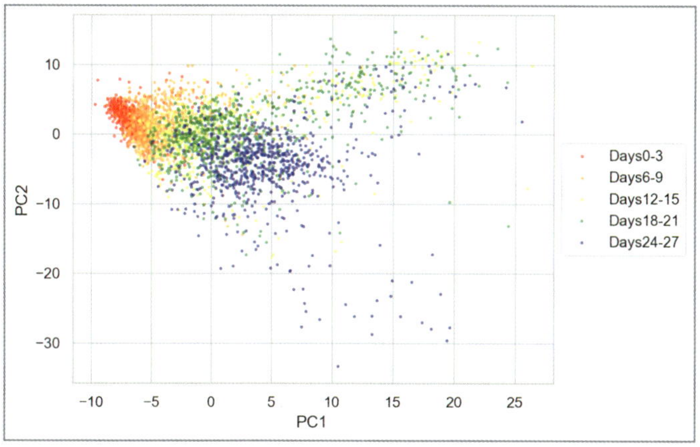

綺麗な図を描くことができた．ぱっと見た感じ，“Days0-3”の細胞（赤色）が狭い領域に固まっており，分化の日数が進むに従って徐々に右側のほうにプロットされているように見える．

主成分分析を実行する際，細胞のラベル情報をいっさい与えなかったことを思い出そう．主成分分析は**教師なし学習**，すなわち補助データや正解ラベル情報を与えず，データそのものの持つパターンを明らかにする手法の1つである．したがって主成分分析の結果，分化プロセスがなんとなく見えるということは，データ

の中に分化プロセスを反映したなんらかの情報が埋め込まれているということを意味している.

今後さまざまな手法でプロットする際に便利なので，ここで実行した細胞ラベルごとに色を塗り分けるコードは関数myplot()として定義しておこう．関数の定義については**第4章4.6「自作関数」**を参照.

▼入力12-7

```
def myplot(ax, coords, label_x, label_y):
    # 座標軸, プロットする座標, X軸のラベル, Y軸のラベルを入力して
    # 細胞ラベルごとに塗り分ける関数
    for label in sample_labels:
        cell_mask = df_scaled.columns.get_level_values(0) == label
        ax.scatter(coords[cell_mask, 0], coords[cell_mask, 1],
                   color=label_to_colors[label], linewidth=0,
                   label=label, s=6, alpha=.5)
    ax.set_xlabel(label_x)
    ax.set_ylabel(label_y)
    ax.set_xticks([])
    ax.set_yticks([])
```

主成分分析の強みの1つは，主成分（低次元空間のそれぞれの軸）が何を表現しているのかを簡単に調べられる点にある．具体的には，どの特徴量（遺伝子）の値が大きいときに二次元プロットの右側に配置されるのか，といった情報である．これは次元削減の結果を解釈する際に大いに役立つ．そのための指標が，因子負荷量とよばれる値だ.

因子負荷量（factor loadings）とは，それぞれの特徴量について，もとの高次元データにおける観測値と，次元削減したそれぞれのデータ点の主成分得点（上でプロットした低次元空間の座標のこと）の**Pearson相関係数**として計算できる量である．つまり，二次元プロットのそれぞれの細胞の第一主成分の値（横軸の値）と，ある遺伝子についての細胞ごとの発現量の値の相関を計算すれば，第一主成分に対するその遺伝子の因子負荷量が計算できる．因子負荷量が1に近ければ（正の相関），その遺伝子の発現量が大きいときに横軸の右側に配置されやすく，－1に近ければ（負の相関），左側に配置されやすい.

主成分分析の場合は，数万のすべての遺伝子についていちいち相関係数を計算する必要はない．詳細は割愛するが，**分散共分散行列**を固有値分解した際の固有ベクトルと，固有値の平方根の積を計算すると，それがそのまま目的の相関係数と一致するためである[注1].

scikit-learnのPCAの場合，データをfitさせたモデルオブジェクトのcomponents_アトリビュートに固有ベクトルが，explained_variance_アトリビュートに固有値の情報が格納されているので，因子負荷量は以下のように簡単に計算できる.

注1）データが標準化されている場合．そうでない場合はさらにデータの標準偏差で割る必要がある.

▼入力12-8

```
# 因子負荷量の計算
# factor loadings = eigenvector * sqrt(eigenvalue)
factor_loadings = pca_model.components_.T * \
                  np.sqrt(pca_model.explained_variance_)
factor_loadings.shape
```

▼出力12-8

```
(2000, 2)
```

factor_loadingsは，2,000遺伝子×2主成分の行列で，遺伝子ごとに第一，第二主成分に対する因子負荷量のデータが入っている．このデータから，第一主成分，第二主成分に強く「効いている」遺伝子の上位10個を取り出してみよう．

強い負の相関を示す遺伝子もあるので，numpy.abs()関数で絶対値にしてから，numpy.argsort()でソートした場合のインデックスを取り出している．

▼入力12-9

```
# 第一主成分に対する因子負荷量，絶対値の大きい順に上から10個
# ゼロ列目について，絶対値（abs）にして，ソート後のインデックスを取り出して（argsort），
# 降順に並び替えて（[::-1]），上位10個を取り出す（[:10]）
top10_pc1_ind = np.argsort(np.abs(factor_loadings[:, 0]))[::-1][:10]

# 対応する遺伝子インデックスをdf_scaledから取り出して，
# 遺伝子名などの情報が入ったgenesからその遺伝子の情報を取り出す
top10_pc1_genes = genes.loc[df_scaled.index[top10_pc1_ind], :]

top10_pc1_genes['FactorLoadings'] = factor_loadings[top10_pc1_ind, 0]
display(top10_pc1_genes)

# 第二主成分に対する因子負荷量についても同様
top10_pc2_ind = np.argsort(np.abs(factor_loadings[:, 1]))[::-1][:10]
top10_pc2_genes = genes.loc[df_scaled.index[top10_pc2_ind], :]
top10_pc2_genes['FactorLoadings'] = factor_loadings[top10_pc2_ind, 1]
display(top10_pc2_genes)
```

▼出力12-9-1

GeneID	Symbol	FactorLoadings
ENSG00000168542	COL3A1	0.802236
ENSG00000011465	DCN	0.764309
ENSG00000139329	LUM	0.740281
ENSG00000108821	COL1A1	0.719054
ENSG00000164692	COL1A2	0.695177
ENSG00000137309	HMGA1	-0.674208
ENSG00000113140	SPARC	0.666252
ENSG00000166482	MFAP4	0.600343
ENSG00000164093	PITX2	0.592756
ENSG00000146674	IGFBP3	0.580150

▼出力12-9-2

GeneID	Symbol	FactorLoadings
ENSG00000231500	RPS18	0.690656
ENSG00000197958	RPL12	0.624437
ENSG00000164587	RPS14	0.586754
ENSG00000167526	RPL13	0.577192
ENSG00000229117	RPL41	0.551067
ENSG00000167552	TUBA1A	-0.540510
ENSG00000174748	RPL15	0.539068
ENSG00000186468	RPS23	0.538928
ENSG00000140988	RPS2	0.523364
ENSG00000112306	RPS12	0.521939

以上のようにして第一主成分，第二主成分に強く寄与している遺伝子，それぞれ上位10個のリストができた．COL3A1の発現量が大きい細胞は図の右側（正の相関）に配置され，一方HMGA1の発現量が大きい場合は左側（負の相関）に配置される．また，RPS18の発現量が大きい細胞は図の上側（正の相関）に配置される，といった具合である．

実際にそのようになっているのか，同じ二次元プロットに関して，特定の遺伝子の発現量に応じた色で細胞を塗り分けてみよう．まずは，遺伝子名を指定して簡単に図を描画するための関数を以下のように作る．

▼入力12-10

```
def myplot_gene_expression(target_gene):
    # 遺伝子シンボルに対応する遺伝子のインデックスを取り出す
    target_gene_id = genes[genes['Symbol'] == target_gene].index[0]

    # もともとのデータ（標準化前）からその遺伝子の発現量を取り出す
    expr_values = df_HVGs.loc[target_gene_id, :]

    fig, ax = plt.subplots()
    # color map（値と色の関係）をviridisとして，colorに発現量の値を指定する
    sc = ax.scatter(pca_coords[:, 0], pca_coords[:, 1],
                    s=6, alpha=0.5, c=expr_values, cmap='viridis')
    ax.set_xlabel('PC1')
    ax.set_ylabel('PC2')
    ax.set_title(target_gene)
    plt.colorbar(sc)
    plt.show()
```

第一主成分に対する因子負荷量がトップのCOL3A1遺伝子の発現量を見てみよう.

▼入力12-11

```
myplot_gene_expression('COL3A1')
```

▼出力12-11

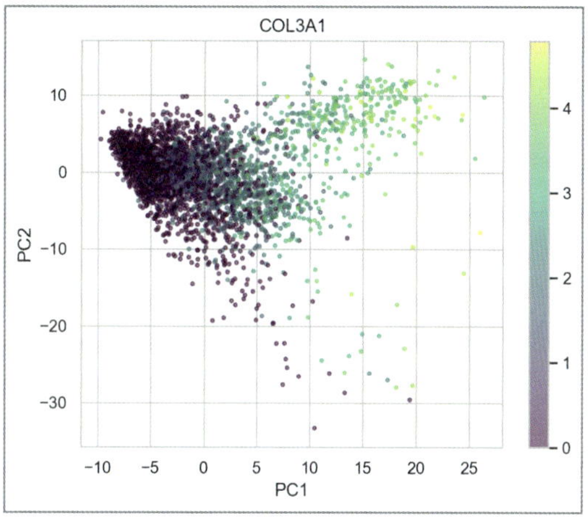

次に，第二主成分に対する因子負荷量がトップとなったRPS18遺伝子の発現量を見てみる.

▼入力12-12

```
myplot_gene_expression('COL3A1')
```

▼出力12-12

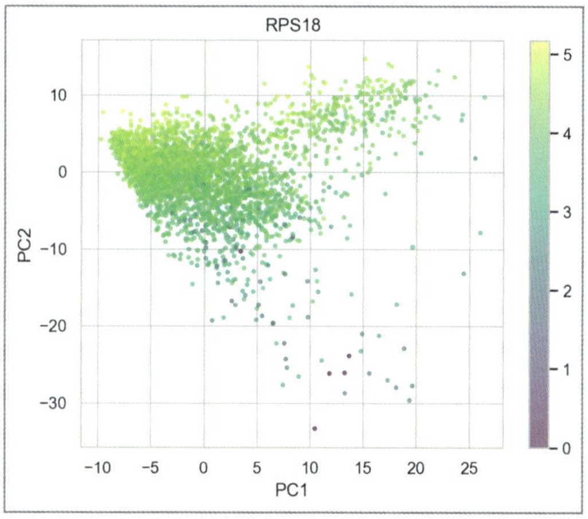

プロットされるそれぞれの細胞の色（発現量）が，因子負荷量をちゃんと反映していることがわかる．ところでR言語で主成分分析を実行した結果の可視化として，**バイプロット**（biplot）とよばれる表現をよく見かける．Pythonの場合は，自動でバイプロットを描画するような便利な関数は（たぶん）ないので，自分で書く必要があるが，それほど難しくはない．因子負荷量の二乗和の上位10遺伝子について描いてみよう．矢印やテキストの挿入はMatplotlibのannotate()関数が便利である.

▼入力12-13

```
# 因子負荷量の二乗和の上位10遺伝子のインデックスと遺伝子シンボルを取り出す
top10_ind = np.argsort((factor_loadings ** 2).sum(axis=1))[::-1][:10]
symbols = genes.loc[df_scaled.index[top10_ind], :]['Symbol']

fig, ax = plt.subplots()
ax.scatter(pca_coords[:, 0], pca_coords[:, 1], s=6, alpha=0.5, color='gray')

# 因子負荷量の値は最大で1, -1で見にくいので適当にスケールする
max_val = pca_coords.max()
# zip関数は, 複数のリストを一度に処理するために使う
# 例えば, リストAとリストBがあるとき, zip(A, B)を使うと, Aの1番目の要素とBの1番目の要素, Aの2番目の要素とBの2↵
番目の要素, といったペアを順に取り出すことができる
# ここではtop10_indとsymbolsをペアにして, 遺伝子インデックスと遺伝子名を対応させている
for g_ind, symbol in zip(top10_ind, symbols):
    ax.annotate(symbol, xy=(0, 0),
                xytext=max_val*factor_loadings[g_ind, :],
                color='red', arrowprops={'color':'red', 'arrowstyle':'<-'})

ax.set_xlim(-max_val, max_val)
ax.set_ylim(-max_val, max_val)
ax.set_xlabel('PC1')
ax.set_ylabel('PC2')
plt.show()
```

▼出力12-13

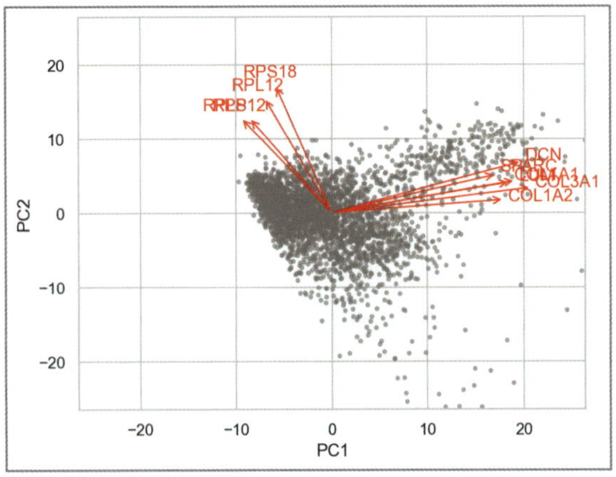

最後に，主成分分析の「**寄与率**」とよばれる値を見てみる．寄与率は，それぞれの主成分に表現されたデータ点の分散が，もとのデータ全体の分散（特徴量ごとの分散の総和）の何パーセントを占めているかを示す指標である．この値が大きければ，その主成分はもとのデータの特徴をよく捉えていることになる．主成分

は分散が大きい順に並んでいるので，当然それぞれの主成分の寄与率は小さくなっていく．

寄与率は数学的には，固有値の総和に対する各主成分に対応した固有値の割合と値が一致するので，簡単に計算することもできるが，scikit-learnのPCAの場合，モデルオブジェクトのexplained_variance_ratio_アトリビュートにすでに計算済みの値が入っているのでそれを使えばいい．

▼入力12-14

```
pca_model.explained_variance_ratio_
```

▼出力12-14

```
array([0.03517091, 0.02212961])
```

今回の場合は，第一主成分で約3.5％，第二主成分で約2.2％である．割合として相当に少なく見えるがもともとが数千次元のデータなので仕方がない面もある．

寄与率を使って，どの程度の次元のサイズに削減するかを判断することもある．その場合は寄与率そのものというよりも，上位の主成分の**累積寄与率**が判断材料として有用である．つまり，上位X個分の主成分を使えば合計で全体のN％の分散が説明できるので，このくらいの数の主成分を使えば妥当だろう，といった使い方である．明確な基準があるわけではないが，この主成分を使うとこの程度の情報は損失している，という覚悟を持つことに使える，かもしれない．

▼入力12-15

```
# 50主成分の累積寄与率を見てみる
n_pcs = 50
pca_model = sklearn.decomposition.PCA(n_components=n_pcs)
pca_model.fit(df_scaled.values.T)

# numpy.cumsum()関数で累積和に変換する
cumulative_variance_ratio = np.cumsum(pca_model.explained_variance_ratio_)

fig, ax = plt.subplots(figsize=(12, 3))
for i in range(n_pcs):
    # 主成分ごとにそれまでのパーセンテージの累積和の位置にプロットする
    ax.annotate('PC'+str(i+1), xy=(i, cumulative_variance_ratio[i]),
                ha='left', rotation=90, fontsize=6)
ax.set_xlim(0, n_pcs)
ax.set_ylim(0, cumulative_variance_ratio.max()*1.1)
sns.despine()
plt.show()
```

▼出力12-15

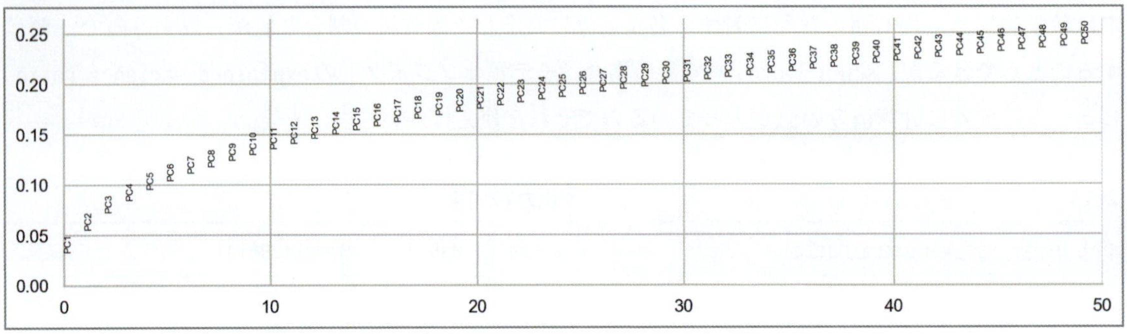

12.3 t-SNE

さて，ここから紹介するt-SNE，UMAPなどの非線形次元削減（多様体学習）は，主成分分析とはだいぶ考え方の異なる手法である．まずは主成分分析との違いをわかりやすく示すために，同じデータセットについて主成分分析（PCA），t-SNE，UMAPを適用した結果を比較してみよう（**図12.2**）．

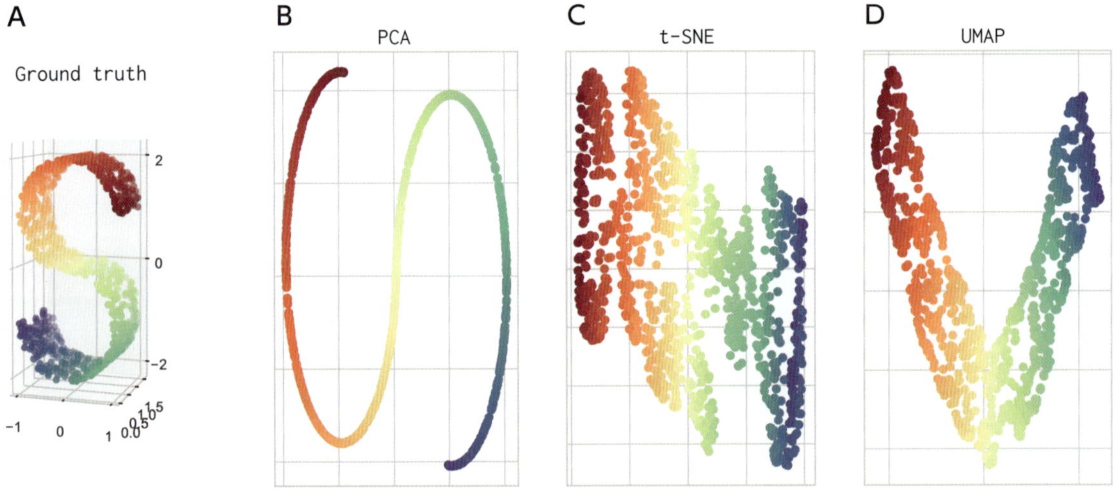

図12.2　manifold learning with 1,000 points

実験対象としたのは，三次元空間上で帯がS字状に曲がりくねっているデータである（**図12.2-A**のGround truth）．これを二次元平面に次元削減してみた．もともと三次元で表現されているデータなので，いっさいの歪みや情報損失なく二次元に表現することは不可能なデータだ．

主成分分析の結果（**図12.2-B**）はわかりやすい．前述したように主成分分析はもっとも分散が大きい方向性，次に分散が大きい方向性といったように軸を決めて，それらで構成された平面にデータ点を射影する．そして今扱ったデータは，S字の縦の幅，横の幅と比較して，帯の幅が少し狭い．その結果，S字の縦と横が分散最大の二成分として選択されて平面が構成され，帯の幅はノイズとして圧縮される．したがって，得られた二次元プロットからもとのデータがS字型をしていたことは類推できるものの，帯の厚みの情報は失われてしまっている．主成分分析が悪いわけではなくて，高次元空間を平面で切り取る主成分分析の特徴が表れた結果であり，これもデータの見え方の1つではある．一方，t-SNE（**図12.2-C**）とUMAP（**図12.2-D**）の結果は主成分分析とは大きく異なる．これらはいずれも，もとのデータが全体としてS字を構成していたことよりも，「帯であった」ことを重視して表現しているようだ．アイロンをかけるように帯をまっすぐにしようとしているように見える．どちらも帯の幅にあたる部分をちゃんとその幅の分展開している．

これらの結果は，t-SNEやUMAPの特徴を端的に表している．主成分分析は，データ点全体の分布の大局的（グローバル）な構造をよりよく表現する次元削減手法である．データ全体を見てもっとも分散が大きくなる軸を探す結果，必然的にグローバルな構造を重視する．一方，t-SNEやUMAPはどちらかといえば，局所的（ローカル）な構造を重視する．もとの高次元空間のそれぞれのデータ点に，自分の周囲にあるもっとも近い点はどれか，それとの距離はどの程度かを聞き取り調査したとしよう．それぞれの点は，高次元空間でご近所だった点が，低次元空間でもご近所であることを希望している．したがってそういったお隣さんの関係性がちゃんと維持されるように二次元平面にそれぞれの点を配置していく．ざっくり言えば，これがt-SNEやUMAPがやっていることである．あるデータ点にとって，自分の周囲数個のお隣さんだけを見回したとき，まさか自分たちが全体としてS字を構成しているとは思わない．その結果，S字型の構造に関する情報は失われるわけである．

t-SNEやUMAPの利点はデータの非線形な特徴を捉えることができる点にある．上のS字構造体は，三次元空間上のデータではあるが，本質的には二次元のデータである．しかし曲がりくねっているため，平面を切り取るだけの主成分分析では，データの本質的に二次元としての特徴をそのまま表現することはできない．しかし局所的な関係性を貼り合わせて全体を再構成するt-SNEやUMAPの手法ならばそれが可能となる．

また，データの全体像よりも，データ点の局所的な関係性こそが情報として有用な場面もある．遺伝子発現パターンのなす全体の構造など想像もつかないし，それを正確に表現してほしいとも思わないが，どの細胞とどの細胞が似ているのか，似通った細胞集団から構成されるクラスタがいくつあるのか，といった情報は，データの生物学的な解釈に結びつけやすく有用である．そういった理由から，特にscRNA-Seqの解析において，局所的な特徴を重視するt-SNEやUMAPが頻繁に利用されるのだと思われる．

とはいえ，t-SNEやUMAPが次元削減の決定版，というわけではなく得手不得手はある．設定するパラメータによって大きく結果が変わってしまうこともあるので，手法の特性を理解して慎重に解釈することが必要である．

12.3.1 t-SNEのアルゴリズム概要

t-SNEのアルゴリズムについてもう少しだけ具体的に見ていく．数学的に厳密な解説ではないので，詳細についてはt-SNEが提案された論文を参照してほしい[文献1)]．アルゴリズムの大まかな枠組みは以下の通りである．

文献1） van der Maaten L & Hinton G：JMLR, 9：2579-2605, 2008

1. **低次元側のデータ点の座標をランダムに（あるいは主成分分析やなんらかの高速な手法で暫定的に）配置する**
2. **高次元空間上の「距離」と低次元空間上の「距離」を計測するための関数を設定する**
3. **高次元空間上の「距離」と低次元空間上の「距離」を比較して，誤差を表現する関数（コスト関数）を設定する**
4. **コスト関数をなんらかの最適化計算手法で最小化する**

t-SNEの前に，まずはもう少し単純な次元削減手法，**多次元尺度構成法**（multidimensional scaling，MDS）とよばれる手法を見てみよう（**図12.3**）．MDS（の発展型の計算）は現在でも多くの生物学論文で使われる次元削減手法であり，類縁の**主座標分析**（principal coordinate analysis，PCoA）や**非計量多次元尺度構成法**（nonmetric multidimensional scaling，NMDS）がマイクロバイオーム（微生物群集構造）解析の論文で頻繁に使われている．

MDS（の一種，Metric MDS）はまず，高次元空間上のデータ点間の距離をすべてユークリッド距離で計測する．高次元空間でデータがどんな形状で分布しているのか不明でも，それぞれの座標はわかっているのだから，お互いの距離は計算可能である．次に低次元空間上のデータ点の初期配置におけるそれぞれの距離を計測する．最小化をめざすコスト関数はその二乗誤差である．

コスト関数の値が小さくなるように，低次元空間上のデータ点の配置を変化させていって，それ以上コスト関数が小さくならなくなったところで停止する．すると，低次元空間上のデータ点間の距離関係が高次元空間上のデータ点間の距離関係をできる限り再現するような配置になっている，と期待できる．つまりMetric MDSが重視し，維持しようとする特徴は高次元空間におけるデータ点の「全」対「全」の距離関係である．

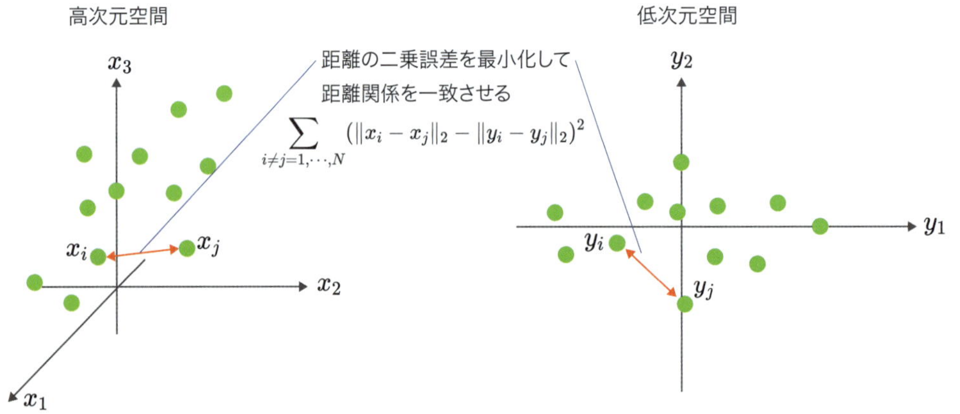

図12.3　MDS（multidimensional scaling，多次元尺度構成法）

さて，これはこれで有用なアルゴリズムなのだが，ここで考えたいのはMDSの手法によって局所的な近傍との関係性はどの程度維持されるのか，という問題である．コスト関数を見るとわかる通り，この手法をシンプルに適用すると「お互いに遠くにあるデータ点間の距離」がコスト関数の支配的な要素となってしまう．すべてのデータ点同士の距離を計算しており，どのデータ点にとってもほとんどの点は「遠いデータ点」であるためだ．

S字構造の例を見てわかるように，複雑で非線形なデータ分布の本質的な低次元構造を捉えるためには，できるだけ「近傍との関係」を重視して配置するほうがいい．遠い距離関係（グローバルな構造）を重視すればするほど，分散最大の方向を取り出す主成分分析とほとんど変わらない結果が得られてしまう．かといって近い距離関係（ローカルな構造）のみを保存すると，本来遠くに配置されるべき点まで近くに配置されて構造がつぶれてしまう．重要なのはグローバルとローカルのバランスである．

この方向性でMDSを拡張する手法がさまざまに提案されてきた（Isomap，Locally linear embeddingなど）が，シンプルな拡張として次に，**確率的近傍埋め込み**（stochastic neighbor embedding，SNEと略す）を考えよう（**図12.4**）．

いかに近傍を重視し，遠方を適度に無視するかの解決策として，SNEは距離そのものではなく，距離を反映した確率値を考える．あるデータ点 x_i について他のデータ点 x_j との類似性を，「x_j が x_i の近傍としてサンプリングされる条件付き確率」として定義するのである．条件付き確率は，データ点との距離に応じて減衰する x_i を中心とした正規分布である．つまり近い距離にあるデータ点を「近傍」としてサンプリングする確率は高く，遠いデータ点をサンプリングする確率はほとんどゼロとなる．高次元空間上のすべてのデータ点についてこの条件付き確率を計算する．一方，低次元空間上でランダムに初期配置されたデータ点すべてについても，同じく正規分布型の条件付き確率を計算する．これによって，高次元空間側，低次元空間側でそれぞれ確率分布のセットが得られたわけだが，これらの誤差を測るコスト関数として**カルバック・ライブラー情報量**（Kullback-Leibler divergence，確率分布間の「かたち」の差異を測る尺度）を設定するのである．カルバック・ライブラー情報量は確率分布が完全に一致しているときのみゼロ，それ以外のときは常に正の値をとるので，これを最小化するように低次元側のデータ点を再配置していくことで，低次元側のそれぞれのデータ点がどの点を「近傍」としてサンプリングするか，その確率が高次元側のそれと類似するように配置が最適化される．

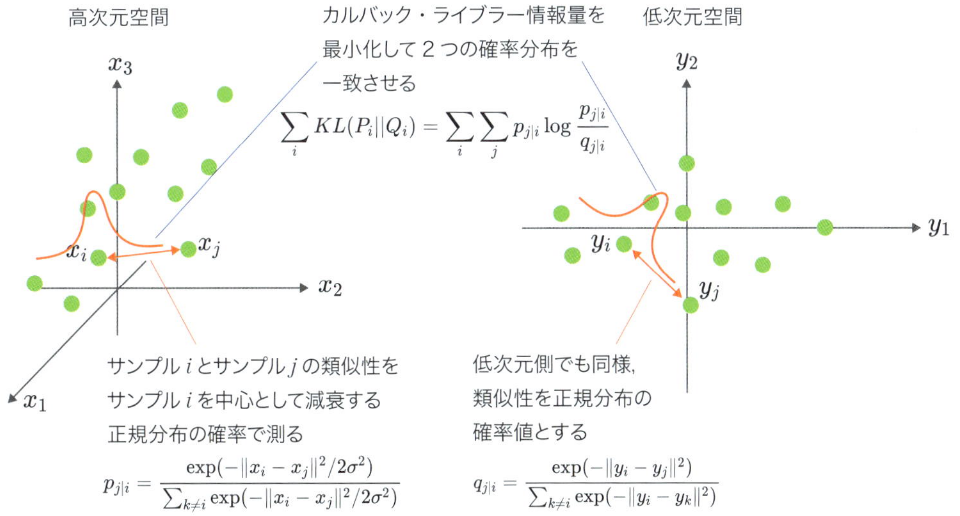

図12.4　SNE（stochastic neighbor embedding，確率的近傍埋め込み）

t-SNEまであともう一歩だ．近傍の距離関係の保存という意味でSNEはよさそうに思えるが，もう1つ，解決しなければならない点がある．それをめざしたのが，**t-SNE**（t-distributed stochastic neighbor embedding，t分布型確率的近傍埋め込み）とよばれる手法である[注2]．t-SNEはSNEと比較して大きくは次の2点で改良を施している（**図12.5**）．

1. **高次元空間上の類似性**
   SNEと同じく正規分布型だが，データ点x_iとx_jについてそれぞれ条件付き確率を単純に平均して対称な確率（同時確率）を使う
2. **低次元空間上の類似性**
   正規分布型ではなく「スチューデントのt分布」型（自由度1のt分布＝コーシー分布）の関数で確率を定義する

特に2番目がt-SNEの重要な特徴だ．t-SNEの“t”は，t分布のt，t検定のtなのである．

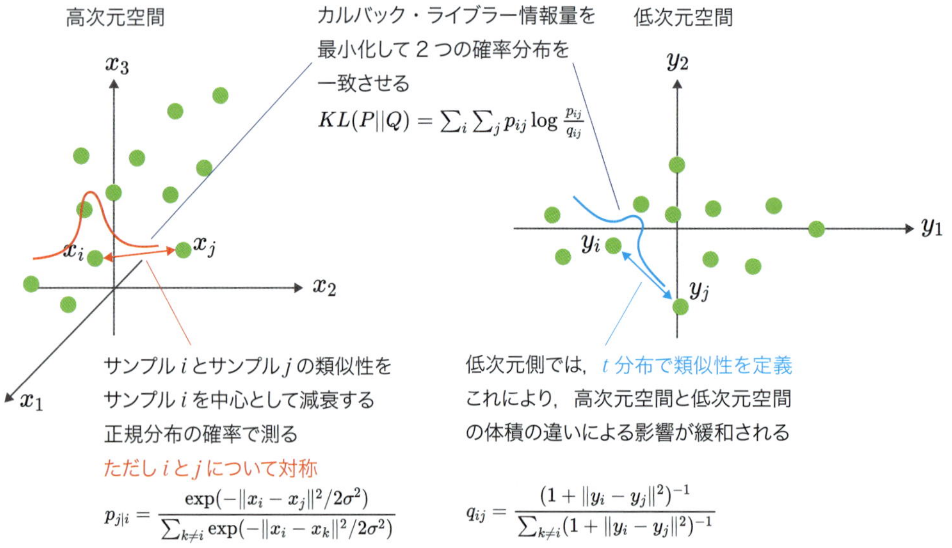

図12.5　t-SNE（t-distributed stochastic neighbor embedding，t分布型確率的近傍埋め込み）

なぜ低次元側で正規分布ではなくt分布を使うかについては少し込み入った話になるが，直感的には以下のようにイメージできる．

根本的な問題は高次元空間と低次元空間の体積の違いに起因する．**図12.6-A**のような単純なケースを考えよう．3つのデータ点が二次元平面上に存在して，それをなんとか一次元直線上に配置して次元削減を試みたとする．3点は二次元平面で直角に並んでおり，AとB，BとCは近い距離に位置して（距離が1），AとCは

注2）余談ではあるが，t-SNEはティースニーと読むのが一般的であるらしい．あまり納得はいかない（t分布型ではないSNEはスニーと読むのか？）が，ほとんどの専門家がそのように発音しているので，通っぽく振る舞いたい場合はティースニーと読もう．

少し遠い距離（$\sqrt{2}$）にあるとする．この3点を，局所的構造（近い距離関係）の維持を重視して一次元直線に移すとどうなるか．AとB，BとCの距離を維持するなら，必然的にAとCの距離は実際の高次元空間の距離よりも広げざるを得ないのである．

つまり，低次元空間は高次元空間と比較して空間に余裕がなく「混み合っている」ため，近い距離とほどほどに遠い距離，どちらも満足するように低次元に配置するのはそもそも難しい．そしてSNEのアルゴリズムの場合どちらが低次元配置により大きな影響を与えるかといえば，ほどほどに遠い距離のほうである．なぜなら近い距離関係のペアの数と比較して，ほどほどの遠さのペアが数として圧倒してしまうためだ．本当に遠いペアであれば，距離を正規分布の確率に変換するとほとんどゼロとなってコスト関数に影響を与えないので問題ないのだが，ほどほどの遠さのペアが厄介なのである．

問題は，距離1を距離1に，距離$\sqrt{2}$を距離$\sqrt{2}$に無理やり対応させようとしたことにある．t-SNEではこの問題を，低次元空間の確率分布として正規分布ではなく，もっと「裾の重い」（遠くまで確率値が残っている）確率分布を使うことで解決する．**図12.6 B**では，正規分布とt分布の関数の形を比較している．高次元空間でそこそこに遠いある距離（青矢印）が正規分布の確率値で評価された場合，低次元のt分布で同じ程度の確率を示すのはもっと遠い距離（緑矢印）となるのである．このようにt-SNEは，高次元空間の距離をそのまま正規分布でモデル化するのではなく，低次元空間ではt分布を使うことで距離を少し長めにモデル化する．これによって低次元空間上の表現がつぶれてしまうのを防いでいるのである．

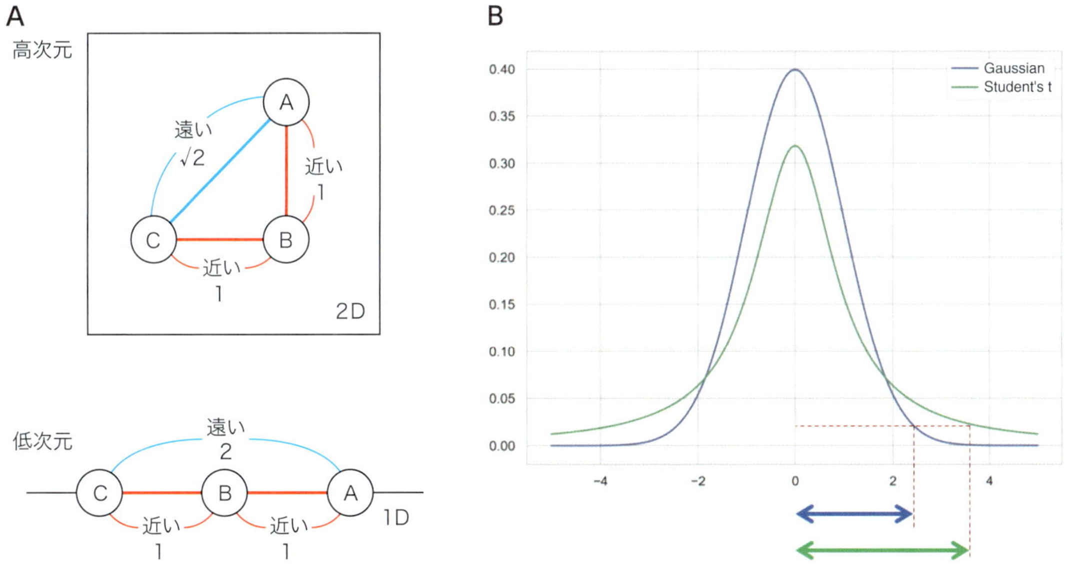

図12.6　t分布で遠くへ押し広げて「混み合い」を回避する

12.3.2 t-SNEの注意点

以上がt-SNEのアルゴリズムの概要である．最後に，t-SNEを使ううえでの注意点をいくつか，述べておこう．

1つは，「**パープレキシティ**（perplexity）」とよばれるパラメータの影響である．パープレキシティは，高次元空間上の正規分布の確率値計算の際に関わるパラメータである．上記の説明で，正規分布の「幅」を決めるσの値については言及しなかった．この幅を，すべてのデータ点について固定の大きさにしてしまうのはあまりよろしくない．というのも，データ点の密度はデータ全体の領域によって大きく異なるためである．非常に密度の高い場所に存在して他のデータ点との距離が小さい場合もあれば，周りがスカスカな場所に存在して近傍との距離が大きい場合もある．前者の点の周辺を高解像度に捉えようとして狭い幅で固定すれば，後者の点の周りではほとんど他の点を捉えられなくなる．一方後者の点の近傍をきちんと捉えようと広い幅に固定すると，前者の点の周辺の大量の点がほとんど同じ確率密度になって細かな構造が捉えられなくなる．したがって，密度の高い領域では狭く，低い領域では広く，データ点ごとに適応的に正規分布の幅を変えられるようにしたほうがいい．それを達成するためには，「最低限近傍10個分のデータ点を覆えるように正規分布の幅を広げる」といった感じで統一的な基準を設定しておくのが便利である．パープレキシティとは，直感的にはこの「近傍何個分」のデータ点を考慮するかを決めるパラメータと考えられる．この値を小さくするか大きくするかによって，それぞれのデータ点の近傍の細かな構造を重視するか，細かな構造を無視してもう少し広い構造を重視するかが決まる．結果への影響が大きいパラメータなので，解釈の際に注意が必要である．あとでこのパラメータの違いによる結果の違いを見てみる．

もう1つは，この手法が本質的に「局所的な構造の保存」に特化しているという点である．t-SNEはコスト関数を，高次元空間の確率p_{ij}と低次元空間の確率q_{ij}のカルバック・ライブラー情報量で定義していた．このコスト関数は，p_{ij}が大きくq_{ij}が小さいときは大きなペナルティを課すが，p_{ij}が小さくq_{ij}が大きいときはそれほどのペナルティとはならない．つまり，高次元空間できわめて距離が近いデータ点同士（p_{ij}が大きい）が，低次元で遠い距離に離れてしまっている（q_{ij}が小さい）ときはコストが大きく，それを避けるように低次元の配置を更新するが，逆の場合，高次元空間で遠いデータ点（p_{ij}が小さい）が低次元空間で近くに来ている（q_{ij}が大きい）ことはあまり気にしないのである．これが，t-SNEが「局所構造の保存」に特化している理由である．

t-SNEの結果ではしばしばいくつかのクラスタ的な構造が現れることがある．このとき，「局所構造を超えた解釈」を結果の二次元マップから導き出してしまうと，重大な解釈ミスを引き起こしてしまう可能性がある．具体的に問題となるのはクラスタの間に横たわる空白領域を含んだ解釈である．例えば，このクラスタAはこのクラスタBとは遠いが，こっちのクラスタCとは近い，すなわちAとCはBに比べて高次元空間でより類似しているのだろう，といった解釈は必ずしも妥当とはならない．高次元空間で同程度に離れたクラスタは，t-SNEの結果の二次元マップ上で近かったり，遠かったり，初期値の乱数によってもころころ変わる．t-SNEの結果で「**遠さ**」に言及すること，特に**「遠さ」を比較する**のは危険である．

他にも，アルゴリズムをよく知っていないと間違った解釈をしてしまう危険性がいくつかある．主成分分析とは異なり，t-SNEの結果は二次元平面の「エリアごとに縮尺がまるきりばらばら」となりうることにも注意は必要である．つまり二次元平面上の点の広がり方を，異なるエリア間で直接比較することはできない．これを理解していないと，極端な話，メルカトル図法で描かれた世界地図を実際の縮尺と勘違いして南極大陸の異様な巨大さを真面目に議論してしまうような恥ずかしいことになりかねない．さらに，t-SNEの最適化計算は大域的最適解を発見するものではないため，表現されるクラスタの数自体も実行によって変化することがある点に注意が必要である．

以上，いろいろとややこしい点はあるが，t-SNEの結果をもってなんらかの科学的な結論を述べるのではなく，あくまでデータ表現の一手段として，データを解釈する1つの切り口として，慎重に距離を保って付き合うのが無難だと思う．とはいえ他の手法ではなかなか見ることの難しい構造を見せてくれる手法であることは確かである．たった1回のt-SNEの結果を盲目的に信仰するのではなく，初期値，パラメータ，乱数など何回か試行錯誤しながら，プロットそのものを作ることを目的とするよりも，t-SNEの結果を通してデータの理解に解析者が近づいていくことが重要であると思う．

12.3.3 t-SNEの実例

長くなったが，実際のデータでt-SNEを試してみよう．まずはデータの前処理として，主成分分析を使って特徴量の数を削減する．数万の特徴量をそのまま使って計算することは原理的に不可能ではないが，計算効率のためにデータ全体の分散をある程度反映する主成分のセットを新たな特徴量として使って，そこからさらにt-SNEなどの非線形次元削減手法を実行することが多い．いくつの主成分を選択するかについて絶対的な基準があるわけではないが，全体の分散の80％程度を説明できるような主成分，つまり前述の累積寄与率が80％になるくらいまでの主成分を抽出することもよく行われる．ただ今回使っているデータの場合，80％の累積寄与率に到達するためには数百個の主成分が必要であり，まだデータサイズとして大きすぎるので，ここでは上から50個分の主成分を抽出しよう．この点についてはデータ表現の正確性と計算環境の制約のバランスをとった判断が求められる．

▼入力12-16

```
# 50個の主成分で線形次元削減しておく
# （重要なばらつきはだいたいキャプチャできているはず，と考えておく）
PCs = 50
pca = sklearn.decomposition.PCA(n_components=PCs)
pcscores = pca.fit_transform(df_scaled.values.T)

# 主成分得点を格納した新たなDataFrameを定義する
# 行方向に各細胞，列方向に第一主成分から第五十主成分までが並ぶ
df_pc = pd.DataFrame(pcscores,
                     index=df_scaled.columns,
                     columns=['PC'+str(i+1) for i in range(PCs)])

display(df_pc.iloc[:5, :5])
```

▼出力12-16

		PC1	PC2	PC3	PC4	PC5
Days0-3	AAACCGTGGCTACA-1	-7.972695	3.564716	-5.242470	-0.524536	-1.228564
	AAACGCTGTAGCGT-1	-7.606931	4.558112	-10.092944	1.665808	-0.263672
	AAAGATCTGGTACT-1	-7.491873	3.032769	-5.793508	0.927032	-0.203842
	AAAGATCTTCCTTA-1	-7.323264	2.726932	-10.319604	3.176211	-1.193410
	AAAGTTTGAGCTCA-1	-8.232689	3.528740	-6.255281	1.737008	0.677576

ここではscikit-learnのt-SNE実装を使う．なお，t-SNEの実装は論文著者による実装をはじめとしてさまざまなものがあり，それぞれで実行速度が異なる．データサイズが大きい場合に実行速度の差が顕著に現れるので，場合によってはより高速な実装を使うことも検討したほうがいい．ただ，実装によって一部のパラメータの設定が不可能な場合があるので注意が必要である．

▼入力12-17

```
# scikit-learnのt-SNEをインポートする
from sklearn.manifold import TSNE

# モデルのパラメータの指定
# 二次元に圧縮，初期配置はランダムではなく主成分分析の結果で決める
tsne_model = TSNE(n_components=2, init='pca', verbose=1)

# 実際にt-SNEを動かして，次元削減後の二次元座標を得る
tsne_coords = tsne_model.fit_transform(df_pc.values)
```

得られた結果をプロットしてみよう．主成分分析のときと同様，結果は観測値ごとの低次元座標の行列として得られる．今回の場合は3,102 × 2の行列である．最初の列が1つ目の軸の座標，次の列が2つ目の軸の座標である．主成分分析と異なりt-SNEの場合は，それぞれの軸の重要性や意味などを直接的に知る手段はない．

▼入力12-18

```
sns.set(style='white')
fig, ax = plt.subplots()
ax.scatter(tsne_coords[:, 0], tsne_coords[:, 1], s=6, alpha=0.5)
ax.set_xlabel('tSNE1')
ax.set_ylabel('tSNE2')
sns.despine()
plt.show()
```

▼出力12-18

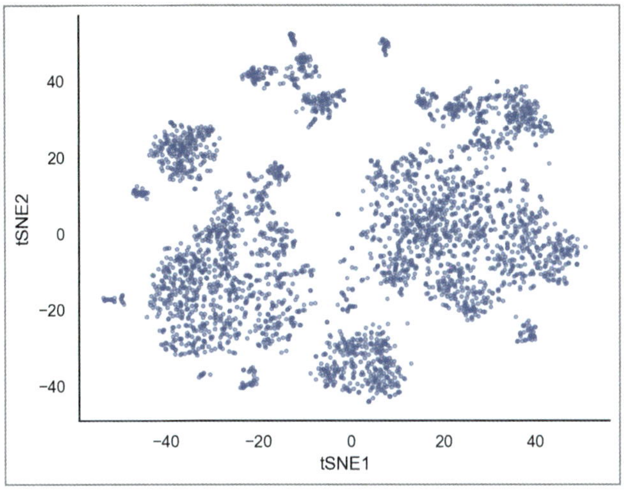

12.2で，細胞ラベル（何日目にサンプリングされた細胞か）を異なる色で塗り分ける関数を作ったのでそれにt-SNE座標を与えてプロットしてみよう．

▼入力12-19

```
fig, ax = plt.subplots()
myplot(ax, tsne_coords, label_x='tSNE1', label_y='tSNE2')
ax.legend(loc='center left', bbox_to_anchor=(1, 0.5))
sns.despine()
plt.show()
```

▼出力12-19

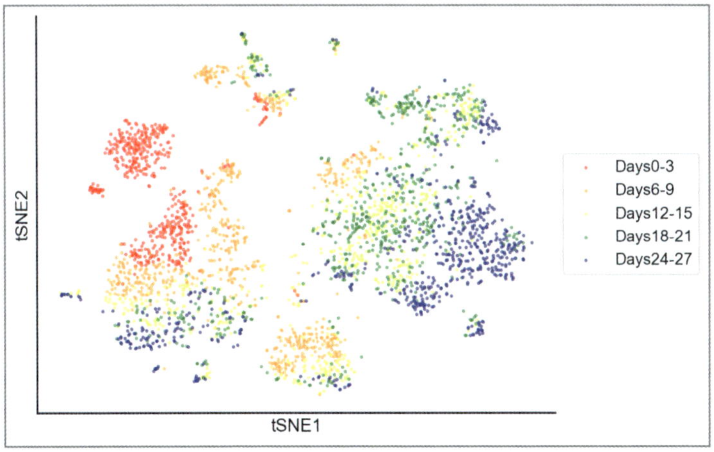

主成分分析の結果と同じように，ほぼ時系列に沿って分布しているように見えるが，特定の期間でクラスタを構成する，といった傾向は見られないようだ．特に時系列の後半になるにつれて，細胞ラベル（サンプ

リング日時）による分離は見られにくくなっていき，時系列とは異なる要素でパターンが分離するように見られる．

とはいえこれは1つのパラメータによる結果にすぎない．scikit-learnのTSNEクラスはデフォルトではパープレキシティの値を30に設定している．パープレキシティの値は一般的には5から50くらいの範囲で設定するのがよいとされているが，あくまで経験的な値でありデータセットによっても異なる．ここではデフォルトのパープレキシティ30，およびかなり小さめの値としてパープレキシティ5，さらに極端に大きな値としてパープレキシティ500の結果を比較してみよう．

▼入力12-20

```
# Perplexityを5にした場合，30にした場合（デフォルト．計算済み），500にした場合で比較してみる
tsne_model_perp5 = TSNE(n_components=2,
                        init='pca', verbose=1, perplexity=5)
tsne_coords_perp5 = tsne_model_perp5.fit_transform(df_pc.values)

tsne_model_perp500 = TSNE(n_components=2,
                          init='pca', verbose=1, perplexity=500)
tsne_coords_perp500 = tsne_model_perp500.fit_transform(df_pc.values)
```

3通りのパープレキシティの結果を並べて比較してみる．

▼入力12-21

```
fig = plt.figure(figsize=(12, 3))

ax1 = fig.add_subplot(1, 3, 1)
myplot(ax1, tsne_coords_perp5, label_x='tSNE1', label_y='tSNE2')
ax1.set_title('Perplexity=5')

ax2 = fig.add_subplot(1, 3, 2)
myplot(ax2, tsne_coords, label_x='tSNE1', label_y='tSNE2')
ax2.set_title('Perplexity=30 (default value)')

ax3 = fig.add_subplot(1, 3, 3)
myplot(ax3, tsne_coords_perp500, label_x='tSNE1', label_y='tSNE2')
ax3.set_title('Perplexity=500')
ax3.legend(loc='center left', bbox_to_anchor=(1, 0.5))

sns.despine()
plt.show()
```

▼出力12-21

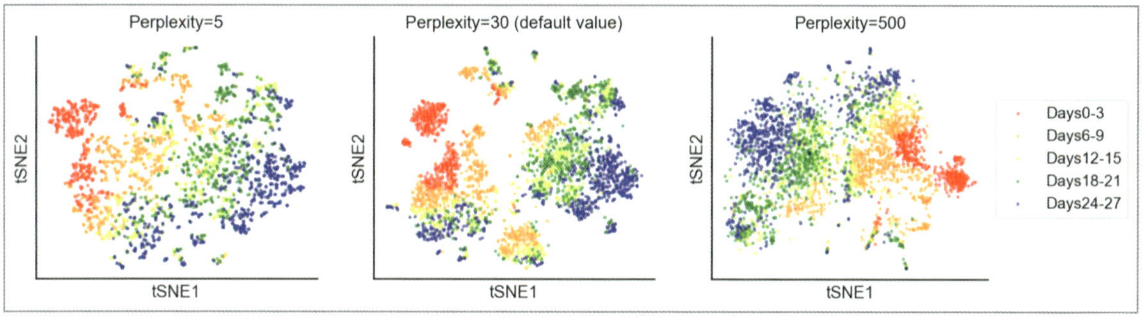

パープレキシティの値によってプロットの見た目がかなり変わってくることがわかる．パープレキシティは，近傍何個程度のデータ点との関係性を維持するように次元削減するか，といった解釈が可能であることを述べた（12.3.2参照）．つまりパープレキシティ5の場合は，それぞれのデータ点にとって近傍数個のデータ点との関係はほぼ正確に表現されるが，もっと離れた点との距離関係はあまり維持されていないことになる．実際にプロットを見てみると（**出力12-21**左），細胞が全体としてぼんやりとした球形に配置され，グローバルな構造らしきものはほとんど見えない．一方で逆のケース，パープレキシティ500の場合は，全体が狭いエリアに圧縮されたような表現になり，大まかな全体像は見えやすくなっているものの，細胞ごとの細かな違いを観測することは難しくなっている．

実際のデータ分析においては，複数のパープレキシティの設定で計算を実行し，それらの結果を比較すべきである．複数の結果で恒常的に観測されるクラスタが存在するならば，それは確かに高次元空間において特有のパターンを形成しているのかもしれない．

11.4 UMAP

UMAPは，2018年に提案された比較的新しい非線形次元削減手法である[文献2)][注3)]．アルゴリズムの提案後，すぐに生物学データ（特にシングルセル解析）への適用と結果の妥当性が検証され，広く使われるようになった．現代科学における技術進展の速さを示す例の1つと言える．UMAPはt-SNEとさまざまな点で非常に類似した手法であるが，t-SNEと比較していくつかの利点がある（と言われている）．

1. **計算の実行時間がt-SNEよりも速い（が，実装によってはt-SNEも十分速い）**
2. **大規模なデータセットでもt-SNEほどメモリを消費せずにすむ**
3. **データ全体のグローバルな構造をt-SNEよりもよく保存する（と言われている）**
4. **アルゴリズムが代数的位相幾何学の強固な理論的基盤に支えられている（?）**

文献2）McInnes L, et al：arXiv:1802.03426, 2018

注3）「ユーマップ」と読む．uniform manifold approximation and projectionの略である．日本語訳はまだないと思われるが「多様体均一近似・投影法」とかだろうか．

最後の点については，これを書いている筆者もよくわからない．UMAPのアルゴリズムを見る限りでは，高次元空間におけるデータ点の近傍との距離関係をうまいこと定義して，それを低次元空間上で表現する，といった，t-SNEをはじめとしたさまざまな手法が取り入れてきた考え方の新しいバリエーションの1つと捉えてしまうこともできる．しかし手法提案論文の著者に言わせるとこの理論こそが重要で，これまで経験的に行われてきた操作の理論的な基礎づけを行うことにより，手法の理論的な正当性や限界，困難を回避するためのアプローチを提供できるらしい．とはいえ，一般のユーザはもちろん，アルゴリズムの理解に関してもそこまで深く数学的抽象概念が関わってくるわけではない．

近年よく議論されているのは3番目の点（が本当かどうか）である．t-SNEでは失われがちであったデータ全体のグローバルな構造について，UMAPはより正確に表現することができる，という主張に関してはそれを支持する論文もあれば反論もあり，活発に議論されている．データセットの性質やパラメータ設定にも大きく依存することが示されているため，この点に関しては慎重な評価と解釈が必要だろう．

12.4.1 UMAPのアルゴリズム概要

UMAPはそのアルゴリズムの特徴ゆえ，というよりもむしろ，公式実装が優れており手軽に使えて高速である点が重宝されている．前述したように，このような非線形次元削減手法はたくさんのパラメータで実験して結果をさまざまな観点から比較することが重要である．その際に高速に計算可能な実装が簡単に導入できることの利点は大きい．

UMAPのアルゴリズムを少しだけ詳しく（トポロジーの理論にはいっさい踏み込まずに）見てみる．大まかな枠組みとしてはt-SNEとほとんど変わらず，**k近傍グラフ**（k-nearest neighbor graph）を用いたアプローチの一種である．ここでいう「グラフ」はグラフ理論などのグラフで，データ点を頂点としてそれらを辺でつないだ構造を指すが，その際にすべてのデータ点同士をつなぐのではなく，お互いに「近傍」に位置するデータ点を接続する．t-SNEにおいては，正規分布型の重みづけによってそれぞれのデータ点の近くにあるデータ点との距離のみを注視することが，近傍グラフを構成することに相当する．近傍グラフに基づく手法では，直接的に観測することのできない高次元の複雑な構造を捉えるにあたって，主成分分析のように平面に映した影を見るのではなく，近いデータ点をつないでいき，そのつながり方を見ることで構造を推測する．

UMAPでは，まず高次元空間での距離を確率値（とみなせるもの）に変換する．その際，データ点ごとに周囲の疎密に応じて距離のスケールを変化させる．次になんらかの手法で低次元空間における初期配置を決める．低次元空間で，あるデータ点が他のデータ点を「近傍」としてサンプリングする確率は，正規分布ではなくt分布に似た裾の重い分布に基づく．高次元側と低次元側で確率値を比較し，その誤差を定量化するコスト関数を設計する．このコスト関数を最小化するように低次元側の配置を更新する．

以上の流れは，t-SNEとほとんど同じであるが，UMAPではそれぞれのプロセスで用いられる関数の形が異なる．というより，それぞれの関数の選択に理論的な根拠を与えているのがUMAPの論文である（らしい）．

表12.1　t-SNEとUMAPの違い

	t-SNE	UMAP
高次元空間の確率	$p_{j\|i} = \dfrac{\exp(-\|x_i - x_j\|^2/2\sigma_i^2)}{\sum_{k\neq i}\exp(-\|x_i - x_k\|^2/2\sigma_i^2)}$	$p_{j\|i} = \exp\left(-\dfrac{\max(0, d(x_i, x_j) - \rho_i)}{\sigma_i}\right)$
確率値の対称化	$p_{ij} = \dfrac{p_{i\|j} + p_{j\|i}}{2N}$	$p_{ij} = p_{i\|j} + p_{j\|i} - p_{i\|j}p_{j\|i}$
適応的なスケーリング	$Perplexity = 2^{-\sum_j p_{j\|i}\log_2 p_{j\|i}}$	$n_neighbors = 2^{\sum_i p_{ij}}$
低次元空間の確率	$q_{ij} = \dfrac{\left(1 + \|y_i - y_j\|^2\right)^{-1}}{\sum_{k\neq l}\left(1 + \|y_k - y_l\|^2\right)^{-1}}$	$q_{ij} = \left(1 + a(y_i - y_j)^{2b}\right)^{-1}$
コスト関数	$KL(P(X)\|\|Q(Y)) = \sum_i\sum_j p_{ij}(X)\log\dfrac{p_{ij}(X)}{q_{ij}(Y)}$	$CE(X,Y) = \sum_i\sum_j\left[p_{ij}(X)\log\left(\dfrac{p_{ij}(X)}{q_{ij}(Y)}\right) + (1 - p_{ij}(X))\log\left(\dfrac{1 - p_{ij}(X)}{1 - q_{ij}(Y)}\right)\right]$

具体的にはt-SNEとUMAPは**表12.1**のように対応づけられる．高次元空間における確率はどちらも正規分布に似た指数型の関数であるが，UMAPにはρパラメータがある．ρの値は，それぞれのデータ点から何個目かに近いデータ点との距離に設定される（デフォルトでは最近傍，つまりもっとも近いデータ点との距離）．つまりt-SNEと異なりUMAPでは，高次元側で距離を確率に変換する関数の形状そのものがデータ点ごとに大きく異なる．正規分布の幅の広さによってデータ点の疎密を調整していたt-SNEに対して，UMAPはデータ点ごとに距離空間そのものが異なる，と言い換えることもできる．

また，t-SNEにおけるパープレキシティに相当する$n_neighbors$というパラメータも，パラメータの名前が直截的でよりわかりやすくなっていることに加えて，少し計算が異なる．役割としてはほぼ同じで，高次元空間の正規分布の幅σを決定するためのパラメータである．

さらに，低次元空間において距離を確率に変換する関数（t-SNEではt分布型の関数）もUMAPは独特な設定をしている．t-SNEにおいて，低次元側のt分布が重要な役割を果たしていた．t分布の裾の重い形状のために，高次元空間においてそこそこ近い距離にあるデータ点が，低次元側でつぶれてしまうことなく，より遠くへと押し出されていたためである．UMAPでは，この低次元側での確率分布の形状をユーザが設定することができる．表中でq_{ij}に，aおよびbというパラメータが含まれている．実際にaとbを変化させると関数の形状がどのように変化するか見てみよう（**図12.7**）．図中の赤点線は，a, bの値をそれぞれ変化させたときのq_{ij}の形状の違いを表している．

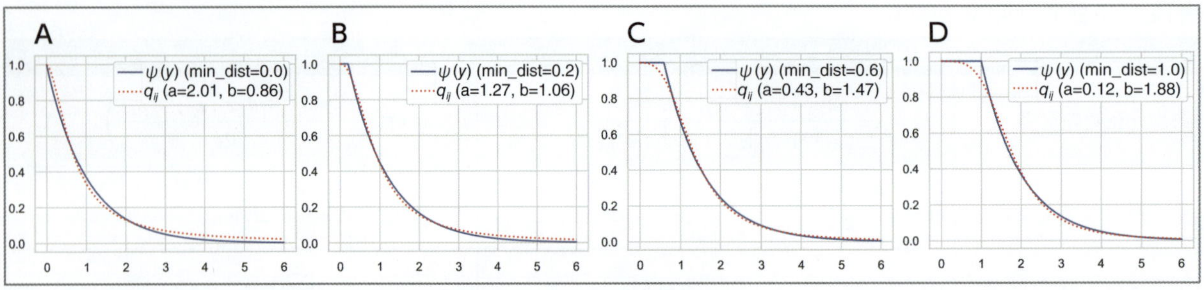

図12.7 UMAPのmin_distパラメータによる「裾の重い分布」の形状の違い

a, bの値によってより「裾の重い」分布へと変化していくことがわかる．つまりUMAPでは，高次元側で近い（すなわち正規分布型の関数で高めの値を示す）データ点のペアが，低次元側でどの程度引き離されて配置されるべきかをユーザが設定できるのである．UMAPの公式実装ではa, bのパラメータを直接指定することもできるが，**図12.7**を見てわかるように，aとbの値がどの程度だとどのような形状になるのか，直感的に把握しにくい．そこで公式実装では，より単純化された`min_dist`とよばれるパラメータが用意されている．`min_dist`によってaとbを「間接的に」決定する（`min_dist`のみを指定することでaとbを自動的に決める）．

ユーザが`min_dist`を設定すると，UMAPは以下の式（**図12.7**の青線）ともっともフィットするようにq_{ij}のa, bを決定する．

$$\Psi(\|y_i - y_j\|) = \begin{cases} 1 & if \quad \|y_i - y_j\| \leq mindist \\ \exp(-(\|y_i - y_j\| - mindist)) & otherwise \end{cases}$$

図12.7から読み取れるように，`min_dist`の値によって，どの程度の距離まで高い確率値が残るかが決まる．小さな`min_dist`では（**図12.7-A**），確率値が急速に減衰する．その結果，高次元空間で近い距離にあるデータ点は低次元空間ではきわめて狭い領域内に詰め込まれて表現される．逆に大きな`min_dist`では（**図12.7-D**），低次元側の距離は広げられる．`min_dist`の距離までは確率値がほぼ1で残っている．ということは，高次元空間でよほど近い距離（高い正規分布の確率値）に位置していない限り，それらのデータ点は`min_dist`よりも大きな距離に引き離される．最小距離（minimum distance）を決めるパラメータなので，名前の通りの役割となっている．

最後に，t-SNEではカルバック・ライブラー情報量で測っていた誤差を，UMAPでは**交差エントロピー**で測っている．この差が，t-SNEには難しいグローバルな構造情報の維持に重要な役割を果たしているという議論がある．以上がt-SNEとUMAPの大きな違いである．

12.4.2 UMAPの実例

それでは，これまでに扱ったデータでUMAPを試してみる．UMAPの公式実装は`conda install -c conda-forge umap-learn`あるいは，NumPy，Numbaなどの必要なものをインストールしたうえでPyPIから`pip install umap-learn`でインストールできる．UMAPはメモリ消費も比較的少なく高速なので，主成分分析による特徴量の削減はせずに，データをそのまま与えて実行しよう．

▼入力12-22

```
# UMAPをインポートする
import umap
print('UMAP:', umap.__version__)

# 何次元に落とすか（n_components）を与えるとともに
# n_neighbors, min_distのパラメータを設定する
umap_model = umap.UMAP(n_components=2,
                       n_neighbors=30, min_dist=0.3,
                       random_state=42, n_jobs=1,
                       verbose=False)

# 実際にデータを変換する
umap_coords = umap_model.fit_transform(df_scaled.values.T)
```

▼出力12-22

```
UMAP: 0.5.5
```


結果をこれまでと同様myplot()関数で描画してみよう．

▼入力12-23

```
fig, ax = plt.subplots()
myplot(ax, umap_coords, label_x='UMAP1', label_y='UMAP2')
ax.legend(loc='center left', bbox_to_anchor=(1, 0.5))
sns.despine()
plt.show()
```

▼出力12-23

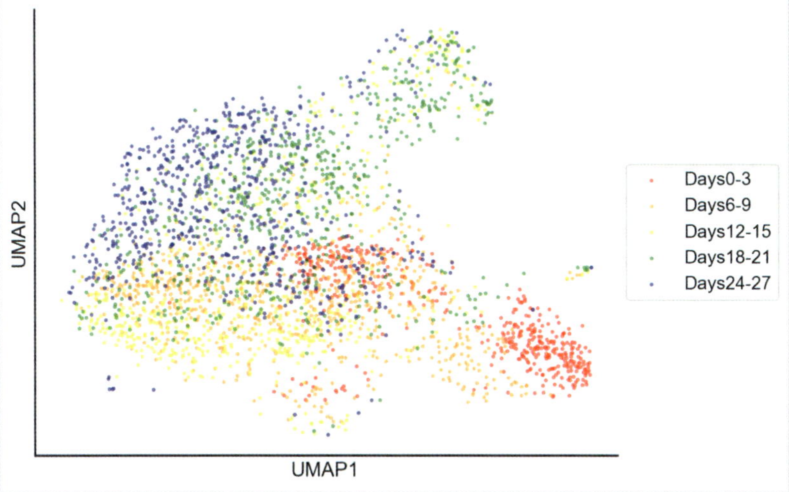

主成分分析やt-SNEとはまた違った感じの描画となっている．両者の中間的な表現，というイメージが近

いかもしれない．

UMAPはt-SNEと比較して，よりロバストな（計算結果が安定した）次元削減手法であると言われているが，それでも設定するパラメータによって結果は大きく変わる．特に重要なのは，アルゴリズムの説明でも言及したn_neighborsとmin_distとよばれる2つのパラメータである．値を変化させることで結果の見た目が変わることは共通しているが，役割がそれぞれ異なる．n_neighborsはt-SNEにおけるパープレキシティと似て，高次元空間においてデータ点が構成する多様体の構造をどのように捉えるかを本質的に決めるパラメータであるが，min_distはそのように抽出された情報を低次元空間でどのように表現するかを決めるパラメータである．n_neighborsを大きくすれば，それぞれのデータ点についてより多くの「近傍」の情報を取り込むため，多様体のグローバルな構造を情報として重視する傾向が強くなり，小さくすればよりローカルな情報を重視する．min_distは逆に，大きくすれば低次元空間におけるそれぞれの点が押し広げられるため，細かな構造が表現されやすくなり，小さくすれば点は詰め込まれて表現されるものの全体の構造が見えやすくなる．しかしあくまで出力に関わるパラメータにすぎないため，そもそもn_neighborsで捉えられていない情報は表現しようがないことに注意は必要である．

それぞれを動かして見た目がどのように変わるか実験してみよう．まずはmin_distは固定し，n_neighborsを動かしてみる．

▼入力12-24

```
# まずはn_neighborsを5個，30個（計算済み），500個で比較する
umap_model_nn5 = umap.UMAP(n_components=2,
                           n_neighbors=5, min_dist=0.3,
                           random_state=42, n_jobs=1,
                           verbose=False)
umap_coords_nn5 = umap_model_nn5.fit_transform(df_scaled.values.T)

umap_model_nn500 = umap.UMAP(n_components=2,
                             n_neighbors=500, min_dist=0.3,
                             random_state=42, n_jobs=1,
                             verbose=False)
umap_coords_nn500 = umap_model_nn500.fit_transform(df_scaled.values.T)
```

結果をプロットし，比較してみる．

▼入力12-25

```
fig = plt.figure(figsize=(12, 3))

ax1 = fig.add_subplot(1, 3, 1)
myplot(ax1, umap_coords_nn5, label_x='UMAP1', label_y='UMAP2')
ax1.set_title('n_neighbors=5')
```

```
ax2 = fig.add_subplot(1, 3, 2)
myplot(ax2, umap_coords, label_x='UMAP1', label_y='UMAP2')
ax2.set_title('n_neighbors=30')

ax3 = fig.add_subplot(1, 3, 3)
myplot(ax3, umap_coords_nn500, label_x='UMAP1', label_y='UMAP2')
ax3.set_title('n_neighbors=500')
ax3.legend(loc='center left', bbox_to_anchor=(1, 0.5))

sns.despine()
plt.show()
```

▼出力12-25

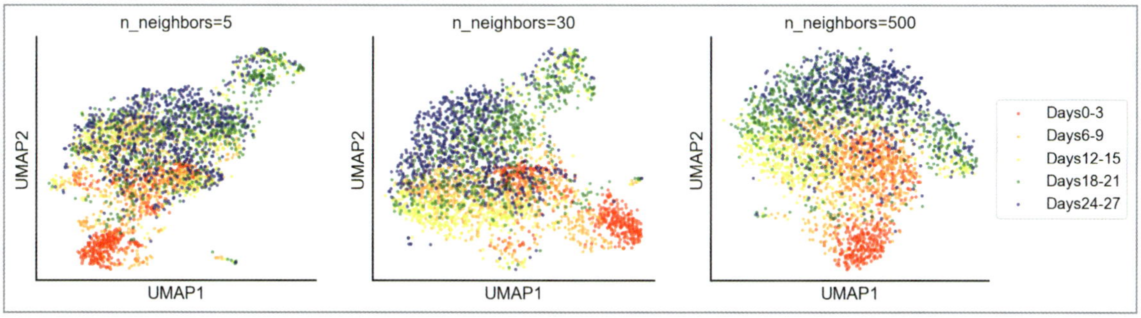

n_neighborsが極端に大きい場合，全体の中での相対的な位置関係はわかるものの，それぞれのクラスタや，それらの接続関係といった局所的な構造に関する情報はほぼ失われてしまった．次にmin_distによる違いを見てみる．

▼入力12-26

```
# min_dist, 0.01, 0.3（計算済み），0.8で比較
umap_model_md001 = umap.UMAP(n_components=2,
                             n_neighbors=30, min_dist=0.01,
                             random_state=42, n_jobs=1,
                             verbose=False)
umap_coords_md001 = umap_model_md001.fit_transform(df_scaled.values.T)

umap_model_md080 = umap.UMAP(n_components=2,
                             n_neighbors=30, min_dist=0.8,
                             random_state=42, n_jobs=1,
                             verbose=False)
umap_coords_md080 = umap_model_md080.fit_transform(df_scaled.values.T)
```

▼入力12-27

```
fig = plt.figure(figsize=(12, 3))

ax1 = fig.add_subplot(1, 3, 1)
myplot(ax1, umap_coords_md001, label_x='UMAP1', label_y='UMAP2')
ax1.set_title('min_dist=0.01')

ax2 = fig.add_subplot(1, 3, 2)
myplot(ax2, umap_coords, label_x='UMAP1', label_y='UMAP2')
ax2.set_title('min_dist=0.3')

ax3 = fig.add_subplot(1, 3, 3)
myplot(ax3, umap_coords_md080, label_x='UMAP1', label_y='UMAP2')
ax3.set_title('min_dist=0.8')
ax3.legend(loc='center left', bbox_to_anchor=(1, 0.5))

sns.despine()
plt.show()
```

▼出力12-27

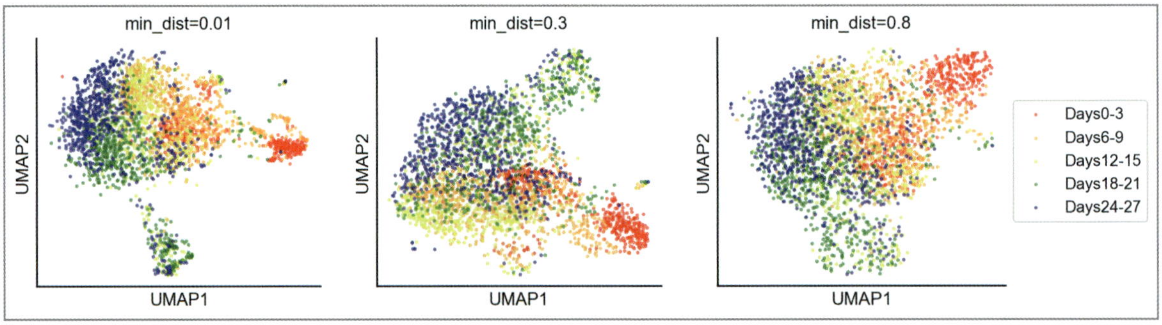

min_distが小さい場合，点が詰め込まれた表現となるが，大きくするとそれらがより広げられた表現となった．

以上のように，UMAPの場合は調整すべきパラメータがt-SNEよりも増えている．つまり，データに合わせた試行錯誤の必要性はより大きくなってしまった．しかし，これはむしろ利点でもあって，より柔軟にデータの表現を変化させて実験を繰り返すことで，データに関してより多くの情報が得られるということでもある．繰り返しになるが，次元削減は唯一の「正解」といえる低次元表現を探すためのものではないし，ましてや綺麗な二次元プロットを描くための道具でもない．さまざまな切り口で実験を繰り返すことで，高次元空間においてデータはどのように分布していたのか，思いを馳せることが重要である．

最後に，UMAP公式実装の便利な機能を1つ紹介する．UMAPでは，すでに次元削減を学習済みのデータセットとは別の新たなデータを追加したとき，すべての距離関係や低次元空間座標を再計算するのではなく，新たなデータ点の低次元空間の座標のみを高速に計算することができる．この特徴は，例えばクラス分類など教師あり学習の前処理として非線形次元削減を適用する場合に特に有用である．分類モデルをトレーニングする際に適用した変換と同等の変換を，テストデータに対して適用できるためだ．こういった処理は（parametric t-SNE[文献3)] など一部の実装を除き）t-SNEでは難しい．UMAPでこの機能が提供できる理由は，アルゴリズムの数学的性質ゆえ，というわけではなく，UMAP公式実装の実装上の工夫（高次元側の座標データを保持しておくことなど）による．

データを「**トレーニングセット**」と「**テストセット**」に分割して，トレーニングセットのみで次元削減を学習して，テストセットにそれを適用したときに妥当な座標が得られるかどうかを確認してみよう．scikit-learnのtrain_test_split()関数を使うと，データセット全体の75％をトレーニングデータに，25％をテストデータにランダムに分割してくれる．まずトレーニングデータでモデルを学習して，テストデータを学習済みのモデルで変換してみる．

▼入力12-28

```
from sklearn.model_selection import train_test_split

# 細胞のクラスラベル
cell_labels = df_scaled.columns.get_level_values(0)

# トレーニングデータ，テストデータに分割．stratifyにクラスラベルを指定しておくと，
# それぞれのデータセットに含まれるクラスの割合が同等となるように分割してくれる．
# （特定のクラスがテストデータにしか出現しないと，それらのパターンは学習できないことになるため）
train, test, train_labels, test_labels = \
    train_test_split(df_scaled.transpose(),
                     cell_labels, stratify=cell_labels, random_state=42)
# UMAPモデルの呼び出し
umap_model = umap.UMAP(n_components=2,
                       n_neighbors=5, min_dist=0.01,
                       random_state=42, n_jobs=1,
                       verbose=False)

# トレーニングデータで非線形変換を学習
# これまでは fit_transform で学習と変換をいっぺんにやっていたが，
# あとでモデルを使うためにfitで学習だけしておく
umap_model.fit(train)

# 学習したモデルでトレーニングデータを変換
train_coords = umap_model.transform(train)
```

文献3）van der Maaten L：PMLR, 5：384-391, 2009

```
# 学習したモデルでテストデータを変換
# このモデルそのものを保存しておけば，あとで新たなデータが追加されたときに
# 同じようにtransformが使える
test_coords = umap_model.transform(test)
```

▼入力12-29

```
# 結果をプロットする
fig = plt.figure(figsize=(8, 3))

ax1 = fig.add_subplot(1, 2, 1)
ax1.scatter(train_coords[:, 0], train_coords[:, 1],
            c=[label_to_colors[label] for label in train_labels],
            linewidth=0, s=6, alpha=0.5)
ax1.set_title('Training dataset')
plt.axis('off')

ax2 = fig.add_subplot(1, 2, 2)
ax2.scatter(test_coords[:, 0], test_coords[:, 1],
            c=[label_to_colors[label] for label in test_labels],
            linewidth=0, s=6, alpha=0.5)
ax2.set_title('Test dataset')
plt.axis('off')
plt.show()
```

▼出力12-29

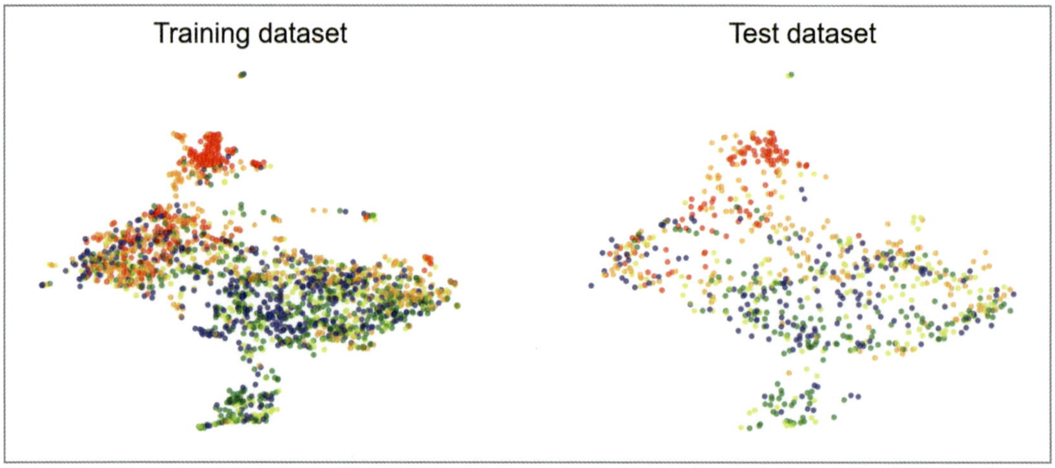

左の図がこれまで同様，トレーニングセットをUMAPで変換したプロット，右の図は，学習済みのモデルを使ってテストデータを変換したプロットである．同じ細胞ラベルがだいたい同じ位置にプロットされてい

ることがわかる．今回の場合はテストデータについても細胞ラベルの分類が事前にわかっているため，この手法のありがたみを感じにくいが，例えばトレーニングデータは詳細なラベリングがなされている一方でテストデータはラベルが不明な場合などにこれを適用すると，プロットされる位置からテストデータの細胞ラベルをある程度類推することも可能である．

12.5 その他の次元削減手法

他にも数多くの次元削減手法が近年，次から次に提案されている．非線形な構造を捉えるとともに，t-SNEやUMAPのようなクラスタ構造に加えてそれらの間の遷移（高次元空間における軌道）を捉えることに優れた**PHATE**[文献4)][注4)]，近年発展の著しい深層学習（の一種，Siamese neural network）を利用して，これまでに紹介した非線形次元削減手法とは異なり高次元空間から低次元空間への変換の関数を陽に与える**IVIS**[文献5)]などがある．さらに，UMAPの拡張として，データの密度情報を保持する調整を加えた**DensMAP**[文献6)]，三つ組のデータポイント間の関係を利用して大域的構造の保持に優れるとされる**TriMap**[文献7)]，そして局所構造と大域構造のバランスを取るように設計された**PaCMAP** (Pairwise Controlled Manifold Approximation)[文献8)]なども注目を集めている．いずれもPythonで非常に使いやすい実装が提供されている．

ただし現状では，生物学データ解析におけるこれらの手法の有効性に十分な検証がなされているわけではない[注5)]ので使用には注意が必要である．次元削減に限らず機械学習の手法全般に関して言えることだが，手法を機械的に適用するのではなく，アルゴリズムの特徴をなんとなくでも理解して，結果から誤った解釈を導き出すことがないように気をつけよう．

文献4) Moon KR, et al：Nat Biotechnol, 37：1482-1492, 2019 doi:10.1038/s41587-019-0336-3a

注4) アルゴリズムについて詳しくは筆者による解説「生物学データの次元削減・可視化手法PHATEを使ってみる」qiita.com/khigashi02/items/b4b95714cae9e3f2a7beを参照．「phate 次元削減」などでウェブ検索すれば出てくると思う．

文献5) Szubert B, et al：Sci Rep, 9：8914, 2019 doi:10.1038/s41598-019-45301-0

文献6) Narayan A, et al：Nat Biotechnol, 39：765-774, 2021 doi:10.1038/s41587-020-00801-7

文献7) Amid E, and Manfred KW：arXiv, 1910.00204, 2019 doi:10.48550/arXiv.1910.00204

文献8) Wang Y, et al：Journal of Mach Lear Res 22：1-73, 2021 doi:10.48550/arXiv.2012.04456

注5) 生物学データに関する次元削減手法の最近の比較検証としては，たとえば以下の論文がある．Huang H, et al：Commun Biol, 5：719, doi:10.1038/s42003-022-03628-x（2022）

第13章 シングルセル解析③
クラスタリング

東 光一

本章の目的

12章で扱った次元削減では，数千次元で表現されたデータ点を「見る」ために，二次元の連続値に変換してきた．ただ，低次元空間に映したところで，膨大なデータ点の数そのものが減るわけではない．プロット上にはなおも数千個の点が存在している．これらの点一つひとつを丹念に調べていくのは骨が折れる，どころか，骨をうずめる作業になってしまう．一方，これまでのプロットを見る限り，すべてのデータ点がそれぞれ「特別な存在」というわけでもなさそうだ．いくつかのデータ点は互いに非常に近い座標に位置し，つまりは互いに非常に類似しているらしい．このような点の集合をそれぞれ個別の「まとまり」（クラスタ，とよぶ）にまとめあげてしまえば，注目すべき対象の数はぐっと減るだろう．個別のデータ点をそれぞれ解析するのではなく，このクラスタの特徴は何か，このクラスタとそのクラスタは何が異なるのか，といった比較が可能となるので，解釈や議論がしやすくなる．

このような目的のもと，高次元データを低次元の連続値に次元削減するのではなく，データ点全体を互いに類似したいくつかのクラスタに分割する分析手法がクラスタリングである[注1]．

クラスタリングも，次元削減と同様，多数の手法が提案されている．それぞれ，あるデータ点と他のデータ点が「類似」していることをどのように定義するのか，どこまでをクラスタとして切り分けるのか，といった点で多くのバリエーションがある．

本章では生物学論文で比較的使われることの多い「階層的クラスタリング」と「k-meansクラスタリング」，そして近年のシングルセル解析で頻繁に使われているk近傍グラフに基づくアプローチの3つの手法を紹介する．

13.1 データ読み込み

まずは前章同様，ライブラリのimportと遺伝子発現量テーブルのロードを実行し，またラベルに関するデータをあらためて定義しよう．

本章の執筆にあたり，Python==3.12.4, Numpy==1.26.4, pandas==2.2.2, Matplotlib==3.9.1, Seaborn==0.13.2, scikit-learn==1.5.1, UMAP==0.5.5 Python-igraph==0.11.6, leidenalg==0.10.2を用いて動作確認を行った．

注1）クラスタリングには，1つのデータ点が1つのクラスタにのみ所属するハードクラスタリング，複数のクラスタへの所属を許容してそれぞれへの帰属度合いを算出するソフトクラスタリングの2つのタイプがある．本書ではハードクラスタリングのみを扱う．

▼入力13-1

```
%matplotlib inline
import os
import numpy as np
import scipy
import pandas as pd
import matplotlib
import matplotlib.pyplot as plt
import seaborn as sns

# 画像出力の設定
sns.set(style='whitegrid')
matplotlib.rcParams['figure.dpi'] = 200

datadir = './data'

genes = pd.read_csv(os.path.join(datadir, 'genes.tsv'), sep='\t', index_col=0)

df_HVGs = pd.read_pickle(os.path.join(datadir, 'df_HVGs.gz'))

df_scaled = pd.read_pickle(os.path.join(datadir, 'df_scaled.gz'))

sample_labels = ['Days0-3', 'Days6-9', 'Days12-15', 'Days18-21', 'Days24-27']

label_to_colors = {
    'Days0-3': 'red',
    'Days6-9': 'orange',
    'Days12-15': 'yellow',
    'Days18-21': 'green',
    'Days24-27': 'blue'}
```

13.2 階層的クラスタリング

13.2.1 階層的クラスタリングのアルゴリズム概要

階層的クラスタリングはボトムアップ型のクラスタリング手法の1つである．データ点全体の中からもっとも距離が近い（類似性が高い）ペアを探してそれらを併合，その次に距離が近いペアを探して併合，と順次併合していく．直感的にもわかりやすいアルゴリズムである．結果は**デンドログラム**として得られ，デンドログラムの形状と枝の長さが，凝集の順番と距離関係を**図13.1**のように反映している．

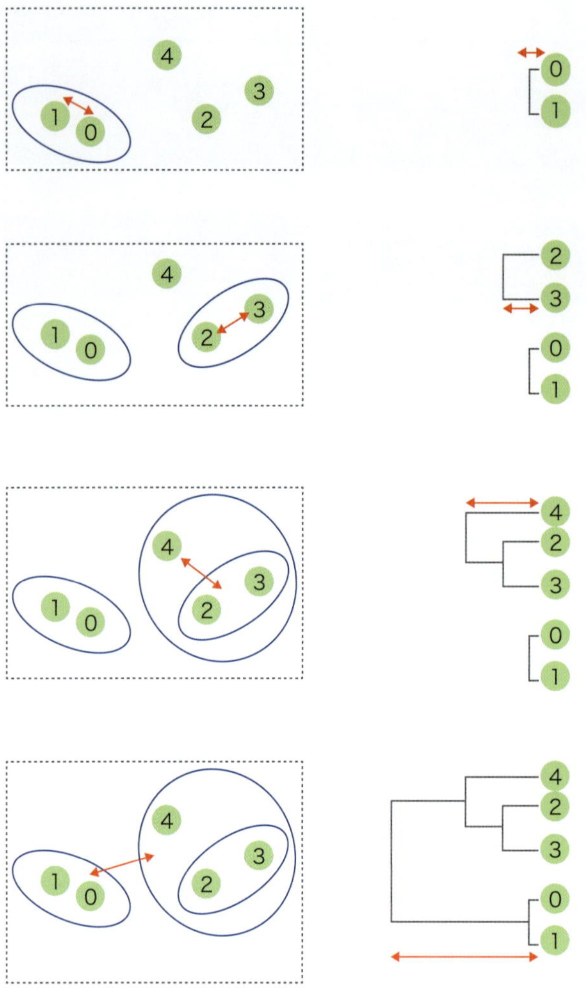

図13.1　凝集の順番と距離関係を反映したデンドログラムの構築

階層的クラスタリングは，「距離」そのものをどのように定義するか，そして，クラスタとクラスタの間の距離をどのように測るか，の2点の設定によって結果が変わる．

まず，「距離」について．2点間の距離を測る計算方法として，もっとも馴染みがあるのが**ユークリッド距離**だろう．n次元空間上の点p，qのユークリッド距離$d(p, q)$は以下のように計算できる．

$$d(\boldsymbol{p}, \boldsymbol{q}) = \sqrt{\sum_{i=1}^{n} (p_i - q_i)^2}$$

しかし，何を「距離」とみなすか，「距離」をどのように測るかは，必ずしもユークリッド距離の計算に限定されるわけではない．距離の選択は解析の目的による．例えば遺伝子発現量で2つの細胞のユークリッド距離を測る場合，一つひとつの遺伝子のわずかな発現量の差がすべて足し合わされて最終的な距離に反映される．だが，発現量の多寡は問題とせず，どの遺伝子のセットを発現しているか，その組み合わせによって細胞間の距離を定義したい場合もあるだろう．そのようなときは，**Jaccard距離**とよばれる集合論的な距離指標の適用がより適しているだろう．Pをある細胞が発現している遺伝子の集合，Qを別の細胞が発現している遺伝子の集合としたとき，Jaccard距離は次のように計算できる．

$$d(P,Q) = \frac{|P \cup Q| - |P \cap Q|}{|P \cup Q|}$$

$|P \cup Q|$はPとQの和集合の要素数（少なくともどちらかに含まれる遺伝子の数），$|P \cap Q|$はPとQの積集合の要素数（PとQで共通している遺伝子の数）である．このように距離を定義すると，それぞれのデータ点を集合として扱った場合の集合間の距離が計算できる．あるいは，それぞれのデータ点が確率分布とみなせる場合は，確率分布間の距離を測る指標，例えばJensen-Shannon距離（Jensen-Shannon divergenceの平方根）などの利用がより適切である場合もあるだろう[注2]．

いずれにしても，距離の選択は，データの性質によっても解析の目的によっても変わり，どんなケースにも通用する処方箋はない．とはいえ，ある程度は分野の慣習によって距離が選択される場合もあるので，対象としている分野の過去の論文の手法を参考にして，そこまで突き詰めて考えず慣習に従うのもありだとは思う．

以下で紹介するSeabornライブラリのclustermap()関数による階層的クラスタリングでは，内部的にscipy.spatial.distanceに含まれる関数を呼び出している．そのため以下のような距離関数の指定が可能である．

▼入力13-2

```
scipy.spatial.distance._METRICS_NAMES
```

▼出力13-2

```
['braycurtis',
 'canberra',
 'chebyshev',
 'cityblock',
 'correlation',
 'cosine',
 'dice',
 'euclidean',
 'hamming',
 'jaccard',
 'jensenshannon',
 'kulczynski1',
 'mahalanobis',
 'minkowski',
 'rogerstanimoto',
 'russellrao',
 'seuclidean',
```

注2）なお，次元削減の章で説明していなかったが，UMAPはユークリッド距離以外の距離関数を指定することができる．n_neighborsやmin_distと同様，結果に大きな影響を与える重要なパラメータである．好きな距離関係を低次元に映すことができるので，UMAPではきわめて柔軟な次元削減が可能だ．

```
 'sokalmichener',
 'sokalsneath',
 'sqeuclidean',
 'yule']
```

設定の2点目,「クラスタ間の距離」の測り方について．距離，つまり空間の長さの測り方を選択したとしても，データ点とクラスタ，あるいはクラスタとクラスタの距離を,「どこからどこまでの長さ」として測ればいいのか，という点に関して選択の余地がある．クラスタには複数のデータ点が含まれる．そのときクラスタとクラスタの間の距離を，それぞれのクラスタ内のもっとも近いデータ点同士の距離とするか，もっとも遠いデータ点同士の距離とするか，といった具合である．前者をsingle-linkage，後者をcomplete-linkageとよぶ．他にも，クラスタに含まれるデータ点間の距離の平均値をクラスタ間の距離とする手法（**UPGMA**, unweighted pair group method with arithmetic mean）や，**ウォード法**（Ward's method）とよばれる手法もよく使われる．ウォード法ではクラスタ間の距離として，2つのクラスタを1つのクラスタに統合した際のデータの広がり（クラスタ内分散，データ点間のユークリッド距離の平方和）の増加分を距離とし，それが最小となるようにクラスタを統合していく．ウォード法は外れ値に強く，精度のよいクラスタができあがる傾向があってよく使われるが，若干計算コストがかさむ（**図13.2**）.

Seabornの`clustermap()`では内部的に`scipy.cluster.hierarchy`を呼び出しているので，以下の手法から選択できる．

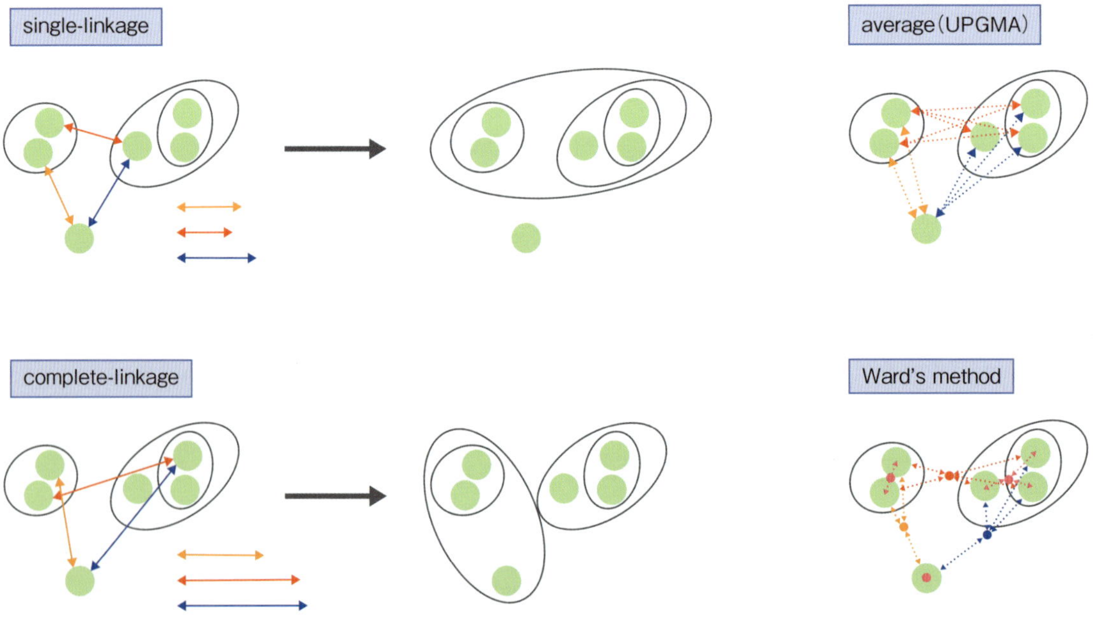

図13.2　さまざまなクラスタ間距離の測り方

▼入力13-3

```
list(scipy.cluster.hierarchy._LINKAGE_METHODS)
```

▼出力13-3

```
['single', 'complete', 'average', 'centroid', 'median', 'ward', 'weighted']
```

13.2.2 階層的クラスタリングの実例

それでは実際に，これまでに扱ったデータで階層的クラスタリングを実行してみよう．生物学論文では，階層的クラスタリングはデータのヒートマップと同時に図として描画されることが多い．ここでは，観測値と特徴量の両方向（今回の場合は細胞と遺伝子）で階層的クラスタリングを実行しつつ，データのヒートマップとデンドログラムを同時に描画してくれるSeabornライブラリのclustermap()関数を使ってみる．

通常，Pythonによる階層的クラスタリングではscipy.cluster.hierarchyの関数を使うが，巨大なデータの階層的クラスタリングは実行に時間がかかる．そこで，階層的クラスタリングを高速化するための**fastcluster**パッケージを事前に導入しておこう（conda install -c conda-forge fastclusterなどでインストールする）．fastclusterがインストールされていると，Seabornでは自動的にfastclusterを使った階層的クラスタリングが実行される．データセット全体を使ってもいいのだが，結果を見るのがたいへんなので，注目する細胞と遺伝子の数を絞ることにする．ここでは，細胞をランダムに100個，遺伝子は発現量の細胞間分散が大きい100個を抜き出してみる．もちろん，なんらかの細胞型のマーカー遺伝子セットなど，自分の興味のある遺伝子のみを対象としてもいい．

▼入力13-4

```
# df_HVGsは発現量変動の大きい2,000個の遺伝子をまとめたDataFrameだった
# そこからさらにvar()で分散を計算して降順にソートし，上から100個の遺伝子IDを取り出す
top100_gene_index = df_HVGs.var(axis=1)\
                    .sort_values(ascending=False).index[:100]
df_for_hclust = df_HVGs.loc[top100_gene_index, :]

# さらにランダムな細胞100個を抜き出す
# Numpyのrandom.choice()関数を使って，列のサイズからランダムな数を100個非復元抽出する
random_cell_index = np.random.choice(len(df_for_hclust.columns),
                                     100, replace=False)
df_for_hclust = df_for_hclust.iloc[:, random_cell_index]
```

Seabornのclustermap()では，階層的クラスタリングで並び替えられたデータのクラスをわかりやすく色で表現することができる．次元削減のときに使った「サンプリング時系列」の細胞ラベルと同じ色をこのプロットでも使うために，抽出したDataFrameの各細胞に対応する色を用意しておこう．

▼入力13-5

```
cell_labels = df_for_hclust.columns.get_level_values(0)
cell_colors = [label_to_colors[label] for label in cell_labels]
```

seaborn.clustermap()を実行する．metricパラメータが使用する距離関数，methodパラメータがクラスタ併合の方法指定である．ここではユークリッド距離，single-linkageによるクラスタ間距離の計算法で実行してみよう．

▼入力13-6

```
sns.clustermap(df_for_hclust, method='single', metric='euclidean',
               xticklabels=False, yticklabels=False,
               col_colors=cell_colors, figsize=(12, 8))
```

▼出力13-6

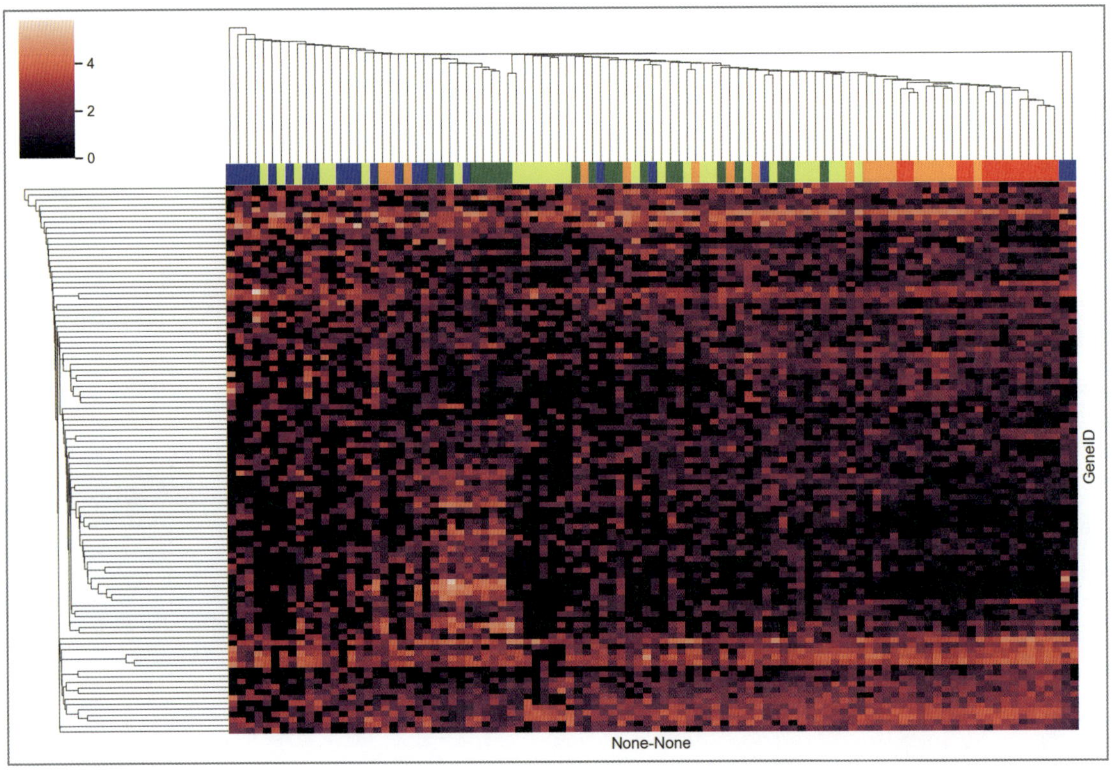

各行が遺伝子，各列が細胞で，遺伝子発現量に応じて色が明るく表示される**ヒートマップ**，さらに両方向の階層的クラスタリングを示すデンドログラムが描画できた．遺伝子に関しては，行方向にベクトルを取り出したときに類似したパターンの遺伝子がグルーピングされ，細胞に関しては，列方向にベクトルを取り出したときに類似したパターンの細胞がグルーピングされていることがわかる．特に図中の赤色，Days0-3に該当する細胞はよくまとまっているようだ．非線形次元削減をしたときも赤色の細胞はまとまっていて似たような傾向を示していたので，クラスタリングでも一貫した結果が得られた．

クラスタ間の距離計算方法として，クラスタのもっとも近いデータ点同士の距離を使うsingle-linkage法でクラスタリングを実行したが，実はその悪い特徴がこの結果に表れてしまっている．single-linkageは，データ点が1つずつ順番にクラスタに取り込まれていく**鎖効果**とよばれる現象が生じやすいことが知られている．クラスタの広がりを見ず，局所的に距離を計算してしまうためだ．この図のように段階的にデータ点がつながっているデンドログラムを見たら注意が必要である．

もっと性質のよいクラスタが得られやすいウォード法を使った結果と比較してみよう．

▼入力13-7

```
sns.clustermap(df_for_hclust, method='ward', metric='euclidean',
               xticklabels=False, yticklabels=False,
               col_colors=cell_colors, figsize=(12, 8))
```

▼出力13-7

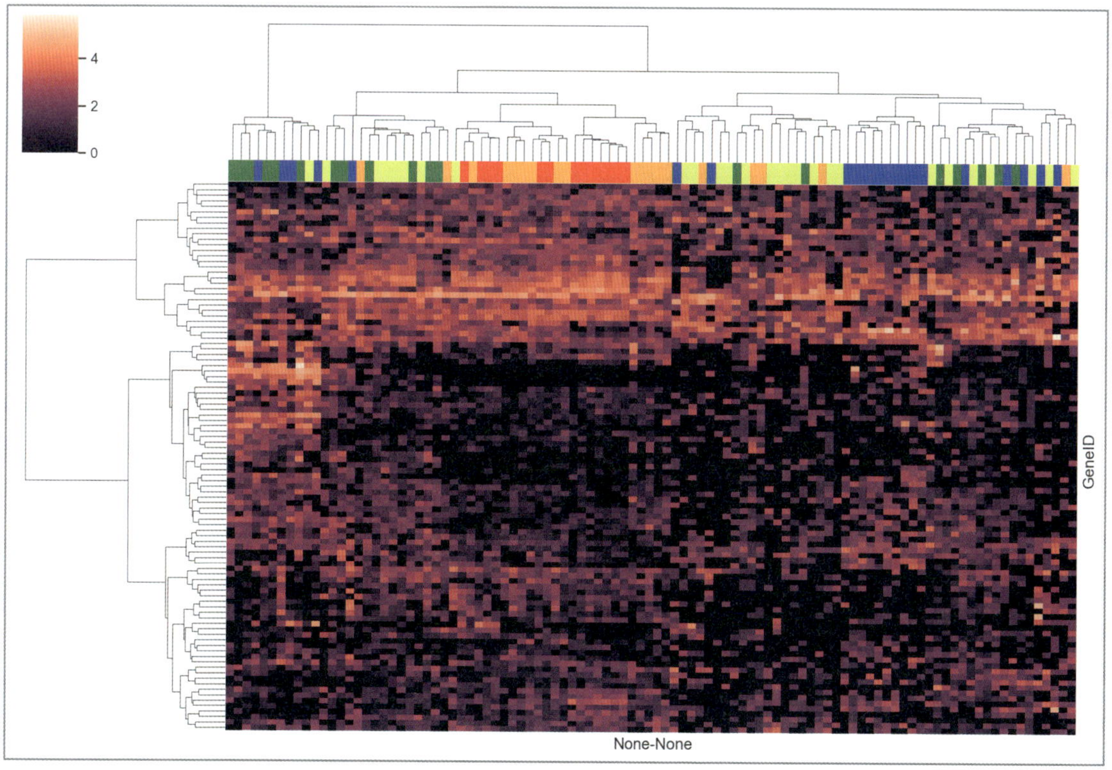

ウォード法で実行した結果は鎖効果が解消され，細胞ごとのまとまり方がわかりやすくなった．

ここまでの描画では，あまりに図がビジーになってしまうため細胞IDと遺伝子IDを非表示にしたが，もう少し論文の図っぽくするために，遺伝子名を表示してヒートマップのサイズも調整してみよう．まず本章冒頭で準備したgenes DataFrameの情報を使って遺伝子IDを遺伝子名に変換する．

▼入力13-8

```
# genes DataFrameから情報を抜き出して新しいカラムにセットする
df_for_hclust['Gene symbol'] = genes.loc[df_for_hclust.index, 'Symbol']

# 遺伝子名を新しいインデックスとしてセットする
df_for_hclust = df_for_hclust.set_index('Gene symbol')

display(df_for_hclust.iloc[:5, :5])
```

▼出力13-8

	Days24-27	Days12-15	Days24-27		Days12-15
	CTCCATCTCTGTTT-1	CCACCATGCTGCAA-1	TGTGATCTCGTGTA-1	CTGACAGAAGCCAT-1	TACGTACTCTGGAT-1
Gene symbol					
DCN	3.011786	0.000000	0.864101	2.835098	3.377652
KRT18	0.000000	0.000000	0.864101	2.566798	2.345066
LUM	3.011786	0.000000	0.000000	1.611040	0.000000
KRT8	2.740372	0.000000	0.000000	0.000000	0.000000
LDHA	0.000000	4.031198	3.072373	2.566798	1.743441

seabornのclustermapでfigsizeを指定すると縦長の図にすることができる．また，図に占めるデンドログラムのサイズの比率など細かい調整も可能なので，Seabornのドキュメント[文献1)]を参考に納得がいくまで調整しよう．

▼入力13-9

```
sns.set(font_scale=0.3)
sns.clustermap(df_for_hclust, method='ward', metric='euclidean',
               dendrogram_ratio=(0.1, 0.05), colors_ratio=0.01, cbar_pos=None,
               xticklabels=False, col_colors=cell_colors, figsize=(4, 12))
```

文献1）「API reference-seaborn」seaborn.pydata.org/api.html（2024-10-11閲覧）

▼出力13-9

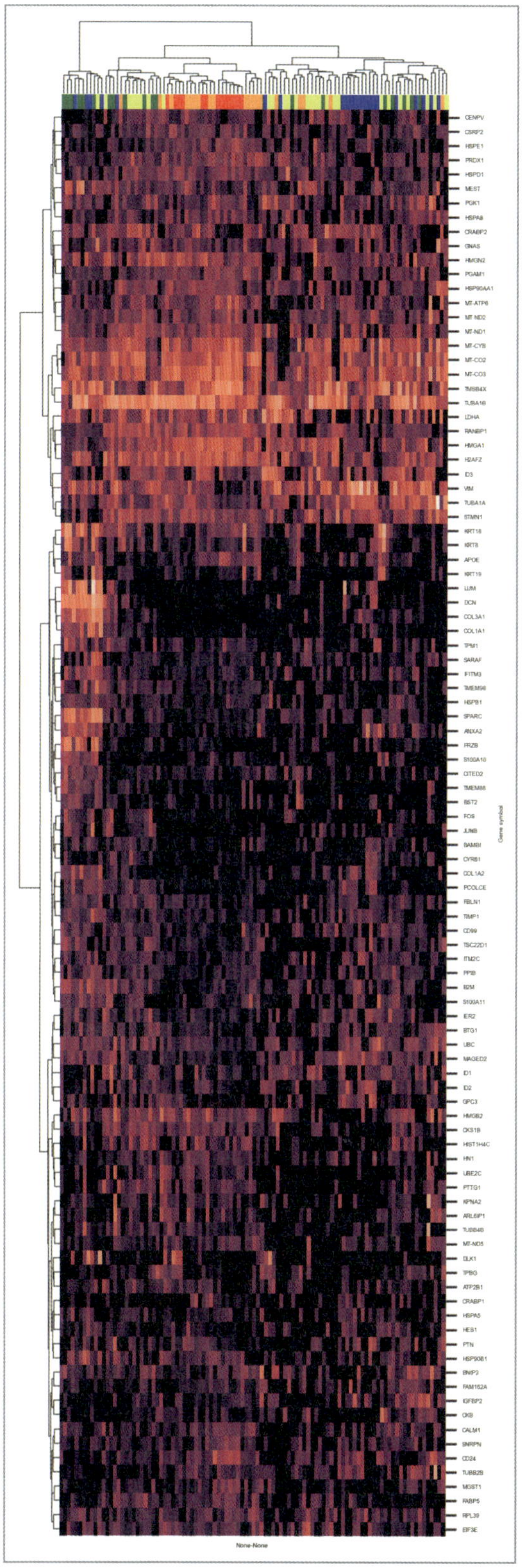

13

シングルセル解析③

13.3 k-meansクラスタリング

13.3.1 k-meansクラスタリングのアルゴリズム概要

階層的クラスタリングでは「この集団が1つのまとまり」といった明確なクラスタが得られなかった．階層的クラスタリングで個別のクラスタを得るためには，デンドログラムをどこか適当な高さで切って，その断面を見る必要がある．

一方，ここで紹介するk-meansクラスタリング（k平均法）では，ユーザが最初にクラスタの個数を指定して，データ点全体をその個数に（やや強引であっても）分割する．この細胞が同じクラスタに属する，ということが明確に示されるため，後段の解析がやりやすくなる．

k-meansクラスタリングのアルゴリズムを簡単に解説する（**図13.3**）．まず，ユーザが指定した個数の点を空間中にランダムに配置する．これをクラスタの**代表点**（★で示す）とよぶことにしよう．それぞれのデータ点について，代表点との距離を計算して，もっとも近い代表点のクラスタに暫定的に割り当てる．次に，それぞれの代表点の位置を，暫定的に所属しているデータ点群の重心の位置に移動させる．その後，更新された代表点の位置に基づいて再びすべてのデータ点との距離を計算して，もっとも近い位置の代表点のクラスタに割り当てる．所属しているデータ点の重心位置に代表点を移動して……といったように，代表点の更新とデータ点のクラスタ割り当てを交互に繰り返していく．最終的にデータ点のクラスタ割り当てが変化しなくなれば終了となる．代表点の位置をクラスタに所属するデータ点の重心，つまり平均（mean）ベクトルで計算するため，k-meansクラスタリングという名前がついている[注3)]．

k-meansクラスタリングは，以下の**評価関数**を最小化するクラスタ代表点とデータ点のクラスタ割り当てを計算することを目的としている．設定したクラスタの数をK，クラスタkに割り当てられたデータ点の集合をC_k，クラスタkの代表点のベクトルをμ_kとする．

$$\sum_{k=1}^{K} \sum_{x \in C_k} ||x - \mu_k||^2$$

つまり，各データ点から，それらが所属するクラスタの代表点までの二乗距離の総和を最小化することが目的である．代表点とクラスタ割り当てを交互に更新するk-meansクラスタリングのアルゴリズムは収束が保証されている（割り当てと更新が永遠に繰り返されることはなく，どこかのタイミングで変化しなくなる）が，大域的最適解が得られるとは限らない．代表点の**初期配置**に依存して結果が変わってしまうことがある．そのため，できるだけ「よい」初期配置を見つけることが重要となる（**図13.3**ではわざと「悪い」初期配置

注3) クラスタの代表点は必ずしも重心である必要はない．重心という，本来データ中には存在しないベクトルではなく，データ点の中からクラスタ代表点を選ぶことも可能である．このアルゴリズムは -medoids（あるいはPAM，partitioning around medoids）とよばれている． -medoidsの場合，重心との二乗距離の総和ではなく，medoidとよばれるデータ点から選択された代表点との距離の総和を最小化する．このアルゴリズムは重心の計算が必要ないため，任意の距離関数で計算されたデータ点間の距離行列が与えられていれば実行できる．そのため，カテゴリカル変数で表現されたデータなどでより適切である．

から始めているため，収束に時間がかかっている）．できるだけよい初期配置を見つけるためのアルゴリズムも提案されており，k-means++とよばれる初期配置選択アルゴリズムがよく使われている．

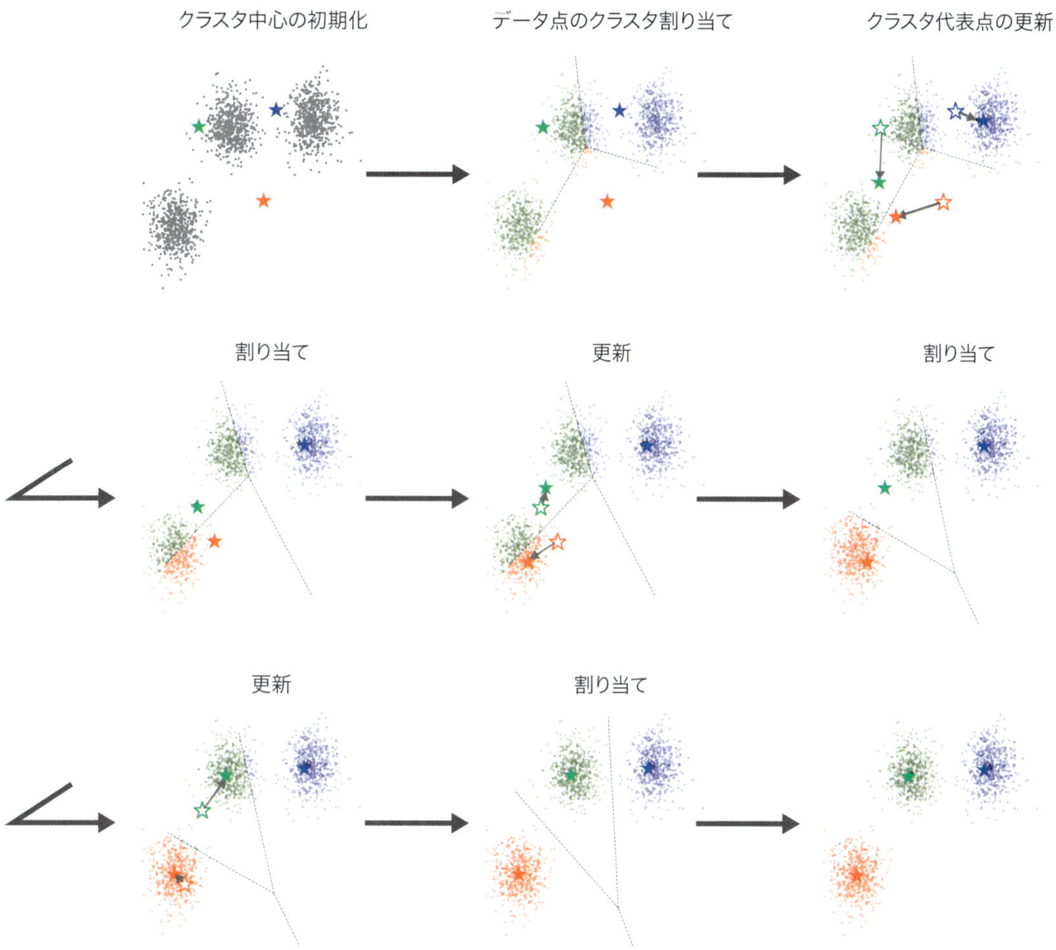

図13.3　k-meansクラスタリングのアルゴリズム

13.3.2　*k*-means クラスタリングの実例

それでは実際にk-meansクラスタリングを実行してみよう．ここではk-meansクラスタリングを，scikit-learnの`sklearn.cluster.KMeans`クラスを使って実行する．まず，`KMeans`クラスを呼び出してクラスタの数を2に設定する．初期配置のアルゴリズムはk-means++を使おう．その後，設定したモデルにデータを流し込んでクラスタ割り当てを得る．次元削減では`fit_transform()`でデータを変換していたが，scikit-learnのクラスタリングアルゴリズムの場合は`fit_predict()`でクラスタ予測をするようにインターフェースが統一されている．結果は，データ点の個数分，ゼロから始まるクラスタの番号が出力され，それぞれのデータ点の所属クラスタを示している．

▼入力13-10

```
import sklearn.cluster

# モデルを設定する．クラスタの数は2個，初期配置はk-means++で選択
kmeans_model = sklearn.cluster.KMeans(n_clusters=2,
                                      init='k-means++',
                                      random_state=1000)

# k-meansクラスタリングを実行する
clusters = kmeans_model.fit_predict(df_scaled.values.T)

print(clusters)
print('cluster-0:', np.count_nonzero(clusters == 0),
      ' cluster-1:', np.count_nonzero(clusters == 1))
```

▼出力13-10

```
[0 0 0 ... 1 1 1]
cluster-0: 2211  cluster-1: 891
```

3,102個の細胞が，2つのクラスタに分割された．結果を可視化してみよう．二次元のプロットで可視化するためにまずUMAPを使って次元削減をする．

▼入力13-11

```
import umap

umap_model = umap.UMAP(n_components=2,
                       n_neighbors=5, min_dist=0.01,
                       random_state=42, n_jobs=1,
                       verbose=False)

umap_coords = umap_model.fit_transform(df_scaled.values.T)
```

結果を描画する関数，plot_clusters()を以下のように作ってみよう．

▼入力13-12

```
sns.set_theme(font_scale=1)

# クラスタの色として，matplotlibのtab10を使う
colors = [matplotlib.colors.to_hex(x) for x in matplotlib.cm.tab10.colors]

def plot_clusters(coords, clusters, ax):
    # それぞれのクラスタ（0, 1, ...）について
    for cluster_id in np.unique(clusters):
        # clustersが該当するクラスタIDの座標のみ取り出してプロット
        ax.scatter(coords[clusters == cluster_id, 0],
                   coords[clusters == cluster_id, 1],
                   s=6, alpha=0.5,
                   c=colors[cluster_id])

    for cluster_id in np.unique(clusters):
        # クラスタに所属する座標の平均を計算する
        centroid = np.mean(coords[clusters == cluster_id, :], axis=0)
        # クラスタIDのテキストを描画
        ax.annotate(str(cluster_id),
                    xy=(centroid), fontsize=13, color='white',
                    bbox={'facecolor':colors[cluster_id], 'edgecolor':'k', 'alpha':0.8})

    plt.axis('off')
```

それでは実際に，作成したplot_clusters()関数を使って，UMAP次元削減した座標で散布図を描き，細胞の色を所属するクラスタで塗り分けたプロットを描画する．この関数は同時に，それぞれのクラスタに所属するデータ点の重心に，クラスタのラベルを表示する．

▼入力13-13

```
fig, ax = plt.subplots(figsize=(8, 8))
plot_clusters(umap_coords, clusters, ax)
plt.show()
```

▼出力13-13

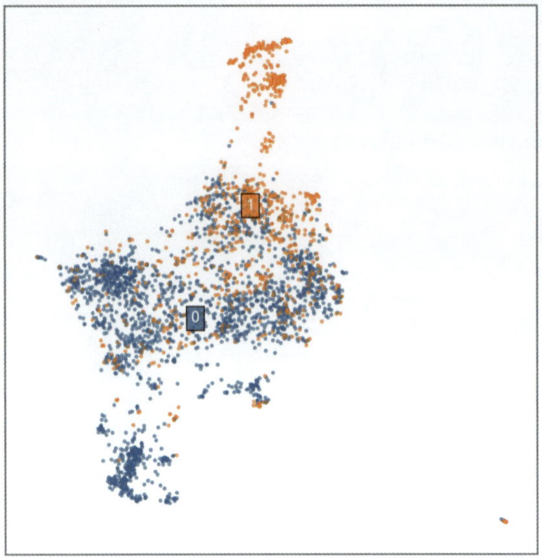

結果が得られた．2つのクラスタに所属するデータ点が中央付近でだいぶオーバーラップしてしまっているように見えるが，これはUMAP次元削減で高次元空間の情報が失われているためである．実際のクラスタリングはもとの高次元空間上で実行している．

クラスタ数を2から10まで変化させたときの結果を比較してみよう．

▼入力13-14

```
fig = plt.figure(figsize=(12, 12))

for i, n_clusters in enumerate(range(2, 11)):
    print('Number of clusters:', n_clusters)
    kmeans_model = sklearn.cluster.KMeans(n_clusters=n_clusters,
                                          init='k-means++',
                                          random_state=1000)
    clusters = kmeans_model.fit_predict(df_scaled.values.T)
    print('\t', ' '.join([str(cl) + ':' +
                          str(np.count_nonzero(clusters == cl))
                          for cl in np.unique(clusters)]))

    ax = fig.add_subplot(3, 3, i+1)
    plot_clusters(umap_coords, clusters, ax)
    ax.set_title('K = '+str(n_clusters))

plt.show()
```

▼出力13-14

```
Number of clusters: 2
    0:2211 1:891
Number of clusters: 3
    0:877 1:318 2:1907
Number of clusters: 4
    0:950 1:315 2:1811 3:26
Number of clusters: 5
    0:926 1:312 2:1628 3:26 4:210
Number of clusters: 6
    0:1 1:2 2:857 3:179 4:192 5:1871
Number of clusters: 7
    0:1 1:2 2:854 3:176 4:192 5:1876 6:1
Number of clusters: 8
    0:1 1:3 2:190 3:209 4:324 5:1103 6:999 7:273
Number of clusters: 9
    0:1 1:3 2:190 3:208 4:325 5:1103 6:998 7:273 8:1
Number of clusters: 10
    0:1 1:3 2:189 3:159 4:329 5:977 6:784 7:265 8:1 9:394
```

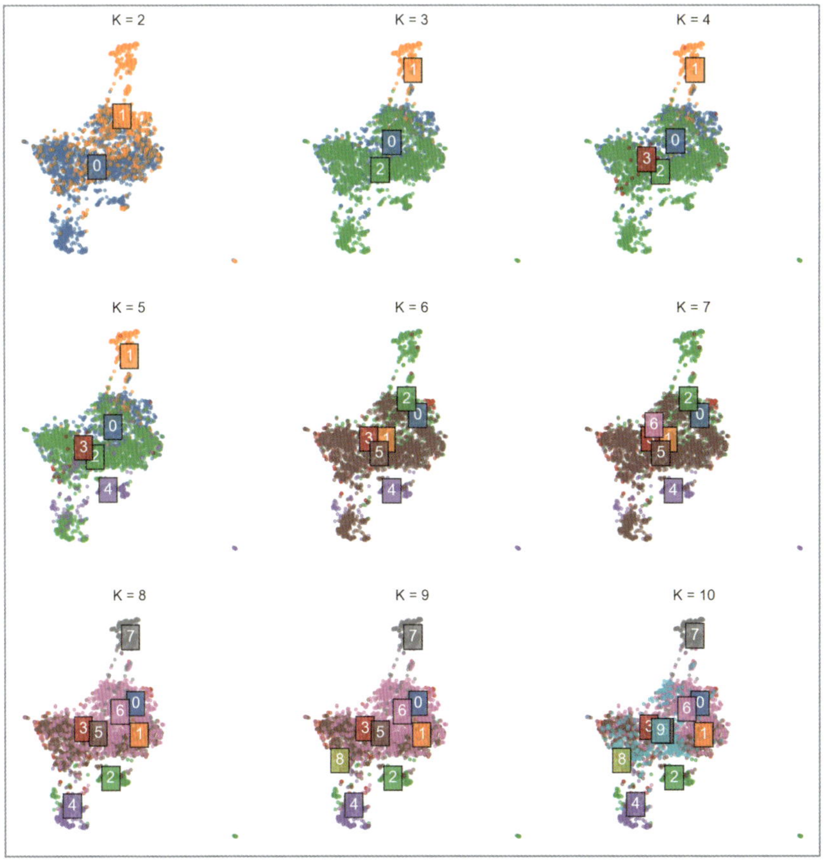

さて，k-meansクラスタリングには1つ厄介な問題がある．それは，クラスタリングを実行する前に，クラスタの数をユーザが設定しなければならない点である．事前にクラスタ数を知ることは難しいので，複数のクラスタ数の設定でクラスタリングを実行して，なんらかの基準でそれらのクラスタリング結果の「よさ」を比較することがよく行われる．

「よい」クラスタリング結果の1つの考え方として，同じクラスタに所属するデータ点間の距離は十分に近く，一方で異なるクラスタに所属するデータ点間の距離は十分に遠くなっているならば，その結果はよいクラスタを与えていると考えていいだろう．そのような傾向を測る指標として**シルエット係数**（silhouette coefficient）があり，scikit-learnの`sklearn.metrics.silhouette_samples()`でデータ点ごとのシルエット係数を計算できる．

あるいは，データ点ごとのクラスタ重心への距離の二乗和をすべて足し合わせた値を指標とすることもある（Elbow method）．scikit-learnsの`KMeans`クラスでは，モデルの`inertia_`アトリビュートにアクセスすることで取得できる．この値はクラスタの数を増やしていくと小さくなっていくが，「最適なクラスタ数」でだいたい底を打ち，それより大きなクラスタ数に増やしていっても減り方が遅くなる．そこでプロットの「カド」の部分のクラスタ数を（たいていの場合は目視で）選んで最適なクラスタ数として判断する．

さらには，**赤池情報量規準**（Akaike information criterion，AIC）や**ベイズ情報量規準**（Bayesian information criterion，BIC）などの情報量規準を用いて統計モデルのデータへの当てはまりのよさとしてクラスタリングを評価し，モデル選択をする場合もある（X-means法など）．しかし，これらの方法はいずれも，高次元で非線形性が強い生物学データではうまく働かない．k-meansクラスタリングは古典的で重要な手法であるが，外れ値に弱く，クラスタのサイズや密度がクラスタごとに大きく異なる場合や，クラスタが球状に分布せず細長かったりする場合には弱い手法である．そこで，特に近年のシングルセル解析では，高次元空間上に分布するデータ点の構成する「近傍グラフ構造」を利用したクラスタリングアルゴリズムがよく使われる．これについて次節で紹介する．

13.4 近傍グラフに基づくクラスタリング

13.4.1 近傍グラフに基づくクラスタリングのアルゴリズム概要

非線形次元削減，特にt-SNEとUMAPでは，データ全体を使って，**k近傍グラフ**（k-nearest neighbor graph）を構成することにより，複雑な形状で分布しているデータ点間の関係を捉えることに成功していた．したがってクラスタリングに関しても，同様のアプローチを利用することで高次元空間上のデータ点間の関係を反映した自然なクラスタを得ることが期待できる．

まずは，高次元空間上のデータ点を頂点とし，それぞれについて距離が近いデータ点の上位k個を辺でつないだ，巨大なグラフ構造を構築する．kの大きさをどのように決めるかは難しい．t-SNEやUMAPにおけるパラメータ設定と同様，kを小さくとれば局所的な関係性が強調され，大きくとれば大域的な特徴が強調された構造となる．しかしkを大きくとりすぎて，例えばほとんどのデータ点がつながってしまっていると，そのグラフ構造はほとんど情報を持たない．やはりある程度は，データに合わせて試行錯誤が必要となる．

巨大なグラフ構造の分析に関しては，ネットワーク科学の分野でさまざまな解析手法が研究されてきた．クラスタリングの目的で特に有用な手法が，「巨大なグラフからコミュニティを検出するアルゴリズム」である．ネットワーク科学で扱われるような**ソーシャルグラフ**（social networking serviceのユーザ間のつながりなど）ではしばしば，内部の接続が密である頂点の部分集合（＝コミュニティ）が複数存在する．グラフがコミュニティ構造を持っている場合，コミュニティの内部では辺が密に存在するが，コミュニティ間では辺があまり接続されていない．したがってグラフをコミュニティに分割できれば，複雑で巨大なグラフの単純な表現が得られ，理解の大きな助けとなる．そのため巨大なグラフから効率的にコミュニティを検出するためのアルゴリズムがこれまでにいくつか提案されてきた．

さて，k近傍グラフにおいてコミュニティは何を意味するか．k近傍グラフでは距離的に近いk個のデータ点を辺でつないでいた．そのため，k近傍グラフで検出されるコミュニティは，コミュニティの中で互いに距離が近く，コミュニティ間では距離が遠い集団，つまりはクラスタである．したがって，k近傍グラフに対してネットワーク科学の**コミュニティ検出アルゴリズム**を適用することによって，データのクラスタリングが実行できる．

グラフのコミュニティ検出手法はさまざまなアルゴリズムがあるが，シングルセル解析でよく使われるのは**Louvain法**[文献2)][注4)]とよばれる手法である．

Louvain法は，グラフの**モジュラリティ**の最大化を目的とする．モジュラリティはグラフの構造がどの程度モジュール（あるいはクラスタ，グループ，コミュニティなどよび方はさまざまだが，その中では互いに密接につながっていて，他とはあまりつながっていないようなカタマリ）として分かれているかを測る指標である．具体的には，モジュラリティQは以下の式で計算される．

$$Q = \frac{1}{2m} \sum_{i,j} \left[A_{i,j} - \frac{k_i k_j}{2m} \right] \delta(c_i, c_j)$$

ここで，mはグラフにおける辺の重みの総和，$A_{i,j}$は頂点iと頂点jをつなぐ辺の重み，k_i，k_jはそれぞれ，頂点i，頂点jに接続されている辺の重みの和，c_i，c_jはそれぞれ頂点i，頂点jが所属するコミュニティ，δは**クロネッカーのデルタ**（Kronecker delta）で，2つの入力が等しいときに1，それ以外はゼロである．モジュラリティの値が大きいほど，頂点間で辺がランダムにつながれている場合と比較して，そのグラフでは同一コミュニティに所属する頂点間でより密に辺が存在する傾向にあることを意味している．

同じグラフ構造であっても，頂点ごとのコミュニティへの割り当てが異なれば異なるモジュラリティとなる．したがって逆に考えれば，モジュラリティが最大となるように頂点にコミュニティ（クラスタ番号）を割り当てれば，密につながったクラスタが検出できることになる．これがグラフに基づくクラスタリングの基本的な考え方である．

文献2） Blondel VD, et al：J Stat Mech, 10：10008, 2008 doi:10.1088/1742-5468/2008/10/P10008

注4） ルーヴァン法，ルーヴァンアルゴリズム，ルーヴァンモジュラリティなどとよばれている．アルゴリズム提案論文の著者らの所属大学がベルギーのルーヴァン・カトリック大学であったことによる命名．

では，どのようにモジュラリティを最大にするクラスタ割り当てを得ればいいのか．クラスタの割り当て方のパターン総数は，頂点の数が増大すると急速に増大し，**組み合わせ爆発**が生じる．そのため，ありとあらゆる割り当て方の中でもっともモジュラリティを大きくする割り当てを見つけるのは難しい（**NP困難**とよばれる問題の1つである）．したがって，現実的な計算時間でおそらくモジュラリティ最大に近いと期待されるクラスタ割り当てを見つける近似解法がいくつか提案されている．Louvain法はその1つである．

Louvain法の具体的な計算手順を見ていこう．計算の中身はまったく異なるが，k-meansクラスタリングと類似していて，2つのステップ（ここではPhase 1，Phase 2とよぶ）を何回も何回も，クラスタ割り当てが収束するまで繰り返すアルゴリズムとなっている．

まず，それぞれのデータ点について距離が近いデータ点k個を見つけ出して辺でつなぎ，k近傍グラフを構成する（**図13.4**①）．データ点に対するクラスタ割り当ての初期値では，それぞれのデータ点がすべて独立したクラスタに所属している，と設定する．つまりデータ点が500個あれば，初期値では500個のクラスタが存在する．その後，全体のクラスタ割り当てが収束するまで，以下のPhase 1とPhase 2を交互に繰り返す（**図13.4**②〜⑤）．

● Phase 1（クラスタ更新）

グラフの頂点をランダムな順番で訪れる．その頂点（頂点iとする）のクラスタ割り当てを，頂点iと辺でつながっているいくつかの別の頂点のクラスタに変更したとき，グラフ全体のモジュラリティをどの程度向上させるかを計算する．モジュラリティをもっとも大きく上げるクラスタに，頂点iのクラスタ割り当てを更新する．1つの頂点をあるクラスタから削除したとき，および頂点をあるクラスタに追加したときのグラフ全体のモジュラリティの増分は，次のように計算できる．

$$\Delta Q = \left[\frac{\sum_{in} + k_{i,in}}{2m} - \left(\frac{\sum_{tot} + k_i}{2m}\right)^2\right] - \left[\frac{\sum_{in}}{2m} - \left(\frac{\sum_{tot}}{2m}\right)^2 - \left(\frac{k_i}{2m}\right)^2\right]$$

$\sum_{in}$はあるクラスタ内部の辺の重みの総和，$\sum_{tot}$はあるクラスタに所属する頂点の辺の重みの総和，$k_{i,in}$は頂点iからあるクラスタに所属する頂点への辺の重みの和，k_iは頂点iにつながっている辺の重みの和である．頂点iをもとのクラスタから削除して，隣接頂点のクラスタに追加したとき，ΔQがもっとも大きくなるように頂点iのクラスタを更新する．グラフの頂点全体を何回も訪れ，クラスタ割り当てが更新されなくなったら停止する．ここまでがPhase 1である．

● Phase 2（頂点の集約）

Phase 1で割り当てられたクラスタに基づいて，同一クラスタに所属する頂点を1つの新しい頂点に集約する．このとき，新しい頂点の間の辺の重みは，それぞれのクラスタに所属するすべての頂点間の辺の重みの和とする．また，**図13.4**では示されていないが，クラスタ内部の辺の重みの和を，新しい頂点のセルフループの辺の重みとして設定する．

以上のPhase 1，Phase 2を交互に繰り返し，Phase 1でのクラスタ更新がされなくなったら終了である．最終的に集約されたグラフをほどいて，最後の頂点に割り当てられていたクラスタをもともとの頂点全体に割り当てればクラスタリングの結果が得られる．

もっとも計算時間がかかるのが，1周目のPhase 1である．2周目以降はグラフ頂点の数がぐっと少なくなるので，高速に計算できる．

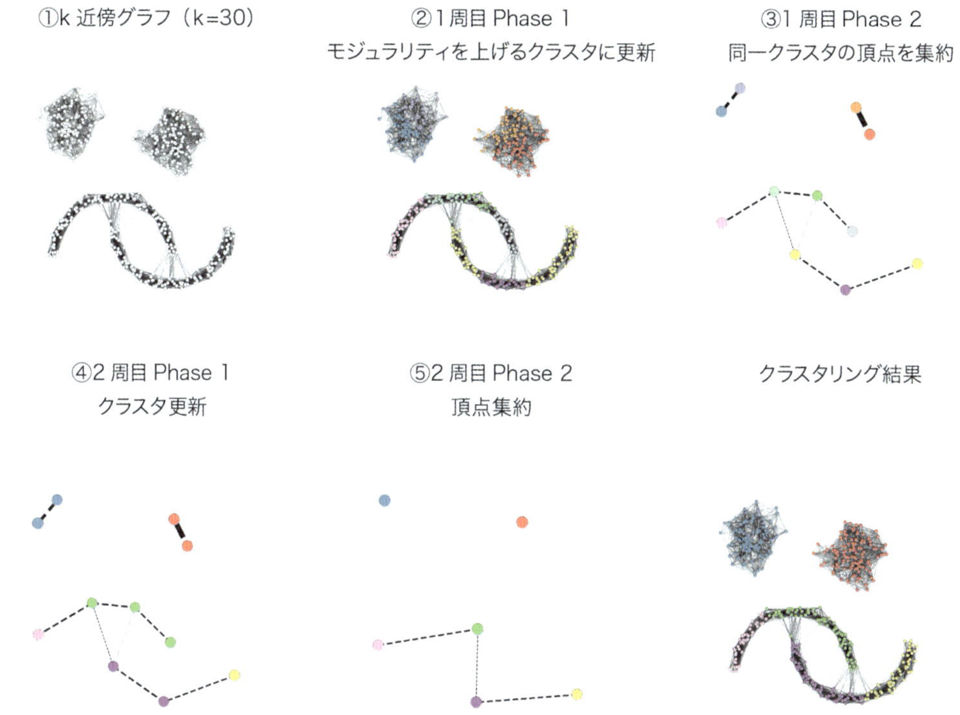

図13.4　Louvain法のアルゴリズム

このアルゴリズムのいいところは，k-meansクラスタリングと異なり，クラスタの数をユーザが設定する必要がない点である．クラスタの数はモジュラリティ最大化の計算プロセスを経て自動的に決定される．一方でLouvain法によるクラスタリングは，k近傍グラフの構成（kをどの程度のサイズに設定するか，辺の「重み」をどのように設定するか）によって結果が大きく変わる可能性がある点には注意が必要である．Louvain法は，Pythonでグラフを扱うライブラリNetworkXのグラフ表現を利用した`python-louvain`モジュール[文献3)]を使って実行できる．

さて，ここまでLouvain法を解説してきたが，その後，Louvain法を改良した新たなアルゴリズム，**Leiden法**が提案された[文献4)][注5)]．論文発表後，Leiden法はバイオインフォマティクスのコミュニティですぐに共有さ

文献3）python-louvain `github.com/taynaud/python-louvain`（2024-10-11閲覧）

文献4）Traag VA, et al：Sci Rep, 9：5233, 2019 doi:10.1038/s41598-019-41695-z

注5）日本での呼称はおそらく定まっていないが，ライデン法，ライデンアルゴリズムなどと読むと思われる．ベルギーのルーヴァン・カトリック大学に対して，この手法はオランダのライデン大学に所属する研究者らが開発したため．

れ，シングルセル解析の現場で頻繁に使われるようになった．基本的な枠組みはLouvain法とほとんど同じである．しかしLouvain法では，特にクラスタの境界付近に存在する頂点のクラスタ割り当てに端を発して，その周辺で性質の悪いクラスタが構成されてしまう問題が生じることが，Leiden法の提案論文で指摘されている．つまり，Louvain法では相互に接続関係にない頂点の集合が1つのクラスタとして報告されてしまう可能性がある．それを避けるため，Louvain法のPhase 1とPhase 2の間に，クラスタ割り当ての修正ステップを追加し，さらにPhase 2の集約ステップを改良した手法がLeiden法である．Phase 1で割り当てられたクラスタをLouvain法のようにいきなり1つの頂点に集約するのではなく，その中で再度確率的にクラスタを割り当て直す．頂点の集約は，その割り当て直されたクラスタに基づいて実行される．したがって，Louvain法と比較してより探索の幅が広がり，間違ったクラスタ割り当てを修正するチャンスができる．このような手順をとるとLouvain法よりも計算に時間がかかってしまいそうだが，頂点を訪れる順番にさらに工夫を加えることによって，実際はLouvain法よりも高速なアルゴリズムとなっている．

13.4.2 Leiden法によるクラスタリングの実例

ここでは，シングルセル解析のデータにLeiden法によるクラスタリングを適用してみよう．使用するライブラリは，Pythonでigraphとよばれるネットワーク分析のツール群を呼び出すpython-igraph，および，C++言語で書かれたLeidenアルゴリズムを実行するためのPythonインターフェースであるleidenalgの2つである．それぞれ，conda install -c conda-forge python-igraph，conda install -c conda-forge leidenalgなどでインストールする．

まずは，データの**距離行列**を構成する．すべてのデータ点とすべてのデータ点とのペアの距離の計算には，SciPyの関数が便利である．pdist()は，好きな距離関数を選んでデータ点間の距離を計算し，結果を出力する．選択できる距離指標のリストは階層的クラスタリングの項（13.2）で示した．近傍グラフによるクラスタリングでは，この距離行列のみを入力として用いる．もとのデータのベクトルを計算に使わないので，データのペアの距離さえ定義できれば実行が可能である．pdist()は距離行列の省メモリな表現を出力するので，計算しやすい「データ点の数×データ点の数」のサイズの行列として出力するためにpdist()の結果をさらにsquareform()関数に渡す．

▼入力13-15

```
from scipy.spatial.distance import pdist, squareform

# ユークリッド距離の距離行列を構成
D = squareform(pdist(df_scaled.values.T, metric='euclidean'))
```

次に，この距離行列を使って，データ点ごとにもっとも近いk個のデータ点のインデックスを取得しよう．ここでは$k = 30$とする．距離行列を横方向にソートすれば，距離が近い順番に並ぶので，ソートされた順番のインデックスを端からk個とればk近傍のインデックスが取得できる．

ただ，全体をソートするのは（サンプルサイズが大きい場合は特に）時間がかかるので，ここではnumpy.partition()関数を使うことにする．numpy.partition()はkを指定すると，ソートされたときにk番目の値よりも小さくなるはずの要素をk番目よりも手前の位置に，それ以外をk以降の位置に分割する関数である．ただしnumpy.sort()と異なり，それぞれの分割の中での順番はソートされているとは限らない．そのため全体をソートするよりも高速に実行できる．今回は，具体的にソートされた順序がほしいのではなく，上位k個のインデックスを取得したいだけなのでこちらを用いる．ソートされた配列そのものではなくソートされたときのインデックスを取得する関数がnumpy.argsort()であるように，numpy.partition()にも結果のインデックスを返すnumpy.argpartition()が存在する．

▼入力13-16

```
# n_neighbors(= k)の設定．近傍30個のデータ点を辺でつなぐようにする
n_neighbors = 30

# 距離行列で最大n_neighborsまで小さい距離を集めて切り出す
knn_indices = np.argpartition(D, n_neighbors, axis=1)[:, :n_neighbors]

# サンプルごとに，n_neighbors近傍サンプルへの距離をknn_indicesを利用して抽出する
# 二次元配列を使ったnumpy配列のスライスは若干トリッキーな指定が必要である
# 行方向は縦ベクトルを指定し，列は行ごとに特定の列インデックスを指定する
knn_distances = D[np.arange(D.shape[0])[:, None], knn_indices]

np.set_printoptions(threshold=200, precision=2)
print('KNN Indices:\n', knn_indices[:2, :])
print('KNN Distances:\n', knn_distances[:2, :])
```

▼出力13-16

```
KNN Indices:
 [[ 301   45    2   98  100  101   85  111  128  352  133  142    0  431
  1760  263  270  279  324  283  288  319  293  299   90    6  198   65
    79  123]
 [ 431  283    2  279   98    1  293  299  177  352  353  187  354  232
    52  371  372  193  225  393  397  103  263  133   12  319  185  346
   358    7]]
KNN Distances:
 [[29.97 30.46 28.76 27.46 30.48 30.25 29.37 29.51 29.05 29.25 29.97 29.33
   0.   30.06 30.45 29.27 27.89 29.24 29.77 29.82 30.26 29.55 29.14 29.64
  30.61 30.65 30.75 30.65 30.62 30.73]
 [28.64 28.19 28.55 25.38 28.98  0.   28.69 29.05 27.14 28.08 29.16 28.66
  26.33 29.02 29.01 27.76 26.79 27.94 28.02 29.21 28.02 29.32 29.39 29.44
  29.62 29.63 29.44 29.53 29.64 29.69]]
```

これで，データ点ごとの，近い順に上位k個のデータ点のインデックスと，それらへの距離が得られた．この情報をもとにグラフを作る．

まずはデータ点の接続関係をSciPyの**疎行列**の形式で整理しよう．この形式は，どのデータ点とどのデータ点が辺でつながっているか，その辺の重みはいくらか，という情報をまとめたグラフの**隣接行列**（頂点間の接続を非ゼロ要素として表現した行列）とよばれるデータとなっている．グラフの隣接行列はほとんどの要素がゼロとなるので，つながった辺の情報のみをまとめた疎行列の形式は隣接行列の表現としてよりコンパクトになっている．

▼入力13-17

```
# 1. 距離をいっさい考えない場合（重みを考慮しないクラスタリング）
sources = np.repeat(np.arange(knn_indices.shape[0]), n_neighbors)
targets = knn_indices.flatten()

# 辺の重みはすべて1.0
weights = np.ones(len(sources))

# 頂点，重みを指定して，CSR（Compressed Sparse Row）とよばれる疎行列表現にする
connectivities = scipy.sparse.csr_matrix((weights, (sources, targets)))

print(connectivities[:5, :10])
```

▼出力13-17

```
<Compressed Sparse Row sparse matrix of
dtype 'float64'
with 13 stored elements and shape (5, 10)>
Coords Values
  (0, 0)      1.0
  (0, 2)      1.0
  (0, 6)      1.0
  (1, 1)      1.0
  (1, 2)      1.0
  (1, 7)      1.0
  (2, 2)      1.0
  (3, 2)      1.0
  (3, 3)      1.0
  (3, 4)      1.0
  (4, 2)      1.0
  (4, 3)      1.0
  (4, 4)      1.0
```

頂点0と頂点0が重み1.0でつながり（セルフループ，距離ゼロなので当然つながっている），頂点0と頂点2がつながり……といった感じで情報がまとめられている．

さて，これをそのままグラフとしてクラスタリングを実行してもいいのだが，1つ考慮しておきたい問題がある．現在，データ点それぞれから近い順に上位k個の点がつながっており，それらの辺の重みはすべて1.0になっている．つまり，データ点間の距離の違いを無視している．これをよしとするかどうかである．k近傍の点としかつながっていない，したがって距離の遠い点とはそもそもつながっていないのだから問題ない，というのも1つの考え方ではある．一方，データ点の密度（周囲にどれくらい他のデータ点が存在するか）は領域によって大きく異なるため，密度の低い領域に存在する外れ値のようなデータ点は，他との距離が遠いにもかかわらず接続されてしまい，その遠さがまったく考慮されない，という問題もある．モジュラリティの計算やLeiden法は辺の重みが定義されたグラフで実行できるアルゴリズムなので，せっかくだからきちんとデータ点の距離関係をグラフの重みに反映したい．

しかし，データ点間の距離をそのまま辺の重みとするのは適切ではない．クラスタリングの目的で構成するグラフでは，距離が近いデータ点ほど大きな重みの辺でつながっていてほしい．つまり，距離と重みは値の大小関係が逆である．ではどのように距離と重みを変換するか．ここは考えどころで，いくつかの選択肢がある．例えば単純に距離の逆数をとる，あるいは距離に応じてべき関数や指数関数的に減衰するなんらかの関数を設定する，などである．

実はまったく同じ問題を本書ではこれまでに扱っている．非線形次元削減（**第12章**）においてt-SNEやUMAPは「正規分布型の重み」を採用していた．これを使ってしまうのが簡単だ．ここでは，UMAPの内部で定義されている重みの関数をそのまま使って，距離を重みに変換しよう．

▼入力13-18

```
# 2. UMAPが定義する距離と確率値の変換式を利用する場合（重みを考慮したクラスタリング）
# Leiden法はUMAPとは無関係だが，重み関数だけUMAPから拝借する
from umap.umap_ import fuzzy_simplicial_set

connectivities = fuzzy_simplicial_set(df_scaled.values.T,
                                      n_neighbors, random_state=42,
                                      metric='euclidean',
                                      knn_indices=knn_indices,
                                      knn_dists=knn_distances)

# データ点間の重み(0)の他，UMAP正規分布型カーネルの
# sigmaパラメータ(1)，rhoパラメータ(2)も返るので，
# [0]を指定して重みパラメータだけ取り出す
connectivities = connectivities[0]
print(connectivities[:5, :10])
```

▼出力13-18

```
<Compressed Sparse Row sparse matrix of dtype 'foat32'
    with 22 stored elements and shape (5, 10)>
Coords        Values
(0, 2)        1.0
(0, 6)        6.214666281589842e-11
(1, 2)        1.0
(1, 7)        2.6919241422417374e-17
(2, 0)        1.0
(2, 1)        1.0
(2, 3)        0.25068846344947815
(2, 4)        1.0
(2, 5)        1.0
(2, 6)        1.0
(2, 7)        1.0
(2, 8)        0.20879414677619934
(2, 9)        0.001093758619390428
(3, 2)        0.25068846344947815
(3, 4)        0.05224988982081413
(3, 6)        3.097014836852024e-17
(3, 7)        0.36279648542404175
(4, 2)        1.0
(4, 3)        0.05224988982081413
(4, 5)        2.9771646792582463e-18
(4, 6)        5.928479822614463e-06
(4, 8)        0.04190961271524429
```

これによって，距離を反映した辺の重みを計算できた．最後に，leidenalgによる計算のために，この疎行列をigraphで扱われるグラフの形式に変換する．

▼入力13-19

```
# 疎行列をigraph形式に変換
import igraph as ig
print('python-igraph:', ig.__version__)

# 疎行列から情報を抽出
# 隣接行列がゼロではない，つまりつながっている頂点を抽出する
sources, targets = connectivities.nonzero()
weights = connectivities[sources, targets]

# グラフを定義
```

▼出力13-19

```
python-igraph: 0.11.6
```

```
g = ig.Graph()

# 頂点の追加
g.add_vertices(connectivities.shape[0])

# 辺の追加
g.add_edges(list(zip(sources, targets)))

# 重みの設定
g.es['weight'] = weights
```

最後にこのグラフを入力として，Leiden法によるコミュニティ検出（クラスタリング）を実行する．

▼入力13-20

```
# Leidenアルゴリズムによるグラフ分割
import leidenalg
print('leidenalg:', leidenalg.version)

partition = leidenalg.find_partition(g, leidenalg.ModularityVertexPartition,
                                     weights=np.array(weights)[0], seed=42)

clusters = np.array(partition.membership)

print(clusters)
print(np.unique(clusters))
```

▼出力13-20

```
leidenalg: 0.10.2
[3 3 3 ... 0 2 5]
[0 1 2 3 4 5 6]
```

Leiden法によるクラスタリングでは，7つのクラスタが得られた．k-means法のときに作った関数で結果をプロットしてみよう．

▼入力13-21

```
fig, ax = plt.subplots(figsize=(8, 8))
plot_clusters(umap_coords, clusters, ax)
plt.show()
```

▼出力13-21

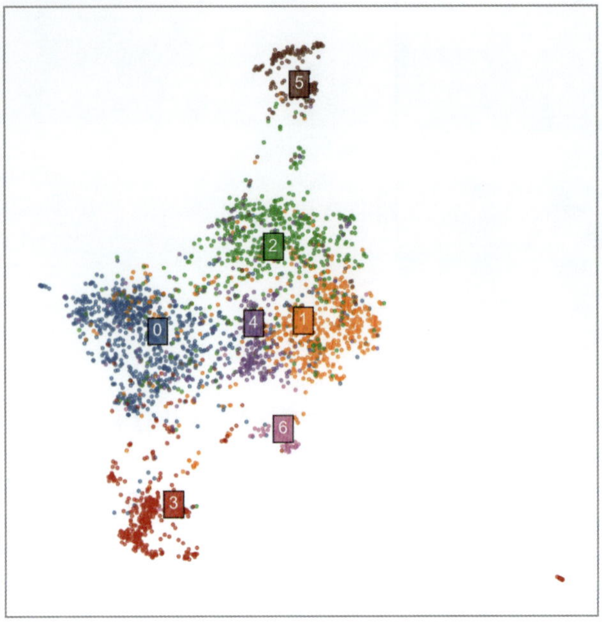

7というクラスタ数はLeiden法によって自動的に得られた数だが，プロットを見るとそれなりに納得感のある分割となっている．

Leiden法は，「kの数をいくつに設定するか」および「辺の重みをどのように定義するか」によって結果が大きく変わる．本章では，kを30として，辺の重みをUMAP内部の関数で与えた結果を示した．kの数を変えたとき，あるいは辺の重みをすべて1.0としたときに，得られるクラスタがどのように変わるか（あるいは変わらないのか）といったテストは，ここまでに示したコードを使うと簡単に検証できる．ぜひ読者の環境で試してみてほしい．

13.5 その他のクラスタリング手法

クラスタリングの技術も日進月歩であり，日々新しいアルゴリズムが提案されている．例えば，Leiden法のアルゴリズムを特殊なk近傍グラフ構築アルゴリズムと組み合わせ，かなり大規模なデータセットであっても高速にクラスタリングが可能な**PARC**（phenotyping by accelerated refined community-partitioning）という手法が提案された[文献5]．この手法もcondaやpipを使って簡単にインストールすることができる．

生物学論文で他に使われる重要なクラスタリング手法として，**DBSCAN**，**HDBSCAN**などの「密度に基づくクラスタリング」手法がある．空間内でデータ点の密度が高い領域がクラスタだろう，という直感的にわかりやすい考え方を巧妙なアルゴリズムで実現した手法であり，クラスタの特殊な形状やサイズの違いに強

文献5） Stassen SV, et al：Bioinformatics, 36：2778-2786, 2020 doi:10.1093/bioinformatics/btaa042

く，また，どのクラスタにも所属しない外れ値としてのデータ点をちゃんと区別して特定できる点が強みである．DBSCANはsklearn.cluster.DBSCANで呼び出すことができる．使い方はk-means法などとほとんど変わらないが，やはりパラメータの調整によって結果は大きく変わるため，アルゴリズムの特徴を踏まえて慎重に検討することが必要である．

さらに発展的な内容として，データ点がいくつかの単純な確率分布が混ざり合った分布から生成されたと仮定し，それぞれの確率分布のパラメータをデータから推定する**混合分布モデル**の考え方がある．基礎となる単純な確率分布をクラスタと捉えれば，データ点がそのクラスタから生成された確率を計算できる．文書分類などに使われる**トピックモデル**をはじめとした階層ベイズモデリングの手法は，そのような考え方の1つの発展系である．データの生成プロセスをユーザが柔軟に設計できるため，結果の解釈もしやすい．統計モデリングはそれ自体が巨大なジャンルで，お手軽に使うというわけにはいかず，結構な勉強が必要になるが，Pythonで計算しやすい環境が整っている．

また，**深層学習**の利用も1つの方向性として当然ある．よく使われるのは，オートエンコーダ[文献6)]や変分オートエンコーダ[文献7)]などの深層学習アーキテクチャを利用して，データの潜在表現を学習するとともにクラスタリングを実行する方法である．深層学習ではPython（によるインターフェース）が標準的に利用されているため，このような最新手法も比較的簡単に使うことができる．

13.6 クラスタリング後の解析

クラスタリング結果を生物学的な解釈に結びつけるために，例えばサンプルごとのクラスタ所属割合を計算したりする．細胞ごとのクラスタ番号がなんらかの手法で得られているなら，次のようにpandasのDataFrameを作ることで簡単に集計ができる．

▼入力13-22

```
sns.set_theme(style='whitegrid')

cell_labels = df_scaled.columns.get_level_values(0)
cell_clusters = ['Cluster-'+str(cl) for cl in clusters]

# 細胞ラベル，クラスタ番号のDataFrameを作る
df_c = pd.DataFrame(zip(cell_labels, cell_clusters),
                    columns=['Label', 'Cluster'])

# 細胞ラベル，クラスタ番号でクロス集計
df_c = pd.crosstab(df_c['Label'], df_c['Cluster'])
```

文献6） Xie J, et al：PMLR, 48：478-487, 2016

文献7） Jiang Z, et al：IJCAI-17, 2016 doi:10.48550/arXiv.1611.05148

```
# 時系列で並び替え
df_c = df_c.loc[['Days0-3', 'Days6-9', 'Days12-15',
                 'Days18-21', 'Days24-27'], :]

# パーセンテージに変換
proportions = 100. * df_c.values / df_c.values.sum(axis=1)[:, None]
# パーセンテージでDataFrameを作る
df_c = pd.DataFrame(proportions, index=df_c.index, columns=df_c.columns)

# Pandasのプロット関数を利用してプロット
df_c.plot(kind='bar', stacked=True,
          figsize=(8, 4)).legend(bbox_to_anchor=(1.25, 1.05))
```

▼出力13-22

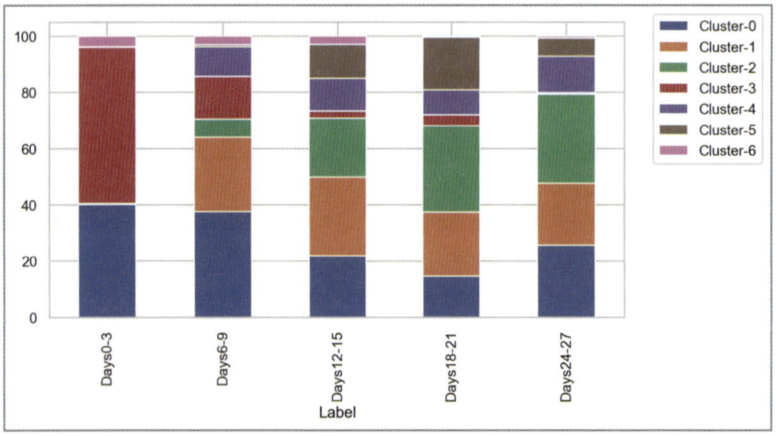

分化の初期段階ではクラスタ3番に所属する細胞の割合が多く，時間の経過に従ってクラスタ2番の細胞の割合が増えていくようだ．

クラスタごとに，特定の遺伝子の発現量を比較してみよう．わかりやすい例として，Oct4タンパク質をコードしているPOU5F1遺伝子の発現量をクラスタごとに比較する．Oct4は，未分化胚性幹細胞の自己複製に関与している転写因子であり，分化多能性のマーカー遺伝子としても使われる．そのため時系列の初期段階でより多くの発現が見られるはずである．

▼入力13-23

```
# POU5F1の発現量
expressions = df_HVGs.loc['ENSG00000204531', :].values

# クラスタ番号, POU5F1発現量のDataFrameを作る
df_c = pd.DataFrame(zip(cell_clusters, expressions),
                    columns=['Cluster', 'POU5F1'])

# seabornのviolinplotでプロット
fig, ax = plt.subplots(figsize=(12, 6))
sns.violinplot(x='Cluster', y='POU5F1', data=df_c, density_norm='width',
               order=np.sort(np.unique(cell_clusters)), ax=ax)
plt.show()
```

▼出力13-23

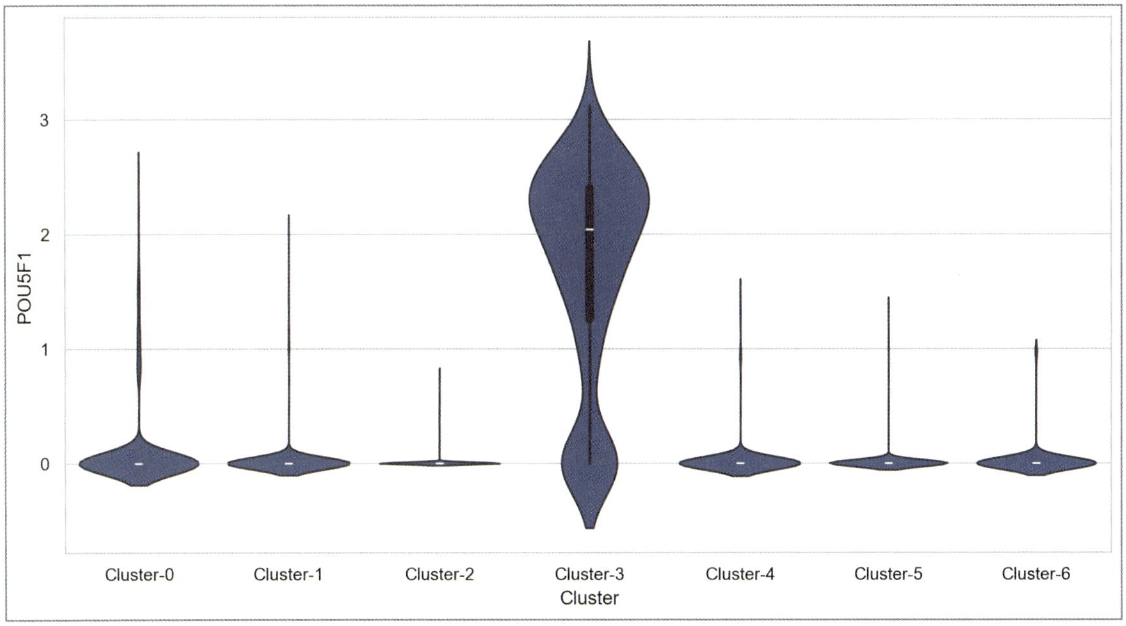

結果，やはり初期の細胞が多く所属しているクラスタ3番で発現量が高い傾向にあることがわかった．その後，クラスタ間で発現量の異なる遺伝子を検出してクラスタを特徴づけていくことなどによって，データセット全体で生じている現象をさらに詳細に追求していく．そのような解析には**第10章**で扱われたような統計手法を適用することが必要となる．以上のように，クラスタリングを実行することによってその後の解析や結果の解釈が非常にやりやすくなる．

13.7 おわりに：結局どれを使えばいいのか

ここまで，さまざまな次元削減手法，クラスタリング手法を見てきた．次元削減もクラスタリングも，アルゴリズムは星の数ほど，とまでは言わないけれど，膨大な数の手法がこれまでに使われ，しかも毎年のように新しい手法が提案されていく．いずれの手法も，アルゴリズムが生まれた背景や分析の目的，長所，適したデータ，解釈の注意点などがそれぞれ異なる．そのため，このような内容で文章を書くとどうしても，手法のカタログのようになってしまう．本書に関連した内容を講義する際，熱心に，辛抱強く聞いてくださった聴衆からよく，次のような質問をいただく．

「いろいろあるのはわかったけど，結局どれを使えばいいの？」

端的に答えると，釈然としない顔をされる．気持ちはよくわかる．しかしこうとしか答えようがない．

「データと目的による」

探索的データ解析において，どんなデータ，どんなサンプルにも通用する普遍的な正しい「レシピ」はない．どの手法も，長所と短所がある．どの手法も，データのある側面は捨てて，別の側面に注目した結果を映し出している．次元削減にしろクラスタリングにしろ，得られた結果はあくまで，その後のより詳細な解析や実験的検証に向かうための叩き台である．「次元削減の結果こんな外れ値があった」とか，「クラスタリングの結果，何個のクラスタが検出された」といったことそのものを，論文の最後の結果とすることはまずないと思う．UMAPもLeiden法も，与えるパラメータによって結果は変わる．Leiden法はクラスタ数を自動的に決定するとはいえ，それが「決定的に正しい」クラスタ数であるわけではない．

逆に言えば，「正しい手法選択」や「正しいパラメータ選択」などにこだわりすぎる必要はない．どの手法もどのパラメータも正しくはない．どれも間違っている．しかしすべてが間違っているわけではなく，真実の一側面を反映している．データの可視化は，捉え所のない高次元データにほんの少しでも光を当てて，次に向かうための1つのステップである．教条的に特定の手法に従ったり，一手法の結果を盲信するのではなく，いろいろな手法で解析して，試行錯誤しながらデータへの理解を深めることが大事だと思う．

付　録

付録

A NumPy入門

東　光一

本章の目的

NumPy（ナンパイ）はPythonで数値計算を実行するためのライブラリである．テーブルデータを扱うpandas，さまざまな機械学習アルゴリズムを提供するscikit-learnなど，行列データを扱う多くのPythonライブラリがNumPyに深く依存している．したがってPythonで科学技術計算を行う場合，好むと好まざるとにかかわらず，Pythonの基本文法だけでなくNumPyの使い方に習熟することが必要となる．ここでは本書の範囲で必要となるNumPyの基本的な使い方を紹介する．

A.1 NumPyのimport

Pythonスクリプト中でNumPyの関数を使う場合，以下のようにしてNumPyをimportする．

▼入力A-1

```
import numpy as np
```

`import ライブラリ名 as 別名`は，「ライブラリ名を別名でimportする」ことを意味している（**第4章4.7**参照）．`as`以下の別名はユーザの自由だがたいてい，わかりやすく，重複のおそれがなく，短くて打ちやすい名前をつける．NumPyの場合は`np`とすることが多い．これによって，NumPyの関数を使う際に毎回`numpy.array`などと打たず，`np.array`などすっきりと書ける．それほど呼び出す回数が多くないモジュールはわざわざ別名をつけることもないが，NumPyは頻繁に呼び出すことになるので短めの別名をつけておくとあまりストレスにならない．

A.2 NumPyで配列を作る

NumPyでは，Pythonの通常のリストではなく，多次元配列を格納するために特別なオブジェクト`numpy.`

本章の執筆にあたり，Python==3.12.4, Numpy==1.26.4, Matplotlib==3.9.1を用いて動作確認を行った．

ndarrayを使って計算する．このオブジェクトはPythonの通常のリストをnumpy.array()関数に与えて作ることができる．

▼入力A-2

```
# 普通のリスト
a_py = [1, 2, 3, 4, 5]
# numpy.ndarrayオブジェクトの生成
a = np.array([1, 2, 3, 4, 5])
print(type(a_py))
print(type(a))
```

▼出力A-2

```
<class 'list'>
<class 'numpy.ndarray'>
```

配列要素へのアクセスは通常のリストの場合（**第4章4.4.1**参照）と同様である．start:stop:stepを使ったスライシング，stepに-1を指定した逆順配列の生成もサポートしている．

▼入力A-3

```
# 最初の要素．0番から
print(a[0])
# 最後の要素
print(a[-1])
# スライシング．1番から最後の1個手前まで
print(a[1:-1])
# 1個おき
print(a[::2])
# 逆順
print(a[::-1])
```

▼出力A-3

```
1
5
[2 3 4]
[1 3 5]
[5 4 3 2 1]
```

numpy.ndarrayの次元（何次元配列か）はndimアトリビュート（オブジェクトの属性情報）に，形状はshapeアトリビュートに，要素数はsizeアトリビュートにアクセスすることで調べられる．

▼入力A-4

```
# 配列の次元
print(a.ndim)
# 配列の形状
print(a.shape)
# 配列の要素数
print(a.size)
```

▼出力A-4

```
1
(5,)
5
```

また，いくつかの基本的な演算（最大，最小，平均値，全体の和など）は関数で簡単に実行できる．

▼入力A-5

```
# 最大値
print(a.max())
# 最小値
print(a.min())
# 平均値
print(a.mean())
# 配列の要素の和
print(a.sum())
```

▼出力A-5

```
5
1
3.0
15
```

numpy.ndarrayは他にもさまざまな作り方がある．例えば，すべての要素が1のみからなる配列を生成するnumpy.ones()関数，すべての要素がゼロのみからなる配列を生成するnumpy.zeros()関数など．

▼入力A-6

```
# ones()関数, zeros()関数どちらも, 1や0で埋める長さを指定する
print(np.ones(5))
print(np.zeros(5))
```

▼出力A-6

```
[1. 1. 1. 1. 1.]
[0. 0. 0. 0. 0.]
```

また，ある数値の範囲の中で等間隔に離れた数値の列を，指定した数の分生成するnumpy.linspace()関数を使った作り方もある．numpy.linspace()関数は，開始数値，終了数値，要素数を指定する．開始数値と終了数値の間で指定した要素数の分等間隔に離れた数値の列を生成する．下の例では0から1の間で21個の点を生成している．

▼入力A-7

```
print(np.linspace(0.0, 1.0, 21))
```

▼出力A-7

```
[0.   0.05 0.1  0.15 0.2  0.25 0.3  0.35 0.4  0.45 0.5  0.55 0.6  0.65
 0.7  0.75 0.8  0.85 0.9  0.95 1.  ]
```

この関数は特にプロットを描く際に重宝する．例えば以下のように，numpyのsin()関数に入れると，ゼロ度から90度の範囲で均等に正弦関数の値を得ることができる．

▼入力A-8

```
print(np.sin(np.linspace(0.0, np.pi/2, 21)))
```

▼出力A-8

```
[0.         0.0784591  0.15643447 0.23344536 0.30901699 0.38268343
 0.4539905  0.52249856 0.58778525 0.64944805 0.70710678 0.76040597
 0.80901699 0.85264016 0.89100652 0.92387953 0.95105652 0.97236992
 0.98768834 0.99691733 1.        ]
```

もう1つ，重要な配列のタイプとして「真偽値」（True，False）がある．これまで同様，Pythonの真偽値のリストからnumpy.array()関数で生成することもできるが，Pythonでは1がTrue，0がFalseを表現していることを利用して，0/1の配列からastype()関数を使ってbool型に変換することによっても作ることができる．

▼入力A-9

```
print(np.ones(5).astype(bool))
print(np.zeros(5).astype(bool))
```

▼出力A-9

```
[ True  True  True  True  True]
[False False False False False]
```

逆に，真偽値の配列から0/1の配列に変換することもできる．例えば上で作った配列aに関して偶数の要素を数えることを考えてみよう．まずaのそれぞれの要素について2で割ったときの余りがゼロになるかどうかの真偽値配列を作ってみる．

▼入力A-10

```
print(a % 2 == 0)
```

▼出力A-10

```
[False  True False  True False]
```

これをint型の整数配列に変換すると以下のようになる．

▼入力A-11

```
print((a % 2 == 0).astype(int))
```

▼出力A-11

```
[0 1 0 1 0]
```

したがって，配列中の偶数の数をカウントする場合以下のように，まず真偽値の配列を作って，整数型に変換し，それを足し算する，というプロセスで計算できる．

▼入力A-12

```
print((a % 2 == 0).astype(int).sum())
```

▼出力A-12

```
2
```

sum()関数は実際はint型に変換しなくても真偽値のまま計算できる．また配列中のゼロ以外の要素数をカウントする，より高速なnumpy.count_nonzero()関数もある．

A.3 行ベクトルと列ベクトル

numpy.array()関数は一次元のリストを与えると横長のフラットなベクトル（行ベクトル）を作る．しかし計算によっては，縦に長い列ベクトルがほしい場合がある（そのような例は後述する）．行ベクトルを列ベクトルに変換する簡単な方法は，reshape()関数を使うことである．今，aは1行5列の行ベクトルだった．これを5行1列の列ベクトルに変換するには以下のようにreshape()関数の1つ目（0番目）に行の数，2つ目（1番目）に列の数を指定して実行する．

NumPyにおいて，特にテーブルデータを多用する本書のような計算では，軸（axis）の0番が「行の方向」，1番が「列の方向」というイメージはたびたび出てくる．この対応関係は覚えてしまったほうがいいかもしれない．この場合は縦に5個，横に1個の形状に並び替える，ということを意味している．

▼入力A-13

```
a.reshape(5, 1)
```

▼出力A-13

```
array([[1],
       [2],
       [3],
       [4],
       [5]])
```

ただ，いちいち配列のサイズを数えて行の数を指定するのは面倒でもある．列の数を1にするなら，行の数は配列の要素数になるのはあたりまえなので省略したい．そういうとき-1を指定すると，もう一方の軸のサイズから形状を勝手に類推してくれる．この場合，列は1なので，行の数を-1で指定すれば同じ結果となる．

▼入力A-14

```
a.reshape(-1, 1)
```

▼出力A-14

```
array([[1],
       [2],
       [3],
       [4],
       [5]])
```

また，reshape()による形状変換ではなく，numpy.newaxisで次元を「追加」する方法で変換することもできる（numpy.newaxisの実体はNoneだが，わかりやすさのためにこの名前で使われることが多い）．三次元以上の配列を扱う際はしばしばこちらの書き方のほうが便利なときがある．

▼入力A-15

```
a[:, np.newaxis]
```

▼出力A-15

```
array([[1],
       [2],
       [3],
       [4],
       [5]])
```

A.4 多次元配列を作る

二次元以上の配列の場合も一次元配列を作るときと同様である．二次元のリストをnumpy.array()関数に与えると，二次元のnumpy.ndarrayが得られる．

▼入力A-16

```
b = np.array([[1, 2, 3,],
              [4, 5, 6,]])
```

また，一次元のリストをいったんnumpy.ndarray化してから，reshape()関数で形状を変化させることによって作ることもできる．以下はnumpy.arange()関数（Pythonのrange()関数のNumPy版）で一次元配列を作ったあとreshape()を作用させて4行3列の二次元配列に変換している．

▼入力A-17

```
print(np.arange(12))

b = np.arange(12).reshape(4, 3)
print(b)
```

▼出力A-17

```
[ 0  1  2  3  4  5  6  7  8  9 10 11]
[[ 0  1  2]
 [ 3  4  5]
 [ 6  7  8]
 [ 9 10 11]]
```

属性を調べてみる．この場合次元は2，形状は4行3列，要素数は12であることがわかる．

▼入力A-18

```
print(b.ndim)
print(b.shape)
print(b.size)
```

▼出力A-18

```
2
(4, 3)
12
```

A.5 二次元配列の操作

配列要素へのアクセスはほとんど一次元配列の場合と同じだが，2つの次元のインデックスをカンマで区切って指定する点だけ異なる．この場合もやはり，1つ目（0番目）が行（縦の何個目か）を表現し，2つ目（1番目）が列（横の何個目か）を表現する．例えばゼロ行ゼロ列の要素を取得する場合は以下のようにする．

▼入力A-19

```
b[0, 0]
```

▼出力A-19

```
0
```

スライシングも同じようにできるが，どちらかの軸についてはスライスしないで全部とってくる，といった場合はstartやstopを指定せず:だけを指定する．例えばゼロ行目の行ベクトル（横方向）を抜き出す場合は以下のようにする．

▼入力A-20

```
b[0, :]
```

▼出力A-20

```
array([0, 1, 2])
```

1列目の列ベクトル（縦方向）を抜き出す場合は以下のようにする．ただしNumPyの場合，列ベクトルを縦に抜き出したはずなのに，勝手にフラットな行ベクトルにされてしまうので注意．基本的に列ベクトルを列ベクトルとして扱うためには毎度行ベクトルから列ベクトルへ変換しなければならない．

▼入力A-21

```
b[:, 1]
```

▼出力A-21

```
array([ 1,  4,  7, 10])
```

それぞれの軸についてスライスも同様にできる．下の例では二次元配列bについて，1行目から−1行目（最後の行）の1つ手前までの行ベクトルを抜き出している．

▼入力A-22

```
b[1:-1, :]
```

▼出力A-22

```
array([[3, 4, 5],
       [6, 7, 8]])
```

また，真偽値によるマスキングもわりと重要で，必要となる場面は多い．例えば，「1列目の値が奇数の行データ」だけをとってきたい場合は，次のようにマスク配列（真偽値の配列）を用意して，作用させたい軸に指定すると抜き出せる．

▼入力A-23

```
# bの1列目（ゼロ番目）の値を2で割ったときに1となるか否かの真偽値
rows_mask = b[:, 0] % 2 == 1
print(rows_mask)
# マスク配列をbの行方向に作用させる
print(b[rows_mask, :])
```

▼出力A-23

```
[False  True False  True]
[[ 3  4  5]
 [ 9 10 11]]
```

また，二次元配列の転置は，Tアトリビュートやtranspose()関数で実行できる．上で作ったb（4行3列）を転置すると，3行4列の行列が得られる．

▼入力A-24

```
print(b.T)
print(b.T.shape)
```

▼出力A-24

```
[[ 0  3  6  9]
 [ 1  4  7 10]
 [ 2  5  8 11]]
(3, 4)
```

さて，次に，二次元配列について最大値，平均値などの関数を作用させるとどうなるかを見てみる．まずは一次元配列の場合と同じように単純に実行してみる．

▼入力A-25

```
print(b)
print('Max:', b.max())
print('Min:', b.min())
print('Mean:', b.mean())
print('Sum:', b.sum())
```

▼出力A-25

```
[[ 0  1  2]
 [ 3  4  5]
 [ 6  7  8]
 [ 9 10 11]]
Max: 11
Min: 0
Mean: 5.5
Sum: 66
```

配列のすべての要素を使って，最大値や平均値，和が評価されてしまった．これはこれで使いどころはあるけれど，実際の計算では行ごと（横方向ごと）に最大値を探したり，列ごと（縦方向ごと）に足し算をしたい場面も多い．

そういった場合，演算の方向をaxisパラメータで制御する．これまでと同様，axisの0番で指定すると「行ベクトルを個別のデータとして扱う」ようなイメージ，1番で指定すると「列ベクトルを個別のデータとして扱う」ようなイメージで計算される．具体的には足し算の場合，次の**図A.1**のように計算される．

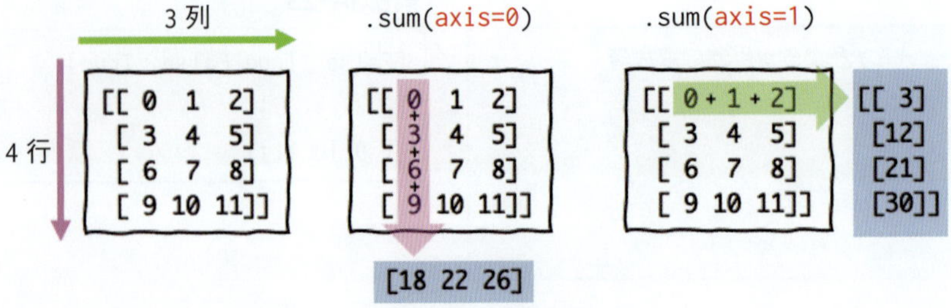

図A.1　axisの指定による，テーブルデータの演算方向

実際に計算してみる．計算の方向と結果が合っているか確認してほしい（再び，列ベクトルは勝手にフラットにされてしまう点に注意）．

▼入力A-26

```
print(b)
print('\nAxis=0')
print('\tMax:', b.max(axis=0))
print('\tMin:', b.min(axis=0))
print('\tMean:', b.mean(axis=0))
print('\tSum:', b.sum(axis=0))
print('Axis=1')
print('\tMax:', b.max(axis=1))
print('\tMin:', b.min(axis=1))
print('\tMean:', b.mean(axis=1))
print('\tSum:', b.sum(axis=1))
```

▼出力A-26

```
[[ 0  1  2]
 [ 3  4  5]
 [ 6  7  8]
 [ 9 10 11]]

Axis=0
                        Max: [ 9 10 11]
                        Min: [0 1 2]
                        Mean: [4.5 5.5 6.5]
                        Sum: [18 22 26]
Axis=1
                        Max: [ 2  5  8 11]
                        Min: [0 3 6 9]
                        Mean: [ 1.  4.  7. 10.]
                        Sum: [ 3 12 21 30]
```

A.6　NumPyのブロードキャスト

ここで，行列のすべての要素に100を足すことを考えてみる．NumPyの場合，次のように計算できる．

▼入力A-27

```
print(b + 100)
```

▼出力A-27

```
[[100 101 102]
 [103 104 105]
 [106 107 108]
 [109 110 111]]
```

単純に計算できてハッピーなのだが，これはちょっと不自然で，数学的に考えると行列は形状が揃っていないと加算・減算はできないはず．実はNumPyでは，**ブロードキャスト**という機能によって，行列の形状が揃っていないとき，サイズが小さいほうを同じ要素のコピーで自動的に拡張して計算する．前述の計算は実質的には次の計算と同じで，行列bのサイズに合わせて100をコピーした行列を作って計算している．

▼入力A-28

```
# bの形状ですべての要素が1の行列を作って，100をかけたものを足す
print(b + np.ones(b.shape) * 100)
```

▼出力A-28

```
[[100. 101. 102.]
 [103. 104. 105.]
 [106. 107. 108.]
 [109. 110. 111.]]
```

もう少し複雑な例として今度は，bの各列をそれぞれ10，100，1000で割り算してみる．

▼入力A-29

```
print(b / [10, 100, 1000])
```

▼出力A-29

```
[[0.    0.01  0.002]
 [0.3   0.04  0.005]
 [0.6   0.07  0.008]
 [0.9   0.1   0.011]]
```

この場合も，[10, 100, 1000]の配列が自動的にコピーされ（縦に4つ分ブロードキャストされて），割り算が計算されている．それでは，bの4つの「行」をそれぞれ10，100，1000，10000で割り算する場合はどうだろうか．

▼入力A-30

```
print(b / [10, 100, 1000, 10000])
```

▼出力A-30

```
---------------------------------------------------------------------------
ValueError                                Traceback (most recent call last)
<ipython-input-27-07b0530ad6d4> in <module>
----> 1 print(b / [10, 100, 1000, 10000])

ValueError: operands could not be broadcast together with shapes (4,3) (4,)
```

エラーとなった．4行3列の行列に対して，1行4列の行ベクトルで割り算を実行したことで，サイズが一致せず，適切なブロードキャストが実行できなかったためである．ではどのように計算すればいいのか．こ

こで，前述した列ベクトルの出番である．

▼入力A-31

```
# reshape(-1, 1)で列ベクトルに変換する
col_vec = np.array([10, 100, 1000, 10000]).reshape(-1, 1)
print(col_vec)
print(b / col_vec)
```

▼出力A-31

```
[[   10]
 [  100]
 [ 1000]
 [10000]]
[[0.     0.1    0.2   ]
 [0.03   0.04   0.05  ]
 [0.006  0.007  0.008 ]
 [0.0009 0.001  0.0011]]
```

列ベクトルで割り算をすることで，想定していた計算が実行できた．ブロードキャストが列ベクトルを行列のサイズに合わせて横方向にコピーしたためである．このように，ブロードキャストは計算をシンプルに記述できて便利だが，具体的にどんな計算が実行されているか隠蔽されてしまうところがあるので，行列やベクトルのサイズ，計算の方向など常に意識しておくことが大事である．

A.7 乱数

さまざまな確率分布にしたがう乱数を生成する機能がそろっている．デフォルトの擬似乱数生成器はPCG64．乱数を生成する場合は，まず乱数生成器をよび出す．

▼入力A-32

```
rn_gen = np.random.default_rng()
```

この乱数生成器について，さまざまな確率分布に対応した関数を適用することで乱数の生成ができる．例えば，[0.0, 1.0）の一様分布の場合は以下のようになる．

▼入力A-33

```
# 5行3列のサイズで，その要素数分乱数を生成した行列を返す
# シードを固定していないのでもちろん，読者の環境によって結果は変わる
rn_gen.random(size=(5, 3))
```

▼出力A-33

```
array([[0.05867008, 0.43805598, 0.78946946],
       [0.47099732, 0.46878528, 0.96959627],
       [0.76048521, 0.12727639, 0.19382987],
```

```
       [0.7590862 , 0.0308199 , 0.73176793],
       [0.54529474, 0.57253782, 0.03417592]])
```

平均50，標準偏差10の正規分布の場合．

▼入力A-34

```
rn_gen.normal(size=(5, 3), loc=50, scale=10)
```

▼出力A-34

```
array([[33.49941939, 43.11184681, 39.72277779],
       [51.39153495, 43.46811558, 56.62854781],
       [58.24910894, 36.78208483, 49.11036984],
       [52.13205035, 43.25492243, 59.17460117],
       [47.12241157, 41.35275457, 37.06946801]])
```

平均4のポアソン分布の場合．

▼入力A-35

```
rn_gen.poisson(size=(5, 3), lam=4)
```

▼出力A-35

```
array([[1, 4, 1],
       [3, 2, 2],
       [4, 5, 3],
       [4, 1, 4],
       [6, 2, 3]])
```

A.8 実践

A.8.1 カウントデータを相対存在量に変換してみる

最後にこれまで紹介した関数を組み合わせてほんの少しだけ実践的な計算をしてみる．適当なデータとして，生態学やマイクロバイオームの解析で出てくるようなカウントデータを，ポアソン分布からのランダムサンプリングででっちあげてみる．ここでは，観測地点は16，観測されうる系統（細菌や鳥類の種など）は5種と仮定する．

▼入力A-36

```
# 擬似乱数のシード
rn_gen = np.random.default_rng(seed=2024)
# ポアソン分布からランダムな数を生成する関数
counts = rn_gen.poisson(lam=1.0, size=(16, 5))
print(counts)
print(counts.shape)
```

▼出力A-36

```
[[1 0 2 0 0]
 [0 0 1 0 1]
 [2 1 0 1 1]
 [0 1 0 0 1]
 [1 2 2 0 0]
 [2 1 1 0 1]
 [0 0 0 1 1]
 [1 1 1 0 1]
 [0 0 0 0 0]
 [1 0 1 1 1]
 [1 0 1 1 0]
 [0 0 1 1 2]
 [1 1 0 1 0]
 [1 1 1 0 2]
 [2 2 0 0 2]
 [1 0 1 0 0]]
(16, 5)
```

16地点×5種のカウントデータが得られた．

ここでは，このテーブルを観測地点ごとに100％の割合データに変換してみる．まずは，地点ごとにカウントの和を計算して，総観測数の配列を作る．

▼入力A-37

```
# 行ごとに観測地点が並んでいるので，
# 観測地点ごとのカウントの和をとる場合，axisは1（横方向）
total = counts.sum(axis=1)
print(total)
```

▼出力A-37

```
[3 2 5 2 5 5 2 4 0 4 3 4 3 5 6 2]
```

この数でそれぞれの観測値を割り算すれば，地点ごとの観測された種の比率が計算できる．といきたいところだが，このデータにはすべての種がゼロのサンプルが含まれている．このままではゼロで割り算をしてしまう．したがってまず，すべての種がゼロである観測地点を除去する．

▼入力A-38

```
# 「総観測数がゼロではない」という真偽値の配列を作る
nonzero_mask = total != 0
print(nonzero_mask)
# この真偽値で行をマスキングすることで特定の行を除去できる
# 総観測数は再度計算する
```

```
counts = counts[nonzero_mask, :]
total = counts.sum(axis=1)
print(total)
```

▼出力A-38

```
[ True  True  True  True  True  True  True  True  False  True  True  True
 True  True  True  True]
[3 2 5 2 5 5 2 4 4 3 4 3 5 6 2]
```

ダメな観測地点を除去できたので，あらためて割り算を実行して地点ごとの観測された種の比率を計算する．

▼入力A-39

```
# 横方向に割り算するので，総観測数の配列を列ベクトルに変換してから割り算する．
counts / total.reshape(-1, 1)
```

▼出力A-39

```
array([[0.33333333, 0.        , 0.66666667, 0.        , 0.        ],
       [0.        , 0.        , 0.5       , 0.        , 0.5       ],
       [0.4       , 0.2       , 0.        , 0.2       , 0.2       ],
       [0.        , 0.5       , 0.        , 0.        , 0.5       ],
       [0.2       , 0.4       , 0.4       , 0.        , 0.        ],
       [0.4       , 0.2       , 0.2       , 0.        , 0.2       ],
       [0.        , 0.        , 0.        , 0.5       , 0.5       ],
       [0.25      , 0.25      , 0.25      , 0.        , 0.25      ],
       [0.25      , 0.        , 0.25      , 0.25      , 0.25      ],
       [0.33333333, 0.        , 0.33333333, 0.33333333, 0.        ],
       [0.        , 0.        , 0.25      , 0.25      , 0.5       ],
       [0.33333333, 0.33333333, 0.        , 0.33333333, 0.        ],
       [0.2       , 0.2       , 0.2       , 0.        , 0.4       ],
       [0.33333333, 0.33333333, 0.        , 0.        , 0.33333333],
       [0.5       , 0.        , 0.5       , 0.        , 0.        ]])
```

これだとすべての地点について和が1なので，100％の割合にするために全体に100をかける．

▼入力A-40

```
abundances = 100 * counts / total.reshape(-1, 1)
print(abundances)
```

▼出力A-40

```
[[33.33333333  0.         66.66666667  0.          0.        ]
 [ 0.          0.         50.          0.         50.        ]
 [40.         20.          0.         20.         20.        ]
 [ 0.         50.          0.          0.         50.        ]
 [20.         40.         40.          0.          0.        ]
 [40.         20.         20.          0.         20.        ]
 [ 0.          0.          0.         50.         50.        ]
 [25.         25.         25.          0.         25.        ]
 [25.          0.         25.         25.         25.        ]
 [33.33333333  0.         33.33333333 33.33333333  0.        ]
 [ 0.          0.         25.         25.         50.        ]
 [33.33333333 33.33333333  0.         33.33333333  0.        ]
 [20.         20.         20.          0.         40.        ]
 [33.33333333 33.33333333  0.          0.         33.33333333]
 [50.          0.         50.          0.          0.        ]]
```

以上の操作でカウントテーブルを100％相対存在量のテーブルに変換できた．最後に0番目（1列目）の種を多く含む上位3地点のインデックスを取得してみよう．

NumPyにはargsort()という関数があり，これは通常のソート関数のようにソートされた配列を返すのではなく，入力した配列がソートされたときのインデックスの並びを返す．ソート関数は通常昇順（小さい順）にソートされるので，逆順にしてから取り出すことで，大きい順のインデックスを取得できる．

▼入力A-41

```
# abundancesの１列目について，
# numpy.argsort関数を適用し，
# [::-1]によって逆順にして，
# [:3]で頭から3番目までを取り出す．
np.argsort(abundances[:, 0])[::-1][:3]
```

▼出力A-41

```
array([14,  5,  2])
```

A.8.2 円周率のモンテカルロ計算

有名な数値計算の問題である．

$x \in [0,1)$

$y \in [0,1)$

の正方形のエリアにダーツを投げて，

$x^2 + y^2 < 1$

のエリア（半径1の円の4分の1の扇形）に当たるダーツの割合を数える．それを4倍すると円周率*pi*の近似値が計算できる．

以下の出力された図でイメージすると，よりわかりやすいかもしれない．

▼入力A-42

```
# ダーツの数
num_darts = 100

# [0.0, 1.0)の範囲でダーツの数分のランダムなx, y座標を生成
coords = rn_gen.random(size=(num_darts, 2))
# 扇形の内外を判定
inside = (coords ** 2).sum(axis=1) < 1
outside = ~inside

import matplotlib.pyplot as plt
import matplotlib.patches as patches

fig, ax = plt.subplots()
square = patches.Rectangle((0, 0), 1, 1, linewidth=1, edgecolor='k', facecolor='none')
ax.add_patch(square)
wedge = patches.Wedge((0, 0), 1, 0, 90, linewidth=1, edgecolor='k', facecolor='none')
ax.add_patch(wedge)
ax.scatter(coords[inside, 0], coords[inside, 1], color='blue', s=10)
ax.scatter(coords[outside, 0], coords[outside, 1], color='red', s=10)
ax.set_xlim(-0.1, 1.1)
ax.set_ylim(-0.1, 1.1)
ax.set_aspect('equal')
plt.grid(True)
plt.show()
```

▼出力A-42

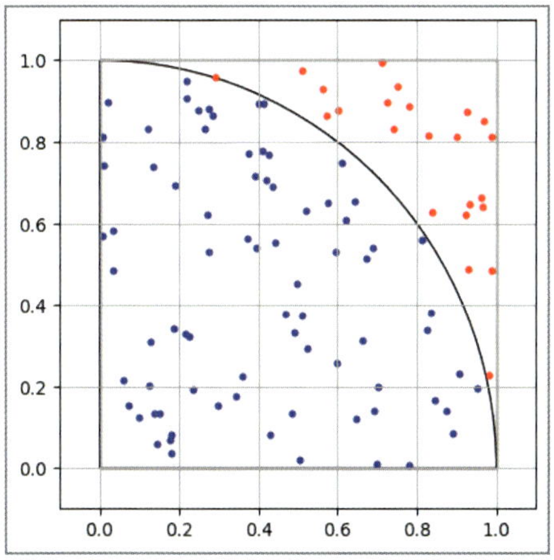

NumPyを利用してこれを効率的に計算する方法だが，ポイントとなるのは，できるだけforループは使わずに，ベクトル全体に対する演算として記述することである．例えば以下のように書くと，高速に計算できる．投げるダーツの数を増やせば，円周率の推定精度も上がっていくことがわかる．

▼入力A-43

```
def calc_pi(n_darts=100):
    rn_gen = np.random.default_rng(seed=42)
    # 投げるダーツの数（n_darts） x 2 のサイズで[0.0, 1.0)の数値をランダムに生成し，
    # それを二乗して横方向に足し合わせ，その数値が1.0以下になるダーツの数を計算し，
    # ダーツ全体のうちのそれらの割合を計算した後、全体に4をかける
    return 4.0 * ((rn_gen.random(size=(n_darts, 2)) ** 2).sum(axis=1)< 1.0).astype(int).sum() / n_darts

print('100 darts: ', calc_pi(n_darts=100))
print('1000 darts: ', calc_pi(n_darts=1000))
print('10,000 darts: ', calc_pi(n_darts=10_000))
print('1,000,000 darts: ', calc_pi(n_darts=1_000_000))
```

▼出力A-43

```
100 darts:  3.04
1000 darts:  3.084
10,000 darts:  3.16
1,000,000 darts:  3.14298
```

A.9 おわりに

以上，NumPyのごく初歩であるが，本書で使用する範囲の使い方を紹介した．NumPyは他にも線形代数のさまざまな計算が高速に実行できたり，多くの機能がある．利用者も多いため，疑問やエラーがあった際はNumPyのワードと共にWeb上で検索すればたいていの場合，答えを見つけられると思う．

付録

B Scanpyを使ったシングルセル解析

東　光一

本章の目的

Scanpyを中心に，scverseエコシステムのツールセットを使ってPythonによるシングルセル解析を実行する．扱う内容は第11章〜第13章とほぼ同じだが，anndataオブジェクトに対して一貫した形式で処理を適用することで，効率的な解析が可能になるとともに，解析の流れがより明確になる．

B.1 はじめに

シングルセル解析では，各解析ステップにおいてさまざまな研究者が提案した多様なアルゴリズムを使用する必要がある．しかし，これらの異なるツールを連携させる作業は，解析担当者にとって悪夢のようなものだ．あるツールの出力を次のツールの入力形式に変換し，データ構造を調べ，コードを書き直し，そしてまた次のツールのために同じことをくり返す．このような「データ整形」のためのコーディングは，研究の本質からはかけ離れているわりに，注意が必要な分精神的に疲弊する作業である．この課題に対応するために発足されたプロジェクトが**scverse**とよばれるエコシステムである[文献1)]．

scverseは，シングルセル解析のための標準化されたオープンソースツールを開発・維持することを目的とする，コミュニティ主導のプロジェクトである．その主な目標は，さまざまなツールの相互運用性を効率化し，共通のデータ構造に対して一貫したアプローチで多様な手法を適用できるようにすることだ．比較的新しいイニシアチブでありながら，scverseは急速に成長し，シングルセル解析コミュニティにおいて重要な役割を果たすようになっている．

scverseエコシステムは，**anndata**[文献2)]，**Scanpy**[文献3)]，**scvi-tools**[文献4)] などの主要プロジェクトを包含している．これらは現在scverse傘下で統合的に開発されている．この統合により，ユーザーは解析の各段階で

本章の執筆にあたり，Python==3.12.4, Numpy==1.26.4, pandas==2.2.2, Scanpy==1.10.2, Matplotlib==3.9.1, Seaborn==0.13.2, scikit-learn==1.5.1, UMAP==0.5.6, Python-igraph==0.11.6, anndata==0.10.8, scipy==1.14.0, statsmodels==0.14.2, pynndescent==0.5.13, scvi-tools==1.1.6を用いて動作確認を行った．

文献1) Virshup I, et al：Nat Biotechnol, 41：604-606, doi:10.1038/s41587-023-01733-8

文献2) Virshup I et al：BioRxiv, doi:10.1101/2021.12.16.473007

文献3) Wolf FA, et al：Genome Biol, 19：15, doi:10.1186/s13059-017-1382-0

文献4) Gayoso A, et al：Nat Biotechnol, 40：163-166, doi:10.1038/s41587-021-01206-w

最適なツールを選択し，シームレスにデータを受け渡すことができるようになった．

エコシステムの中核となるのは，anndata（Annotated Data）ライブラリだ．anndataは，大規模な注釈付きデータセットを効率的に扱うためのデータ構造を提供する．この構造により，遺伝子発現行列，細胞やサンプルのメタデータ，解析結果など，シングルセル実験に関連するすべての情報を一元管理することが可能となる．その柔軟性と効率性により，anndataはPythonで書かれた多くのシングルセル解析ツールの基盤となっている．

scverseエコシステムのなかで最も広く使われているツールの一つがScanpyである．Scanpyは，前処理から簡単な統計解析，可視化まで，シングルセル解析の多くの解析プロセスをカバーする包括的なライブラリだ．品質管理，正規化，次元削減，クラスタリング，差異発現解析など，標準的な解析パイプラインのほぼすべての段階をScanpy一つで実行できる．

さらに高度な解析ニーズに応えるのがscVIを含むscvi-toolsである．scVIは，深層学習を用いたシングルセル解析のためのツールセットである．バッチ効果の除去，データ統合，次元削減など，複雑なタスクを変分推論の枠組みで実行する．特に，大規模データセットや複数のデータセットを統合する際に威力を発揮し，従来の手法では困難だった解析を可能にする．

B.2 インストール

Scanpyおよびanndataをcondaでインストールする場合は，`conda install -c conda-forge scanpy python-igraph leidenalg`とする．

scvi-toolsも同様に`conda install -c conda-forge scvi-tools`でインストール可能だが，scVIにかぎらず，深層学習計算を利用するツールのインストールには注意が必要である．CPUのみの利用で多大な計算時間がかかることを許容できる場合はあまり考えなくていいのだが，GPUを利用して計算を高速化したい場合は，対応するバージョンのGPUドライバと**PyTorch**（深層学習で広く使われるPythonライブラリ）をインストールしたうえで連携させる必要がある．詳細はscvi-toolsとPyTorchのドキュメントを参照してほしい[文献5）文献6)]．

B.3 データセット

第11章で使用したデータと同じものを扱ってもいいのだが，より複雑なケース（バッチ統合）を紹介するために，本章では別のデータセットを使うことにする．

このデータセットは，マウス15.5日胚の網膜から採取した細胞集団である[文献7)]．公開されているアクセッション番号から取得した配列データに対し，Cell Ranger（10X Genomics社が提供する解析パイプライン）を用いてマウスゲノムへのマッピングと細胞ごとの遺伝子発現量カウントを行った．データセットは2つのレプ

文献5）「scvi-tools Documentation」docs.scvi-tools.org（2024-8-27閲覧）
文献6）「PyTorch GET STARTED」pytorch.org/get-started/locally/（2024-8-27閲覧）
文献7）Lo Giudice Q, et al：Development, 146：17, doi:10.1242/dev.178103

リケートで構成され，各レプリケートは約3,000細胞を含む[注1]．

▼入力B-1

```
import os
import numpy as np
import pandas as pd
import anndata as ad
import scanpy as sc
import matplotlib.pyplot as plt
import seaborn as sns

sc.logging.print_header()
sc.settings.set_figure_params(dpi=100, facecolor='white')
```

▼出力B-1

```
scanpy==1.10.2 anndata==0.10.8 umap==0.5.6 numpy==1.26.4 scipy==1.14.0 pandas==2.2.2 scikit-
learn==1.5.1 statsmodels==0.14.2 igraph==0.11.6 pynndescent==0.5.13
```


B.4 anndataの構造

anndataは，オミックス解析のデータ管理を目的として開発された，pandasのデータフレームを拡張したようなデータ構造のオブジェクトである．scverseのツールセットは，このオブジェクトに対する一連の操作として実装されている．

オミクスデータの特徴は，実験で測定された数値テーブルだけでなく，**観測値**（**observations**）と**変数**（**variables**）それぞれが多様な情報をもつ点にある．例えばRNA-seqの場合，観測値であるサンプルには実験条件・性別・年齢などのさまざまなメタデータが付随する．同様に，変数である遺伝子も，遺伝子IDやシンボルに加えて，機能カテゴリや発現変動遺伝子か否かなどのメタデータをもつ．

これらの情報を個別のオブジェクトとして管理するのは非常に煩雑だ．なぜなら，数値テーブルに何らかの操作を施した結果が，観測値や変数のメタデータに即座に反映されないからである．従来の方法では，実験結果の数値テーブル，観測値のデータフレーム，変数に関するデータフレームを別々に管理する必要があり，解析の過程で複数のオブジェクト間を行ったり来たりする必要があった．例えば，「数値テーブルに対する計算の結果を観測値のメタデータに入れて，その結果に基づいて観測値をセレクションし，今度は数値テーブルを同じようにスライスして…」といった具合である．

注1）**第1章1.6**に紹介した方法で羊土社特設ページよりダウンロードしてdataディレクトリに配置してほしい．

anndataオブジェクトの特徴は，このような煩わしさを解消するために，すべての観測と計算結果を一つのオブジェクトにまとめて管理しやすくした点にある．これにより，データの一貫性が保たれ，解析の効率とコードの可読性が大幅に向上する．

anndataオブジェクトは以下の主要な属性をもつ（**図B.1**）．

1 .X

- n_obs（number of observations）× n_vars（number of variables）の数値テーブル
- numpy.ndarrayやscipyのスパースマトリックス形式
- scRNAseqのカウントマトリックスなど，実験の根幹となるデータを格納
- `.layers`属性で同じshapeの複数のマトリックスを保持可能
  （例：正規化前後のデータを別レイヤーに保存）
- スライシング操作はすべてのlayerに影響する

2 .obs

- observationsの略で，観測値に関するメタデータを格納
- pandasのDataFrame形式
- 行数は必ずn_obsと一致

3 .var

- variablesの略で，変数（遺伝子など）に関するメタデータを格納
- pandasのDataFrame形式
- 行数は必ずn_varと一致

4 .obsm

- 観測値に関する多次元アノテーション
- 各観測値の低次元空間座標などを格納
- n_obs × 任意の次元サイズのnumpy.ndarray

5 .varm

- 変数に関する多次元アノテーション
- n_var × 任意の次元サイズのnumpy.ndarray

6 .obsp

- 観測値のペアに関する情報を格納
- 距離行列などに使用
- n_obs × n_obsのnumpy.ndarray

7 .varp

- 変数のペアに関する情報を格納
- 距離行列などに使用
- n_var × n_var の numpy.ndarray

8 .uns

- unstructured の略で，その他の関連データを格納
- 辞書型で任意のデータを保存可能
  （例：クラスタの色指定など）

これらの属性により，AnnData オブジェクトは実験データとそれに関連するメタデータを一元的に管理し，効率的な解析を可能にする．

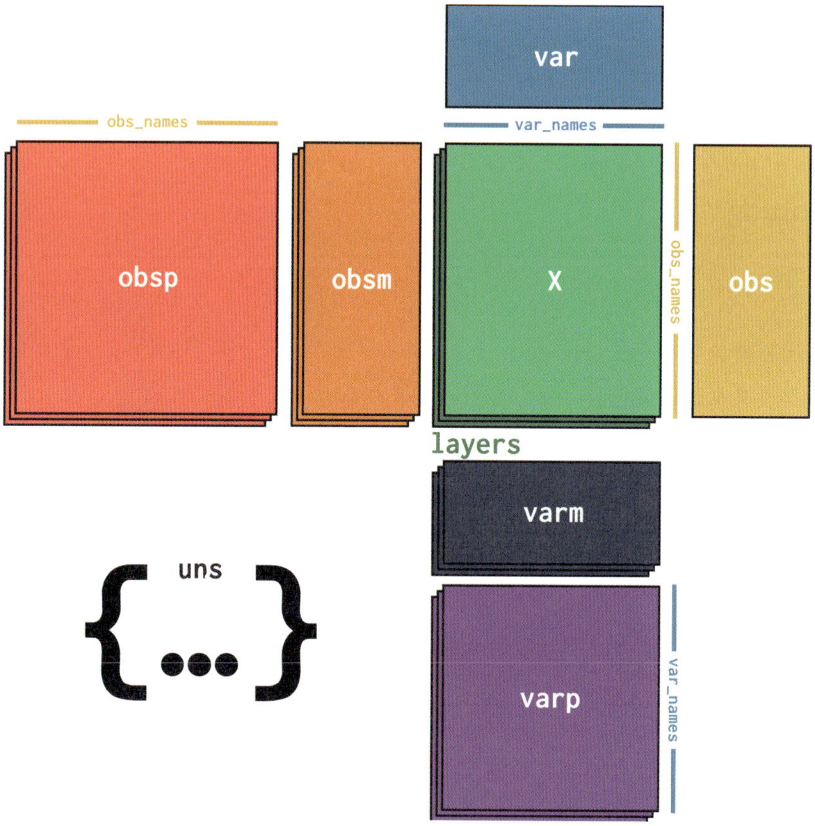

図B.1　anndataのデータ構造
文献8）より引用

文献8）anndata.readthedocs.io（2024-8-27閲覧）

B.5 Scanpyの概要

Scanpyは，Pythonでシングルセル解析を行うための中心的なパッケージである．データの前処理や近傍グラフ構築，t-SNEなどの次元削減手法といった標準的な解析を実行できる．

Scanpyの特徴的な点は，anndataオブジェクトを入力として使用し，関数実行後の結果を同じオブジェクトに追加していく点にある．それぞれの関数が新しいanndataオブジェクトを返すのではなく，インプレース（破壊的）に元のオブジェクトが変換されていく．この特徴のために，一見どこにどんな変化が生じたのかわかりにくいことがあるので注意が必要．例えば，Scanpyの関数を適用すると，入力したanndataオブジェクトの観測値や変数のデータフレームにいつのまにか新しいカラムが追加されていることがある．

Scanpyは以下の主要なモジュールで構成されている[注2]．

1 scanpy.pp（前処理：preprocessing）

- 細胞や遺伝子のフィルタリング，対数変換，近傍グラフの構築など

2 scanpy.tl（ツール：tools）

- PCA, t-SNE, UMAPなどの次元削減や，Leidenクラスタリングなど

3 scanpy.pl（プロット：plotting）

- 各種可視化用関数．PCA用のプロット，UMAP用のプロットなど

プロット用の関数は，複雑な処理を書かなくても，anndataに含まれるメタデータから自動的に，遺伝子発現量による色のグラデーションやクラスタごとの色分けなどを行ってくれる．

B.6 データの読み込み

Scanpyでは，10x Genomicsのデータは，Cell Ranger解析結果のディレクトリを指定することでそのままロードが可能な関数が用意されている．今回はレプリケイトのふたつのデータをそれぞれE2，F2として読み込む．

▼入力B-2

```
adata_E2 = sc.read_10x_mtx(path='./data/RetinalBatchE2/outs/filtered_feature_bc_matrix/', cache=True)
adata_F2 = sc.read_10x_mtx(path='./data/RetinalBatchF2/outs/filtered_feature_bc_matrix/', cache=True)
```

注2）Scanpyはたいてい"sc"の短縮名でインポートされることが多いため，これらの関数は通常sc.pp.XXX()，sc.tl.XXX()，sc.pl.XXX()のようによび出される．

Scanpyの関数で読み込んだデータはanndataオブジェクトとして格納され，それぞれ以下のサイズとなっている．

▼入力B-3

```
print(adata_E2)
print(adata_F2)
```

▼出力B-3

```
AnnData object with n_obs × n_vars = 3611 × 32285
    var: 'gene_ids', 'feature_types'
AnnData object with n_obs × n_vars = 3392 × 32285
    var: 'gene_ids', 'feature_types'
```

複数のanndataオブジェクトはanndata.concat()関数で結合できる．この関数はpandasのconcat関数（**第7章7.3.5**参照）と類似しているが，シングルセル解析では異なるバッチのデータセットを統合する際によく使用されるため，バッチ情報の管理に便利な引数が用意されている．obs，つまり観測値側（細胞側）のデータフレームでバッチ情報を格納するカラム名（label）と，それぞれのバッチの名称（keys）を設定できる．

▼入力B-4

```
adata = ad.concat([adata_E2, adata_F2],
                  axis=0, join='outer',
                  label='batch', keys=['E2', 'F2'],
                  index_unique='_')
print(adata)
```

▼出力B-4

```
AnnData object with n_obs × n_vars = 7003 × 32285
    obs: 'batch'
```

Xにアクセスして細胞数と遺伝子数を見てみよう．このデータセットでは7,003細胞について，32,285遺伝子の観測をカウントしたテーブルが疎行列として格納されている．

▼入力B-5

```
adata.X
```

▼出力B-5

```
<Compressed Sparse Row sparse matrix of dtype 'float32'
	with 14123833 stored elements and shape (7003, 32285)>
```

obsにアクセスすると，細胞ごとのデータをまとめたデータフレームにアクセスできる．現段階ではさきほど結合したバッチの情報だけが格納されている．

▼入力B-6

```
adata.obs
```

▼出力B-6

	batch
AAACCTGAGTGGACGT-1_E2	E2
AAACCTGCATCCGCGA-1_E2	E2
AAACCTGGTCGAATCT-1_E2	E2
AAACCTGTCAGTCCCT-1_E2	E2
AAACCTGTCCAAACAC-1_E2	E2
...	...
TTTGTCACAGCTGTTA-1_F2	F2
TTTGTCAGTAAGAGGA-1_F2	F2
TTTGTCATCCCACTTG-1_F2	F2
TTTGTCATCCCATTTA-1_F2	F2
TTTGTCATCTTGCCGT-1_F2	F2

7003 rows × 1 columns

varにアクセスすると遺伝子の情報をまとめたデータフレームにアクセスできる．現段階では遺伝子名のみが格納されている．

▼入力B-7

```
adata.var
```

▼出力B-7

Xkr4
Gm1992
Gm19938
Gm37381
Rp1
...
AC124606.1
AC133095.2
AC133095.1
AC234645.1
AC149090.1

32285 rows × 0 columns

以降，解析を進めていくと，Xの数値が変換されるとともに，obsとvarのそれぞれのデータフレームに解析結果が記録されていく．

B.7 クオリティコントロール（細胞と遺伝子のフィルタリング）

クオリティコントロールに関連した統計量は，scanpy.pp.calculate_qc_metrics()関数で簡単に計算できる．ただし，この関数はデフォルトでは**第11章11.2.2**で計算したようなミトコンドリア遺伝子の発現割合を算出する機能はない．そのかわりに，qc_varsを指定すると，遺伝子側のデータフレーム（var）にその名前の真偽値のカラムが存在した場合，その真偽値に基づいた統計量を自動で計算してくれる．そこで今回は**第11章**と同様の計算をするために，ミトコンドリア遺伝子であるか否かを先にvarに設定してから，Scanpyの関数を実行して統計量を計算しよう．以下のように，細胞ごとに割り当てられたカウント，割り当てられた遺伝子の数，ミトコンドリア遺伝子に関連した統計量が，細胞側のデータフレーム（obs）に格納される．

▼入力B-8

```
# ミトコンドリア遺伝子（このデータでは遺伝子名が "mt-" から開始）か否か
# のTrue/Falseのカラムを設定
adata.var['mt'] = adata.var_names.str.startswith('mt-')
# qc_varsに追加の統計量を計算するカラムを指定して実行
sc.pp.calculate_qc_metrics(adata, qc_vars=['mt'],
                           percent_top=False, log1p=False,
                           inplace=True)
display(adata.obs)
```

▼出力B-8

	batch	n_genes_by_counts	total_counts	total_counts_mt	pct_counts_mt
AAACCTGAGTGGACGT-1_E2	E2	3606	10373.0	236.0	2.275137
AAACCTGCATCCGCGA-1_E2	E2	659	1114.0	1.0	0.089767
AAACCTGGTCGAATCT-1_E2	E2	2321	4995.0	115.0	2.302302
AAACCTGTCAGTCCCT-1_E2	E2	1432	2492.0	47.0	1.886035
AAACCTGTCCAAACAC-1_E2	E2	3927	11863.0	187.0	1.576330
...	...	...	...	...	...
TTTGTCACAGCTGTTA-1_F2	F2	835	1654.0	5.0	0.302297
TTTGTCAGTAAGAGGA-1_F2	F2	3476	8588.0	218.0	2.538426
TTTGTCATCCCACTTG-1_F2	F2	1707	3379.0	130.0	3.847292
TTTGTCATCCCATTTA-1_F2	F2	1589	2801.0	8.0	0.285612
TTTGTCATCTTGCCGT-1_F2	F2	1907	3641.0	9.0	0.247185

7003 rows × 5 columns

プロットはscanpy.pl以下の関数で生成する．散布図，ヒートマップ，バイオリンプロットなど，いくつかの図が簡単に生成できるようにAPI化されている．細胞側のデータフレームに格納されているカラムの名称を指定すると，それらの分布をプロットしてくれる．

▼入力B-9

```
sc.pl.violin(adata,
             ['n_genes_by_counts', 'total_counts', 'pct_counts_mt'],
             jitter=0.4, multi_panel=True)
```

▼出力B-9

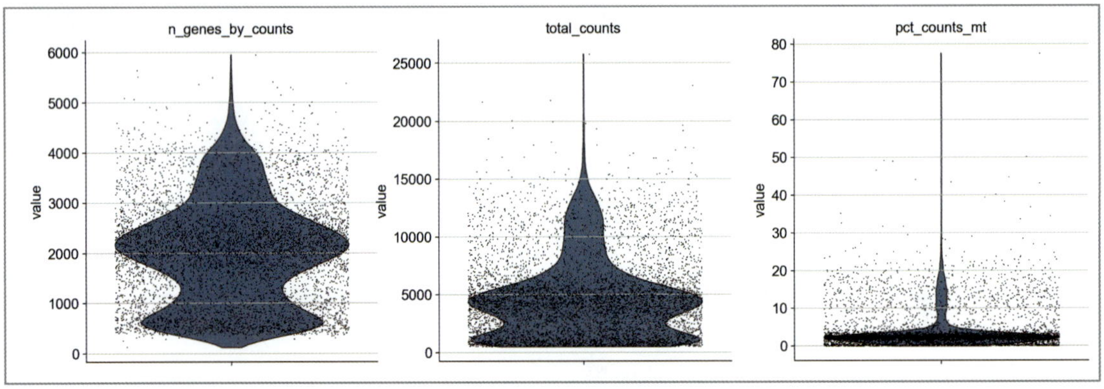

変数間の関係性の散布図による表現も，以下のように簡単に実行できる．

▼入力B-10

```
sc.pl.scatter(adata, 'total_counts', 'n_genes_by_counts', color='pct_counts_mt', size=40)
```

▼出力B-10

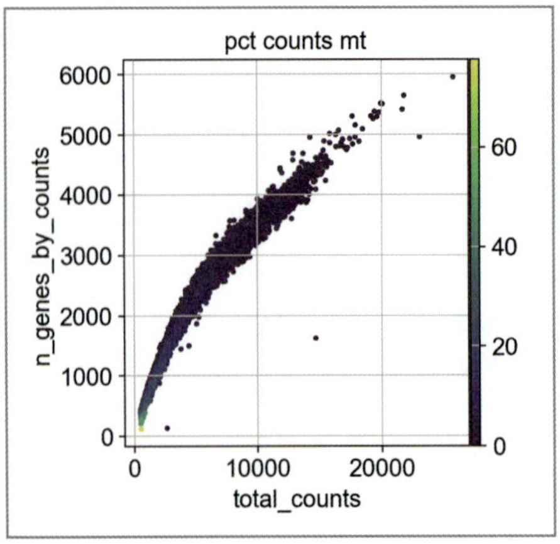

もちろん，Scanpyのプロット関数を使わずに，anndataから数値を取り出してmatplotlibやseabornを使って自分で図を描くことも可能である．ここでは，分布をより詳細に見るために，ミトコンドリア遺伝子発現割合が10％以下となる細胞を取り出して，それらの分布をseabornで描画している．

▼入力B-11

```
# 細胞側のデータフレーム（obs）から　pct_counts_mt が10%以下となる行を抽出して描画
fig = plt.figure()
sns.displot(adata.obs['pct_counts_mt'][adata.obs['pct_counts_mt'] < 10], kde=False)
plt.show()
```

▼出力B-11

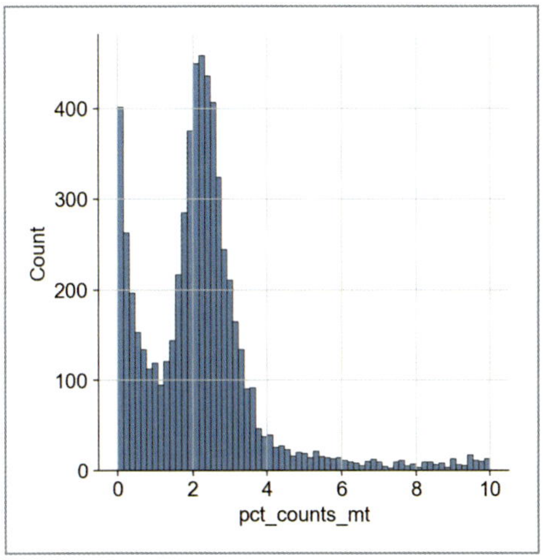

フィルタリングの基準を決めたら，scanpy.pp.filter_cells()などの関数を使って，細胞，遺伝子をフィルタリングする．ここでは以下の基準でフィルタリングを実行し，最終的に4,773細胞が残った．

▼入力B-11

```
print('Total number of cells: {:d}'.format(adata.n_obs))

sc.pp.filter_cells(adata, min_counts = 2000)
print('Number of cells after min count filter: {:d}'.format(adata.n_obs))

sc.pp.filter_cells(adata, max_counts = 13000)
print('Number of cells after max count filter: {:d}'.format(adata.n_obs))

sc.pp.filter_cells(adata, min_genes = 1000)
print('Number of cells after gene filter: {:d}'.format(adata.n_obs))

adata = adata[adata.obs['pct_counts_mt'] < 6]
print('Number of cells after MT filter: {:d}'.format(adata.n_obs))
```

▼出力B-12

```
Total number of cells: 7003
Number of cells after min count filter: 5176
Number of cells after max count filter: 4981
Number of cells after gene filter: 4976
Number of cells after MT filter: 4773
```

シングルセル解析において，このあとに実行する正規化や対数変換は重要な前処理ステップだが，これらの操作によって元のカウント情報が上書きされ，失われてしまうことがある．しかし，後の解析，特に深層生成モデルでは，カウントの整数値を確率モデルとして扱うことがあるため，この情報を保持しておくことが重要だ．そこで現段階の数値テーブル（X）を別のレイヤーに退避させておこう．レイヤーに保管したデータは基本的に以降の操作の影響を受けないが，細胞や遺伝子のスライシングは適用されるので注意しよう．

▼入力B-13

```
adata.layers['counts'] = adata.X.copy()
```

B.8 正規化

ライブラリサイズによる正規化，対数変換などの前処理は，scanpy.pp以下にいくつか便利な関数がある．ここでは，細胞ごとのカウントの和が10,000になるように正規化してから，対数変換を実行する．

▼入力B-14

```
sc.pp.normalize_per_cell(adata, counts_per_cell_after=1e4)
sc.pp.log1p(adata)
```

この段階のデータ（いろいろとややこしいスライシングをしていない「本来の」データ）も，後でプロットや結果解釈のときに使いたいことがあるので別のレイヤーに退避させておくようにしよう．rawは特別なレイヤーで，数値だけでなくvarのメタデータも含めて保持してくれる．また遺伝子側のスライシングの影響を受けない（細胞側のスライシングは適用される）．そのため，後続の解析で元のデータ状態（特に遺伝子発現データ）を参照したり，異なる遺伝子セットを抽出したりする際の基準点として使用できる．

▼入力B-15

```
adata.raw = adata
```

B.9 特徴量選択（発現量の変動が大きい遺伝子）

発現量変動の大きい遺伝子のみを抽出して，データのサイズを小さくする．内部の計算では，平均発現量の値の大きさでいくつか区分けして，それぞれでDispersionを計算しているため，**第11章11.2.4**で扱った計算よりも平均と分散の関係について複雑なモデリングをしている．とはいえ，それも1つの関数で簡単に実行できる．

▼入力B-16

```
# top 2000genes のみを抽出する
sc.pp.highly_variable_genes(adata, n_top_genes=2000, flavor='seurat')
sc.pl.highly_variable_genes(adata)
```

▼出力B-16

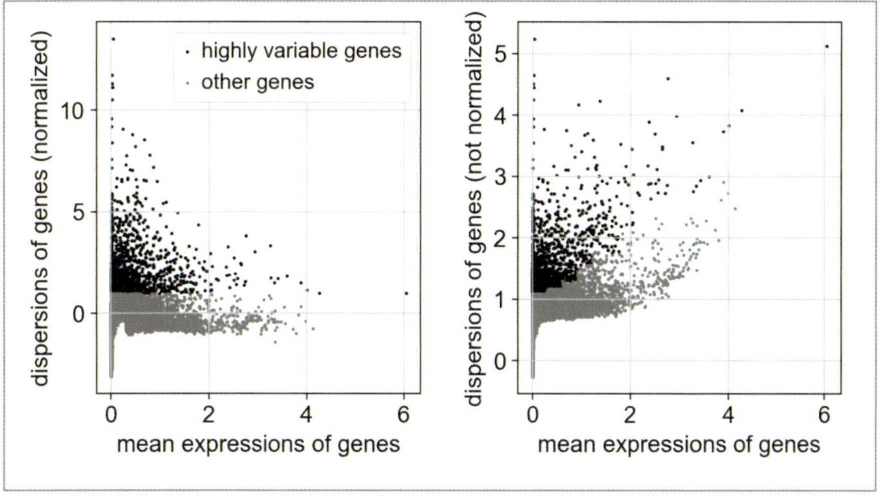

計算結果は自動的に遺伝子側のデータフレーム（var）に追加される．highly_variableの項目がTrueである遺伝子が，高発現変動遺伝子として設定された．

▼入力B-17

```
adata.var
```

▼出力B-17

	mt	n_cells_by_counts	mean_counts	pct_dropout_by_counts	total_counts	highly_variable	means	dispersions	dispersions_norm
Xkr4	False	2817	1.286306	59.774382	9008.0	True	1.158753e+00	1.737414	1.326031
Gm1992	False	533	0.088391	92.388976	619.0	False	1.159841e-01	0.803136	0.100716
Gm19938	False	588	0.096816	91.603598	678.0	False	1.654187e-01	0.837107	0.203278
Gm37381	False	1	0.000143	99.985720	1.0	False	2.248211e-04	0.070637	-2.110745
Rp1	False	21	0.004141	99.700129	29.0	True	1.466429e-02	1.688237	2.772894
...	...	...	...	...	...	...	...	...	...
AC124606.1	False	0	0.000000	100.000000	0.0	False	1.000000e-12	NaN	NaN
AC133095.2	False	0	0.000000	100.000000	0.0	False	1.000000e-12	NaN	NaN
AC133095.1	False	0	0.000000	100.000000	0.0	False	1.000000e-12	NaN	NaN
AC234645.1	False	0	0.000000	100.000000	0.0	False	1.000000e-12	NaN	NaN
AC149090.1	False	2249	0.533057	67.885192	3733.0	False	6.916794e-01	1.039258	0.184616

32285 rows × 9 columns

B.10 次元削減

B.10.1 主成分分析（PCA）

PCAはScanpyの前処理関数で簡単に実行できる．とりあえず，50次元まで落としてみよう．mask_varを設定すると遺伝子全体ではなく特定の遺伝子セット，例えば**B.9**で決定した高発現変動遺伝子のみの情報を使って次元削減をすることができる．結果はanndataのobsm属性に格納される．

▼入力B-18

```
sc.pp.pca(adata, n_comps=50, mask_var='highly_variable', svd_solver='arpack')
print(adata.obsm['X_pca'].shape)
```

▼出力B-18

```
(4773, 50)
```

結果は主成分分析専用のプロット関数で描画できる．細胞側データフレームのカラム名を指定することで，それに応じた色で塗り分けることも可能である．また遺伝子名を指定すると，その発現量に応じたグラデーションで描画することもできる．

▼入力B-19

```
sc.pl.pca(adata, color='batch')
```

▼出力B-19

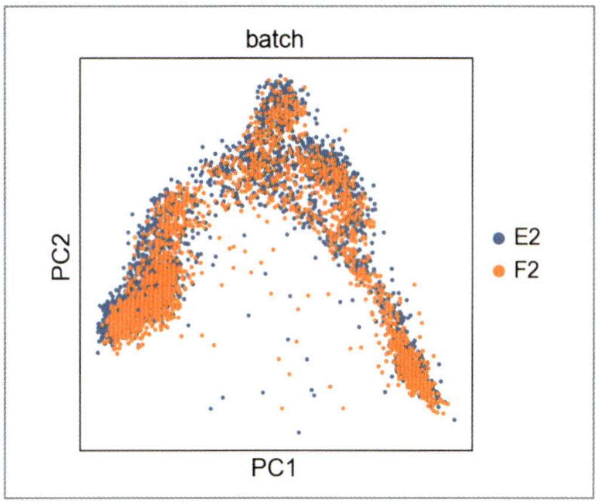

▼入力B-20

```
sc.pl.pca(adata, color='Xkr4')
```

▼出力B-20

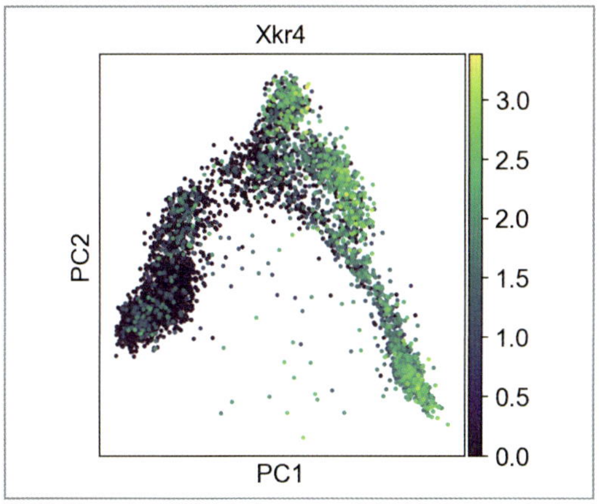

B.10.2 t分布型確率的近傍埋め込み（t-SNE）

まず，t-SNE，UMAP共通のステップとして，データから「近傍グラフ（neighborhood graph）」の構築が必要である．Scanpyの前処理関数を使う．

▼入力B-21

```
sc.pp.neighbors(adata)
```

データ点間の接続関係（細胞の近傍関係）は，全細胞対全細胞のペア情報を記録するobspに格納される．

▼入力B-22

```
adata.obsp['connectivities']
```

▼出力B-22

```
<Compressed Sparse Row sparse matrix of dtype 'float32'
      with 96196 stored elements and shape (4773, 4773)>
```

接続関係を元にしてt-SNEを実行しよう．scanpy.tl以下に，シングルセル解析で頻繁に使うさまざまな解析アルゴリズムが用意されている．scanpy.tl.tsne()は自動的にobspに格納された近傍グラフの情報を参照して計算を実行してくれる．

▼入力B-23

```
sc.tl.tsne(adata)
```

t-SNE用のプロット関数でPCAと同様のプロットが可能である．

▼入力B-24

```
sc.pl.tsne(adata, color='batch')
```

▼出力B-24

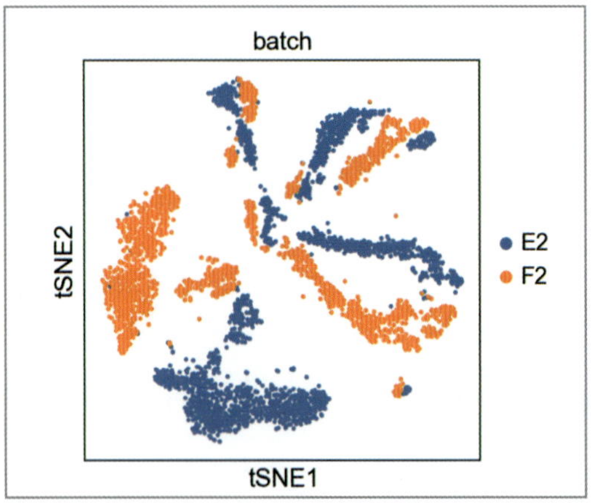

B.10.3 UMAP

t-SNEと同様だが，近傍グラフはt-SNE計算の際すでに計算済みなので，scanpy.tl.umap()関数のみを実行すればいい．

▼入力B-25

```
sc.tl.umap(adata)
```

同様にプロットしてみよう．このプロットから，データセットに明らかに類似した構造をもつ2種類の細胞集団が存在し，それぞれがバッチのラベルに対応していることがわかる．つまり，このデータセットには顕著なバッチ効果によるバイアスが生じている．

シングルセルRNA-seq解析におけるバッチ効果は，同一の細胞タイプや状態であっても，異なる実験バッチ間で遺伝子発現プロファイルに系統的な差異が生じる現象である．これは，サンプル調製過程，シークエンシング実行日，使用機器の違いなどの技術的要因によって引き起こされる．バッチ効果は細胞タイプの誤同定や偽の細胞サブグループの出現など，生物学的解釈を歪める可能性がある．このようなバッチ効果の存在が確認された場合，適切な補正が必要となる．バッチ効果の補正方法については後述する．

▼入力B-26

```
sc.pl.umap(adata, color='batch')
```

▼出力B-26

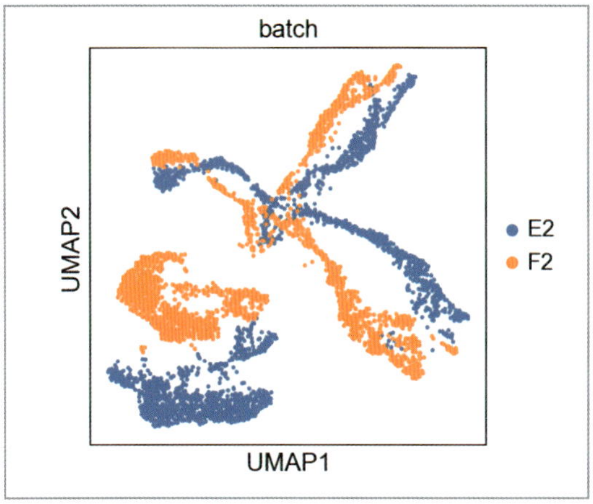

B.11 クラスタリング

クラスタリングを近傍グラフのコミュニティ検出問題として解くLeiden法を実行してみよう．近傍グラフはt-SNE計算の際に計算済みなので，`scanpy.tl.leiden()`関数を実行すればいい．モジュラリティの計算に影響を与える`resolution`パラメータが存在し，値が大きいほど検出されるクラスタの数が多くなる．クラスタリング結果は細胞側のデータフレームに`key_added`で設定したカラム名で格納され，細胞ごとに所属するクラスタの番号が付与される．

▼入力B-27

```
sc.tl.leiden(adata, resolution=0.5,
             flavor='igraph', key_added='leiden_r0.5')
display(adata.obs)
```

▼出力B-27

	batch	n_genes_by_counts	total_counts	total_counts_mt	pct_counts_mt	n_counts	n_genes	leiden_r0.5
AAACCTGAGTGGACGT-1_E2	E2	3606	10373.0	236.0	2.275137	10373.0	3606	0
AAACCTGGTCGAATCT-1_E2	E2	2321	4995.0	115.0	2.302302	4995.0	2321	1
AAACCTGTCAGTCCCT-1_E2	E2	1432	2492.0	47.0	1.886035	2492.0	1432	2
AAACCTGTCCAAACAC-1_E2	E2	3927	11863.0	187.0	1.576330	11863.0	3927	3
AAACGGGCACTGAAGG-1_E2	E2	3015	7534.0	127.0	1.685691	7534.0	3015	4
...	...	...	...	...	...	...	...	...
TTTGTCACACTAGTAC-1_F2	F2	2591	5570.0	13.0	0.233393	5570.0	2591	12
TTTGTCAGTAAGAGGA-1_F2	F2	3476	8588.0	218.0	2.538426	8588.0	3476	9
TTTGTCATCCCACTTG-1_F2	F2	1707	3379.0	130.0	3.847292	3379.0	1707	12
TTTGTCATCCCATTTA-1_F2	F2	1589	2801.0	8.0	0.285612	2801.0	1589	10
TTTGTCATCTTGCCGT-1_F2	F2	1907	3641.0	9.0	0.247185	3641.0	1907	10

4773 rows × 8 columns

プロットに使用する点の座標（次元削減）は，クラスタリングとは独立した計算である．そのため，任意の次元削減手法で得られた座標を使用してクラスタリング結果を表現できる．ここでは，UMAPによって得られた二次元座標を使用し，さらに細胞をクラスタリング結果に基づいて色分けすることで，データの構造をより詳細に可視化してみよう．

▼入力B-28

```
sc.pl.umap(adata,
           color=['batch', 'leiden_r0.5'],
           ncols=2,
           frameon=False)
```

▼出力B-28

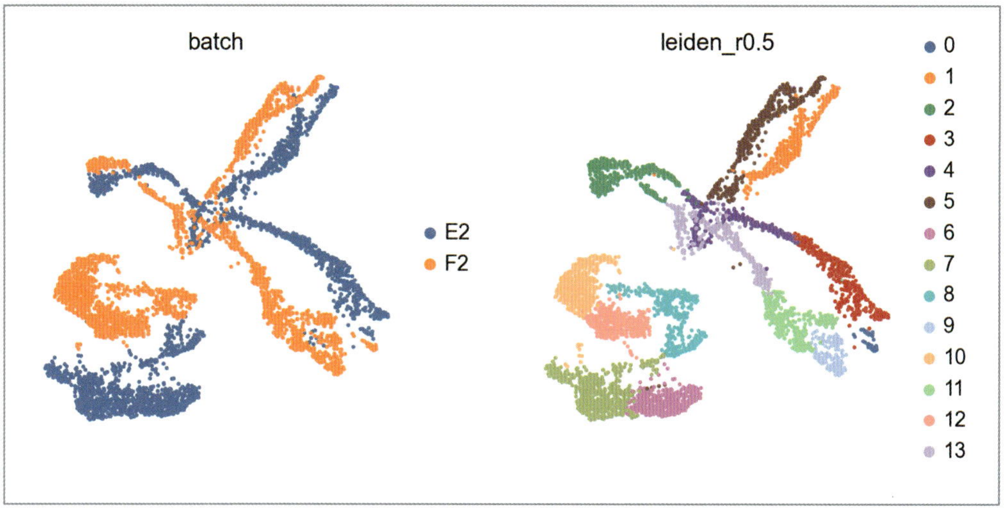

B.12　深層生成モデルの利用

バッチ効果を補正するためのscVI（single-cell variational inference）の簡易的な使用方法を紹介する．詳細については公式サイトのドキュメントが充実しているので，そちらを参照してほしい[文献9]．scVIは深層生成モデルを用いた解析手法で，シングルセルRNA-seqデータの解析に広く利用されている．

scVIの核心は変分オートエンコーダ（variational autoencoder，VAE）にある．VAEは教師なし深層学習モデルで，高次元データを低次元の潜在空間に圧縮し，そこから元のデータを再構成することを学習する．この過程で，データの本質的な特徴を捉えた潜在表現を獲得する．

scVIはさらに，シングルセルデータの特性を考慮し，ゼロ過剰負の二項分布（zero-inflated negative binomial distribution，ZINB）をモデルに組み込んでいる．ZINBは，シングルセルデータに頻出する過剰なゼロ値（ドロップアウトとよばれる実験バイアス）と，カウントデータの離散的な性質を適切に表現できる．

このモデルにバッチ情報を組込むことで，scVIは各細胞の潜在表現を学習する際にバッチの影響を考慮し，それを軽減することができる．結果として，生物学的な変動は保持しつつ，技術的なバッチ効果を軽減したデータ表現が得られる．

モデルのより具体的な詳細や，Python（PyTorch）を使ったVAEの実装については，非常に参考になる教科書があるのでそちらもぜひ参照してほしい[文献10]．

以下では，実際にscVIを用いてバッチ効果を補正する手順を示す．この方法により，異なるバッチ間でのデータ統合や比較がより正確に行えるようになる．

まずはscVIをインポートする．

文献9）「scvi-tools公式ドキュメント」docs.scvi-tools.org
文献10）「Pythonで実践　生命科学データの機械学習」（清水秀幸／編），羊土社，2023

▼入力B-29

```
import scvi
```

anndataオブジェクトをscVIモデル用に設定する．ここで，**B.7**でcountsレイヤーに保持しておいた生のカウントデータが重要となる．scVIのモデルは遺伝子観測カウントをゼロ過剰負の二項分布（ZINB）でモデル化するものであるため，正規化や標準化の数値変換を施した数値テーブルを指定するのは適切ではない．また，batch_keyにバッチ情報を設定した細胞側データフレームのカラム名を渡す．この設定により，モデルはバッチ効果を考慮しつつ学習を行うことができる．

▼入力B-30

```
scvi.model.SCVI.setup_anndata(
    adata,
    layer='counts',
    batch_key='batch',
)
```

設定したanndataオブジェクトを使用してscVIモデルを初期化する．この段階ではまだモデルの学習は行われていない．

▼入力B-31

```
model = scvi.model.SCVI(adata)
```

train()関数で深層学習計算を実行する．以下ではCPUのみを使って計算しているので時間がかかる．筆者の環境（CPU：3.6 GHz 10コア Intel Core i9, RAM：128 GB 2667 MHz DDR4）では約5,000個の細胞のデータセットで400エポックの訓練を行った場合，一時間弱の計算時間を要した．

▼入力B-32

```
model.train()
model.save('./models/scVI_model', overwrite=True)
# 学習に時間がかかるため，学習完了後のモデルはちゃんと保存しておいたほうがいい．
# 解析を再開するときは以下のようにして学習済みモデルをロードできる．
#model = scvi.model.SCVI.load('./models/scVI_model', adata=adata)
```

▼出力B-33

```
GPU available: False, used: False
TPU available: False, using: 0 TPU cores
IPU available: False, using: 0 IPUs
HPU available: False, using: 0 HPUs
Epoch 400/400: 100%|█| 400/400 [58:23<00:00,  8.54s/it, v_num=1, train_loss_step=6.33e+3, train_loss_
epoch=6.42e+3]
`Trainer.fit` stopped: `max_epochs=400` reached.
Epoch 400/400: 100%|█| 400/400 [58:23<00:00,  8.76s/it, v_num=1, train_loss_step=6.33e+3, train_loss_
epoch=6.42e+3]
```

scVIモデルから得られた潜在表現をanndataのobsmに追加する．この潜在表現は，バッチ効果が補正された低次元の細胞表現となる．

▼入力B-34

```
adata.obsm['X_scVI'] = model.get_latent_representation()
```

scVIモデルを使用して正規化された遺伝子発現データを計算し，新しいレイヤーとしてanndataオブジェクトに追加する．この値は，バッチ効果やドロップアウトを補正して正規化した数値として利用できる．

▼入力B-35

```
adata.layers['scvi_normalized'] = model.get_normalized_expression(library_size=1e4)
```

scVIの潜在表現を使用して細胞間の近傍関係を計算し，UMAPによる次元削減を行う．近傍グラフ計算の関数（scanpy.pp.neighbors()）で，use_repの設定にscVIで学習された潜在表現を指定することが重要である．その後，バッチ情報で色分けしたUMAPプロットを生成する．これにより，バッチ効果が補正されたデータの分布を視覚化できる．多様体の構造を維持しつつ，バッチ効果が軽減されてE2，F2のデータが「揃って」いることが確認できる．

▼入力B-36

```
sc.pp.neighbors(adata,
                n_neighbors=30,
                use_rep='X_scVI')
sc.tl.umap(adata, min_dist=0.5)
sc.pl.umap(adata, color='batch')
```

▼出力B-36

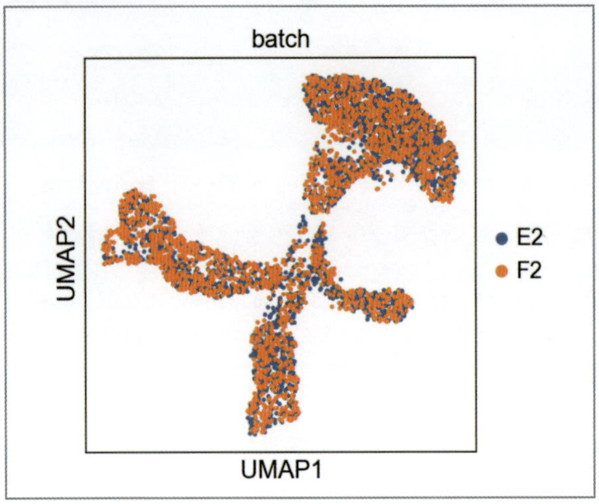

scVIの潜在表現に基づいてLeidenクラスタリングを実行し，その結果をanndataオブジェクトに追加する．その後，バッチ情報とクラスタリング結果を並べてUMAPプロットで表示する．これにより，バッチ効果補正後のデータ構造とクラスタの関係を観察できる．

▼入力B-37

```
sc.tl.leiden(adata, key_added='leiden_scVI', flavor='igraph', resolution=0.5)
sc.pl.umap(adata,
          color=['batch', 'leiden_scVI'],
          ncols=2,
          frameon=False)
```

▼出力B-37

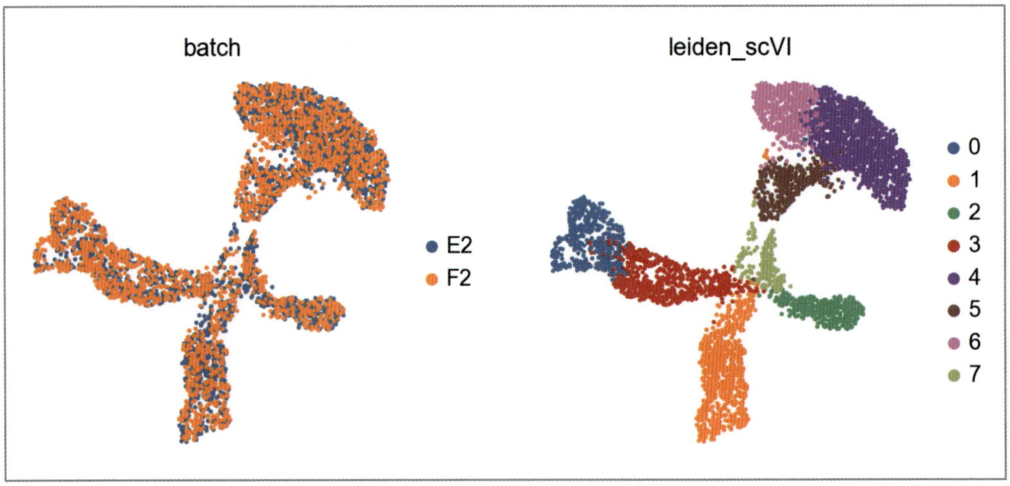

B.13 おわりに

Scanpyとscvi-toolsは，シングルセル解析の基本的なワークフローを効率的に実装するだけでなく，最先端の解析手法も多数サポートしている．例えば，細胞の分化過程や状態遷移を推定するTrajectory inferenceなど，高度な解析技術が容易に適用可能である．さらに，これらのツールは急速に進化する実験技術にも迅速に対応している．10x Genomics社の「空間トランスクリプトーム」計測データへの対応はその一例であり，細胞の空間的位置情報と遺伝子発現プロファイルを統合した解析を可能にしている．シングルセル解析の分野は日進月歩であり，新しい実験手法や解析アルゴリズムが次々と登場している．Scanpyやscvi-toolsも頻繁にアップデートされ，これらの最新技術を迅速にとり入れている．そのため，本章で紹介した内容は基礎的なアプローチにとどまっており，より高度で特殊な解析には最新のドキュメントを参照してほしい．

索引

E

F

G

H

I

J

K

Q

R

S

T

U

V

W

X

Y

Z

こ

さ

し

す

せ

そ

た

執筆者一覧

編集

先進ゲノム解析研究推進プラットフォーム

執筆（五十音順）

黒川　顕　国立遺伝学研究所……改訂にあたり，はじめに（初版）

坂本美佳　国立遺伝学研究所……第7，8章

新海典夫　理化学研究所／国立がん研究センター……第4章

孫　建強　農業・食品産業技術総合研究機構……第9章

高橋弘喜　千葉大学……第5章

谷澤靖洋　国立遺伝学研究所……第3，6章

東　光一　国立遺伝学研究所……第2，11～13章，付録A，B

森　宙史　国立遺伝学研究所……第1，10章

◆ 編集プロフィール ◆

先進ゲノム解析研究推進プラットフォーム

私たち「先進ゲノム支援第2期」（先進ゲノム解析研究推進プラットフォーム，代表：黒川　顕）では，最先端の解析技術を提供し皆様の科研費研究を加速・発展させるとともに，わが国の生命科学のピークづくりと裾野拡大を進めています．さまざまな生きもののゲノム完全解読やシングルセル解析，超微量RNA解析，空間オミクス解析など，高度な解析技術が要求される研究から，ゲノム科学にはじめて挑戦する研究まで，最先端のシークエンシング技術と高度情報解析技術を一体化し，研究者の研究課題を支援する「チーム支援」体制を整えることで，研究を加速・発展させます．支援の対象は，科学研究費助成事業（科学研究費補助金・学術研究助成基金助成金）の助成を受けている研究課題です．詳しくは先進ゲノム支援第2期webページをご覧ください（https://www.genome-sci.jp/）．

本書は，この「先進ゲノム支援」において毎年度開催している情報解析講習会のうち，中級者編の講義資料に基づいています．筆者の皆さんはこの講習会の講師であり，先進ゲノム支援においても高度情報解析技術により支援を進めている第一線の研究者です．

実験医学別冊《じっけんいがくべっさつ》

改訂《かいてい》　独習《どくしゅう》Python《ぱいそん》バイオ情報解析《じょうほうかいせき》

生成AI《せいせいえーあい》時代《じだい》に活《い》きるJupyter《じゅぴたー》、NumPy《なんぱい》、pandas《ぱんだす》、Matplotlib《まっとぷろっとりぶ》、Scanpy《すきゃんぱい》の基礎《きそ》を身《み》につけ、シングルセル、RNA-Seq《あーるえぬえーせっく》データ解析《かいせき》を自分《じぶん》の手《て》で

2021年4月 5 日　第1版第1刷発行
2021年6月 5 日　第1版第2刷発行
2025年2月10日　第2版第1刷発行

編　集	先進《せんしん》ゲノム解析研究推進《かいせきけんきゅうすいしん》プラットフォーム
発行人	一戸敦子
発行所	株式会社　羊　土　社
	〒101-0052
	東京都千代田区神田小川町2-5-1
	TEL　03（5282）1211
	FAX　03（5282）1212
	E-mail　eigyo@yodosha.co.jp
	URL　www.yodosha.co.jp/
制　作	株式会社トップスタジオ
装　幀	トップスタジオデザイン室（轟木 亜紀子）
印刷所	三美印刷株式会社

© YODOSHA CO., LTD. 2025
Printed in Japan

ISBN978-4-7581-2278-8

本書に掲載する著作物の複製権，上映権，譲渡権，公衆送信権（送信可能化権を含む）は（株）羊土社が保有します．
本書を無断で複製する行為（コピー，スキャン，デジタルデータ化など）は，著作権法上での限られた例外（「私的使用のための複製」など）を除き禁じられています．研究活動，診療を含み業務上使用する目的で上記の行為を行うことは大学，病院，企業などにおける内部的な利用であっても，私的使用には該当せず，違法です．また私的使用のためであっても，代行業者等の第三者に依頼して上記の行為を行うことは違法となります．

JCOPY <（社）出版者著作権管理機構 委託出版物>
本書の無断複写は著作権法上での例外を除き禁じられています．複写される場合は，そのつど事前に，（社）出版者著作権管理機構（TEL 03-5244-5088，FAX 03-5244-5089，e-mail：info@jcopy.or.jp）の許諾を得てください．

乱丁，落丁，印刷の不具合はお取り替えいたします．小社までご連絡ください．

羊土社のオススメ書籍

Pythonで体感！　医療とAI はじめの一歩

**糖尿病・乳がん・残存歯のデータ、肺のX線画像を使って
機械学習・深層学習を学ぶ体験型入門書**

宮野　悟／監, 中林　潤, 木下淳博, 須藤毅顕／編

医療データとPythonを使って, 機械学習や深層学習のしくみをざっくり学べる一冊.
AI時代に必要なデータリテラシーの基本が身につく. 生命科学研究者にもお勧め.

■ 定価3,960円(本体3,600円+税10%)　■ A5判　■ 239頁　■ ISBN 978-4-7581-2418-8

実験医学別冊

実験デザインからわかる シングルセル研究実践テキスト

シングルセルRNA-Seqの予備検討から解析のコツ、結果の検証まで成功に近づく道をエキスパートが指南

大倉永也, 渡辺　亮, 鈴木　穣／編

シングルセル研究を始めることになったら?実験デザインから理解できる新機軸のテキストが
登場!サンプル調製や二次解析の解説ももちろん, 即戦力になりたいあなたに!

■ 定価7,920円(本体7,200円+税10%)　■ B5判　■ 323頁　■ ISBN 978-4-7581-2270-2

Rをはじめよう 生命科学のためのRStudio入門

富永大介／翻訳, Andrew P. Beckerman, Dylan Z. Childs, Owen L. Petchey／原著

間違えない統計判断, 失敗知らずのデータ処理は堅実な作業手順あってこそ. 研究での使い
方を, 講義そのまま一歩ずつ, モデルデータを使った実習と非情報系目線で解きほぐす

■ 定価3,960円(本体3,600円+税10%)　■ B5判　■ 254頁　■ ISBN 978-4-7581-2095-1

実験医学別冊

論文図表を読む作法

**はじめて出会う実験&解析法も正しく解釈！
生命科学・医学論文をスラスラ読むためのFigure事典**

牛島俊和, 中山敬一／編

115の頻出実験&解析法について, 図表から何がわかるのかを簡潔に解説した「論文を読む
ための」書籍. 初めて論文を読む学生・異分野の論文を読む研究者に, 頼れる1冊!

■ 定価4,950円(本体4,500円+税10%)　■ A5判　■ 288頁　■ ISBN 978-4-7581-2260-3

発行 羊土社 YODOSHA
〒101-0052 東京都千代田区神田小川町2-5-1　TEL 03(5282)1211　FAX 03(5282)1212
E-mail：eigyo@yodosha.co.jp
URL：www.yodosha.co.jp/
ご注文は最寄りの書店, または小社営業部まで

実験医学をご存知ですか!?

実験医学ってどんな雑誌？

ライフサイエンス研究者が知りたい情報をたっぷりと掲載！

「なるほど！こんな研究が進んでいるのか！」「こんな便利な実験法があったんだ」「こうすれば研究がうまく行くんだ」「みんなもこんなことで悩んでいるんだ！」などあなたの研究生活に役立つ有用な情報、面白い記事を毎月掲載しています！ぜひ一度、書店や図書館でお手にとってご覧になってみてください。

医学・生命科学研究の最先端をいち早くご紹介！

今すぐ研究に役立つ情報が満載！

特集では 分子生物学から再生医療や創薬などの応用研究まで、いま注目される研究分野の最新レビューを掲載

連載では 最新トピックスから実験法、読み物まで毎月多数の記事を掲載

こんな連載があります

News & Hot Paper DIGEST　トピックス
世界中の最新トピックスや注目のニュースをわかりやすく、どこよりも早く紹介いたします。

クローズアップ実験法　マニュアル
ゲノム編集、次世代シークエンス解析、イメージングなど
多くの方に役立つ新規の、あるいは改良された実験法をいち早く紹介いたします。

ラボレポート　読みもの
海外で活躍されている日本人研究者により，海外ラボの生きた情報をご紹介しています。
これから海外に留学しようと考えている研究者は必見です!

その他、話題の人のインタビューや、研究者の「心」にふれるエピソード、研究コミュニティ、キャリア紹介、研究現場の声、科研費のニュース、ラボ内のコミュニケーションのコツなどさまざまなテーマを扱った連載を掲載しています！

Experimental Medicine 実験医学　B5判
生命を科学する 明日の医療を切り拓く

月刊 毎月1日発行 定価2,530円（本体2,300円＋税10%）
増刊 年8冊発行 定価6,160円（本体5,600円＋税10%）

詳細はWEBで!!　実験医学　検索

お申し込みは最寄りの書店，または小社営業部まで！

TEL 03(5282)1211　MAIL eigyo@yodosha.co.jp
FAX 03(5282)1212　WEB www.yodosha.co.jp/

発行 羊土社